《合成树脂及应用丛书》编委会

高 级 顾 问：李勇武　袁晴棠

编委会主任：杨元一

编委会副主任：洪定一　廖正品　何盛宝　富志侠　胡　杰
　　　　　　　　王玉庆　潘正安　吴海君　赵起超

编委会委员（按姓氏笔画排序）：

王玉庆　王正元　王荣伟　王绪江　乔金樑
朱建民　刘益军　江建安　杨元一　李　杨
李　玲　邴涓林　肖淑红　吴忠文　吴海君
何盛宝　张师军　陈　平　林　雯　胡　杰
胡企中　赵陈超　赵起超　洪定一　徐世峰
黄　帆　黄　锐　黄发荣　富志侠　廖正品
颜　悦　潘正安　魏家瑞

"十二五"国家重点图书

合成树脂及应用丛书

聚丙烯和聚丁烯树脂及其应用

■ 乔金樑　张师军　主编

化学工业出版社

·北京·

本书对聚丙烯树脂和聚丁烯树脂近年来的技术进展和发展趋势进行了较为详细的介绍,包括聚合工艺、结构与性能的关系、加工应用技术、安全卫生和环保等内容。

本书适合从事聚丙烯树脂和聚丁烯树脂的生产、加工应用、市场开拓和科研开发等方面的相关人员阅读。

图书在版编目(CIP)数据

聚丙烯和聚丁烯树脂及其应用/乔金樑,张师军主编.—北京:化学工业出版社,2011.9(2023.3重印)
(合成树脂及应用丛书)
ISBN 978-7-122-11657-4

Ⅰ.聚… Ⅱ.①乔… ②张… Ⅲ.①聚丙烯-研究②聚丁烯-研究 Ⅳ.TQ325.1

中国版本图书馆 CIP 数据核字(2011)第 129184 号

责任编辑:王苏平	文字编辑:王 琪
责任校对:顾淑云	装帧设计:尹琳琳

出版发行:化学工业出版社(北京市东城区青年湖南街 13 号 邮政编码 100011)
印　　装:北京天宇星印刷厂
710mm×1000mm 1/16 印张 26½ 字数 510 千字 2023 年 3 月北京第 1 版第 3 次印刷

购书咨询:010-64518888　　　　　　　　售后服务:010-64518899
网　　址:http://www.cip.com.cn
凡购买本书,如有缺损质量问题,本社销售中心负责调换。

定　价:72.00 元　　　　　　　　　　　　　　　　　　版权所有　违者必究

Preface 序

合成树脂作为塑料、合成纤维、涂料、胶黏剂等行业的基础原料，不仅在建筑业、农业、制造业（汽车、铁路、船舶）、包装业有广泛应用，在国防建设、尖端技术、电子信息等领域也有很大需求，已成为继金属、木材、水泥之后的第四大类材料。2010年我国合成树脂产量达4361万吨，产量以每年两位数的速度增长，消费量也逐年提高，我国已成为仅次于美国的世界第二大合成树脂消费国。

近年来，我国合成树脂在产品质量、生产技术和装备、科研开发等方面均取得了长足的进步，在某些领域已达到或接近世界先进水平，但整体水平与发达国家相比尚存在明显差距。随着生产技术和加工应用技术的发展，合成树脂生产行业和塑料加工行业的研发人员、管理人员、技术工人都迫切希望提高自己的专业技术水平，掌握先进技术的发展现状及趋势，对高质量的合成树脂及应用方面的丛书有迫切需求。

化学工业出版社急行业之所需，组织编写《合成树脂及应用丛书》（共17个分册），开创性地打破合成树脂生产行业和加工应用行业之间的藩篱，架起了一座横跨合成树脂研究开发、生产制备、加工应用等领域的沟通桥梁。使得合成树脂上游（研发、生产、销售）人员了解下游（加工应用）的需求，下游人员了解生产过程对加工应用的影响，从而达到互相沟通，进一步提高合成树脂及加工应用产业的生产和技术水平。

该套丛书反映了我国"十五"、"十一五"期间合成树脂生产及加工应用方面的研发进展，包括"973"、"863"、"自然科学基金"等国家级课题的相关研究成果和各大公司、科研机构攻关项目的相关研究成果，突出了产、研、销、用一体化的理念。丛书涵盖了树脂产品的发展趋势及其合成新工艺、树脂牌号、加工性能、测试表征等技术，内容全面、实用。丛书的出版为提高从业人员的业务水准和提升行业竞争力做出贡献。

该套丛书的策划得到了国内生产树脂的三大集团公司（中国石化、中国石油、中国化工集团），以及管理树脂加工应用的中国塑料加工工业协会的支持。聘请国内20多家科研院所、高等院校和生产企业的骨干技术专家、教授组成了强大的编写队伍。各分册的稿件都经丛书编委会和编著者认真的讨论，反复修改和审查，有力地保证了该套图书内容的实用性、先进性，相信丛书的出版一定会赢得行业读者的喜爱，并对行业的结构调整、产业升级与持续发展起到重要的指导作用。

2011年8月

Foreword 前言

　　聚丙烯不仅性价比优异，而且在生产、加工、应用和再生的整个生命周期中是非常环保的材料，因而在许多应用中被认为是最为理想的材料，被广泛应用于电子电气、包装、农业、汽车、通信和建筑等国民经济的各个方面。随着我国国民经济30多年的持续高速发展，我国已成为世界主要聚丙烯消费和生产的大国，2010年表观消费量约为1400万吨，产量900多万吨。我国政府、学术界和企业界对聚丙烯材料科学和技术的发展一直非常重视，在各个层面均有较大投入，取得了许多重要的科技成果。早在20世纪90年代国家发改委（原国家计委）就投资在北京化工研究院建立了聚烯烃国家工程研究中心，国家的"973"项目、"863"项目和多个攻关项目均立项支持过聚丙烯方面的研究和技术开发。以杨玉良院士为首席科学家、中国石油化工集团公司为依托单位的国家"973"聚烯烃项目，通过10年的"产、学、研"合作研究，取得了系统的理论成果和工业化成果，促进了我国聚烯烃，特别是聚丙烯产业的发展。本书欲通过对聚丙烯近年来技术进展的总结，架起我国聚丙烯树脂生产企业和加工应用企业技术人员相互沟通的桥梁。

　　聚1-丁烯的高温蠕变性能优异，在热水管等方面应用具有明显的优势，在我国具有很好的发展前景。本书第八章对聚1-丁烯的制备及应用进行了较为详细的介绍。

　　本书由中国石化北京化工研究院从事聚丙烯相关研究的科技人员编写。第1章由乔金樑执笔；第2章由宋文波负责，张晓帆、魏文骏、李昌秀、于佩潜、李杰和胡慧杰参加编写；第3章由郭梅芳负责，刘宣博、李娟、乔金樑、李杰和张丽英参加编写；第4章和第5章由张师军负责，邹浩、高达利、刘涛参加编写；第6章由魏若奇和杨勇负责编写；第7章由乔金樑负责，宋文波、陈江波和邹浩参加编写；第8章由于鲁强和张小萌负责编写；附录由李杰、高达利、宋文波、李杰、张丽英和乔金樑编写。本书的审稿工作由洪定一教授负责，参加审稿的人员有：吕立新、金茂筑、马因明、胡炳镛。由于作者时间有限，难免有不妥之处，敬请广大读者批评指正。

编　者
2011年7月

Contents 目录

第1章 绪言 — 1
1.1 聚丙烯树脂的发展历史 … 1
1.2 聚丙烯树脂的特性 … 4
1.3 聚丙烯树脂的分类及加工应用领域 … 4
参考文献 … 8

第2章 聚丙烯树脂的生产 — 9
2.1 引言 … 9
2.2 催化剂与单体 … 9
  2.2.1 聚合催化剂 … 9
  2.2.2 丙烯单体 … 26
  2.2.3 聚丙烯原料的净化 … 31
2.3 内外给电子体 … 34
  2.3.1 内给电子体 … 34
  2.3.2 外给电子体 … 39
  2.3.3 内外给电子体化合物的作用机理 … 42
2.4 聚合反应工艺与工程 … 45
  2.4.1 丙烯聚合过程 … 45
  2.4.2 丙烯聚合反应动力学 … 53
  2.4.3 聚丙烯生产工艺 … 55
2.5 助剂、造粒和包装 … 69
  2.5.1 抗氧剂 … 69
  2.5.2 卤素吸收剂 … 73
  2.5.3 光稳定剂 … 73
  2.5.4 成核剂 … 76
  2.5.5 抗静电剂 … 78
  2.5.6 抗菌剂 … 80
  2.5.7 超细粉末橡胶辅助分散技术 … 84
  2.5.8 挤压造粒 … 85
2.6 聚合反应设备 … 87
  2.6.1 气相流化床聚合反应器 … 87
  2.6.2 环管反应器 … 90
  2.6.3 卧式搅拌床聚合反应器 … 94

2.7 聚合过程控制 ··· 96
　2.7.1 集散控制系统 ·· 96
　2.7.2 紧急停车系统 ·· 99
　2.7.3 先进控制技术 ··· 100
参考文献 ·· 103

第3章　聚丙烯树脂的结构、性能及应用——109

3.1 引言 ··· 109
3.2 聚丙烯的结构与性能 ··· 111
　3.2.1 等规聚丙烯的各项性能指标 ··· 111
　3.2.2 等规聚丙烯链结构、分子量及其对性能的影响 ···················· 116
　3.2.3 等规聚丙烯的结晶及其对性能的影响 ································ 120
　3.2.4 无规共聚聚丙烯的结构与性能 ·· 131
　3.2.5 共聚和共混聚丙烯多相材料的结构及性能 ·························· 133
3.3 聚丙烯树脂的微观结构表征 ··· 142
　3.3.1 凝胶渗透色谱分析 ·· 142
　3.3.2 光谱技术分析 ·· 145
　3.3.3 热力学分析 ··· 151
　3.3.4 X射线散射分析 ·· 153
　3.3.5 分级技术 ·· 156
3.4 聚丙烯粉料的稳定性 ··· 160
3.5 聚丙烯树脂的改性 ··· 161
　3.5.1 无机填料填充和增强聚丙烯 ··· 161
　3.5.2 聚丙烯的增韧 ·· 168
　3.5.3 聚丙烯的阻燃 ·· 172
参考文献 ·· 175

第4章　聚丙烯树脂的加工——182

4.1 引言 ··· 182
　4.1.1 聚丙烯的流动特性 ·· 182
　4.1.2 聚丙烯热性能 ·· 188
　4.1.3 聚丙烯的收缩和翘曲 ·· 192
　4.1.4 聚丙烯加工前处理 ·· 195
4.2 注塑 ··· 196
　4.2.1 注塑设备 ·· 196
　4.2.2 注塑加工工艺 ·· 197
　4.2.3 聚丙烯的注塑模具 ·· 198
　4.2.4 聚丙烯注塑常见问题 ·· 203
4.3 挤出 ··· 204

4.3.1	管材的加工	207
4.3.2	片/板材的加工	216
4.3.3	电线/电缆的加工	219
4.3.4	异型材和木塑复合材料的加工	220

4.4 纺丝 223
    4.4.1 长纤维的加工 223
    4.4.2 短纤维的加工 230
    4.4.3 纤维非织造布(无纺布)的加工 231

4.5 取向薄膜 240
    4.5.1 拉幅双轴取向薄膜的加工 240
    4.5.2 管状双轴取向薄膜的加工 246

4.6 非取向薄膜 249
    4.6.1 流延膜的加工 249
    4.6.2 吹膜的加工 252
    4.6.3 涂覆膜的加工 256

4.7 吹塑 257
    4.7.1 挤出吹塑成型 258
    4.7.2 注塑吹塑成型 261
    4.7.3 拉伸吹塑成型 263

4.8 发泡 264
    4.8.1 发泡过程 265
    4.8.2 微孔发泡 267
    4.8.3 珠粒发泡 270
    4.8.4 挤出发泡 272
    4.8.5 注塑发泡 274

4.9 热成型 275
    4.9.1 阳模成型 276
    4.9.2 阴模成型 278
    4.9.3 对模成型 279
    4.9.4 其他热成型方法 280

参考文献 281

第5章 聚丙烯塑料制品及其对原料树脂的要求 —— 284

5.1 注塑制品 284
    5.1.1 聚丙烯注塑制品应用领域 284
    5.1.2 注塑用聚丙烯树脂 286

5.2 挤出制品 289
    5.2.1 挤出制品及其应用 289
    5.2.2 挤出制品对原料树脂的要求 293

5.3 纺丝制品 ·· 295
　5.3.1 纺丝制品及其应用 ·· 295
　5.3.2 纺丝制品对原料树脂的要求 ······································ 297
5.4 取向薄膜制品 ·· 299
　5.4.1 BOPP 薄膜制品及其应用 ··· 299
　5.4.2 BOPP 薄膜制品对原料树脂的要求 ······························ 301
5.5 非取向薄膜制品 ·· 303
　5.5.1 非取向薄膜制品及其应用 ··· 303
　5.5.2 非取向薄膜制品对原料树脂的要求 ······························ 304
5.6 吹塑制品 ··· 305
　5.6.1 聚丙烯吹塑制品 ·· 306
　5.6.2 吹塑用聚丙烯树脂 ··· 306
5.7 发泡制品 ··· 308
　5.7.1 聚丙烯发泡制品应用领域 ··· 308
　5.7.2 发泡用聚丙烯树脂 ··· 308
5.8 热成型制品 ·· 311
　5.8.1 热成型聚丙烯制品 ··· 311
　5.8.2 热成型用聚丙烯树脂 ·· 311
参考文献 ·· 313

第 6 章　聚丙烯树脂生产和使用的安全与环保 —— 315

6.1 聚丙烯树脂的毒性及使用安全 ······································ 315
6.2 聚丙烯树脂安全数据信息 ·· 316
6.3 聚丙烯树脂生产和加工中的安全与防护 ························· 317
　6.3.1 反应物料的安全特性及防护措施 ······························· 317
　6.3.2 静电导致的危害及防范措施 ····································· 318
　6.3.3 聚丙烯安全生产重点环节 ··· 320
6.4 聚丙烯树脂的卫生环保检测认证及方法 ························· 321
　6.4.1 食品包装用聚丙烯材料 ··· 322
　6.4.2 管材用聚丙烯材料 ··· 325
　6.4.3 医用聚丙烯材料 ·· 327
　6.4.4 聚丙烯的 FDA 检测与认证 ······································ 328
　6.4.5 RoHS 检测与认证 ·· 330
　6.4.6 PAHs 检测与认证 ·· 331
参考文献 ·· 332

第 7 章　聚丙烯树脂的最新技术发展及展望 —— 334

7.1 概况 ··· 334
7.2 我国聚丙烯树脂产业面临的挑战与机遇 ························· 335

7.3 聚丙烯树脂生产技术的新进展及其展望 338
　　7.3.1 聚合工艺技术 338
　　7.3.2 茂金属聚丙烯 341
7.4 聚丙烯加工行业面临的挑战与机遇 343
7.5 聚丙烯树脂加工应用技术新进展及其展望 344
　　7.5.1 长纤维增强聚丙烯 344
　　7.5.2 聚丙烯纳米复合材料 346
　　7.5.3 流体辅助塑料成型技术 346
　　7.5.4 模内装饰技术 347
　　7.5.5 微发泡成型技术 348
参考文献 349

第8章 聚1-丁烯树脂的发展现状及展望 350

8.1 发展历史 350
8.2 聚1-丁烯树脂的特性 351
　　8.2.1 链结构 351
　　8.2.2 结晶行为 352
　　8.2.3 聚1-丁烯的玻璃化转变 356
　　8.2.4 聚1-丁烯的物理性能 356
8.3 聚1-丁烯树脂的生产 361
　　8.3.1 1-丁烯单体的生产 361
　　8.3.2 1-丁烯聚合催化体系 363
　　8.3.3 1-丁烯聚合反应机理 364
　　8.3.4 1-丁烯聚合动力学 364
　　8.3.5 1-丁烯与α-烯烃共聚合 365
　　8.3.6 等规聚1-丁烯的生产 366
8.4 聚1-丁烯树脂的反应 368
　　8.4.1 聚1-丁烯的氯化反应 368
　　8.4.2 聚1-丁烯的过氧化反应 369
　　8.4.3 聚1-丁烯降解和交联 370
　　8.4.4 聚1-丁烯嵌段共聚和接枝 371
8.5 聚1-丁烯树脂的应用 371
　　8.5.1 管材 371
　　8.5.2 薄膜 373
　　8.5.3 电缆与纤维 374
　　8.5.4 复合共混 374
　　8.5.5 其他用途 375
参考文献 376

附录 377

- 附录一 聚丙烯树脂主要牌号 …………………………………………… 377
- 附录二 中国聚丙烯树脂主要加工应用厂商与关键加工设备制造商 ……… 385
- 附录三 国内连续法聚丙烯装置一览表 ………………………………… 398
- 附录四 聚丙烯树脂用添加剂、催化剂的生产商 ……………………… 401
- 附录五 有关聚丙烯树脂的出版物 ……………………………………… 407

第 1 章 绪　言

本书对聚丙烯树脂的生产、加工和应用进行了较为系统的介绍，希望能够架起聚丙烯树脂生产和加工应用的桥梁。另外，聚 1-丁烯分子结构与聚丙烯相近，也是重要的聚烯烃产品。但是，目前其消费量不大，属于较小的合成树脂品种，难以单独成册，因此将相关内容作为本书的一章进行介绍。

1.1 聚丙烯树脂的发展历史

聚丙烯（polypropylene，PP）是以丙烯为单体聚合而成的聚合物，是塑料中消费量最大的品种之一，结构式为：

$$\mathrm{\{CH_2-CH\}}_n$$
$$\mathrm{CH_3}$$

聚丙烯可分为等规聚丙烯、间规聚丙烯和无规聚丙烯三类，它们的结构示意图如图 1-1 所示。人们通常称之为聚丙烯树脂的是所谓等规聚丙烯。在 1950 年前，也即 Z-N（Ziegler-Natta）催化剂发明之前，人们只能制备分子量很低的无规液态丙烯聚合物。科学家于 19 世纪 50 年代早期制备出了具有一定等规度的等规聚丙烯，为等规聚丙烯树脂的工业化奠定了基础。

等规聚丙烯从 20 世纪 60 年代开始工业化，从最初年产量几千吨很快发展到 5 万吨，1972 年世界总消费量达到 100 万吨，1988 年世界总消费量达到 1000 万吨，2005 年世界总消费量达到 4000 万吨，2010 年世界总消费量达到 5000 万吨以上。我国聚丙烯科研的起步并不晚，从 20 世纪 50 年代末中国石化北京化工研究院（原化学工业部北京化工研究院）就开始了聚丙烯催化剂和聚合工艺的研究，但我国聚丙烯产品工业化落后于西方国家。我国 1978 年才开发成功了间歇本体聚合工艺，1982 年采用炼油厂副产的丙烯原料使间歇本体聚合工艺实现了工业化，并很快被全面推广，2009 年我国间歇本体聚合工艺生产能力为 180 万吨/年。间歇本体聚合工艺也对海外进行了技术许可。我国聚丙烯工业是以引进技术为基础发展起来的，继兰化公司引进 0.5 万吨/年的聚丙烯工艺技术后，1976 年由当时的燕山石化引进了我

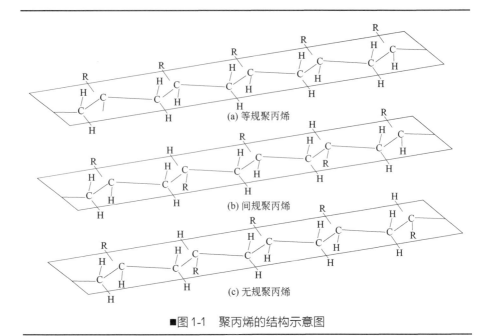

■图 1-1 聚丙烯的结构示意图

国第一套大型聚丙烯工业化装置,采用日本三井公司的釜式淤浆聚合工艺,生产能力为 8 万吨/年。1990 年齐鲁石化公司引进意大利 Himont 公司的环管本体聚合工艺技术投产,生产能力为 7 万吨/年。引进过程谈判中,我国与外方签订了重要协议,为我国聚丙烯工业技术的快速发展奠定了基础。1990 年以后,我国聚丙烯工业发展速度明显加快,2009 年表观消费量达到 1230 万吨(不含聚丙烯再生料),产量达到 820 万吨,自给率为 66.6%。必须指出的是,2009 年是世界经济危机发生后的特殊一年,我国经济迅速走出低谷,聚丙烯需求增加过快,导致自给率降低,实际上近年来我国聚丙烯树脂的自给率一直在不断提高,2008 年我国聚丙烯树脂的自给率在 73% 以上。

聚丙烯工业的发展史与聚丙烯催化剂的技术进步息息相关。Ziegler-Natta 催化剂发明之前,人类不能制备有实用价值的等规丙烯聚合物;当 Ziegler-Natta 催化剂的活性较低时,只能采用淤浆聚合工艺生产,并且必须有脱灰步骤,流程长,成本高;聚丙烯工业得到快速发展是高效丙烯聚合催化剂发明之后的事情;间规聚丙烯更是在单活性中心催化剂问世后才成为可能。我国聚丙烯工业的发展也与催化剂的发展密切相关。

我国的间歇本体聚合工艺技术早在 1970 年就已开发成功,但间歇本体聚合工艺真正得以快速发展是北京化工研究院的络合 II 型高效丙烯聚合催化剂问世后。

我国聚丙烯生产装置在投资和生产成本方面也得到大幅度降低。在我国不能生产高效聚丙烯催化剂之前,聚丙烯生产成本中,进口催化剂所占比重很大，在北京化工研究院开发的 N 型聚丙烯催化剂为代表的国产催化剂问世后，我国聚丙烯生产企业的成本得到大幅度降低。目前我国聚丙烯树脂生产企业使用的聚丙烯催化剂价格仅为进口催化剂最贵时的 1/4 以下。同时 N 型聚丙烯催化剂技术也开创了我国聚丙烯相关专利技术许可美国公司的先河，目前这一技术的对外专利许可费仍名列我国对外专利技术许可费前茅。

1980 年我国引进意大利 Himont 公司（现在的 Basell 公司）聚丙烯环管工艺技术时，与该公司签订了具有重要战略意义的协议。该协议明确规定，当我国聚丙烯生产能力达到 40 万吨/年以上时，我国可无偿使用该公司的聚丙烯环管工艺技术。这个协议为我国开发具有自由运作权的聚丙烯环管工艺技术打下了重要的基础。中国石化具有自由运作权的聚丙烯成套技术结合我国具有自主知识产权的 N-催化剂和球形 DQ-催化剂，工艺不断完善，技术水平越来越高，对国产催化剂越来越适应。单套装置生产能力从最初的 7 万吨/年，发展到 30 万吨/年，到 2010 年 6 月，采用该技术建设的聚丙烯装置生产能力已达到 300 万吨/年，大幅度降低了我国企业聚丙烯装置的建设成本和生产成本，为我国聚丙烯行业提高竞争力做出了巨大贡献。2000 年该技术获得国家科技进步一等奖。

随着我国对高性能聚丙烯树脂需求的不断增加，像高性能催化剂一样，高性能助剂的国产化也被提到议事日程上来。中国石化北京化工研究院以其世界首创的超细（可达纳米级）橡胶粒子技术为基础，开发了一系列高性能低成本、具有独立知识产权的聚丙烯用助剂，例如，高性能低成本高效聚丙烯 α 型结晶复合成核剂、β 型结晶复合成核剂和高性能低成本高效复合抗菌剂等，大幅度降低了我国聚丙烯生产企业生产高性能聚丙烯树脂的成本，提高了竞争能力。

我国聚丙烯工业的快速发展除受益于催化剂、工艺技术和助剂的国产化外，还受益于国家层面对基础研究的重视和产学研的合作。国家发展和改革委员会（原国家计委）于 20 世纪 90 年代批准在北京化工研究院建立了我国唯一的聚烯烃国家工程研究中心，使我国的聚烯烃研究机构具备了包括催化剂、工艺、材料加工改性等小试、中试及高分子物理和表征等全面的研究和开发能力。随后，1999 年和 2005 年国家科技部又连续两次批准设立了聚烯烃方面的"973"项目，即国家重点基础研究发展规划项目。"973"项目由大学教授、科学院研究员及企业的科研和工程技术人员共同承担，是产学研在聚烯烃方面的完美结合。该项目由企业界的科研人员提出技术需求，学术界的高水平学者从高分子物理的基础研究入手，从理论上对聚丙烯的结构与性能关系进行了深入研究。企业界技术人员又将基础研究的成果应用于工业生产。"973"项目研究了以 BOPP 为代表的聚丙烯无规共聚物和抗冲共聚物，基本解决了聚丙烯树脂新产品开发中遇到的高分子物理问题，为我国聚丙烯产业的快速发展做出了巨大的贡献。BOPP 的基础研究和工业应用技术获得了 2004 年国家科技进步二等奖。

第 1 章 绪言

目前，随着我国国民经济快速稳定的发展，我国聚丙烯产业迎来了难得的发展机遇，技术开发水平也不断提高。催化剂技术、高分子物理及微观结构表征、新型助剂的研发水平不断提高，工艺技术也取得了突破性进展，中国石化北京化工研究院发明的"非对称加给电子体"技术是工艺技术取得突破性进展的里程碑。该技术是一项具有独立知识产权的专利技术，可生产许多现有其他生产工艺所不能生产的高性能产品。

1.2 聚丙烯树脂的特性

聚丙烯树脂无毒、无味，密度小，强度、刚度、硬度、耐热性能优异，具有良好的电性能和绝缘性能，性能几乎不受湿度影响。常见的酸、碱有机溶剂对它也几乎不起作用。聚丙烯的主要缺点是：低温时较脆，韧性差；不耐磨、耐划伤性能差；易老化，特别是光老化性能较差。

聚丙烯树脂生产工艺一般为本体法或气相法聚合，除聚合时加入的少量催化剂和造粒时加入稳定剂外，不含其他物质，因而属于无毒、无味材料，不仅可用于食具、食品包装，也可用于医用材料。

聚丙烯树脂是部分结晶聚合物，具有较高的强度、刚度、硬度和耐热性能，熔点可达165℃以上。聚丙烯树脂的化学组成和聚集态结构还赋予其良好的电性能和绝缘性能，并且耐酸和碱，也具有耐有机溶剂和耐潮湿的性能。

聚丙烯树脂是塑料中密度最低的，只有 $0.9g/cm^3$。生产聚丙烯树脂的原料易得，制造成本不高，是一种性价比非常高的合成树脂，应用非常广泛。并且，应用领域不断扩展，是一种极有发展前途的合成树脂。

聚丙烯树脂也存在一些不足之处。聚丙烯分子的链缠结密度不高，玻璃化转变温度一般在 $-13\sim-1℃$ 之间，因而聚丙烯树脂低温时较脆，均聚物韧性较差，通常可通过聚合过程或共混方法加入橡胶，以提高其韧性。聚丙烯树脂一般不耐磨、耐划伤性能差，在特殊场合使用，例如汽车内饰和箱包等方面，需要通过改性以提高其耐划伤性能。另外，聚丙烯分子中存在叔碳氢，其抗老化性能，特别是抗光老化性能较差，对卤素非常敏感。不含抗氧剂的聚丙烯粉料通过较短时间阳光照射就会降解，因此，聚丙烯树脂中必须加入抗氧剂和抗卤素剂，在户外使用必须加入紫外线吸收剂。如果需要进行高能射线辐射消毒灭菌，还必须添加辐射稳定助剂。

1.3 聚丙烯树脂的分类及加工应用领域

聚丙烯可以有多种分类方法。通常分为均聚物和共聚物，均聚物又可分为等规聚丙烯、无规聚丙烯和间规聚丙烯三类，通常人们所说的聚丙烯树脂是指等规聚丙烯，无规聚丙烯和间规聚丙烯消费量很低。共聚物又可分为无规共聚物和多相共聚物，无规共聚物是指含有少量乙烯、丁烯的二元或三元无规共聚物；多相共聚物又称抗冲共聚物，是指在聚丙烯均聚或无规共聚物的连续相中存在橡胶分散相的聚合物材料，其制备方法是先在第一反应器制备聚丙烯均聚或无规共聚物，然后物料转移至第二反应器制备含有丙烯的橡胶（通常为有一定结晶性的乙丙橡胶）。这种多相共聚物过去被误认为聚丙烯均聚或无规共聚物与含有丙烯的橡胶之间存在化学键合，是一种嵌段共聚物，因此被错误地称为聚丙烯嵌段共聚物。后来试验证明在这类聚丙烯中嵌段共聚物基本不存在，所以，这种共聚物目前被称为聚丙烯多相共聚物或聚丙烯抗冲共聚物。

如果从高分子物理或分子结构角度对聚丙烯树脂进行分类，目前商业上被大量应用的聚丙烯树脂可简单地被分为两类，既无规共聚物和多相共聚物。所谓纯粹的均聚聚丙烯实际上是不存在的，因为均聚聚丙烯实际上是等规立构的丙烯链中无规共聚了少量反式结构的丙烯，其对聚丙烯性能的影响规律与无规共聚物相同。因此，在研究聚丙烯树脂结构与性能关系等高分子物理问题时只需要研究聚丙烯无规共聚物和多相共聚物。前面提到的"973"项目对聚丙烯无规共聚物和多相共聚物进行了深入的基础理论研究，可以说全面研究了大宗商业化聚丙烯中的重要高分子物理问题，对我国聚丙烯行业的发展将起到巨大的推动作用。

PP具有优异的可加工性能，可采用常规的热塑性塑料的加工方法进行成型加工，例如，以挤出加工、注塑加工、热成型加工和珠粒发泡等方法进行成型加工。

挤出加工成型是聚丙烯树脂最主要的加工方法，该方法是将聚丙烯树脂在挤出机中经加热、加压，使其成为熔融流动状态，然后从口模将其连续挤出而成型。用此方法可以生产聚丙烯吹塑薄膜、双向拉伸（取向）薄膜（BOPP）、流延薄膜（CPP）、复合薄膜、单向拉伸（取向）薄膜、撕裂薄膜（捆扎绳）、打包带、扁丝及其编织袋、管材、片材、单丝及其绳索、各种普通及其超细纤维、无纺布、挤出涂覆材料、挤出发泡材料和瓶子等制品。

由于熔体强度不高，聚丙烯不能使用普通空气冷却设备进行吹塑薄膜加工，要使用带水环冷却的吹膜设备。得到的薄膜制品透明，有一定强度，可以用于服装等的包装。聚丙烯流延薄膜（CPP）则广泛应用于食品、工业品的包装。聚丙烯可以与其他塑料或纸或金属复合生产多层复合薄膜。双向拉伸（取向）薄膜（BOPP）则是聚丙烯最重要的应用领域之一，我国是世界上最大的BOPP生产和消费国，2009年的生产能力就已超过了300万吨/年。BOPP薄膜的生产是将PP厚膜（平膜或管状膜）预热到接近熔融温度的某个温度，沿平膜的两个方向或沿管状膜的纵横向拉伸。由于BOPP薄膜在制造过程中经受过双向拉伸处理，使它具有优异的力学性能，特别是拉伸强度得到大幅度提高；此外，BOPP光学性能优良，透光率高，雾度低，耐热性好，可在121℃的高温下蒸煮使用，阻隔氧气、二氧化碳以及水蒸气透过的性能也得到明显改善，在食品包装、工业品包装、图书杂志的塑封、胶黏带、珠光膜和香烟包装等方面应用十分广泛。BOPP制造业对聚丙烯树脂提出了越来越高的要求，不仅拉伸速度从100m/min提高到500m/min，宽度也达到12m，而且要求溶剂可萃取物少、无晶点、透明度高、强度高、不断膜等。由于"973"项目出色的基础研究工作，我国BOPP树脂产品具有较高的水平，不但可生产共聚或均聚高速BOPP树脂，还可生产高速高挺度BOPP树脂以及高熔体强度BOPP树脂等，可满足我国BOPP薄膜生产企业生产超薄BOPP膜、发泡BOPP膜等产品的需要。值得一提的是，电容器用BOPP薄膜要求极低的杂质含量（灰分小于$20\mu g/g$），需要用具有脱灰单元的老工艺技术生产，我国目前全部需要依赖进口。中国石化北京化工研究院的科技人员正在开发高性能聚丙烯催化剂，试图在现有生产装置上生产出高纯度聚丙烯树脂。

通过单向拉伸（取向）的加工方法可生产聚丙烯撕裂薄膜（捆扎绳）、打包带、扁丝及其编织制品等。这是聚丙烯树脂在我国的另一主要应用领域，也是"小本体"聚丙烯树脂生产企业的传统市场。虽然这个应用领域对聚丙烯树脂的要求似乎不高，但对这方面的高端需求同样需要仔细控制聚丙烯的分子结构，对BOPP分子结构的认识同样可以在这方面得到应用。

聚丙烯管材和片材的用量尽管不太大，但是发展速度很快。例如，使用高分子量无规共聚PPR生产的聚丙烯热水管在建筑采暖中得到越来越广泛的应用；使用高分子量均聚PPH生产的聚丙烯管材在腐蚀性液体的输送中得到快速增长；使用高分子量多相共聚PPB生产的聚丙烯管材也在多种液体的输送中得到推广应用。随着高性能低成本β型PPR、β型PPH等新型聚丙烯管材树脂和产品的问世，聚丙烯管材树脂的用量会越来越大。"973"项目在聚丙烯管材树脂的基础理论方面也进行了深入的研究，加上我国在宽分子量分布聚丙烯用催化剂方面和高效复合β型聚丙烯成核剂方面所具有的专利技术和产品，我国可以生产各类高性能低成本聚丙烯管材专用树脂，产品具有很强的竞争力。

聚丙烯纤维又称丙纶，是一类重要的合成纤维产品。丙纶强力丝被认为是制备汽车安全带最理想的纤维材料，丙纶超细纤维则是制备高档体育服装的理想纤维材料，用丙纶纤维制备的无纺布则被认为是医疗卫生用一次性材料、尿不湿、卫生巾、超市用环保购物袋的理想材料。单丝及其绳索已被广泛应用于缆绳等方面。纤维用聚丙烯除树脂的分子量分布十分重要外，聚丙烯树脂的热稳定性更加重要，因普通聚丙烯树脂在熔融纺丝温度下会降解，影响纺丝的稳定性。

透明聚丙烯瓶子可被应用于热灌装，在瓶装茶水、果汁饮料等包装中已被大量应用。这种瓶子是采用挤出-吹塑的加工工艺制备的，即先用挤出机制备出熔融型坯,进入模具后再由压缩空气吹塑使之紧贴于模具表面被冷却成型为制品。具有一定熔体强度的均聚聚丙烯和无规共聚聚丙烯挤出涂覆专用材料也可被涂覆于纸、塑料等表面以提高材料的防水、防潮等性能。用量正在快速增加。

注塑是采用柱塞式或螺杆式注射机将聚丙烯熔解,然后注入模具,经保压、冷却后成型。采用注塑工艺可以制备各种聚丙烯家电、汽车、日用品和机械设备零部件等,聚丙烯瓶子也可采用注塑-吹塑工艺制备。还可采用注塑的方法制备发泡聚丙烯制品。

家电行业使用大量聚丙烯树脂,特别是抗冲聚丙烯树脂,例如洗衣机中绝大多数部件、电冰箱中的大部分塑料件和电风扇扇叶等。汽车的保险杠、仪表盘、门内板等使用了大量的聚丙烯树脂。目前,每辆轿车使用聚丙烯树脂在50kg左右,并且数量逐年提高。汽车的塑料件聚丙烯化正在成为汽车工业的一个重要的发展趋势,汽车将使用越来越多的聚丙烯树脂。我国已成为世界上最大的汽车生产国,对高性能聚丙烯树脂的需求会越来越大。注射聚丙烯制品在人们生活中应用越来越多,微波炉中使用的容器必须是对微波透明,又有一定耐热性的透明聚丙烯容器,城市家庭中使用越来越多的透明整理箱也是聚丙烯的注射制品。无论是采用环氧乙烷消毒灭菌,还是高能射线辐照消毒灭菌的医用一次性注射器都是采用透明聚丙烯制备的。

具有长支链或极宽分子量分布的高熔体强度聚丙烯树脂已被广泛应用于聚丙烯片材的热成型和发泡制品方面。聚丙烯发泡可以采用挤出发泡、注塑发泡和珠粒发泡三种方式。由于聚苯乙烯发泡材料被越来越严格地禁止,聚丙烯珠粒发泡制品正在被越来越广泛地使用。例如,电器的包装材料、工具箱、汽车顶棚、保险杠内的防震块,甚至轻钢建筑材料中的珠粒发泡材料也正在使用越来越多聚丙烯珠粒发泡材料。随着高熔体强度聚丙烯树脂制备工艺的改进和成本的降低,发泡聚丙烯材料会得到越来越广泛的应用。

聚丙烯经共混改性后应用更加广泛。在汽车、家电中使用的聚丙烯材料大多是经过共混改性的。例如,汽车的前后保险杠和仪表盘等;洗衣机、电冰箱和其他多种家电中使用的聚丙烯材料一般也要经过增韧、增强、接枝极性单体或加入抗静电剂等特殊助剂。但是,必须指出的是,随着聚丙烯聚合工艺技术的不断提高,越来越多的高性能聚丙烯材料已经可以不经共混改性,从聚合反应器直接制备。这样可以大幅度降低聚丙烯制品的成本,提高制品性能的稳定性,并且可以节能降耗,有利于环境保护。因此,从聚合反应器直接制备过去必须经过共混改性才能生产的高性能聚丙烯树脂将成为聚丙烯树脂工业的一个重要的发展趋势。例如,过去汽车保险杠用高性能聚丙烯材料必须经过共混改性才能满足汽车工业的要求,现在反应器直接生产的聚丙烯树脂已经成功应用于制备汽车保险杠。今后会有越来越多反应器直接生产的聚丙烯树脂代替共混改性树脂在汽车、家电等工业中应用。

聚丙烯的应用领域正在变得越来越宽广，新的应用领域层出不穷。例如，在锂离子电池隔膜、合成纸、"石头纸"等方面的应用增长很快。相信聚丙烯的市场会不断扩大，消费量会不断增加。

参 考 文 献

[1] Nello Pasquini. Polymer Handbook. 2nd edition. Munich：Carl Hanser Verlag，2005.
[2] 宋文波等．中国专利，ZL200610076310.7.
[3] ［罗马尼亚］瓦塞尔 C 主编．聚烯烃手册．第 2 版．李杨，乔金樑，陈伟等译．北京：中国石化出版社，2005.
[4] 张晓红，乔金樑，张凤茹，高健明，杨建华，阮文青．聚丙烯树脂稳定性的研究．合成树脂及塑料，2000，17（4）：7.

第 2 章 聚丙烯树脂的生产

2.1 引言

我国是聚丙烯生产、消费大国。截至 2010 年 8 月底，国内聚丙烯的总生产能力已经达到 1081 万吨/年。其中，连续法装置的生产能力为 899.6 万吨/年，约占总生产能力的 83.2%；间歇法装置生产能力为 181.4 万吨/年，约占总生产能力的 16.8%。2009 年国内聚丙烯产量 820.5 万吨，同比增长 11.6%。2010 年上半年我国聚丙烯的总产量达到 452.5 万吨，同比增长约 18.4%。2009 年国内聚丙烯表观消费量为 1232.3 万吨，同比增长约 22%。2010 年上半年表观消费量约 638.1 万吨，同比增长 10.7%。

聚丙烯生产技术可分为催化剂技术、工艺工程技术和产品技术。催化剂技术是聚丙烯生产技术的核心，催化剂的进步促进着聚丙烯工业的发展。尽管 Lyondell Basell 公司、NTH（Novolen Technology Holdings）公司、JPP 公司等相继推出了茂金属聚丙烯技术和产品，但受生产成本、产品性价比等因素的影响，未来相当长一段时期，传统的 Ziegler-Natta 催化剂仍是聚丙烯生产的主流催化剂。工艺和工程技术开发以高性能产品的生产和提高装置运行的经济性为目标，近年来在反应器技术、特种产品生产技术、装置大型化以及先进控制技术等方面均取得了显著的进步。聚丙烯产品技术在聚丙烯生产技术中也占有非常重要的地位，好的催化剂和工艺技术如果用于生产普通聚丙烯产品，装置的竞争力也会受到限制。对于聚丙烯结构与性能关系、结构控制技术、改性技术的充分掌握，是实现聚丙烯生产经济效益提升的最重要手段。本章将就聚丙烯树脂生产相关的催化剂、原料供应、聚合工艺与工程等方面的技术发展现状予以介绍。

2.2 催化剂与单体

2.2.1 聚合催化剂

催化剂是聚丙烯工业的核心技术，也是聚丙烯产业发展的主要推动力。

催化剂对聚丙烯产品的性能，如分子量及其分布、产品形态、分子结构的规整度等均产生重要的影响。催化剂技术的进步是提高聚丙烯性能、降低生产成本的重要因素之一，而催化剂的研究开发也一直是学术界和产业界关注的焦点和热点。自 1954 年用 $TiCl_3$-AlR_3 催化剂合成出等规聚丙烯以来，聚丙烯催化剂历经半个世纪的发展，至今已经出现了三次重大突破，形成了几大系列的催化体系，即传统的 Ziegler-Natta 催化剂、茂金属催化剂和非茂金属配合物催化剂。它们各具特色、相互补充、共同发展，在聚烯烃材料的生产和研究中发挥着重要的作用。

2.2.1.1 Ziegler-Natta 催化剂

(1) Ziegler-Natta 催化剂的发展历程　20 世纪 50 年代初，德国科学家 Ziegler 首先发现了 $TiCl_4$/AlR_3 混合物可以催化乙烯聚合；继 Ziegler 之后，意大利科学家 Natta 于 1954 年首先将此催化体系成功地应用于丙烯聚合，得到了等规度达 30%～40% 的聚丙烯。之后他很快认识到，用结晶 $TiCl_3$ 替代可溶性的 $TiCl_4$ 能够得到等规度高达 80%～90% 的聚合物。早期聚丙烯工业生产采用的催化剂是 $TiCl_3$/$AlEt_2Cl$，其产率和立体选择性都比较差，等规度（即等规聚合物占总聚合物的分数）仅有 90% 左右。因此，聚合物需要经过脱灰（脱除催化剂残渣即灰分）、脱无规（脱除无规立构聚合物）等后处理程序后才能得到。很快，Natta 小组及其他工业实验室的研究发现，通过长时间研磨铝还原的 $TiCl_3$（其中包含共结晶的 $AlCl_3$）或者 $TiCl_3$ 和 $AlCl_3$ 混合物可以得到活性比纯 $TiCl_3$ 还高的催化剂，这种催化剂被命名为 AA-$TiCl_3$，此即为第一代的聚丙烯 Ziegler-Natta 催化剂，于 1959 年实现工业化应用。但是，这种催化剂的产率和立体选择性仍然很低，而且仍然需要脱灰和脱无规，同时聚合物的形态也比较差。

20 世纪 70 年代早期，Solvay 公司制得了比常规 AA-$TiCl_3$ 的比表面积更大（AA-$TiCl_3$ 的比表面积约为 30～40m^2/g，而新催化剂的比表面积 $\geqslant$150m^2/g）的 $TiCl_3$ 催化剂；催化活性提高了约 5 倍，等规度高达 95%。这种催化剂被称为 "Solvay" 催化剂，是具有代表性的第二代 Ziegler-Natta 催化剂。60 年代末期，人们发现"活化"的 $MgCl_2$ 是卤化钛的理想载体，催化剂用于丙烯和乙烯聚合的活性和聚合物形态得到大幅度提高，之后，人们又发现通过添加适合的 Lewis 碱，催化剂的立构定向性也能得到提高。这是聚丙烯催化剂开发历程中的一次重大突破。通常，在催化剂合成时加入的 Lewis 碱被称为"内给电子体"（Di）；聚合时以 AlR_3 为助催化剂，加入的第二种 Lewis 碱被称为"外给电子体"（De）。这种以 $MgCl_2$ 为载体，用给电子体调节的催化剂是第三代催化剂的前身。其中所使用的内给电子体为苯甲酸乙酯（EB），外给电子体为甲基苯甲酸甲酯（MPT）。尽管这类催化剂有活性高、不需要清除残渣等优点，但其定向能力还不够理想，仍然有 6%～10% 的无规聚合物存在。以后的研究则主要集中于高效催化剂的合成和内外给电子体的有效结合上。随着催化剂合成的进步，产生了一种新的高活性和立体选择性的催化剂，发明者称之为超高活性催化剂。这种催化剂虽然仍使用苯甲酸酯类作为给电子体，但具有超高的产率和等规度，因此不需要分离无规聚合物。

20世纪80年代初，人们发现采用邻苯二甲酸酯为内给电子体、三乙基铝为助催化剂、烷氧基硅烷为外给电子体的催化剂体系，催化活性大幅度提高，并可得到高立构规整度的聚丙烯。采用氯化镁载体负载后，这类催化剂具有很好的"复形效应"，能够控制催化剂的形状和大小，有利于高性能聚丙烯产品的生产，这类催化剂被称为第四代Ziegler-Natta催化剂。目前，这种催化剂仍是聚丙烯工业生产中使用最为广泛的催化剂，如中国石化北京化工研究院开发的N、DQ系列催化剂，原Himont公司开发的GF-2A、FT4S催化剂，三井公司开发的TK系列催化剂，中科院化学所开发的CS系列催化剂等。

20世纪80年代后期，出现了一种以1,3-二醚类化合物作为内给电子体的催化剂，能表现出很高的聚合活性和等规度，可不加外给电子体，聚丙烯的分子量分布较窄。之后又出现了一类以琥珀酸酯类化合物作为内给电子体合成的催化剂，得到的聚丙烯分子量分布较宽。目前，这两种催化剂都已得到工业规模的应用，成为新一代丙烯聚合催化剂，被称为第五代Ziegler-Natta催化剂。

近年来，国内企业及科研单位也致力于新一代催化剂的开发，如中国石化北京化工研究院开发出了以二醇酯为内给电子体的ND、NDQ催化剂。该类催化剂用于丙烯聚合具有活性和定向能力高，所得聚丙烯分子量分布较宽的特点，适用于薄膜和管材等制品用树脂的生产。目前，该催化剂正处于工业应用和推广之中。向阳科化集团开发的用9,9-双（甲氧基甲基）芴化合物制备的二醚类催化剂，具有氢调敏感性好的特点，可不加外给电子体使用。不同Ziegler-Natta催化剂的性能对比见表2-1。

■表2-1 不同Ziegler-Natta催化剂的性能对比

年份	催化剂	活性/(kg PP/g cat)	等规度（质量分数）/%	[mmmm]（摩尔分数）/%	M_w/M_n	氢调敏感性
1954	δ-$TiCl_3$·$0.33AlCl_3$ + $AlEt_2Cl$	2~4	90~94			低
1970	δ-$TiCl_3$ + $AlEt_2Cl$	10~15	94~97			低
1968	$MgCl_2/TiCl_4$ + AlR_3	15	40	50~60		
1971	$MgCl_2/TiCl_4$/苯甲酸酯 + AlR_3/苯甲酸酯	15~30	95~97	90~94	8~10	低
1980	$MgCl_2/TiCl_4$/邻苯二甲酸酯 + AlR_3/硅氧烷	40~70	95~99	94~99	6.5~8	中等
1988	$MgCl_2/TiCl_4$/二酯 + AlR_3	100~130	95~98	95~97	5~5.5	很高
	$MgCl_2/TiCl_4$/二醚 + AlR_3/硅氧烷	70~100	98~99	97~99	4.5~5	高
1999	$MgCl_2/TiCl_4$/琥珀酸酯 + AlR_3/硅氧烷	40~70	95~99	95~99	10~15	中等

(2) 制备方法 理论上具有层状结构的载体（如$MgBr_2$、$MnCl_2$等）均可以用来制备催化丙烯聚合的立构选择性催化剂，但实践证明，迄今为止

$MgCl_2$ 仍是工业上应用最多、效果最好的丙烯聚合催化剂载体。作为制备 $MgCl_2$ 载体的原料可以是有机或无机镁化合物,最常用的是无水 $MgCl_2$。根据采用的 $MgCl_2$ 前体不同以及制备过程中钛化合物与给电子体结合工艺不同,制备方法多种多样。制备 $MgCl_2$ 载体催化剂的方法主要有三类:第一类为纯粹的机械方法,通常是球磨机研磨制备催化剂,也称研磨法;第二类为研磨-化学反应法,即研磨后再进行化学反应;第三类为化学反应法。研磨法和研磨-化学反应法具有操作简单、成本较低的特点,但是其对于颗粒的形态控制较弱。化学反应法是通过化学反应活化,然后用 $TiCl_4$ 进行处理,得到 $MgCl_2$ 载体催化剂的方法。通过控制反应条件可以得到形态好、比表面积高的活性载体。使得催化剂和聚合物的粒子形状、大小和粒径分布可控。根据反应试剂和反应类型的不同,化学反应法可分为以下四类:①首先 $MgCl_2$ 与 Lewis 碱(如醇)反应生成配合物;之后用内给电子体和过量 $TiCl_4$ 处理(同时或者分步进行),可以用芳香烃或卤化烃为溶剂稀释;然后用过量烃类溶剂洗涤。最初生成的配合物可能经热或化学作用(烷基铝、$SiCl_4$ 等)分解产生活化的 $MgCl_2$。②与①方法类似,用芳香烃或卤化烃作为溶剂,用内给电子体和过量的 $TiCl_4$ 处理固体 $Mg(OR)_2$ 或 $Mg(OR)Cl$ [有时从格氏试剂+$Si(OR)_4$ 制备开始] 得到催化剂。在这种方法中,通过 Mg 化合物与 $TiCl_4$ 反应生成活化的 $MgCl_2$,副产物(烷氧基钛)可以通过钛处理之后的洗涤过程中除去。③首先通过 MgR_2 或 MgRCl(可选择分散在 SiO_2、Al_2O_3 或其他载体上)与氯化试剂反应生成活化的 $MgCl_2$,然后采用与前面类似的方法用内给电子体和过量 $TiCl_4$ 进行热处理。④首先选用合适的溶剂制备 $MgCl_2$ 或其他 Mg 化合物如 $Mg(OR)_2$、$Mg(OCOR)_2$、MgR_2 等溶液,常用的溶剂有醇、三烷基膦、$Ti(OR)_4$、环氧氯丙烷等。之后可以用氯化试剂处理的方法沉淀析出 $MgCl_2$,然后用前述的方法再来负载 Ti 和内给电子体;或者直接用内给电子体和过量 $TiCl_4$ 处理得到的 Mg 化合物溶液。

通过控制 $MgCl_2$ 析出条件,可以制得球形载体并由此得到形态和流动性俱佳的球形催化剂。合成球形催化剂的一般方法是:先用 $MgCl_2$ 和醇类(通常是乙醇)反应得到 $MgCl_2$ 醇合物并通过不同的方法得到球形载体,再用给电子体和 $TiCl_4$ 进行处理,经过洗涤、干燥得到球形催化剂。根据 $MgCl_2$ 醇合物的分散及固化为球形颗粒的工艺不同,球形载体的制备方法有多种,如高速搅拌分散后急冷固化(高搅法)、高压挤出后急冷固化(高压挤出法)及喷雾冷却(喷雾法)等。

(3) $MgCl_2$ 的结构 催化剂的关键组分是活化的 $MgCl_2$ 或称 δ-$MgCl_2$。无水 $MgCl_2$ 晶型一般为 α-$MgCl_2$,结构规整,比表面积小,载钛量较低,催化活性低。因此,采用 $MgCl_2$ 作为载体时需先进行活化,使 α-晶型转变为 δ-晶型,增加比表面积。δ-$MgCl_2$ 为无序结构,由于 Cl-Mg-Cl 结构层间相对移动和旋转,使堆积方式发生错位,成为结构缺陷。这种晶型转变在 X

射线衍射图（XRD）上表现为（104）面衍射峰逐渐消失，代之以在 $2\theta=28°\sim38°$ 产生了一个宽的弥散峰（图 2-1）。

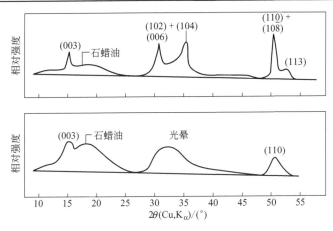

■图 2-1　不同活化程度的 $MgCl_2$ 的粉末 X 射线衍射图

研究发现，在活化过程中 $MgCl_2$ 晶体破裂，优先产生对应于（100）和（110）面的横切面。尽管没有关于（100）和（110）面相对含量的实验数据，但是通过晶格电子能的理论计算，发现（110）面的能量较低，所以活化的 $MgCl_2$ 中含有较多的与（110）面相当的切面。根据电中性原理，这两个横切面应含有配位不饱和 Mg^{2+}，其中（110）面 Mg^{2+} 的配位数为 4，（100）面 Mg^{2+} 的配位数为 5。由于 Mg^{2+} 的离子半径为 0.65Å❶，与 Ti^{4+} 的离子半径 0.68Å 很接近，催化剂制备过程中 $TiCl_4$ 可以与这些处于配位不饱和的（100）和（110）面的 Mg 原子通过双氯桥键形成稳定的配合物，如图 2-2 和图 2-3 所示。

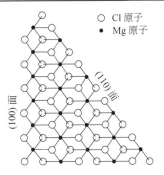

■图 2-2　$MgCl_2$ 的（100）和（110）面的模型图

---

❶ 1Å＝0.1nm。

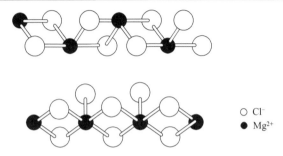

■图2-3 Mg原子在$MgCl_2$（110）（上）和（100）（下）层面上的配位

另外，研究发现在$MgCl_2$晶体表面，位于不同位置的边或角上的Lewis酸中心呈现出不同的酸强度和空间位阻，这一点可以通过与不同强度和不同空间位阻的Lewis碱反应得到证实，而且与红外（IR）和电子自旋共振（ESR）分析结果一致。总之，催化剂中的活性$MgCl_2$载体可以被看成是许多微晶的聚集体，而这些微晶的表面附着了大量裸露的Mg^{2+}。这些Mg^{2+}具有不同的饱和度、Lewis酸性和空间位阻，因而可以与其他催化剂组分进行配位反应。

(4) 催化剂组成及各组分间的相互作用　聚丙烯工业中广泛采用的Ziegler-Natta催化体系由主催化剂、助催化剂和外给电子体组成。其中，主催化剂一般含有$TiCl_4/MgCl_2/Di$，各组分在催化剂中的含量和比例如下：

$TiCl_4$＝4％～20％

内给电子体（Di）＝5％～20％

$MgCl_2$＝55％～80％

按物质的量计，其比率如下：

$TiCl_4/MgCl_2$＝0.02～0.16

$Di/MgCl_2$＝0.04～0.22

$TiCl_4/Di$＝0.3～1.6

可见，在Ziegler-Natta催化剂中$MgCl_2$作为催化剂的主要组分，其量往往大于$TiCl_4$和内给电子体的量。此外，催化剂中Ti和Di的含量往往成相互补充的关系，至少化学法制备的催化剂常常是这样的。Ziegler-Natta催化体系中各组分之间的作用十分复杂，至今没有明确的结论。为了了解催化剂组分之间的相互作用情况，人们对合成的催化剂及模型化合物（$MgCl_2$/Di、$TiCl_4$/Di、$TiCl_4$/$MgCl_2$、$TiCl_4$/Di/$MgCl_2$等配合物或者共研磨的混合物）进行了红外（IR）、核磁（NMR）以及热分析（TGA）等分析研究。结果表明，单官能团和双官能团给电子体基本上是与Mg配合而不是与钛配位的，配合物的结构因给电子体的不同而不同。双官能团Lewis碱能与

（110）面的四配位 Mg 原子形成 1∶1 的配合物，或与（100）面上相邻的五配位 Mg 原子形成 1∶2 的配合物。

至于 TiCl$_4$ 键合问题，在缺少有力的光谱证据的情况下，一种以能量计算为依据，基于在不同 MgCl$_2$ 表面的外延吸附情况建立的模型得到人们的广泛认可。Cooradini 和他的同事认为，相比于（110）面，TiCl$_4$ 主要在 MgCl$_2$（100）面上配位。此外，能量计算表明，TiCl$_4$ 在 MgCl$_2$（100）面的配位以二聚体 Ti$_2$Cl$_8$ 的形式出现，而在（110）面的配位则常以单体形式出现，这样更符合能量最低的原则。图 2-4 为用烷基铝还原前后 TiCl$_4$ 在 MgCl$_2$（110）面和（100）面的配位的情况。

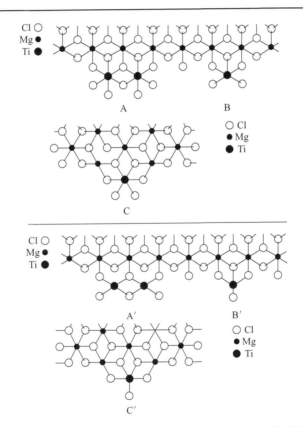

■图 2-4　TiCl$_4$ 在 MgCl$_2$（100）（A 和 B）和（110）（C）面的配位模型及经烷基铝活化后的 TiCl$_4$ 的配位模型（A′、B′和 C′）

Chein 提出类似的模型，他假设 MgCl$_2$（110）面的 Ti 原子为四配位而不是六配位。由于 TiCl$_4$ 更易在 MgCl$_2$（100）面配位，MgCl$_2$（100）面更易被二聚体 Ti$_2$Cl$_8$ 占据，而 MgCl$_2$（110）面则被 Lewis 碱占据。图 2-5 大致给出了在烷基铝还原前后催化剂中各组分在 MgCl$_2$ 载体上的分布示意图。

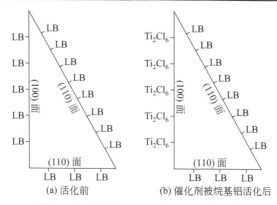

■图 2-5　Lewis 碱和 Ti 化合物在 $MgCl_2$（110）和（100）面上的分布示意图

以上这些模型是解释 Lewis 碱立体选择作用的理论基础，是这类催化剂的基本特征。从上一节关于 Zielger-Natta 催化剂的发展历程的讨论可以看出，内外给电子体对于 Zielger-Natta 催化体系的催化性能起着十分重要的作用，关于内外给电子体将在下一节中进行讨论。

在 Ziegler-Natta 催化体系中所用的助催化剂一般为三烷基铝，最常用的是三乙基铝（TEA）或三异丁基铝（TIBA），又以三乙基铝使用最为普遍。氯化烷基铝也可以作为助催化剂，但性能较差，只能与三烷基铝配合使用。研究表明，助催化剂的主要作用是将 $TiCl_4$ 还原成 $TiCl_3$，并生成 Ti—C 键；同时，它能与外给电子体结合，再与活性中心配合，进一步提高活性中心的立构定向性；此外，助催化剂的另外一个重要的作用是作为除杂剂，清除聚合反应系统中的有害杂质，防止催化剂失活。此外，在 Ziegler-Natta 催化体系中，所用的外给电子体类型由所用的内给电子体类型决定，内外给电子体需要配合使用才能达到催化活性、定向能力俱佳的催化效果。当 Di 是芳香单酯（如 EB）时，一般应选用同类型的单酯类化合物作为外给电子体，如对甲基苯甲酸甲酯（MPT）、茴香酸乙酯（EA）、对乙氧基苯甲酸乙酯（PEEB）等。而当 Di 为邻苯二甲酸酯（或二醚）时，一般采用烷基硅氧烷或哌啶类化合物作为外给电子体。如 2,2,6,6-四甲基哌啶（TMP）与二酯配合很好，但与单酯配合效果较差。无论用什么作为外给电子体，由于其碱性和 AlR_3 的酸性，两个化合物之间多少会产生复杂的相互作用。

所有类型的外给电子体很容易与助催化剂 AlR_3 形成配合物。AlR_3 与硅烷形成配合物较稳定；而对于芳香酯来说，其与 AlR_3 形成配合物能够发生进一步的反应，破坏酯分子，因而得到立体规整性不好的产物。在这一过程中，真正的助催化剂是一个混合物，它包括过量的 AlR_3、未转化的 AlR_3/酯配合物以及不同种类的烷氧基铝混合物。

（5）**催化剂及聚合物形态**　催化剂和聚合物形态主要是指其粒子形状、

粒径大小及分布、孔隙率等。形态的好坏会影响催化剂和聚合物的流动性、反应器的生产能力和聚合物质量，以及下游的加工过程等。形态好催化剂和聚合物一般应具有颗粒形状规整、粒径分布窄、堆密度高、多孔性好的特点。早在聚丙烯工业刚刚起步时，人们就发现大部分的聚合物有复制母体催化剂形貌特征的现象，这种现象被称为复形现象，与聚合过程中催化剂颗粒是如何增长的密切相关。非均相 Ziegler-Natta 催化剂的这种复形现象可以用来实现对聚合物粒子形态的控制。Pater 等采用 $MgCl_2$ 载体微球催化剂，观察到了催化剂的破碎现象以及催化剂微粒子的迁移现象。尤其是在聚合初期，催化剂微粒子分散在聚丙烯微球内，聚合反应的进行促使催化剂进一步破碎、迁移、催化剂碎片向其表面聚集。其结果与 Norist 等的报道相结合，可以总结出代表了 $MgCl_2$ 载体催化剂催化丙烯聚合过程中的聚合物粒子增长机理，如图 2-6 所示。

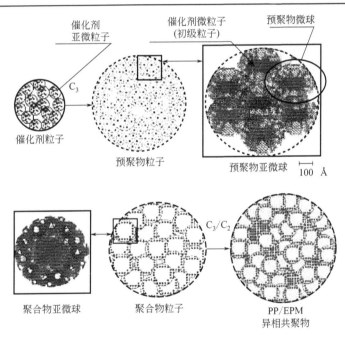

■图 2-6 球形 $MgCl_2/TiCl_4$ 催化剂上聚丙烯粒子增长机理示意图

催化剂粒子或催化剂大颗粒是由成千上万个非常小的 $MgCl_2$ 微晶（或初级粒子）和较大的微粒子的聚集体（亚微粒子）所组成的。在聚合初期，单体扩散到催化剂微粒的周围形成聚合物微球。随着聚合的进行，催化剂微粒破碎成更小的粒子，而聚合物微球在相应的亚微粒子内聚集，形成相对致密的较大聚集体（亚微球）。同时催化剂碎片向聚合物微球表面迁移聚集，形成有效的活性中心，在聚合物微球表面继续增长。可以看出，聚合物大颗粒不仅大部分地复制了母体催化剂的形状，而且还复制了它的形态构造和空隙，催化剂亚微粒子之间的空洞被复制成为聚合物亚微球之间的空洞。

聚丙烯增长机理的另一个重要技术提示是进行催化剂的预聚合，即在进入主反应器之前，催化剂首先在温和的温度或单体浓度下进行低倍数的预聚合，以控制初始粒子增长速率和粒子形态，防止聚合过程中颗粒的破碎，改善聚合物形态。

(6) Ziegler-Natta 催化剂发展与展望　自从 Ziegler-Natta 催化剂被发现以来，不断增加的工业生产需求是其不断发展进步的主要动力。从20世纪60年代以来，该领域发生许多重大的科学技术突破，例如：发现活性 $MgCl_2$ 作为 Ti 化合物的载体；发现给电子体具有提高立构规整性的作用；实现了催化剂形态和聚合物形态的完全控制等。这些进步不仅在当时引起了巨大的轰动，还使 Ziegler-Natta 催化剂和聚丙烯工业发展达到了前所未有的水平。Ziegler-Natta 催化剂的研发一直是聚丙烯行业关注的焦点，近年来的研究更倾向于为促进产品革新的高性能催化剂开发，尤其更加关注对氢气的敏感性、产品的立构规整性、分子量分布以及共聚单体竞聚率、插入和分布的精确控制。在这种催化剂体系中给电子体的作用和新型给电子体的研究仍是研究的重点之一。邻苯二甲酸酯类催化体系是一类能够覆盖大部分聚丙烯性能和应用的多功能、多用途的催化剂体系。而二醚和琥珀酸酯等催化体系可以认为是特殊或专门的催化剂体系，它们的出现大大拓宽了 Ziegler-Natta 催化剂的应用领域和可以生产的聚丙烯产品的范围。二醚类催化剂覆盖了要求窄分子量分布和高流动速率树脂的应用领域，而琥珀酸酯类催化剂则覆盖了需要宽分子量分布树脂的应用领域。现在，这几类催化剂互相补充，能够生产的聚丙烯产品能够覆盖许多应用领域。关于给电子体的作用及研究进展将在下一节中继续讨论。

多种催化剂复合技术的开发研究可能成为未来另一个重要研究方向。包括不同给电子体或不同催化剂复合，使聚合所得的树脂综合性能提高；或将催化剂和聚合工艺结合，即"多催化剂颗粒反应器技术（MRGT）"，如由 Himont 公司开发的 Hivalloy 技术等。

2.2.1.2 茂金属催化剂

早在 Ziegler-Natta 催化剂发展的初期 Natta 和 Breslow 就曾提出，第Ⅳ族过渡金属（Ti、Zr、Hf）双环戊二烯基化合物可作为可溶且结构可控的烯烃聚合催化剂模型。然而，这类化合物的催化活性很低且不可重现。直到20世纪70年代末，Sinn 和 Kaminsky 发现用部分水解的 $AlMe_3$ 作为助催化剂，以二茂锆化合物为主催化剂组成的均相催化剂体系，可使乙烯的聚合活性提高几个数量级，而且还能催化丙烯聚合。不久，他们确定甲基铝氧烷（MAO）是茂金属催化剂有效的活化剂。从此，二茂锆由"模型催化剂"提升为一类高效的乙烯聚合催化剂。这个发现是催化烯烃聚合研究领域中的一个重要突破。这类催化剂一般含有一个或者多个环戊二烯环或含有环戊二烯环的多环化结构（如茚基、芴基），通称为茂金属催化剂。近几十年来，茂金属催化剂的研发和工业化已成为聚烯烃领域各大研究机构和生产厂商关注的热点之一。

(1) 茂金属催化体系的组成及特点　区别于非均相的负载化的传统 Ziegler-Natta 催化体系，茂金属催化剂是一类有特定结构的单活性中心均相催化剂。茂金属催化体系主要由中心金属、配体和活化剂（也称助催化剂）组成。前过渡和后过渡金属都能催化丙烯聚合，但只有钛和锆与合适配体结合形成的催化剂催化丙烯聚合的催化效率具有应用前景。并不是所有的金属和配体都能形成高效的催化剂，在这一技术领域中，配体结构对催化剂性能起关键作用，只有含有适当取代基的配体与最合适的过渡金属原子结合才能形成高效的催化剂。

对于前过渡金属，采用的配体一般是环戊二烯基、茚基、芴基及它们的衍生物，酰胺、醇盐和亚胺。通常环戊二烯基/酰胺配体与钛配位得到的催化剂活性较高，典型代表是 Dow 化学公司开发的限定几何构型催化剂（CGC），它由一个环戊二烯基和一个杂原子基（N）与过渡金属构成 [图 2-7(b)]；双环戊二烯基配体与锆形成最高活性的催化剂，用于丙烯聚合的茂金属催化剂基本上是这一类。这是一种类四面体结构的有机金属化合物，其结构为第Ⅳ族过渡金属原子与两个环戊二烯（Cp）衍生物用共价键结合，另外还可与其他基团（如卤素、烷基、烷氧基等）用共价键结合，由此形成具有一定倾斜角度的、类似夹心饼干结构的有机金属化合物 [图 2-7(a)]。

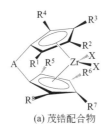

　　　(a) 茂锆配合物　　　(b) 环戊二烯基亚胺钛配合物

■图 2-7　茂锆配合物和环戊二烯基亚胺钛配合物的一般结构

茂金属催化剂在催化烯烃聚合反应时通常需要适当的助催化剂活化，正如前面所提到的，甲基铝氧烷作为有效的活化剂这一发现大大促进了茂金属催化剂的发展。自从茂金属催化剂活性中心的阳离子性质被确定后，除 MAO 以外的一些其他活化剂也陆续被发现，如硼化合物等（图 2-8）。在茂金属催化体系中，活化剂主要起以下三个方面作用：①使茂金属化合物烷基化；②与茂金属化合物相互作用，产生阳离子活性中心；③清除系统中的杂质，使阳离子活性中心得以稳定存在。

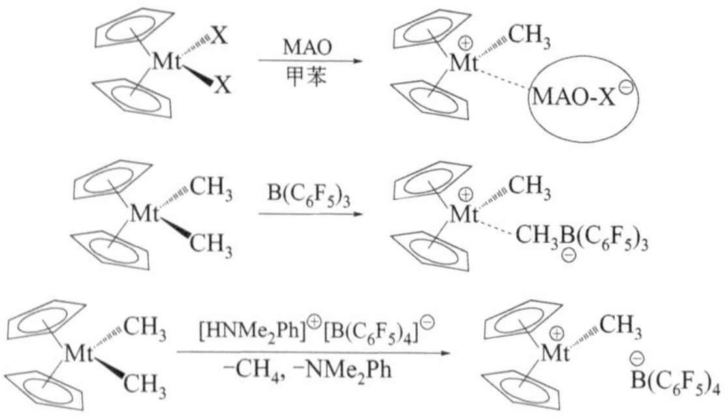

■图 2-8　茂金属活化过程实例

与传统的非均相 Ziegler-Natta 催化剂相比，茂金属催化剂具有以下特点：①催化剂结构明确可控，可以通过改变茂金属催化剂结构对聚合物分子链进行设计、剪裁，制备出具有各种特定微观结构和组成的聚烯烃；②作为均相催化剂，茂金属催化剂得到的聚烯烃产品分子量分布窄，组成更加均一；③催化活性高，并且具有优异的共聚性能。茂金属工业技术已被证明是合成高价值聚烯烃的最有力工具；它们较 Ziegler-Natta 催化剂更能精确调控聚合物的性质，为开发具有较好特性的新型聚丙烯树脂开辟了新的领域。茂金属催化剂的出现与发展，使得可以通过配位聚合方法得到的聚丙烯产品种类及性能得到了拓宽，使合成以往采用非均相催化剂不能得到的聚合物成为了可能。关于茂金属催化剂的理论研究很多，这里仅选取部分具有代表性的例子作为介绍。

(2) **配体设计与产品性能**　在茂金属催化剂体系中催化剂的结构设计十分重要，大量研究结果表明，通过调控茂金属配体结构可以得到具有从无规到间规、等规，具有不同立构规整度以及不同共聚物组成的聚丙烯基树脂。由于某些特定结构的茂金属催化剂得到的无规聚丙烯具有较高分子量和无结晶性质的特点，使聚丙烯产品表现出较好的弹性和光学性质，采用茂金属催化剂制备无规聚丙烯引起人们的关注。第一个用于合成高分子量无规聚丙烯的茂金属催化剂，即 C_{2v}-对称的 $Me_2SiFlu_2ZrCl_2$ 催化剂 1，如图 2-9 所示。另外两个配合物也是合成高分子量 a-PP 的催化剂，分别是 Dow 化学公司的"限制几何构型"催化剂 2 和催化剂 3 的内消旋异构体。

1995 年，Waymouth 等合成了同时具有内消旋和外消旋结构并能够相互转化的非桥联的茂金属催化剂 $(2\text{-Ph-Ind})_2ZrCl_2$，如图 2-10 所示。其中，外消旋体使丙烯聚合为全同立构的聚丙烯链，而内消旋体使丙烯聚合得到无规的聚丙烯链段，链段的长度由外消旋体和内消旋体的转化速率与单体的插入速率决定。通过改变聚合条件，可以制备出具有不同微观结构的聚丙烯。该研究小组通过改变苯基上的取代基，还开发了许多其他具有类似性质的聚丙烯茂金属催化剂。

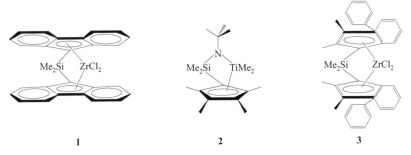

■图 2-9　制备高分子量 a-PP 的茂金属催化剂实例

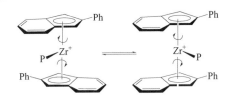

■图 2-10　茂金属化合物 $(2\text{-Ph-Ind})_2ZrCl_2$ 内外消旋体结构

Ewen 及其合作者的研究发现，C_S-对称的茂金属催化剂通过活性位可控 1,2-聚合能得到高间规度和完全区域有规的聚丙烯，这是生产间规聚丙烯的显著突破，如图 2-11 所示。这一发现不仅产生一种新的塑料，而且是茂金属催化剂双重活性中心聚合机理的证明。从那时起这个机理已被许多研究所证实，它使 Ewen 和其他研究者能通过对茂金属催化剂配体框架结构的修饰而达到对聚丙烯微观结构的完全控制。

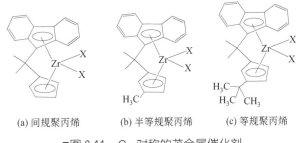

(a) 间规聚丙烯　　(b) 半等规聚丙烯　　(c) 等规聚丙烯

■图 2-11　C_S-对称的茂金属催化剂

Brintzinger 的茂锆催化剂 rac-Et(Ind)$_2$ZrCl$_2$ 4 及其硅桥联类结构的茂金属催化剂 5(R^1、R^2 均为氢）是聚合行为研究最透彻的催化剂中的两个（图 2-12）。它们都具有高催化活性，都催化得到低熔点（T_m 为 125～140℃）和低分子量的等规聚丙烯，熔点和分子量性质方面催化剂 5 稍优于 4，当 R^1 为甲基取代时，催化剂 5 得到的聚丙烯的分子量明显提高，所以它是第一个使人们对聚丙烯商业化感兴趣的茂金属催化剂。当 R^2 取代基为萘基时，催化剂 5 在 50℃时丙烯聚合活性达到 $8.8×10^8$ g PP/(mol M·h)。聚合物相对分子质量为 92 万，熔点为 161℃，五单元组［mmmm］选择性达到 99.1%。Spaleck 研究小组开发的这类以 2-甲基-4-芳基-茚基为基础的催化剂是至今最成功的等规聚丙烯茂金属催化剂。

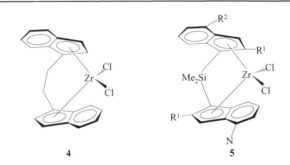

■图 2-12　乙基及二甲基硅桥联茂金属催化剂结构式

茂金属催化剂的结构对其共聚性能也有很大的影响。Basell、Chisso 和 JPC 研究队伍报道，改变 C_2-对称或 C_1-对称结构的配体大小，可以得到均聚和共聚活性及分子量较为理想的结果。Basell 的研究者提出用异丙基取代 rac-Me$_2$Si（2-Me-4-Ar-Ind）$_2$ZrCl$_2$ 类催化剂中的一个 2-甲基。这个结构变化并没有降低丙烯-乙烯共聚物的分子量，同时，其中 2-烷基取代基团体积的增大也没有影响茂金属催化剂非常优异的均聚行为（图 2-13）。然而，如果两个 2-甲基都被异丙基取代，催化剂的活性随之丧失。

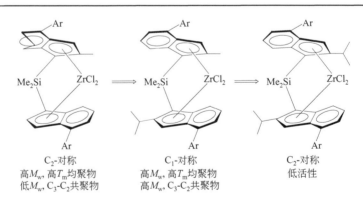

■图 2-13　为提高 C_3-C_2 共聚物分子量的配体设计

(3) 茂金属负载化及工业化　采用茂金属催化剂进行聚丙烯生产绝大部分采用液态单体悬浮聚合或气相聚合过程进行。茂金属催化剂具有聚合活性高、可合成各种立构规整度的聚合物等特点。但均相茂金属催化剂的最大缺点是聚合时，聚合物颗粒形态差，表观密度低，且助催化剂甲基铝氧烷用量大。对茂金属进行负载化可以帮助克服以上缺点，聚合物颗粒的形态可以通过采用非均相催化剂得以控制，并为茂金属催化剂带来许多新的特征。为了使茂金属催化剂能够在现有的聚丙烯装置中顺利使用，解决茂金属负载化是一项重要任务。

可用作茂金属催化剂载体的物质种类很多，可分为无机载体和有机载体两类。常用的无机载体有 SiO_2、Al_2O_3、AlF_3、$Al(OH)_xO_3$、$MgCl_2$、MgO、MgF_2、分子筛、黏土、沸石等，使用最多的是 SiO_2。它在保持茂金属催化剂固有的单中心特点的同时最大限度降低聚合物的粘釜程度。但是通常负载后催化剂的活性会降低，这是目前催化剂发展中的关键性问题之一。有机载体有淀粉、环糊精以及聚合物如聚烯烃、聚苯乙烯等。以聚烯烃或聚苯乙烯为基础的惰性聚合物材料不会与茂金属反应。因此，它们能保持茂金属催化剂单中心的特点，但不能很好地固定活化的茂金属化合物。活化的催化剂会发生脱落，导致污垢、片状和团聚的形成。多孔聚乙烯和聚丙烯属于这类载体。预活化的茂金属/MAO 溶液与多孔聚合物材料混合，随后蒸除溶剂得到流动性好的粉末。聚合物负载的茂金属催化剂催化丙烯本体和气相均聚得到了令人满意的结果。为了提高催化剂的活性，人们合成了孔容积大于 $0.45mL/g$ 的高度多孔聚丙烯载体。这种载体负载茂金属催化剂催化乙烯/丙烯和亚乙基降冰片烯的共聚，结果令人满意。预聚合的聚合物负载茂金属催化剂能获得同样好的结果。

茂金属催化剂的负载方法一般为浸渍法（或反应法），即将预处理（脱水或官能团化）过的载体与茂金属、烷基铝或铝氧烷等进行反应，然后经洗涤、干燥得到流动性较好的固体粉末催化剂。最适合的载体和负载方法的选择是茂金属催化剂能否成功商业化的关键因素之一。通常最优的方法由聚合过程、需生产的聚合物的级别及茂金属组分本身的性质和类型等因素决定。此外，茂金属配合物的商业化也是影响茂金属聚烯烃商业化的另一个重要因素，如何减少合成步骤、降低生产成本一直是人们关注的热点。目前，最广泛使用的茂金属化合物都有商业化生产，其合成方法经济、高效。

(4) 茂金属聚丙烯催化剂的现状和发展趋势　茂金属聚丙烯催化剂可称为第六代聚丙烯催化剂。其单活性中心的特点不仅可制得窄分子量分布、窄组成分布的聚合物，而且这种催化剂还有利于不同单体的共聚反应，所使用共聚单体的范围宽，共聚物中共聚单体含量高，在主链上分布均匀，且能实现精确控制聚合物的结构，甚至能定制聚合物，这是以往 Ziegler-Natta 催化剂所无法达到的。由于每个金属离子都是活性中心，其催化效率非常高，甚至达上亿倍。由于茂金属催化剂能精确控制整个聚合过程，因此可以生产具有很高立构选择性的等规聚丙烯、间规聚丙烯、无规聚丙烯、半等规聚丙烯和立构嵌段聚丙烯。与茂金属聚乙烯催化剂相比，茂金属聚丙烯催化剂的发展相对较慢。从目前的市场看，由于用茂金属生产的聚丙烯产品应用范围仍较窄，市场占有比例很小；加之知识产权壁垒、催化剂价格昂贵和先进的 Ziegler-Natta 催化技术不断发展和完善，目前国内对茂金属聚丙烯的研究仅限于实验室阶段，尚未有工业化报道。国际上已经工业化茂金属聚丙烯技术的有 Lyondell Basell 公司、JPP 公司、Novolen 公司等。由于茂金属催化剂具有的单中心特点，所制备的聚丙烯具有分子量分布窄和分子链均一性好的性能，其产品主要应用于无纺纤维和注塑制品领域。

用茂金属催化剂生产共聚物是一个重要的发展方向。采用茂金属催化剂可以合成出许多 Ziegler-Natta 催化剂难以合成的新型丙烯共聚物，如丙烯-苯乙烯的无规和嵌段共聚物，丙烯与长链烯烃、环烯烃及二烯烃的共聚物等。用茂金属催化剂生产无规共聚物时，共聚单体的随机插入性很好，可以制备共聚单体含量很高的无规共聚物，有潜力开发出高性能的低温热封材料。

2.2.1.3 非茂金属催化剂

随着茂金属催化烯烃聚合的机理研究的不断深入，20 世纪 90 年代人们又开始把目光投向非茂金属催化剂的研究开发。这种催化剂配体骨架不含环戊二烯、茚基或者是芴基，配体由含有 N、O、S、P 等杂原子的烷基或者芳基组成。在催化剂性能方面，非茂金属催化剂达到或超过了茂金属催化剂，已经有一部分非茂金属聚乙烯产品实现工业化生产。非茂金属聚丙烯催化剂主要还处于实验研究阶段，具有代表性的主要有二亚胺镍/钯、吡啶二亚胺铁/钴及水杨醛亚胺钛/锆三类催化剂。

1995 年，杜邦公司与北卡罗来纳大学的 Brookhart 合作，开发出了以 Ni、Pd 二亚胺配合物为催化剂的一类新型聚烯烃催化剂体系。他们发现，利用适当的具有大位阻的配体，如二亚胺配体，与 Ni、Pd 后过渡金属配位得到的催化剂在用于烯烃聚合时，不仅有很高的聚合活性，而且可以得到高分子量的有独特结构和性能的聚合物。可用于丙烯聚合的二亚胺 Ni/Pd 催化剂结构如图 2-14 所示。

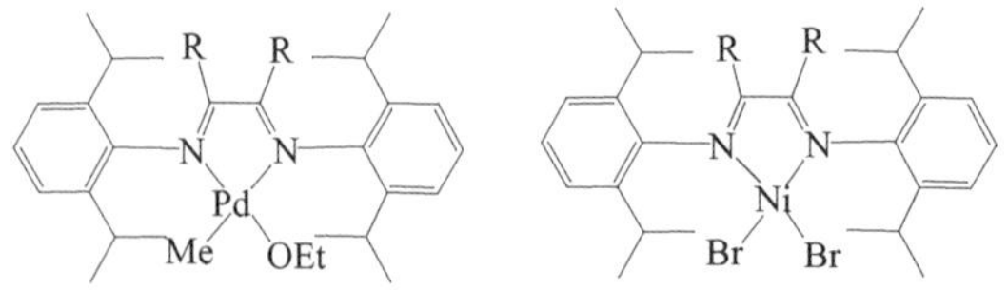

■图 2-14 用于丙烯聚合的二亚胺 Ni/Pd 催化剂结构

1998 年，Brookhart 和 Gibson 各自独立发现了吡啶二亚胺铁/钴催化体系，是一种以 2,6-二亚胺吡啶为配体，以 Fe 或 Co 卤化物为主催化剂，以烷基铝或硼化合物为助催化剂的新型催化剂体系，为三齿单配体化合物。用于丙烯聚合的 2,6-二亚胺吡啶铁配合物结构如图 2-15 所示。

1998 年，日本三井化学的 Fujita 研究小组开发了具有优异性能的水杨醛亚胺第四族过渡金属化合物催化剂（称为 FI 催化剂）。此类催化剂催化乙烯聚合表现出超高的聚合活性，对于丙烯聚合的立体选择性很大程度取决于中心金属及助催化剂的选择。在 MAO 活化作用下，水杨醛亚胺第四族锆催化剂对丙烯聚合一般很难得到规整度高的聚丙烯，聚合反应主要得到无规聚丙烯。而水杨醛钛催化剂催化丙烯聚合在某些特定的聚合条件下能得到高规整度的间规聚丙烯，如图 2-16 所示。

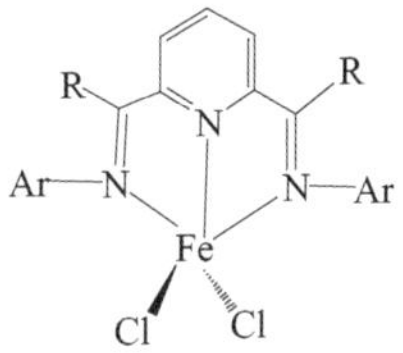

■图 2-15　2,6-二亚胺吡啶铁配合物结构

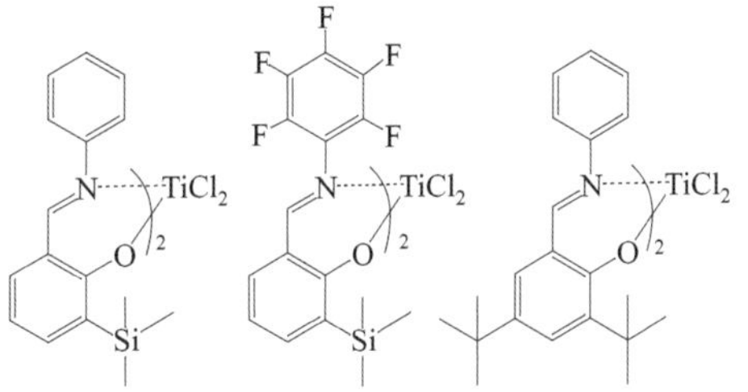

■图 2-16　制备间规聚丙烯的 FI 催化剂

研究还发现，在 $iBu_3Al/Ph_3CB(C_6F_5)_4$ 作用下，水杨醛亚胺钛催化剂催化丙烯聚合一般得到超高分子量无规聚丙烯，而水杨醛亚胺锆或铪催化剂在相同的助催化剂作用下，能得到中等含量到高含量的等规聚丙烯。例如，图 2-17 中的锆催化剂 A 在助催化剂 $iBu_3Al/Ph_3CB(C_6F_5)_4$ 作用下，得到重均分子量 M_w 为 20.9 万，三单元组 [mm] 为 46%，熔点 T_m 为 104℃的等规聚丙烯。水杨醛亚胺铪催化剂 B 在助催化剂 $iBu_3Al/Ph_3CB(C_6F_5)_4$ 作用下，得到重均分子量 M_w 为 41.2 万，三单元组 [mm] 为 69%，熔点 T_m 为 124℃的等规聚丙烯。通过取代基的修饰发现，图 2-17 中的锆催化剂 C 在助催化剂 $iBu_3Al/Ph_3CB(C_6F_5)_4$ 作用下，得到三单元组 [mm] 为 98% 的聚丙烯，聚合物的熔点为 164℃。

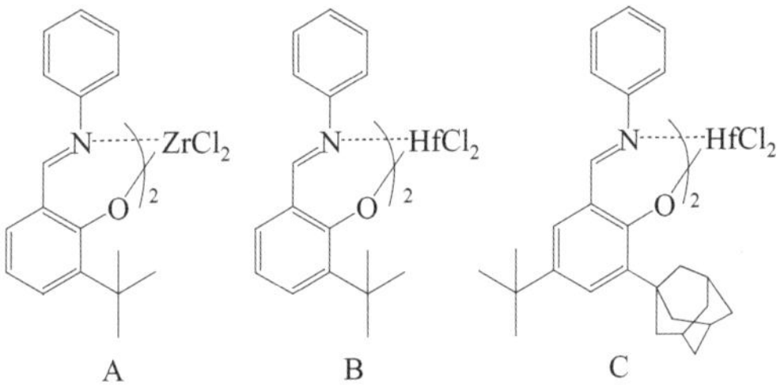

■图 2-17　制备等规聚丙烯的 FI 催化剂

非茂金属催化剂具有以下几个方面的特点：①与茂金属催化剂一样具有单活性中心催化剂共有的特点，所得聚合物分子量分布较窄、组成均一，通

过调整催化剂分子结构可以调控聚合物性能；②具有非常高的聚合活性，某些结构的 FI 催化剂聚合活性可以比茂金属高一个数量级；③与茂金属催化剂相比，非茂金属催化剂配体合成较为简单，收率高，且助催化剂用量较小，有利于降低成本；④可以实现活性聚合，制备嵌段共聚物；⑤某些催化剂，尤其是后过渡金属催化剂具有较强的耐极性杂原子能力，可以进行烯烃与极性单体共聚合制备含极性基团的功能化聚烯烃，有利于拓宽聚烯烃材料的应用范围。

由于非茂金属催化剂在保持了茂金属催化剂性能与特点的同时，兼有更为突出的性能特点和低廉成本（助催化剂用量少甚至可以不用），已经成为烯烃聚合催化剂的又一发展热点。目前虽然非茂金属单活性中心催化剂的大量研究还停留在实验室或中试阶段，仍需要进行大量的基础与应用研究工作，关于非茂金属催化剂在聚丙烯中的工业应用研究更加少见，但根据目前的研究结果可大胆地预测，该类催化剂将成为烯烃聚合催化剂的又一发展热点。

2.2.1.4 结论和展望

根据以上讨论，在今后的几年里 Ziegler-Natta 催化剂显然是生产常规聚丙烯产品的主要工业催化剂体系。然而，茂金属聚丙烯的分子链有规立构性、分子量和共单体含量的范围极宽。因此所得聚丙烯及其共聚物涉及的物理性能更宽，例如熔点、流动性和透明性。"单中心"催化剂一个可能的发展方向是结合不同的催化剂前驱体发展成多中心体系，其中每一个中心是完全可知和可控的，以得到具有不同活性中心特点的综合性能优异的产品。可以说，茂金属催化剂的出现极大丰富了烯烃聚合研究领域，一方面，许多新型均聚物和共聚物的聚烯烃材料被发现和发展；另一方面，通过对茂金属催化剂的研究，人们对催化剂活化机理、立体控制和共单体反应性有了更深的理解。

非茂金属单活性中心催化剂与茂金属催化剂有相似之处，可以根据需要定制聚合物链。并且具有合成相对简单、产率较高、有利于降低催化剂成本（催化剂成本低于茂金属催化剂、助催化剂用量较少）、可以生产多种聚烯烃产品等特点，已成为聚丙烯催化剂的热点研究领域。未来聚丙烯技术的发展将更多地采用新的生产工艺和催化剂。Ziegler-Natta 催化剂将不断向系列化、高性能化方向发展。茂金属单活性中心催化剂（SCC）的应用将进一步得到发展。非茂金属单活性中心催化剂的开发也将成为研究开发的热点，与传统 Ziegler-Natta 催化剂和茂金属催化剂一起推动聚丙烯工业的发展。

2.2.2 丙烯单体

丙烯是仅次于乙烯的最重要的基本有机原料之一，其最主要用途是生产聚丙烯，占其全部衍生物产品的 60% 以上。丙烯的衍生物产品还有丙烯腈、环氧丙烷等。受下游产品特别是聚丙烯需求快速增长的驱动，近年来丙烯的消费量大幅度提高。1999~2009年，全球丙烯需求量年均增长率为4.9%，超出了乙烯的年均增长率3.7%。世界丙烯的生产和消费集中在北美和西欧，占总量的46%。亚太地区（包括日本和中国）占世界总消费量的41%。中国现已超过美国，成为全球最大的消费国。为满足对丙烯的强劲需求，全球丙烯生产企业在尽力增加产能、提高装置开工率的同时，也在积极开发各种丙烯生产路线。目前丙烯主要来源于轻烃裂解和炼油厂汽油催化裂化，前者约占57%，后者约占35%，其他工艺路线还有丙烷脱氢、甲醇制烯烃和甲醇制丙烯（MTO和MTP）以及烯烃转化等。

2.2.2.1 轻烃裂解制丙烯

丙烯是蒸汽热裂解各种轻烃生产乙烯的最主要联产品。用作热裂解的原料主要是石脑油、轻柴油、加氢裂解尾油以及乙烷、丙烷等。丙烯的收率因裂解原料的不同而有较大的差别，除乙烷以外的原料每吨乙烯可联产丙烯0.35~0.65t。各种原料蒸汽裂解装置丙烯的收率见表2-2。

■表2-2 各种原料蒸汽裂解装置丙烯的收率

原料	裂解深度	吨乙烯用原料/t	丙烯收率/(t/t乙烯)
乙烷	高	1.24	0.024
丙烷	中到高	2.18~2.67	0.37~0.45
正丁烷	高	2.65	0.41
石脑油	中到高	2.60~3.80	0.40~0.57
常压柴油	中到高	3.60~4.09	0.54~0.62
减压柴油	中	4.24~4.44	0.58

轻烃蒸汽裂解技术经过几十年的发展，各种革新技术使之不断完善。蒸汽裂解主要采用高温管式炉蒸汽裂解，采用较高的反应温度（800~900℃），生产耗能极高。裂解炉一般由对流段、辐射段和急冷系统部分构成。对流段的作用是回收高温烟气余热，以用来气化原料油，并将其过热至横跨温度，送入辐射段进行热裂解。多余的热量用来预热锅炉给水和过热由急冷锅炉系统产生的高压蒸汽。辐射段的作用是在高温下使原料吸热发生热裂解反应生成目的产品乙烯和丙烯。反应所需的高位能热量是在辐射段通过燃料燃烧的方式提供的。急冷锅炉系统的作用是回收离开辐射段的高温裂解气的能量以产生饱和超高压蒸汽。

催化裂解技术是轻烃裂解技术开发的一个重要方向，但尚未工业化。实验结果表明，催化裂解与蒸汽热裂解相比，催化裂解的特点是丙烯收率高，改变了蒸汽热裂解制烯烃以乙烯产品为主的特点。采用催化裂解技术加工石脑油得到的产品中，丙烯收率明显高于乙烯。此外，催化裂解可以在较低温度下进行，因而过程能耗较低。催化裂解技术经济性高于蒸汽热裂解技术，是未来技术发展的方向。

日本国家材料和化学研究院与四家石化公司联合开发了一种增产丙烯、

降低能耗的石脑油催化裂解工艺。该工艺采用以分子筛为载体的镧催化剂，固定床操作，在温度650℃、压力0.1～0.2MPa操作条件下，产品中丙烯：乙烯可达0.7：1，乙烯加丙烯产率从常规烃类蒸汽裂解制乙烯的50%提高到61%。该工艺的装置费用与常规烃类蒸汽裂解制乙烯装置相当，因在较低温度下操作，能耗减少约20%。国内中石化石油化工科学研究院、中国石化集团洛阳石油化工工程公司等也在此领域取得了一定进展。

2.2.2.2 炼油厂催化裂化

炼油厂催化裂化重柴油生产汽油（FCC）时副产丙烯是丙烯的第二大来源，美国FCC副产丙烯的量实际上超过蒸汽热裂解制得的丙烯的量。FCC装置丙烯收率约3%～6%，催化剂优化，工艺改进还可进一步提高丙烯收率，报道最高可达到约18%～20%。国内众多炼厂聚丙烯的丙烯单体97%由催化裂化所产，另有3%为延迟焦化工艺提供。

受丙烯需求增长的推动，人们开发了许多通过优化催化剂组成及操作条件来增加丙烯产量的技术。多产丙烯的FCC工艺技术主要有DCC工艺、SCC工艺、Maxofm工艺和PetroFCC工艺等。这类技术多采用沸石分子筛或其他固体酸催化剂，反应温度较低（550～650℃），以生产丙烯为主，副产少量乙烯，通常不用作聚合原料。此类工艺与FCC工艺有许多相似之处，但由于采用了比FCC工艺更苛刻的反应条件，所以对催化剂的稳定性提出了更高的要求。

中国石化石油化工科学研究院开发的深度催化裂解技术（DCC），被认为是解决丙烯资源短缺的一条有效途径。其流程类似于催化裂化工艺，是常规FCC与烃类蒸汽裂解工艺的组合。以重减压柴油或脱沥青油为原料，生产低分子烯烃。DCC装置在538～580℃、10%～30%蒸汽条件下操作，根据所用催化剂的不同分为最大量丙烯（DCC-Ⅰ型）和最大量异构烯烃（DCC-Ⅱ）两种操作方案。其中DCC-Ⅰ技术于1990年首次在济南炼油厂工业装置上运转成功。

ABB Lummus公司开发的SCC技术也可认为是将高苛刻度FCC操作与石脑油组分选择性裂化和烯烃歧化技术组合在一起的成套技术。该技术可使催化裂化产生的丁烯和乙烯通过歧化生成丙烯，从而提高丙烯收率。Mobil公司采用ZSM-S沸石作为FCC催化剂的添加剂以增产丙烯，丙烯收率提高50%～100%，Mobil公司与Kellogg公司合作开发的Maxofin工艺，用ZSM-5含量高的添加剂与先进的FCC装置相结合，不需采用苛刻的操作条件和提高蒸汽消耗，就能使Minas减压柴油作为原料的丙烯质量收率达到18%。结合乙烯和丁烯歧化工艺的二次加工可增产丙烯5%～7%，丙烯净产率可达新鲜原料的25%。

2.2.2.3 其他生产丙烯的工艺

石化工业技术开发人员开发了若干专门生产丙烯的技术，包括烯烃转化、丙烷脱氢、C_4和C_5烯烃的选择性裂解、甲醇制烯烃（MTO）、甲醇制丙烯（MTP）等。这些路线均在不同程度上已进行或即将进行工业化探索。

（1）甲醇制丙烯（MTO/MTP） MTO技术是指甲醇制乙烯、丙烯等低碳混合烯烃的技术，该技术最早由美国UOP公司开发；MTP技术指的是甲醇制丙烯的工艺技术，该技术最早由德国Lurgi公司开发。我国在此技术领域开发工作历时30多年，已取得了中试MTO、MTP、FMTP和DMTO等技术成果。甲醇制烯烃是煤化工中烯烃单体来源的重要途径，煤化工全过程包括煤气化、合成气净化、合成气制甲醇和甲醇制烯烃以及烯烃衍生物产品生产等，甲醇转化制烯烃除反应段的热传递方向不同之外，其他都与炼油过程中成熟的催化裂化工艺过程非常类似，由于原料是单一组分，更易把握物性，有利于实现过程化。

MTO的反应机理是甲醇先脱水生成二甲醚（DME），然后DME与原料甲醇的平衡混合物脱水继续转化为乙烯、丙烯为主的低碳烯烃。UOP公司开发的MTO工艺采用流化床反应器和再生器，丙烯产率可达45%，乙烯为34%，丁烯为13%。该工艺已在挪威建成一套示范装置。中国科学院大连化学物理研究所在20世纪80年代初进行MTO研究工作，"七五"期间完成300t/a中试，采用固定床反应器和中孔ZSM-5沸石催化剂。1993年开发了由二甲醚制取烯烃的DMTO工艺，并于1995年在上海青浦化工厂建设了原料二甲醚处理量为60～100kg/d的中试装置。该装置也采用流化床反应-再生形式，采用自行研制的DO-123型催化剂。Lurgi公司的MTP技术是先将甲醇转化成二甲醚、未反应甲醇和蒸汽的混合物，然后用德国南方化学（Sud-Chemie）公司提供的专有沸石催化剂，在420～490℃、0.13～0.16MPa反应条件下，使混合物进一步转化成主要为丙烯同时含乙烯、丁烯、C_5、C_6烯烃及一定量高辛烷值汽油的产物。其他烯烃可循环转化成丙烯，副产的高辛烷值汽油低含苯，不含硫。此法生产的丙烯不含炔烃及二烯烃等聚丙烯催化剂的毒物。清华大学也开发了甲醇制丙烯工艺，安徽淮南化学集团公司采用清华大学开发的技术建成了一套甲醇制丙烯的中试装置。中试装置设计用3万吨/年甲醇为原料，生产1万吨/年丙烯。MTO与MTP的比较见表2-3。

■表2-3 MTO与MTP的比较

项目	MTO	MTP
反应器	流化床	固定床
催化剂	Sapo-34（磷酸硅铝分子筛）	ZSM-5
反应压力/MPa	0.1～0.3	0.13～0.16
反应温度/℃	400～450	420～490
目标产品	乙烯、丙烯（产出比0.75～1.5）	丙烯
甲醇消耗/t	3.02	3.2
主要专利商	UOP/Hydro	Lurgi

我国有较丰富的煤炭和天然气资源，但这些资源的地区分布很不均匀，有相当一部分分布在交通运输条件很差的边远地区。将煤炭、天然气资源通

过甲醇转化成丙烯，再转化成高附加值的丙烯衍生物，将是石油的一个重要替代原料。对于我国石油进口的依赖程度不断提高的现状，MTO/MTP技术具有重要的战略意义。

(2) 丙烷脱氢工艺 丙烷脱氢是获取丙烯的另一条重要途径。该技术路线成熟，主要工艺有UOP公司的Oleflex工艺、ABB Lummus的Catofin工艺、Phillips的Star工艺、Yarsintez/Snamprogetti的流化床脱氢（FBD）工艺以及德国BASF/Linde的Linde工艺。Oleflex工艺和Catofin工艺是目前主要的工业化生产方法。丙烷脱氢工艺要具有成本上的竞争性，丙烯和丙烷的价格差至少为200美元/吨。第一套丙烷脱氢的工业化装置是20世纪90年代初建在泰国国家石化公司（PTT）的装置，随后是韩国（晓星 16.5×10^4 t/a，Tae Kwang 25×10^4 t/a）、比利时（Borealis Kallo，48×10^4 t/a）、马来西亚（MTBE Malaysia Sdn 8×10^4 t/a 和 Gebeng 30×10^4 t/a）和墨西哥（Pemosa）建成的装置。

美国UOP公司开发的Oleflex工艺是由Pacol工艺发展而来，1990年实现工业化生产。Oleflex工艺是一个绝热连续工艺，反应所需热量由反应各步间的温差再经加热后提供。该工艺以钯为催化剂，在微正压下进行操作，对丙烯的选择性为89%～91%。脱氢催化剂经再生可循环使用，即失活催化剂在再生器中分离、燃烧，除去催化剂表面的结炭，再生的催化剂送回脱氢反应器。将所得丙烯经过连续脱乙烷塔、脱丙烷塔，可获得聚合级丙烯。Oleflex工艺的优点是：操作连续、负荷均匀，时-空得率不变，反应器截面上的催化活性不变，催化剂再生在等温下进行。该工艺丙烯收率为86.4%，氢气收率为3.5%。ABB Lummus的Catofin工艺（最初由Air Products and Chemical，Inc. 开发）采用绝热固定床多相反应器，采用Cr_2O_3/Al_2O_3为催化剂，在温度550～750℃、压力30kPa下操作。反应器中的催化剂用蒸汽再生，催化剂上的结炭发生燃烧时，所释放的能量可作为脱氢反应所吸收的热量。该工艺丙烯收率为83%。

(3) 烯烃转化技术 烯烃转化是通过烯烃双键断裂并重新转换为新产品的催化反应，又称烯烃复分解或烯烃易位反应。2-丁烯是歧化生产丙烯最适宜的原料，过量乙烯的存在有利于抑制副反应发生。用乙烯和丁烯的烯烃转化反应生产丙烯的生产公司有上海赛科石化、德国OMV Deutschland、中国台湾石化等公司。目前烯烃转化生产丙烯的能力是257.8×10^4 t/a，中东有大量的丁烯资源。具有代表性的生产丙烯的C_4烯烃歧化工艺如下。

Phillips公司开发OCT工艺是烯烃转化制丙烯的典型工艺，1997年Lummus公司购买了该技术。当进料丁烯中正丁烯的质量分数为50%～95%时，丁烯的总转化率可达85%～92%，乙烯转化为丙烯的选择性近100%，丁烯转化为丙烯的选择性为97%。BASF和Atofina公司合建的已投入运行的一套920kt/a乙烯装置采用了OCT工艺，使丙烯的产能由550kt/a增加到了860kt/a。

(4) **生物丙烯技术** 为寻求更多、更清洁、可持续供应的丙烯资源，一些公司正在开发生物制丙烯技术。日本三井公司的专利中叙述了三种生产生物丙烯的方法。一种方法涉及发酵乙醇脱氢生产乙烯，再将得到的生物乙烯二聚得到生物丁烯，最后两种物质进行复分解反应得到生物丙烯。另一种相关的途径是关于制生物丁烯，不是通过乙烯二聚，而是将乙醇二聚制得正丁醇，然后正丁醇脱水生成正丁烯，最后生物乙烯与生物丁烯发生复分解反应，制得生物丙烯。第三种方法是直接通过发酵技术生产正丁醇，然后脱水生成正丁烯，再与乙烯进行复分解反应。巴西石化公司（Braskem）已经用其中一种方法生产工业化的生物丙烯。此外，日本丰田汽车公司、CPE Lyon Formation Continue Et Recherch 等也均提出了基于生物的丙烯生产技术。

2.2.3 聚丙烯原料的净化

高质量的丙烯是生产优质聚丙烯产品的基础，尤其是对杂质更为敏感的高效催化剂，对丙烯原料的质量要求越来越高。丙烯的纯度、杂质含量等，对聚合活性、最终产品的等规度、灰分含量等都有影响。

2.2.3.1 丙烯中的有害杂质

丙烯中含有的许多微量杂质都会使催化剂中毒，使其活性降低甚至失活。如 H_2O、O_2、CO、CO_2、H_2S、C_2H_2、C_3H_4、AsH_3、PH_3 等。丙烯中对聚合有害的杂质可分为两类：一类是可与烷基铝反应，可被烷基铝部分或全部清除掉的，如水、氧等；另一类是不能与烷基铝反应的，如 CO 等。

不同有害杂质对聚合的影响不同。中国石化北京化工研究院对丙烯中部分微量杂质对催化剂及聚丙烯树脂性能影响进行了研究。主要考察了丙烯中 H_2O、O_2、CO、CO_2、H_2S、C_2H_2、CH_3OH 等杂质对催化剂催化活性及定向性能的影响，催化剂主要选用了目前国内聚丙烯生产装置广泛使用的 N 和 DQ 催化剂。

(1) **丙烯中微量杂质对催化活性的影响** 通过考察随着丙烯中各种杂质含量增加，聚合活性降低的情况，并对所得结果进行了综合分析，发现在以 N 和 DQ 为主催化剂的催化体系中，杂质对催化活性影响顺序大致相同：$CO > H_2S > C_2H_2 > O_2$、CO_2、$H_2O > CH_3OH$。研究中发现，随着丙烯中杂质含量的增加，聚合活性显著降低。其中，CO 对催化活性影响最大，随着 CO 的加入量增加，活性急剧降低，因此在工业生产中须严格控制原料丙烯中的 CO 含量。实际上，对于聚丙烯工业生产而言，原料中各种杂质含量都是控制得越低越好，即使是结果显示毒性相对较小的 CH_3OH，也会对催化活性有很大的影响（图 2-18）。

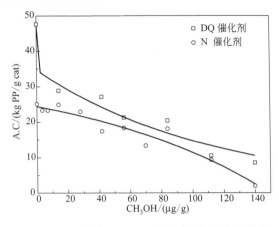

■图 2-18　丙烯中 CH_3OH 含量对催化活性的影响

(2) 丙烯中微量杂质对催化剂定向性能的影响　通过考察随着丙烯中各种杂质含量增加，聚合物等规度变化的情况，研究了丙烯中杂质对催化剂定向性能的影响。结果表明，随着丙烯中杂质含量的增加，所得聚丙烯等规度都有不同程度的降低。在上述几种杂质中，丙烯中 H_2O 和 H_2S 含量对等规度的影响尤为显著。如图 2-19 所示，$20\mu g/g$ 的 H_2S 即可使等规度降至 92% 以下。

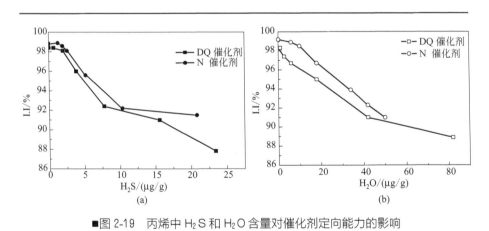

■图 2-19　丙烯中 H_2S 和 H_2O 含量对催化剂定向能力的影响

以上结果是针对 5L 釜本体聚合，在特定铝钛比下，在同一杂质浓度下相比较得出的，仅在此列出作为参考。在工业生产中杂质影响无"轻重"之分，任何杂质对催化剂的危害都不能忽视，有些杂质低浓度时影响可能不大，但增加到一定浓度危害同样是巨大的。

2.2.3.2　有害杂质的净化工艺

由于丙烯中微量有害杂质的存在，通常在进行聚合反应之前，需进行必要的精制。精制的方法分为物理脱除和化学脱除两种。物理脱除包括精馏、吸附、过滤等方式除去杂质。化学脱除一般用固体催化剂床层脱除硫、砷等杂质。精制的工艺对微量物质的脱除有许多工艺和催化技术，一般用吸附（分子筛、活性氧化铝、硅胶）法脱除水分，用氧化锌、氧化铜等催化剂脱除硫化氢、羰基硫等，氧、一氧化碳、二氧化碳等轻组分可用固体催化剂，也可用精馏方法脱除。对烃类组分，常用方法仍是精馏分离，微量氧的脱除可用镍催化剂，但更多的是采用汽提塔或精馏塔随 CO 等轻组分一起脱除。

(1) **脱水**　经炼油厂气分装置丙烷/丙烯塔分离得到的丙烯中水含量一般为 $100\sim300\mu g/g$，不能满足聚合的要求。丙烯脱水常用吸附法，优点是：干燥度高，流程简单便于操作，常温操作，物耗、能耗低，丙烯收率高，浪费少，吸附剂寿命长。丙烯干燥用吸附剂主要为氧化铝和分子筛。国内有很多厂家生产定型产品。它们有很大比表面积（每克数百平方米）和丰富的孔结构，对微量水的干燥深度可以达到露点 -70°C，满足聚合催化剂的要求。当氧化铝和分子筛吸水超过允许限度，达到饱和，不能满足丙烯中水含量要求时就需要用热氮气进行再生。也有使用固碱进行预脱水的，在脱水的同时还可脱除相当的 H_2S 和 CO_2。

(2) **脱氧**　丙烯脱氧目前普遍采用化学反应法，主要有镍系脱氧剂和锰系脱氧剂，使用前要将脱氧剂在 300°C 左右以氢气还原，然后在常温下脱除丙烯中的微量氧。化学反应如下：

$$NiO+H_2 =\!\!= Ni+H_2O, \quad 2Ni+O_2 =\!\!= 2NiO$$
$$MnO_2+H_2 =\!\!= MnO+H_2O, \quad 2MnO+O_2 =\!\!= 2MnO_2$$

氢气还原氧化镍和二氧化锰均是强放热反应，宜采用氮气中加少量氢的低氢还原。还原过的脱氧剂通丙烯时也应注意氢气要置换干净，氧气不能漏入，以防止床层超温。大型聚丙烯装置中丙烯脱氧通常是采用精馏汽提工艺，连带一并除去 CO 和 CO_2 等杂质。

(3) **脱硫**　由于原油中硫普遍存在，因此丙烯脱硫是丙烯净化的重要工艺。高效聚合催化剂要求丙烯中总硫的含量要小于 $1\mu g/g$，COS 的含量小于 $0.1\mu g/g$。脱硫通常采用化学反应法，常温下 COS 先催化水解成 H_2S，再在常温下用氧化锌脱硫剂脱除 H_2S。精脱硫工艺主要化学反应如下：

$$COS + H_2O =\!\!= H_2S + CO_2, \quad H_2S + ZnO =\!\!= ZnS + H_2O$$

COS 水解反应主要在氧化铝基或氧化铝/氧化钛基碱金属催化剂作用下进行，需控制合适的水分含量与 COS 之比，否则会影响转化率或导致催化剂失活。

(4) **脱砷**　丙烯脱砷催化剂有铜系、锰系、铅系等，在性能上各有长处，从工业化实例来看，得到广泛应用的是铜系产品。制备方式分为共沉淀和浸渍。成型方式有挤条、打片和滚球。从组成来看有 $CuO/ZnO/Al_2O_3$ 和 CuO/Al_2O_3 系。脱砷剂的使用条件比较简单，床层用氮气置换合格后直接通丙烯即可达到净化砷化氢的目的。投用前是否需要活化和干燥视脱砷剂品种而异。有些产品需在180℃下用热氮气活化，原因是出厂时含水，而经过焙烧的挤条产品则是免活化的。由于铜系脱砷剂的高活性，除了精脱砷化氢（可脱至30×10^{-9}以下）外，它对于丙烯中微量硫（H_2S、COS、硫醇）的脱除精度也很高。因此脱砷剂可作为丙烯精脱硫的最终把关，但是也应考虑到吸收了硫的脱砷剂其脱砷效果会受影响，因此应将脱砷置于精脱硫之后。此外，丙烯中水分含量过高时也会影响脱砷效果。脱砷剂需在常温下工作，高温时易发生氧化反应，导致床层飞温。

2.3 内外给电子体

2.3.1 内给电子体

在聚丙烯 Ziegler-Natta 催化剂的发展过程中，给电子体一直起着重要的作用。早在第一代催化剂时，人们就发现添加第三组分对烯烃聚合行为和聚合物性能都会产生很大的影响，这种第三组分多为给电子体，又称 Lewis 碱。现在工业上使用的 Ziegler-Natta 催化剂体系为 $MgCl_2\cdot Di\cdot TiCl_4/AlEt_3/De$ 的负载型催化剂，其中在催化剂制备过程中加入的是内给电子体（Di），在丙烯聚合过程中加入的是外给电子体（De）。负载型催化剂使用的内、外给电子体主要经过了三代的发展，见表2-4。

■表 2-4 负载型催化剂使用的给电子体及性能

序号	Di/De		活性/(kg PP/g cat)	聚丙烯等规度/%	聚丙烯分子量分布
1	苯甲酸酯/苯甲酸酯		10~15	90~95	8~10
2	邻苯二甲酸酯/硅烷		40~70	95~99	6~8
3	1,3-二醚	/无	100~130	95~97	4.5~5
		/硅烷	70~100	97~99	4~4.5
	琥珀酸酯/硅烷		40~70	95~99	10~15
	1,3-二醇酯/硅烷		60~100	95~99	6~12

注：聚合条件为本体聚合2h，5L釜，1.2L氢气，0.2MPa，70℃。

从表2-5可看出，给电子体对催化剂性能起着关键性的作用。只有改变催化剂中的给电子体，才能最大限度地改变催化剂活性中心的性质，从而改变催化剂的性能。给电子体不但能提高催化剂的活性和定向能力，更重要的是能改变聚合物的分子结构和微观结构，提高树脂产品的质量。因此，寻找理想的给电子体化合物一直是 Ziegler-Natta 聚丙烯催化剂研究的重点。

2.3.1.1 酯类化合物

(1) 一元羧酸酯 早期发现的 Ziegler-Natta 聚丙烯催化剂内给电子体是单酯类化合物，也就是第三代催化剂的内给电子体，主要为对甲基苯甲酸乙酯（PMEB）、苯甲酸乙酯（EB）等芳香族单酯类化合物。20世纪60年代末，Ferreiraml 等考察了以 EB 为内给电子体制备的 $MgCl_2$ 载体型催化剂，使用该催化体系催化丙烯聚合，以 $AlEt_3$ 为助催化剂，聚合条件为 0.15～0.2MPa、50～54℃。不加外给电子体，催化剂的活性为 236.1g PP/(g cat·h·atm)❶，聚丙烯的等规度仅为 50%～60%；当加入 EB 作为外给电子体时，催化剂的活性为 158.7g PP/(g cat·h·atm)，聚丙烯的等规度提高到 75%；当加入 2,2,6,6-四甲基哌啶（TMP）作为外给电子体时，催化剂的活性为 121.2g PP/(g cat·h·atm)，聚丙烯的等规度则可达 89%。以一元羧酸酯为内给电子体的催化剂因所得聚丙烯等规度低，产品需脱无规等原因已淡出了人们的视线。

（2）二元羧酸酯　二元羧酸酯包括芳香族二元羧酸酯和脂肪族二元羧酸酯。芳香族二元羧酸酯是目前聚丙烯工业催化剂体系中广泛采用的内给电子体，即第四代催化剂的内给电子体，一般采用邻苯二甲酸二正丁酯（DNBP）和邻苯二甲酸二异丁酯（DIBP）。单酯化合物和二酯化合物作为内给电子体时催化剂的定向能力不同，二酯化合物对催化剂定向能力的影响大于单酯化合物。在丙烯聚合时一般需加入相匹配的烷氧基硅烷类外给电子体。常见的芳香族二酯类化合物作 Ziegler-Natta 催化剂的内给电子体时，催化剂的活性不高，一般为 30～60kg PP/(g cat·2h)（本体聚合，70℃，0.2MPa；如无特殊说明，本节以下同）；所得聚合物的分子量分布也不宽，为 6～8。原 Montell 公司开发了包括丙二酸酯、丁二酸酯、丁二烯酸酯和戊二酸酯在内的一系列的脂肪族二羧酸酯，其通式如图 2-20 所示。

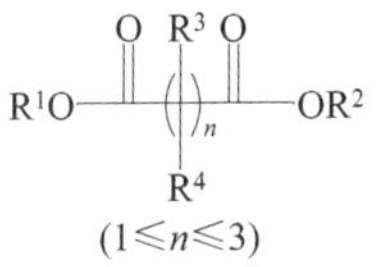

■图 2-20　脂肪族二羧酸酯 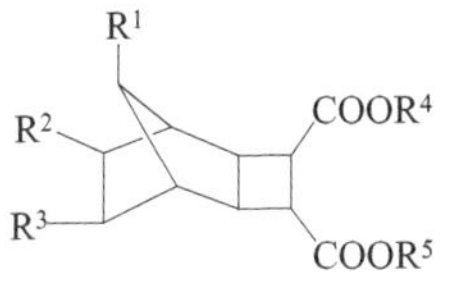　　　■图 2-21　三环 [4.2.1.0^{2,5}] 3,4-壬二羧酸酯

其中尤以丁二酸酯亦即琥珀酸酯性能最好，具有高立体定向性能，催化剂的活性为 40～70kg PP/(g cat·2h)；所得聚合物的分子量分布很宽（MWD=10～15），多分散性指数可达 6。用单反应器操作即可生产出以前只能用多反应器工艺生产的宽分布产品，用于高刚性均聚物和多相共聚物生产有一定优势。很多研究者把碳上的取代基连接成环，董金勇等把丁二酸酯中 2,3 位的取代基连接成稠环化合物（图 2-21 和图 2-22）。图 2-21 所示的化合物淤浆聚合活性为 0.8～1.0kg PP/(g Ti·h)；图 2-22 所示的化合物分子骨架上带有大取代基团的螺环结构，相应催化剂活性为 1～6kg PP/(g Ti·h)，配合助催化剂可得到不同等规度的聚丙烯。

---

❶ 1atm=101325Pa。

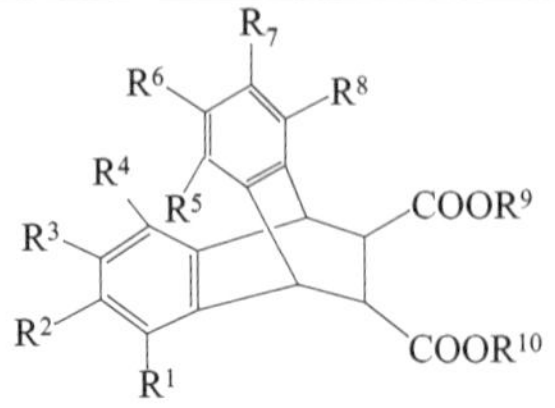

■图2-22 稠环二羧酸酯 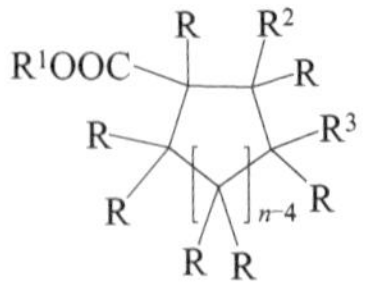　　　　　■图2-23 环烃二羧酸酯

三井化学公司研发的环烃二羧酸酯结构式如图2-23所示，其中R^2和R^3至少有一个为酯基，$n=5\sim10$。当1位和2位含有羧酸酯取代基，并且当3位上有取代基（如1,2-环己烷二羧酸酯）时，制备的催化剂具有较好的氢调性能，能得到分子量分布宽并且具有较好的熔体流动性的聚合物。该专利称由该化合物制备的催化剂所得到的聚合物分子量分布宽、熔体强度高，适合高速拉伸和高速模塑。

由BP北美公司开发的四～八元的环烃二羧酸酯内给电子体，其要求2个酯基位置接近。以六元环为例（图2-24），如果酯基为1,2位取代，则要求处在环己烷椅式结构的平伏键上；如果是1,3位取代，则处在环己烷椅式结构的直立键上。这种化合物作内给电子体时催化剂的活性很高，淤浆聚合为$3\sim9$kg PP/(g cat·h)。

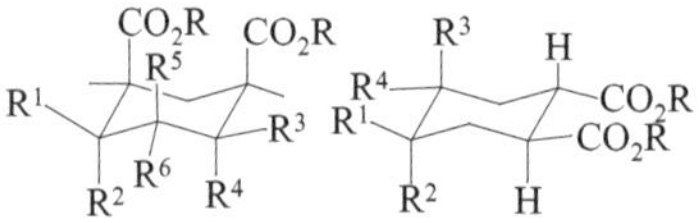

■图2-24 四～八元的环烃二羧酸酯

(3) 二元醇酯　由中石化北京化工研究院开发的1,2位、1,3位、1,4位及以上一系列的二元醇酯类化合物是一类新型的内给电子体，其总体特点是分子量分布宽。以1,3-二醇酯类化合物的性能最好（图2-25）。以其为内给电子体的Ziegler-Natta催化剂的活性高，为$60\sim100$kg PP/(g cat·2h)；定向性能易调，不加入外给电子体时所得到聚丙烯的等规度也较高；分子量分布较宽（MWD=$6\sim12$）；聚合物力学性能优良、结晶速率快、结晶温度高等。改变1,3-二醇酯分子结构上的取代基可较大幅度改变催化剂的氢调敏感性，目前推出了不同氢调敏感性的催化剂系列。该类催化剂已在多种聚合工艺的工业装置上进行了应用试验，效果良好，正处在工业推广阶段。

(4) 醇酸二酯　这也是由中石化北京化工研究院开发的，分子的主链上含有一个羧酸基和羟基，经酯化而得（图2-26），其中R^6、R^7、R^8和R^9可连接成环。其活性不是很高，但分子量分布较宽，MWD=$5\sim11$。

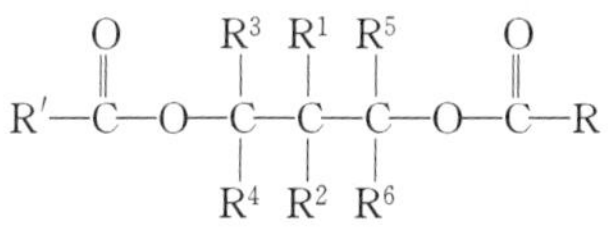

■图 2-25　1,3-二元醇酯

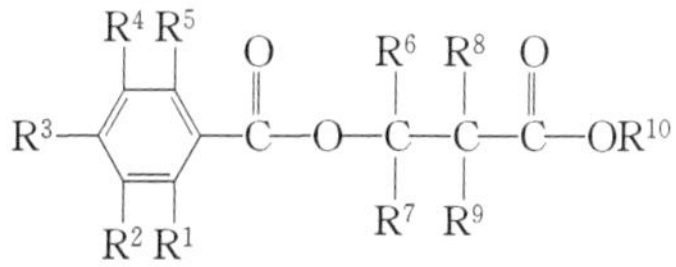

■图 2-26　1,3-醇酸二酯

2.3.1.2 醚类化合物

早期用单醚化合物作过内给电子体，如第二代催化剂就是使用的单醚作为内给电子体，但由于其性能很差而不再使用，现在主要研究的是二醚类化合物。二醚类化合物由于 2-位取代基的不同，可分为烷基取代二醚和芳基取代二醚。20 世纪 90 年代，原 Himont 公司开发了一类新的内给电子体——1,3-二醚类化合物，以其为内给电子体合成的 Ziegler-Natta 催化剂具有高活性，为 70~200kg PP/(g cat·2h)，是现有工业催化剂的 2~4 倍；高氢调敏感性；分子量分布较窄（MWD=4~5）等。另外，在聚合过程中不加入外给电子体仍可得到高等规度（大于 97%）的聚丙烯。中科院化学所制备的带有四元环取代基的 1,3-二醚类化合物，由于四元环的张力太大而活性比较低，其结构式如图 2-27 所示。

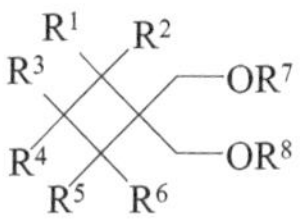

■图 2-27　四元环取代的 1,3-二醚

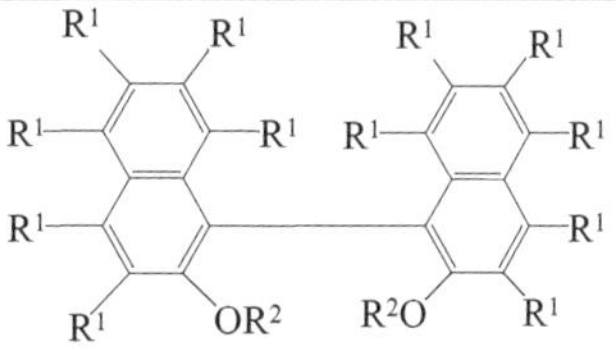

■图 2-28　1,1′-联双-2-烷氧基萘

国内企业还合成了一类以联苯、联萘、联蒽等为主体结构的 1,4-二醚化合物。联萘 1,4-二醚的结构式如图 2-28 所示，据称其相应催化剂的活性可达 58kg PP/(g cat·1.5h)。用于 α-烯烃如丙烯本体聚合或共聚合反应，除具有较高的催化活性外，还能生产具有良好流动性、较高的聚合物表观密度和良好形态的丙烯聚合物。

2.3.1.3 酮类化合物

原 Montell 公司报道了一种 1,3-二酮类化合物可用作 Ziegler-Natta 催化剂的内给电子体，由于碳氧双键削弱了氧原子上的电荷密度而使催化剂的活性较低。

2.3.1.4 酮醚、酮酯、醚酯结合类化合物

许多研究者将多个官能团引入一个化合物分子中，如酮-醚结合、酮-酯结合、醚-酯结合，目的是想利用不同官能团的特点。原 Basell 公司研制的酮酯化合物活性高、分子量分布宽；以该公司开发的 γ-丁内酯和醚结合的

化合物制备的催化剂用于烯烃特别是丙烯聚合时，显示出高的聚合物收率和高的等规指数。中石化石油化工科学研究院申请了一种含有酮基和醚基结合的化合物，与 DIBP 复配使用可得到宽分子量分布的聚合物。

长春应化所合成的聚醚二芳香酯结构式如图 2-29 所示，分子内含有 2 个酯基和多个醚键，其相应催化剂的活性不高，但可得到分子量分布较宽的产品。

中石油开发的二元醚酯分子结构中含有 2 个醚键及羰基、酯基，如图 2-30 所示，其中 R^3 和 R^4 可连接成环。其实例是在芴二醚上带有 1 个或 2 个酯-羰基基团。其催化剂不仅活性高，所得聚合物还具有高立构规整度和高熔体指数的特点。

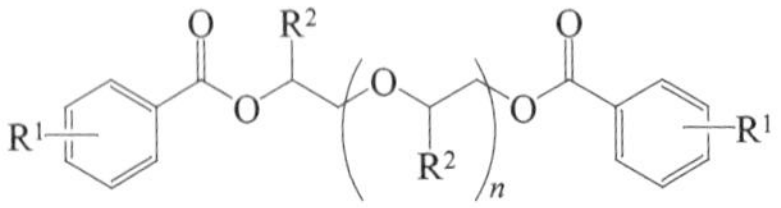

■图 2-29　聚醚二芳香酯 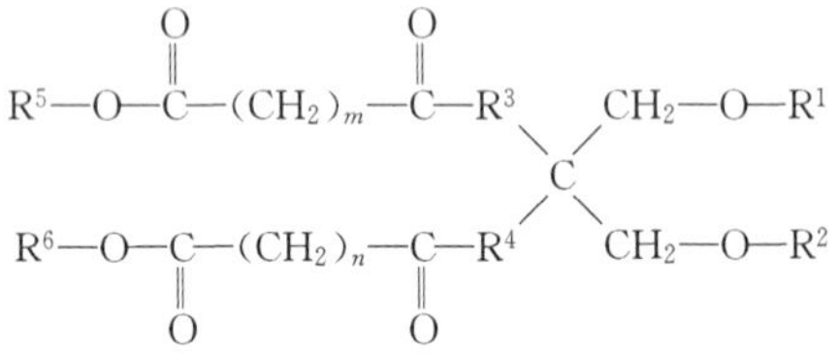　　　　　　■图 2-30　二元醚酯

2.3.1.5　分子主链上引入杂原子的化合物

有些研究者在分子的主链上引入 N、S、P 等杂原子。原 Himont 公司研发的二胺由于 N 原子的供电能力弱而活性和等规度都很低。原 Motell 公司发现以氰基酯为内给电子体，可改善催化剂的氢调敏感性，并得到宽分子量分布的丙烯聚合物，但催化剂的活性和等规度还不令人满意。中石化北京化工研究院开发的氰基酮和氨基酯化合物效果也不太好，但如果将氨基酯化合物中的氨基换为哌啶基可提高活性，达到 40kg PP/(g cat·h)。他们把芴二醚中的 1 个或 2 个 O 原子用 S、N、P 原子取代后的化合物，其催化剂的性能也不太理想。

Innovene 公司在醚、酯、酮分子中引入 N 原子后的化合物，其相应催化剂的性能也不如意。Lyondell 化学公司发现以卡宾类化合物为给电子体可以提高催化剂的活性和聚合物的立构规整度，其结构如图 2-31 所示，Z^1 为 N 或 P，Z^2 选自 N、S、P、O 和 C。长春应化所研究合成的磷酸酯类化合物，相应的催化剂虽然活性不高，但可得到分子量分布宽的丙烯均聚物或共聚物。

■图 2-31　卡宾类化合物

2.3.2 外给电子体

2.3.2.1 芳香族羧酸酯类化合物

芳香族羧酸酯类化合物最早是作为内给电子体加入催化剂中，如果不加任何外给电子体，聚丙烯的等规度低于60%。后来，研究者们将它作为外给电子体，与主催化剂 $MgCl_2/TiCl_4/PhCOOEt \cdot AlEt_3$ 一起使用，常压下催化剂活性达 $(3\sim4)\times10^5 g\ PP/(g\ cat \cdot h)$，聚丙烯的等规度可达98%，该催化剂体系在1975年实现工业化生产。现在已很少单独使用苯甲酸酯作为外给电子体，大多进行复配使用。Dow Global Technologies Inc. 研制了一种用于丙烯聚合或共聚合的催化剂组分，催化剂组分包括一种或多种由过渡金属、芳香二羧酸酯内给电子体组成的 Ziegler-Natta 主催化剂组分、一种或多种含铝的助催化剂、一种由两种或多种选择性控制剂（SCA）组成的混合物，SCA混合物包括1%~99%（摩尔分数）的对乙氧基苯甲酸乙酯和99%~1%（摩尔分数）的二环戊基二甲氧基硅烷。该催化剂在用于丙烯聚合或共聚合时，既保持原内给电子体与烷氧基硅烷联合使用时的聚合性能，又拥有改善的温度/活性关系的性能，也就是说活性的温度自猝灭行为，即升高反应温度或使用混合SCA使聚合活性降低，以降低聚合物的聚结现象，改善聚合工艺的控制。采用SCA混合物能减小或避免不可控的反应加速。

2.3.2.2 有机胺类化合物

研究者们在第一代和第二代 Ziegler-Natta 催化剂体系进行丙烯聚合时添加有机胺类化合物作为外给电子体，主要使用 TMP。Dumasec 等和 J. J. C. Samson 等通过研究发现，立体受阻胺类化合物在提高催化剂立体选择性上的作用效果非常明显，TMP 可以明显地使非等规活性中心失活，从而使聚合物的等规度大大提高。但由于其等规度还不足够高，仍需脱无规及胺类化合物有臭味而使运用受到了限制。

2.3.2.3 有机硅氧烷类化合物

有机硅氧烷类化合物早在20世纪80年代就被人们发现是一类很好的外给电子体。1980年，三井公司和原 Montedison 公司用二苯基二甲氧基硅烷（DPDMS）代替对甲基苯甲酸乙酯，使 $MgCl_2/TiCl_4/PhCOOBu^i \cdot AlEt_3$ 主催化剂催化活性达 $103kg\ PP/(g\ cat \cdot h)$。1999年，Mirond 等报道了用 Ziegler-Natta 催化体系和包含二环戊基二甲氧基硅烷（DCPDMS）、丙基三乙氧基硅烷（PTES）的给电子体混合物，可获得新型的高弯曲模量的聚合物材料，该聚合物材料的冲击强度、拉伸强度和加工性能都非常好。国外开发成功了与催化剂配套的各种硅氧烷类外给电子体，如与三井公司 TK 系列催化剂配合的 DPDMS；与 BASELL 公司 MC 系列催化剂配合的苯基三乙氧基硅烷（PES）、环己基二甲氧基硅烷（CHMDMS）、二环戊基二甲氧基硅烷（DCPDMS）和与 CD 系列催化剂配合的二异丙基二甲氧基硅烷（DIPDMS）、二异丁基二甲氧基硅烷（DIBS）等。经过研究后人们发现 DCPDMS 的性能最优，因此在现阶段的工业生产中使用比较多。有机硅氧烷类化合物作为外给电子体具有高活性、高等规度、聚合物分子量分布中等的特点。为提高聚合物的加工性能，目前多通过使用多种外给电子体复配的方法来加宽所得聚丙烯的分子量分布。

韩国 LG 化学公司最近报道了一种新型外给电子体化合物——环状硅氧烷，以 2,2-二异丙基-1,3,6-三氧-2-环辛硅烷（DIPTOS）为例（图 2-32），单独采用 DIPTOS 作为外给电子体，得到的聚丙烯具有很好的熔体流动性能，但活性和等规度都较低；但和 DCPDMS 按一定比例复配使用，效果却非常好，比单独使用 DCPDMS 或 CHMDMS 效果都好，聚合活性、聚合物等规度及熔体流动性能等都有所提高，见表 2-5。

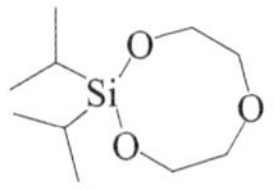

■图 2-32　DIPTOS

■表 2-5　DIPTOS 为外给电子体时的性能比较

外给电子体		活性/(kg PP/g cat·h)	等规度/%	MI/(g/10min)
—		21.8	59.1	
DIPTOS		13.8	81.1	57.5
DIPTOS/DCPDMS	1/3	30.5	98.5	2.3
	1/1	34.1	98.4	2.2
	3/1	38.1	98.2	2.5
CHMDMS		24.9	97.7	2.4
DCPDMS		27.6	98.4	1.1

2.3.2.4　杯芳烃类化合物

杯芳烃类外给电子体化合物是由苯酚和甲醛（或其他醛类）在碱的作用下缩合形成的环状低聚物，由于最早发现的四聚体分子模型在形状上与称为 calix crater 的希腊酒杯相似而被 Gutsche 命名为杯芳烃（图 2-33）。数目不等的羟基可分布在环的同侧或两侧，并可进行烃基化反应或相互连接成环。Kemp 等研究发现，取代基不同，活性和等规度差别较大，活性一般为 20~30kg PP/(g cat·h)，等规度一般不超过 90%，这可能是其未得到广泛应用的原因。但这类化合物具有独特的结构，能与过渡金属进行配位，如果选择具有适当取代基的杯芳烃和与之匹配的内给电子体，可同时获得高活性和高立构定向性的催化剂体系。

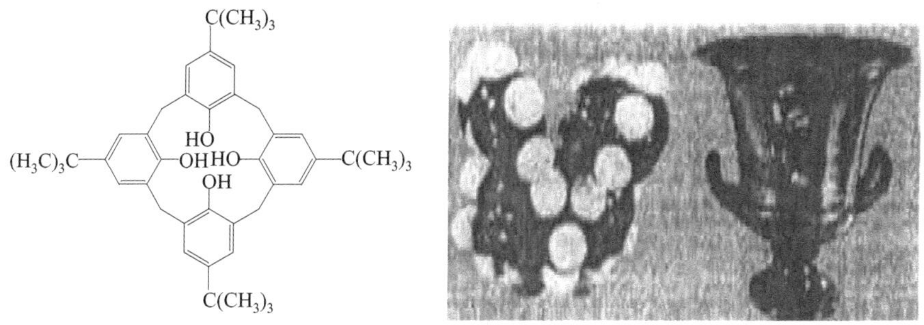

图 2-33 杯芳烃化合物的结构式和分子形状

2.3.2.5 二醚类化合物

二醚类化合物如 1,3-二醚和 1,4-二醚不仅可作内给电子体，也可作外给电子体。当用其作外给电子体时，等规度和活性比相应用作内给电子体、硅烷为外给电子体时低。如以前面提到的 1,1′-联双-2-烷氧基萘为内给电子体、硅烷为外给电子体的催化剂体系，活性可达 58kg PP/(g cat·1.5h)，等规度为 97.8%；但如果同时用 1,1′-联双-2-烷氧基萘为内外给电子体的催化剂体系，活性则为 41kg PP/(g cat·1.5h)，等规度为 96.1%。以二醚作外给电子体、二酯作内给电子体的催化剂体系进行丙烯聚合，得到的聚合物与二醚作为内给电子体合成的催化剂在不加外给电子体时所得到的聚合物基本相同。因此，一般认为二醚作为内外给电子体具有相同的反应机理。

2.3.2.6 氨基硅烷

氨基硅烷是现在研究得很热的一种外给电子体，国外已申请了很多专利；公司主要集中在日本的东邦钛、宇部兴产、宏大化纤和蒙特尔、道康宁、联碳、Firestone Tire 和 Rubber Co、JGC Corp 等。表 2-6 是日本三家公司开发的不同结构式的氨基硅烷的性能。以氨基硅烷化合物为外给电子体，丙烯聚合的特点是活性高、等规度高、氢调敏感性好和分子量分布宽。氨基硅烷的综合性能非常好，但目前为止尚未见工业应用报道。

表 2-6 不同结构式氨基硅烷的性能

公司	日本东邦钛	日本宇部兴产	日本东邦钛	宏大化纤
结构式	$R_2^1Si(NHR^2)_2$ $R_n^3Si(NR^4R^5)_{4-n}$	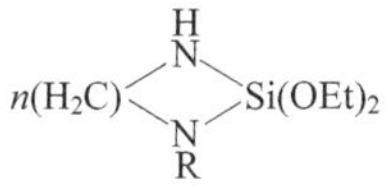 $n(H_2C)\begin{array}{c}H\\N\\N\\R\end{array}Si(OEt)_2$	$(R^3HN)_n R_p^4 Si(OR^5)_q$	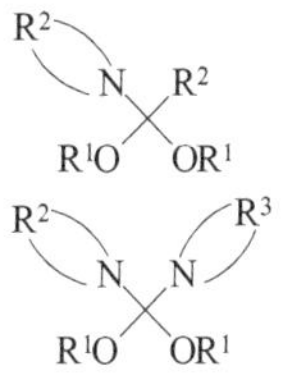 $R^2\!\!-\!\!N\!\!-\!\!R^2$ $R^1O\;\;OR^1$ $R^2\!\!-\!\!N\!\!-\!\!N\!\!-\!\!R^3$ $R^1O\;\;OR^1$

续表

公司	日本东邦钛	日本宇部兴产	日本东邦钛	宏大化纤
活性/[kg PP/(g cat·h)]	30~50	23~38	36~58	35~45
等规度/%	97~98	>97	>97	>97
MI/(g/10min)	40~350	157~1000	60~280	20~91
M_w/M_n	5.2~13	—	15~18	10~20

2.3.3 内外给电子体化合物的作用机理

内外给电子体化合物由于都是一些含有 O、N、P、S、Si 等的有机化合物，都带有孤对电子（常称其为 Lewis 碱），故能与催化剂的活性中心作用，从而改变催化剂的性能。因此给电子体在 Ziegler-Natta 催化剂体系中对催化剂的活性、定向能力和产品的形态都能产生较大的影响。

2.3.3.1 内给电子体化合物的作用机理

为了搞清催化剂各组分之间是如何作用和结合的，研究者运用红外、核磁等技术对合成的催化剂及模型化合物进行了对比研究。目前普遍认为内给电子体在氯化镁负载 Ziegler-Natta 催化剂中有两个作用：稳定氯化镁初级晶体及控制四氯化钛在氯化镁晶面上的数量和分布。一般认为只有当氯化镁在（100）晶面上负载的 $TiCl_4$，被烷基铝还原为 $TiCl_3$ 后，Ti 原子的环境才是手性的，才是等规中心。如果没有内给电子体，$TiCl_4$ 在氯化镁的（100）和（110）晶面上配合；如果有内给电子体，内给电子体就会与 $TiCl_4$ 在氯化镁的不同晶面上竞争配合。Chein 提出了苯甲酸乙酯在氯化镁的（100）和（110）晶面配合的可能模型图，如图 2-34 所示。由于（110）晶面上的镁离子酸性更强，内给电子体可能优先与（110）晶面上的镁离子配合，避免了 $TiCl_4$ 在（110）晶面上的配合。内给电子体与氯化镁的配合减弱了载体本身的酸性，使 Ti 原子的电子云密度增加，从而提高了催化剂的活性。

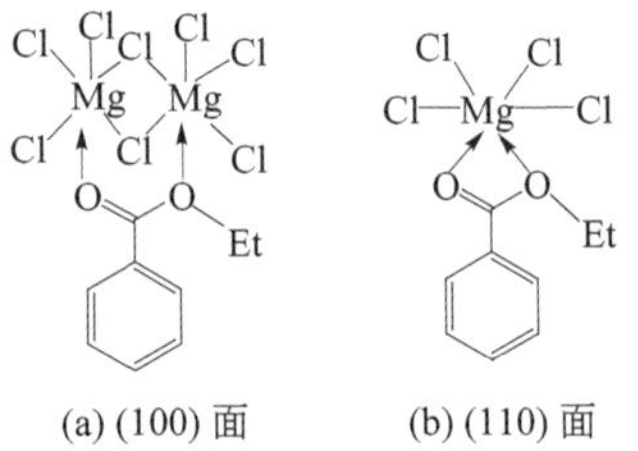

■图 2-34 苯甲酸乙酯在氯化镁的（100）和（110）晶面配合的可能模型图

Soga 等对二酯作内给电子体的 Ziegler-Natta 催化剂体系提出了如图 2-35 所示的立体定向活性中心模型图。他们认为在载体氯化镁晶体的（100）

面上,二酯与 Mg 和 Ti 同时配位,桥联的 Ti 和 Mg 原子形成立体定向活性中心。

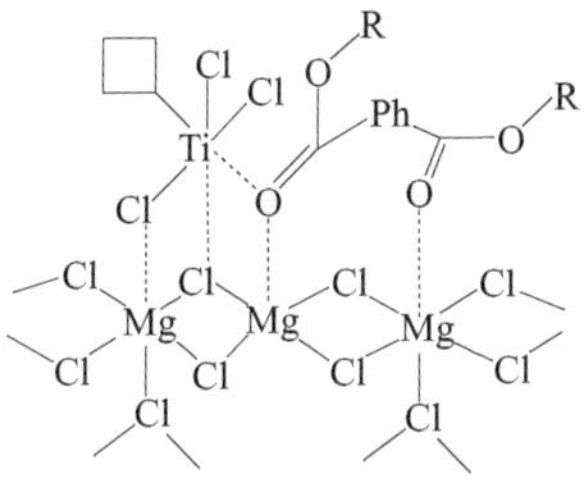

■图 2-35 二酯与 Mg 和 Ti 同时配位形成的立体定向活性中心模型图

另外,用化学法制备载体时,如果不添加内给电子体,则析出氯化镁的速率过快而生成热力学稳定的结构,这对催化剂的性能不利。如果加入内给电子体则可减缓氯化镁的结晶速率,从而形成由许多微小结晶组成的无序结构,改变催化剂的活性和定向能力。因此,内给电子体主要有以下三个作用。

① 内给电子体可以提高氯化镁载体催化剂的立构选择性。
② 内给电子体对控制催化剂的载钛量和钛的分布有重要影响。
③ 内给电子体可以影响氯化镁载体微晶的结构和形态。

2.3.3.2 外给电子体化合物的作用及机理

只有内给电子体的催化剂体系生产的聚合物等规度仍不够高,为了进一步提高氯化镁载体催化剂体系的立体定向性,聚合体系还必须加外给电子体。研究表明,催化剂表面存在有空间阻碍和定向选择性不同的活性中心,一般存在如图 2-36 所示的三种活性中心。

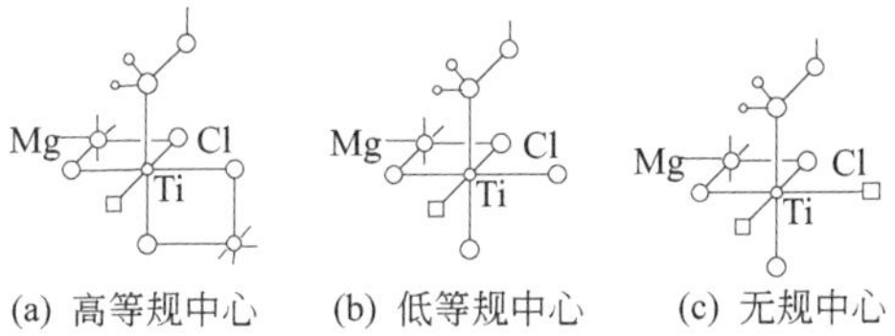

(a) 高等规中心   (b) 低等规中心   (c) 无规中心

■图 2-36 催化剂表面存在的三种活性中心

一般来说,外给电子体总是优先与 Lewis 酸性较强的且具有两个空位的无规活性中心 Ti_a^* [图 2-36(c)] 配位,使一部分 Ti_a^* 失活,一部分转化为等规活性中心 Ti_i^*。由于外给电子体与活性中心配位,导致活性中心的总数下降,因此提高了等规中心 Ti_i^* 在活性中心数中所占的比例。即外给电子体的加入使催化剂的活性下降,但聚合物的等规度却提高了。活性下降和等规度提高的程度与外给电子体的类型和结构有关,见表 2-7。

■表 2-7 MgCl$_2$/TiCl$_4$-AlEt$_3$/De 催化剂中外给电子体对丙烯聚合活性和聚合物等规度的影响

外给电子体(De)	活性/(g PP/g Ti·h)	聚合物等规度/%
无	4117	57.3
邻苯二甲酸二异丁酯	867	74.2
苯甲酸乙酯	947	88.5
2,2,6,6-四甲基哌啶	1990	74.1

注：无内给电子体存在，聚合条件为 Al/Ti（物质的量比）= 40，De/Ti = 5；常压，60℃；2h。

通常外给电子体本身体积的大小、给电子能力的强弱对聚合反应都有直接的影响。一般来说，De 基团体积大，空间位阻就大，就会显著降低聚合活性，对等规度的提高也会少一些；De 给电子能力强，在与活性中心配位时的推电子效应也越大，导致 Ti 原子上电子云密度增加而削弱了 Ti—R 键的强度，催化剂的活性就会提高。外给电子体还能改变聚合物分子量的大小及分布。活性中心 Ti 原子与外给电子体配位后电负性增加，使 β-H 转移变得困难，而 β-H 的转移作为链转移的控制步骤是决定分子链长短的关键，故此可提高聚合物的分子量。另外，用红外和核磁碳谱还可证明聚合体系中存在如下的配合平衡反应：

$$AlEt_3 + De \rightleftharpoons AlEt_3 \cdot De \qquad (2-1)$$

$$AlEt_3 + Ti \cdot De \rightleftharpoons AlEt_3 \cdot Di + Ti—\square$$

$$(\square 为空的配位穴) \qquad (2-2)$$

式(2-1) 的配合使游离 AlEt$_3$ 减少，抑制了 AlEt$_3$ 的有效浓度，使式(2-2) 的平衡向左移动，减少了活性中心的生成，从而降低了聚合反应初速度，改变了聚合反应动力学曲线。因此，外给电子体主要有以下三个作用。

① 外给电子体可以选择性毒化无规活性中心。

② 外给电子体可使无规活性中心转变为等规活性中心。

③ 外给电子体可以增加等规活性中心的链增长速率常数。

2.3.3.3 内外给电子体化合物的协同作用

在催化剂的聚合体系中，作为 Lewis 碱（LB）内外给电子体、AlR$_3$、MgCl$_2$ 表面各种活性中心之间存在下列很多平衡反应：

$$AlR_3 + LB \rightleftharpoons AlR_3 \cdot LB$$

$$C_S + AlR_3 \cdot LB \rightleftharpoons C_S \cdot LB + AlR_3$$

$$C_A + AlR_3 \cdot LB \rightleftharpoons C_A \cdot LB + AlR_3$$

其中，C_S 为立体定向中心，C_A 为无规中心，C_{TV} 为有两个空位的无规中心，$C_{TV} \cdot LB$ 为选择定向中心，$C_S \cdot LB$、$C_A \cdot LB$、$C_{TV} \cdot 2LB$ 均为失活中心。这些平衡会因 Lewis 碱的强度、位阻、Ti 配位八面体的空位数以及活性、立体选择性的不同而不同。因此，内外给电子体对氯化镁载体型催化剂的调变作用是非常明显的。一个有实用价值的氯化镁载体催化剂体系，既含有内给电子体，也含有外给电子体，而且两者要搭配合适，才能发挥出高催化剂活性和高定向能力的优良性能。一般可以按照表2-8的规则选择内外给电子体。

■表2-8 内外给电子体的选择规则

内给电子体的类型	相匹配的外给电子体类型
单酯（芳香族单酯）	单酯（芳香族单酯）
双酯（芳香族双酯）	单/多官能团硅醚
二醚	不加/双官能团（烷氧基、二醚）

国外一直将聚丙烯催化剂外给电子体技术作为催化剂技术一个很重要的部分加以研究，我国近年来开始重视内给电子体的研究，但在外给电子体的研究开发上存在与催化剂技术脱节的问题，目前还没有实现与催化剂的配套开发，仅停留在仿制国外产品的阶段。内外给电子体必须配合使用，才能得到性能优良的聚合物。因此在新型催化剂技术开发的同时，一定要注重其配套内外给电子体技术的开发，充分发挥催化剂的性能，提高催化剂技术的整体水平。

2.4 聚合反应工艺与工程

2.4.1 丙烯聚合过程

早期烯烃聚合多采用的是自由基聚合，需要高温、高压反应条件，反应过程中存在多种链转移反应，导致支化产物的产生。对于丙烯单体，自由基聚合过程中链转移反应尤为严重，无法合成高聚合度的聚丙烯。1950年，德国化学家卡尔·齐格勒（K. Ziegler）合成了四氯化钛-三乙基铝（$TiCl_4$-$AlEt_3$）催化剂，并将其用于乙烯的聚合，在较温和的条件下得到了支链很少的高密度聚乙烯。1954年，意大利米兰理工学院的居里奥·纳塔（G. Natta）教授借鉴了K. Ziegler的关于烯烃聚合的研究结果，采用$TiCl_3$-$AlEt_2Cl$（或$AlEt_3$）催化剂，成功地将丙烯聚合成为具有较高分子量的、高度立构规整性的聚丙烯，从而奠定了聚丙烯工业的基础。现代工业生产聚丙烯多采用配位聚合的方法进行，所用的催化剂称为Ziegler-Natta催化剂。

2.4.1.1 丙烯配位聚合反应机理

自从Ziegler-Natta催化剂成功开发后，丙烯单体在该催化剂引发下聚合的链引发、链增长、链转移、链终止以及分子链立体规整排列的机理就成为关注的焦点。经过大量的实验验证，现在人们普遍认为催化活性中心既不是自由基，也不是正负离子，而是催化剂中含有烷基的过渡金属元素的空d轨道。单体与活性中心配位并被活化，接着烷基及双键上的π电子对发生移位，单体插入增长链中实现链增长。如此相继进行就长成聚合物分子。所以这类聚合又称插入聚合。由于生长链与金属相连接，这种金属-聚合物链是极化的，在链末端碳原子呈电负性，所以又称配位负离子聚合。配位聚合的催化剂应是含烷基的过渡金属元素，并有空 d 轨道的配合物。而这些活性中心应暴露在能与单体相接触的表面，与单体实现配位并聚合。反应示意如下：

$$Mt—R + nC=C \longrightarrow Mt—(C—C)_n—R$$

对 Ziegler-Natta 催化剂进行聚合的活性中心的具体化学结构和链引发、链增长机理以及链增长所具有有规立构的原因，不同的研究者从各自的实验结果出发，提出了不同机理和相应的模型。其中比较有代表性的是 Natta 双金属模型和 Cossee-Arlman 单金属模型。根据示踪原子法探明：①用氚化醇（如 CH_3OT）终止聚合反应，产物中含有氚；②在聚合反应过程中加入氘（D_2）作为分子量调节剂，聚合物分子量会降低，且分子链中有氘；③用标记的烷基铝，如 $AlEt_3$（^{14}C）作催化剂的一个组分，产物中含有^{14}C。基于以上实验结果，可以用以下反应表示：

$$Mt—Et(^{14}C) + nCH_2=CH_2 \longrightarrow Mt(CH_2—CH_2)_n—Et(^{14}C)$$

$$Mt(CH_2CH_2)_n—Et(^{14}C) \xrightarrow{D_2} Mt—D + Et(^{14}C)—(CH_2CH_2)_n—D$$

$$Mt(CH_2CH_2)_n—Et(^{14}C) \xrightarrow{ROT} Mt—OR + Et(^{14}C)—(CH_2CH_2)_n—T$$

据此，Natta 首先提出烯烃是在金属-烷基键上进行插入而实现链增长的。指出烯烃在金属-碳键上配位，然后发生重排和插入并进行链增长。还提出了桥式配合物活性中心的模型。

$$\begin{matrix} & X & \\ Ti & & Al \\ & P_n & \end{matrix}$$

其中，X 为卤原子，P_n 为聚烯烃增长链。

Natta 认为烯烃单体是在 Ti 原子上配位，在 Al—C 键上增长。其主要实验依据如下：

① 烷基铝在通常情况下可以二聚体形式存在，能形成以下桥式配合物：

$$2AlEt_3 \rightleftharpoons \begin{matrix} Et & & Et \\ & Al \cdots Al & \\ Et & & Et \end{matrix} \rightleftharpoons Et_2Al^+ AlEt_4^-$$

② 单独用 Ti 有机化合物往往不能使烯烃实现配位聚合，加入 $AlEt_3$ 后方有活性。

③ 用双组分 Ziegler-Natta 催化剂所得的聚烯烃，分子链末端连有烷基铝上的有机取代基。

④ 大量实验证明，聚丙烯的立构规整度与烷基金属化合物中金属离子半径及配位基的结构和数量很有关系，也和烷基金属化合物的配合能力有关，使用不同晶型 $TiCl_3$ 与不同烷基金属化合物组成的催化剂，所得聚丙烯的等规度与烷基金属化合物结构有关。

⑤ Natta 等用双环戊二烯二氯化钛（Cp_2TiCl_2）和 $AlEt_2Cl$ 等混合可溶

性均相引发剂的研究，曾获得有一定熔点（126～130℃）和一定分子量的蓝色结晶，经 X 射线分析，推定有以下结构的配合物，并证明该配合物对乙烯有聚合活性。

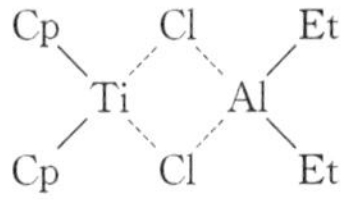

$$\begin{array}{c} Cp \diagdown \cdots Cl \cdots \diagup Et \\ Ti \qquad Al \\ Cp \diagup \cdots Cl \cdots \diagdown Et \end{array}$$

Ti⋯Cl⋯Al 为缺电子三中心键和氯桥，因此推论 Ziegler-Natta 引发剂的活性种也是结构类似的双金属桥形配合物，如上式所示。

Natta 的双金属中心的聚合反应历程是烯烃先与正电性的过渡金属 Ti 配位，在此时 Ti⋯C 桥键减弱。极化的单体在 Al⋯C 键上插入。最后恢复双金属桥式结构，这样就实现了一个单体单元的增长。图 2-37 是 Natta 给出的上述定向聚合反应的双金属机理。

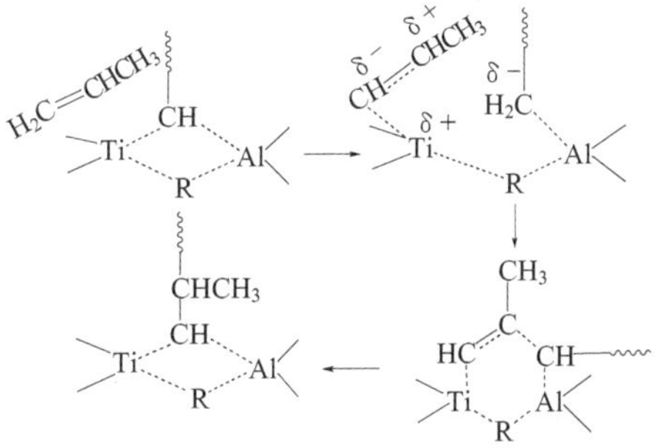

■图 2-37　Natta 定向聚合反应的双金属机理

关于双金属中心上分子链之所以能呈等规立构，Natta 认为在非均相催化剂固体表面所形成的双金属活性中心是不对称的。图 2-38 给出了 $TiCl_3$ 结晶底边上结合 $AlEt_2Cl$ 的模型，每一个活性中心只能与丙烯以一种构型配合，所以生成单体单元构型相同的等规立构聚合物。

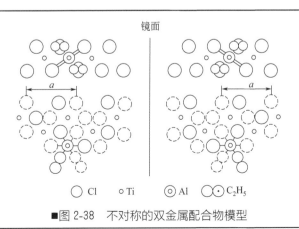

■图 2-38　不对称的双金属配合物模型

但是，随着丙烯配位聚合的实践以及配位聚合机理理论研究的不断深入，聚合物链在 Al—C 键上增长的观点已经基本上被否定。Natta 后来也认为链增长是在过渡金属-碳键上进行的。但是 Natta 等仍认为金属烷基化合物对于稳定过渡金属-碳键和立体化学的控制是很必要的。另一类有代表性的是 Cossee-Arlman 单金属模型，提出这一模型是基于以下事实。

① 许多实验已经证明，烯类单体不是在铝-碳键上进行链增长，而是在过渡金属-碳键上进行的。最有说服力的证据是已经发现许多不含Ⅰ~Ⅲ族金属烷基化合物，而仅有过渡金属化合物的烯烃配位聚合的催化剂即可催化烯烃聚合。表 2-9 给出了其中的一些例子。还有许多间接的证据表明 Ziegler-Natta 催化聚合中，链的生长中心是在过渡金属-碳键上。

■表 2-9 无金属烷基化催化剂举例

催化剂	烯烃	产物结构
$TiCl_3$（球磨）	乙烯	线型
$TiCl_3$ + 胺	丙烯	等规立构
$ZrBz_3Cl$（Bz：苄基）	4-甲基-1-戊烯	等规立构
$Cr(\pi\text{-烯丙基})_3$	乙烯	线型
（π-烯丙基）NiX	丁二烯	X = Cl，顺-1,4- X = Br，反-1,4-
Cp_2Cr 负载在 SiO_2 上	乙烯	线型

② α-$TiCl_3$ 是由图 2-3 的基本晶片组成的，每一个晶片在两个 Cl 层间含有一个 Ti 层。层状的 α、γ 和 δ-$TiCl_3$ 晶体有 Cl 的空位存在。图 2-39 表明，晶体棱边上每隔一个 Cl 就有一个空轨道。Cl 空位之所以在晶体棱边是经过对 α-$TiCl_3$ 结晶中 Ti^{3+} 与 Cl^- 的相互吸引能，不同位置相互作用能进行计算，得出 Cl 的空位最可能在晶体棱边上。Rodriquez 用电子显微镜直接观察到丙烯聚合链生长是沿着 $TiCl_3$ 结晶生长螺旋进行的。这也是这种看法的另一有力证据。

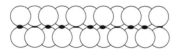

■图 2-39　α-$TiCl_3$ 的基本晶片（图中黑圆代表 Ti，大的白圆代表 Cl）

1964 年 P. Cossee 和 E. J. Arlman 提出了以过渡金属为中心的单金属中心模型，活性中心的结构为：

$$X-\underset{\underset{X}{|}}{\overset{\overset{R}{|}}{Mt}}-\square$$

其中，Mt 为过渡金属离子，□ 为配位空穴，R 为烷基或聚合物链，X 为过渡金属盐的配位基。

链增长的历程可以分为三步：第一步是形成活性中心，即含有一个 Cl 空位有 5 个配位体的 Ti，与烷基铝进行烷基与 Cl 的交换反应形成单金属活性中心，如下图所示。

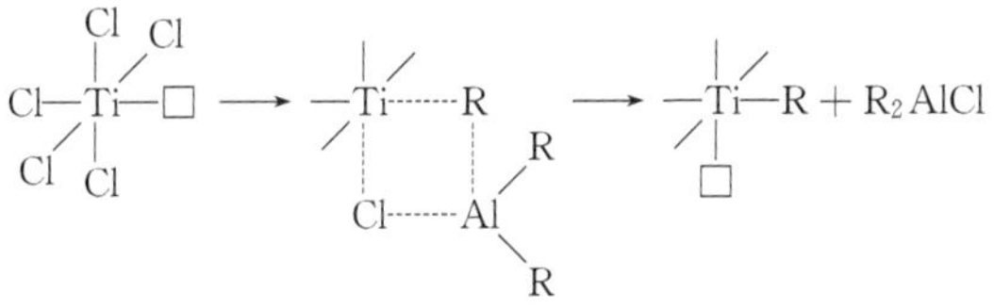

（五配位 Ti 离子） （中间配合物） （活性中心）

然后丙烯与过渡金属活性中心的空穴配位，并形成过渡态，接着在 Ti—C 键上插入。单体一旦插入后，空位的方位发生改变，又变到原来的位置。图 2-40 表示了按单金属中心模型聚合物链每增长一个丙烯单体单元的定向聚合机理。

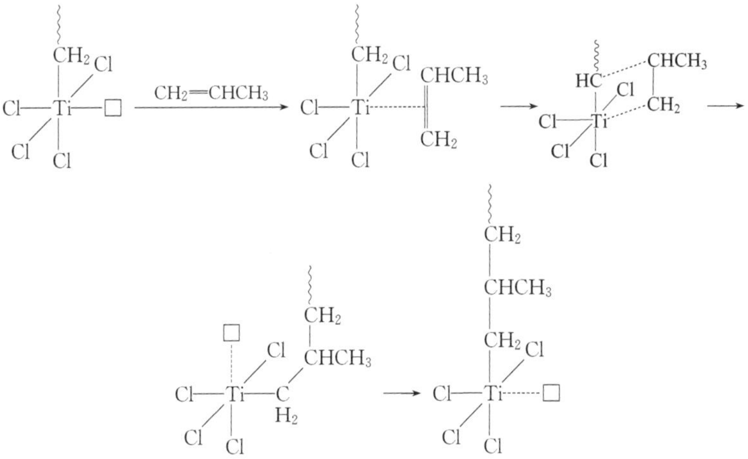

■图 2-40　P. Cossee 和 E. J. Arlman 定向聚合反应的单金属机理

为了说明所得的是全同立构聚丙烯，丙烯单体每插入一次，空位与生长链必须对调一次位置方能使模型复原。Cossee 提出的烯烃在活性中心 Ti 上配位和烷基的移位，可以用分子轨道理论计算。分子轨道的计算对 Cossee 和 Arlman 提出的机理在一定程度上提供了有力的支持，但对十分复杂的配位聚合，这种计算似乎把情况过于简单化了。另外，Cossee 认为 Ti 原子周围的烷基和 3 个 Cl 呈共平面的四边形，通过它们的平面与紧密堆积的负离子平面呈 55°，所以烷基配基和用以与单体配位的空位是不等同的。这就是 Cossee 假设烷基还要"飞回"去，并以此来解释这类催化剂对丙烯有控制其立构规整性能力的原因。

Cossee-Arlman 的单金属活性中心模型，对丙烯定向聚合机理做了进一步的揭示，但是仍然存在许多值得探讨的疑问。如 $TiCl_3$ 表面 Cl 的空位是否只限于在晶片棱边？烷基铝在形成活性中心中除了起烷基化作用外，是否还有其他作用？单体每在 Ti—C 键上插入一次，分子链与空穴都要交换一下位置，这是否与实际情况相符？是否有多种类型的活性中心？总之 Cossee-Arlman 的单金属活性中心模型还有许多问题有待深入。

关于丙烯定向聚合机理，仅介绍了两种有代表性的，实际上有关这方面的研究仍非常活跃，新的机理不断提出。除了 Natta 提出的双金属活性中心模型外，Patat、Sinn 和 Rodriguez 等都各自提出了双金属活性中心模型。此外，还有 Schrock 的"双空位模型"，Ystenes 的"扳机机理"等。

Ziegler-Natta 催化剂更新换代速度很快，其应用远走在聚合机理研究的前头。其组成结构的复杂性和多活性中心的特性给聚合机理的研究带来了困难。随着茂金属等均相单活性中心催化剂应用于定向聚合，相信未来对定向聚合机理的认识将会有更清晰的认识。

2.4.1.2 α-烯烃在金属-碳键上的插入反应

随着聚烯烃催化剂技术的快速发展，传统的异相催化剂不仅表现出高活性，而且具有高的立体选择性。然而异相催化剂的活性中心结构及一些聚合机理仍不十分清楚。近年来，随着对均相茂金属催化剂活性中心结构和性质深入的了解，可以借鉴均相茂金属对映体选择机理用于复相催化剂体系，这不仅可以解释许多复相催化剂的聚合机理和得到的实验结果，而且与早期复相催化剂所设想的聚合机理也相吻合。同时可以研究 Mt—C 键、区域选择性、活性中心的结构和性质、对映体选择机理及给电子体在 $MgCl_2$ 负载型催化剂中的作用等。在 α-烯烃的聚合反应中，无论是复相催化剂，还是均相的茂金属催化剂，α-烯烃单体在活性中心的 Mt—C 键间的插入方式有两种：1,2 插入和 2,1 插入，如下式所示：

$$Mt—P + CH_2=CH—CH_3 \begin{array}{l} \nearrow Mt—CH_2—CH(CH_3)—P \quad (1,2 \text{ 插入或一级插入}) \\ \searrow Mt—CH(CH_3)—CH_2—P \quad (2,1 \text{ 插入或二级插入}) \end{array}$$

1,2 插入发生在烯烃的等规聚合中。用均相催化剂 $Me_2(Cp, Flu)ZrCl_2/MAO$ 催化丙烯聚合，也是 1,2 插入。与此相反，用 VCl_4/Et_2AlCl 催化剂在低温催化丙烯聚合时，主要是 2,1 插入。聚合物链中出现 α-烯烃单体单元的首-首相连或尾-尾相连的概率是很小的，甚至在红外（IR）和核磁（NMR）谱图上也很难观察到。然而，以 $\delta\text{-}TiCl_3\text{-}Et_2AlCl$ 催化剂催化丙烯聚合，在氢气浓度很高的情况下，通过分析聚合物的结构，发现聚合物链端含有正丁基。同样用含有内外给电子体的第四代氯化镁负载型催化剂催化丙烯聚合，在链转移剂氢气存在的条件下，在聚丙烯分子链中也可以观察到正丁基的链端。生成含有正丁基链端聚丙烯的主要原因是由 H_2 链转移产生的终止反应发生在 2,1 插入之后。而异丁基末端结构则是 1,2 插入后向氢气转移的结果。其反应式如下所示：

$$Ti—CH(CH_3)—CH_2—CH_2—CH(CH_3)—P + H_2 \longrightarrow$$
$$Ti—H + CH_3(CH_2)_3—CH(CH_3)—P$$

Ti—CH$_2$—CH(CH$_3$)—CH$_2$—CH$_2$—CH(CH$_3$)—P + H$_2$ ⟶
Ti—H + CH$_3$—CH(CH$_3$)—CH$_2$—CH(CH$_3$)—P

具有正丁基链端的等规聚丙烯的含量随使用的外给电子体的不同而不同，可在12%~28%之间变化。在二甲苯抽提可溶物中，聚丙烯链中的头-头相连的不规则单元约占1%，与使用δ-TiCl$_3$-Et$_2$AlCl催化剂合成的聚丙烯链中的头-头含量相近。这表明在非均相催化剂催化丙烯聚合过程中，丙烯单体的2,1插入方式可在等规活性中心上发生，其结果导致丙烯单体进一步插入受阻。然而，最近人们发现，当使用二醚作内给电子体的催化剂进行丙烯聚合时，其产物中正丁基末端结构的比例很大。2,1插入后的链转移反应对聚合物的分子量及分子量分布有很大的影响。2,1插入使链增长速率变慢，并加快了向氢气的链转移反应，但是"休眠中心"2,1插入中心仍可以进行链增长反应。以MgCl$_2$/TiCl$_4$/二醚-AlEt$_3$为催化剂，不加氢气时可以得到分子量非常高的聚合物，尽管每2000个插入反应中就有一个2,1插入；如果2,1插入阻碍了链增长，那么聚合物相对分子质量只能达到8000。所以，虽然2,1插入中心是所谓的"休眠中心"，但它仍可以进行链增长反应。

在加氢条件下进行丙烯聚合时，在丙烯链增长的初期特别容易产生区域不规则的2,1插入，这是因为2,1插入 Ti—H 键要比2,1插入 Ti—C 键容易得多。在加氢条件下，由茂金属催化得到的许多聚合物中都发现了大量的2,3-二甲基丁基（即2,3-DMB）结构，该结构是2,1插入后紧接着发生1,2插入反应的结果。用茂金属催化剂合成的等规聚丙烯有时会发生丙烯单体在Mt—C键中的2,1插入和1,3插入，产生不规则结构，其形成机理如下所示：

—CH$_2$—CH(CH$_3$)—CH(CH$_3$)—CH$_2$—CH$_2$—CH(CH$_3$)— （2,1插入）
—CH$_2$—CH(CH$_3$)—CH$_2$—CH$_2$—CH$_2$—CH(CH$_3$)— （1,3插入）

两种不规则结构单元（CH$_2$）$_2$和（CH$_2$）$_4$的含量和相对比例主要由π-配体、聚合温度和单体浓度所决定。一般来说，当催化剂的活性很高时，2,1插入是主要的。Zambelli等认为，形成1,3插入不规则单元的原因是由于2,1插入方式生成的仲位 Zr 烷基化单元在下一个烯烃单体插入前异构化为伯位 Zr 烷基化单元。用 MeSi（benz-[e]-in-denyl)$_2$ZrCl$_2$-MAO 催化丙烯聚合，只形成2,1不规则结构单元，表明活性中心仲位 Zr 烷基化单元进行丙烯单体的插入速率大于异构化速率。与上述复相催化剂合成的聚丙烯相比，在聚丙烯中等规五单元组[mmmm]含量相同的条件下，用茂金属催化剂合成的聚丙烯熔点较低，其主要原因是聚合物链中含有上述的不规则结构单元。

2.4.1.3 插入反应的立体选择性

活性中心金属原子的配位方式、链增长方向以及单体双键的插入和链末端结构的形成，这些知识都是研究定向聚合机理所不可缺少的。在所有的研究中，非均相催化剂、均相催化剂催化的等规聚合，VCl$_4$催化剂的间规聚合都说明单体插入的立体化学为顺式(cis)类型。cis-1-氘代丙烯的等规聚合产物是赤型(erythro-)双全同立构聚合物，而反式(trans)-1-氘代丙烯单体的等规聚合得到的是苏型(threo-)双全同立构聚合物。其形成示意图如图 2-41 所示。

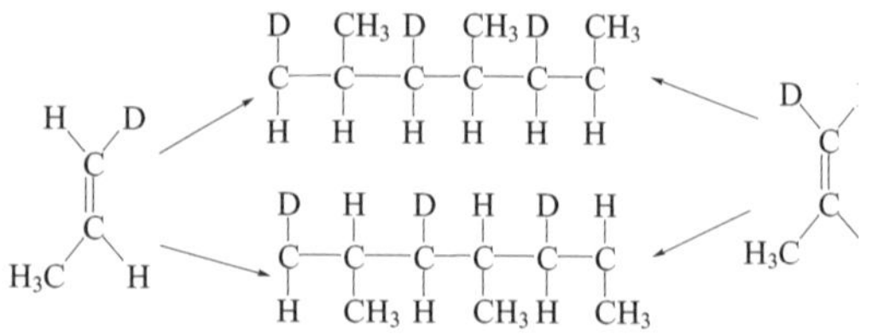

■图 2-41　催化剂金属-碳键与烯烃双键加成的立体化学示意图

2.4.1.4　单体插入的立体控制

由于 α-烯烃单体的两侧是不同的（R、S 对映的两个面），如图 2-42 所示，即 α-烯烃单体是具有前手性的化合物。在聚合反应后，生成聚合物的链中叔碳原子的构型（R 或 S 构型）取决于单体 R、S 两个对映面的作用方式、单体的插入方式和单体的立体加成方式(顺式或反式)。如果催化剂具有很高的立体选择性，单体的插入是顺式立体加成，且单体用同一对映面进行多次插入，则聚合物链增长手性活性中心具有相同的构型，生成等规聚合物；当单体用交叉的对映面进行多次插入，则聚合物链增长手性活性中心的两种构型相互转换，生成间规聚合物；当单体以随机的对映面进行多次插入，则聚合物链增长手性活性中心的构型没有规律性，则生成无规聚合物。

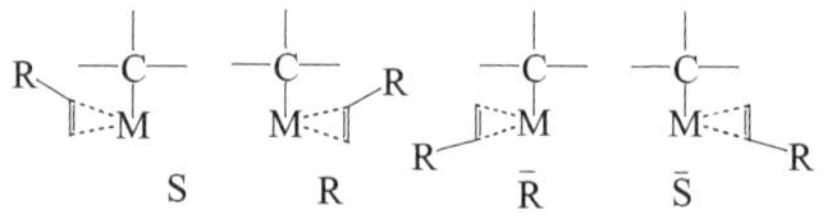

■图 2-42　烯烃的对映面及其与活性中心金属原子的配位示意图

对于至少具有一种手性活性中心的催化剂体系，它对具有前手性的 α-烯烃单体的两个对映面是有选择的。对于活性聚合链，如果 α-烯烃单体是 1,2 插入，手性碳在活性聚合物链的 β 位；如果 α-烯烃单体是 2,1 插入，手性碳在活性聚合链的 α 位。当立体选择性机理受末端手性诱导效应所控制时，称为链端控制。另一种可能的情况是手性活性中心是非对称的，其立体选择性机理称为对映体活性中心控制。在链增长过程中，由于位错造成聚合物不同的微观结构，由此可以判断单体插入是何种立体选择机理。

以下聚合试验数据与 α-烯烃等规反应的对映中心控制机理是一致的。

① 等规聚合物的立体规整度中包含有一对间同外消旋二单元组（r），与一组 [mmmrmmm] 全同内消旋二单元组（m）相连，与图 2-7 中的 A 结构相对应。也就是说，构型缺陷的产生并不影响后面单体单元的构型。在增长链的最后一个对称碳原子的构型控制聚合物立体结构的情况下，立体缺陷将被连续重复，形成的立体序列为 [mmmrmmm]，见图 2-43 中的 C 结构。

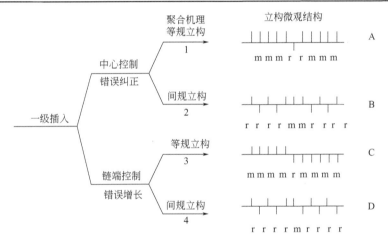

■图 2-43　产生有序聚合物结构的四种可能立体定向聚合机理

② 增长链的构型在乙烯单元插入后得到了延续；对于茂金属催化剂，偶然的 1,3 插入延续了增长链的构型。

③ 在外消旋 α-烯烃的聚合以及乙烯的共聚合中，等规催化活性中心表现出立体选择性。

④ 由 ^{13}C 标记的 $AlEt_3$ 和 $TiCl_3$ 催化剂体系聚合得到的等规聚 1-丁烯，其末端结构的 ^{13}C-NMR 直接证明了等规聚合中的链端立体化学控制机理。尽管起始的乙基基团和第一单体插入后烷基基团不是对称的，两个单体单元插入 $Ti—^{13}CH_2—CH_3$ 键而形成的链端结构是立体规整的。

2.4.2　丙烯聚合反应动力学

传统的 Ziegler-Natta 催化剂是一个非常复杂的体系，它具有多种组分，其表面存在多种活性中心,在聚合过程中这些组分对反应速率和立体规整性的调变作用是不一样的。这一节将对丙烯聚合动力学模型以及聚合动力学的各种变化因素进行探讨。

2.4.2.1 聚合反应基本历程

聚合反应通常包含链引发、链增长、链转移和链终止等基本历程。Natta 等提出下列动力学历程。

① 链引发

$$[Cat]-CH_2-CH_3 + CH_2=CHCH_3 \xrightarrow{k_1} [Cat]-CH_2-CH(CH_3)-C_2H_5 \quad (端基为乙基)$$

$$[Cat]-H + CH_2=CH(CH_3) \xrightarrow{k_2} [Cat]-CH_2-CH_2CH_3 \quad (端基为正丙基)$$

② 链增长

$$[Cat]-CH_2-CH(CH_3)-C_3H_7 + nCH_2=CHCH_3 \xrightarrow{k_p}$$
$$[Cat]-CH_2CH(CH_3)-(CH_2-CH(CH_3))_n-C_3H_7$$

③ 链终止

自动终止即单分子终止:

$$[Cat]-CH_2CH(CH_3)-(CH_2-CH(CH_3))_n-C_3H_7 \xrightarrow{k_3}$$
$$[Cat]-H + CH_2=C(CH_3)-(CH_2-CH(CH_3))_n-C_3H_7$$

④ 向烷基铝转移

几乎所有烷基铝都以二聚体形式存在,而且烷基铝的解离系数很小。

$$2(C_2H_5)_3Al \longrightarrow [(C_2H_5)_2Al^+][(C_2H_5)_4Al^-]$$

此 $(C_2H_5)_2Al^+$ 进入生成链而引起转移反应。

$$[Cat]-CH_2CH(CH_3)-(CH_2-CH(CH_3))_n-C_3H_7 \xrightarrow[(C_2H_5)_3Al]{k_4}$$
$$[Cat]-C_2H_5 + C_2H_5Al-CH_2-CH(CH_3)-(CH_2-CH(CH_3))_n-C_3H_7$$

⑤ 向氢转移

$$[Cat]-CH_2CH(CH_3)-(CH_2-CH(CH_3))_n-C_3H_7 \xrightarrow{k_5}$$
$$[Cat]-H + CH_3-CH(CH_3)-(CH_2-CH(CH_3))_n-C_3H_7$$

⑥ 向单体转移

$$[Cat]-CH_2CH(CH_3)-(CH_2-CH(CH_3))_n-C_3H_7 \xrightarrow[C_3H_6]{k_6}$$
$$[Cat]-CH_2-CH_2(CH_3) + CH_2=C(CH_3)-(CH_2-CH(CH_3))_n-C_3H_7$$

2.4.2.2 聚合速率表达式

非均相 Ziegler-Natta 聚合反应,须用非均相动力学方法处理,在稳态下推导聚合反应速率方程。在非均相反应中,单体和第Ⅰ~Ⅲ族金属组分需从溶液中被吸附到过渡金属催化剂颗粒表面上才能发生聚合反应,因此可按 Langmuir-Hinschelwood 模型处理。如果上述两种组分竞争相同的吸收部分,第Ⅰ~Ⅲ族金属组分和单体覆盖的催化剂表面的分散 Q_A 和 Q_M 可分别由 Langmuir 等温线给出:

$$Q_A = \frac{K_A[A]}{1+K_A[A]+K_M[M]}$$

$$Q_M = \frac{K_M[M]}{1+K_A[A]+K_M[M]}$$

式中，[A]和[M]分别表示溶液中第Ⅰ～Ⅲ族金属组分和单体的浓度；K_A和K_M为它们各自的吸附平衡常数。聚合反应速率表示如下：

$$R_P = K_P Q_A Q_M [S]$$

式中，[S]是吸附部位的总浓度，mol/L。综合上述方程式可得到的聚合反应速率为：

$$R_P = \frac{K_P K_M K_A [M][A][S]}{(1+K_A[A]+K_M[M])^2}$$

另一种模型称为 Rideal 模型，假定聚合反应涉及（在溶液或气相中）未被吸附的单体和聚合反应活性部位之间的反应。

$$Q_A = \frac{K_A[A]}{1+K_A[A]}$$

$$R_P = \frac{K_P K_A [M][A][S]}{1+K_A[A]}$$

一些聚合反应体系服从 Langmuir-Hinschelwood 模型，另一些则服从 Rideal 模型。如果单体和第Ⅰ～Ⅲ族金属组分的吸附性（极化度）相当时遵循 Langmuir-Hinschelwood 模型，如果单体的吸附性比第Ⅰ～Ⅲ族金属组分弱时遵循 Rideal 模型。

按常规方法，增长速率除以所有终止（链转移）反应的总速率可得相应的聚合度表达式，对于 Langmuir-Hinschelwood 模型有：

$$\frac{1}{X_N} = \frac{K_{tr,M}}{K_P} + \frac{K_{tr,M}}{K_P K_M[M]} + \frac{K_{tr,A} K_A[A]}{K_P K_M[M]} + \frac{K_{tr,H_2}[H_2]}{K_P K_M[M]}$$

由上式得到 R_P，其推导过程是假定氢转移时不涉及氢在引发剂表面上的吸附作用。如果氢被吸附并且同单体及第Ⅰ～Ⅲ族金属组分竞争吸附位置时，在上面的处理方法中就须对 Q_A 和 Q_M 加以修正并须引入 Q_{H_2} 参数。

2.4.3 聚丙烯生产工艺

2.4.3.1 聚丙烯工艺发展的历程

自原 Montecatini 公司于 1957 年在意大利的费拉拉（Ferrara）建成了世界上第一套 6kt/a 的间歇式聚丙烯装置以来，聚丙烯工业发展迅速。催化剂技术的进步促进丙烯聚合工艺发展的推动力。根据生产工艺的特点，可将聚丙烯工艺的发展划分为四个阶段。

第一代聚丙烯工艺即采用低效催化剂，以己烷等惰性烃类为溶剂的间歇釜式淤浆聚合工艺。由于催化剂活性和立构定向性极低，因而需要进行聚合物的脱灰和脱无规处理。所谓的脱灰是指脱除聚合物中的催化剂残渣，脱无规是指脱除生成的无规聚丙烯。聚合所得的聚丙烯部分以结晶颗粒的形式悬浮于溶剂中，部分以无规物的形式溶解于溶剂中。残余的催化剂用乙醇失活处理并溶解。钛和铝的烷氧基化合物用水处理而分离出来。结晶的聚合物通过过滤或离心沉淀的方法分离出来并干燥制得，而溶解在稀释剂中的非晶态聚合物可需将稀释剂蒸发后分离出来。

由于聚丙烯材料具有广泛的适用性，实现工业化生产后，市场扩大。间歇聚合过程不能满足规模化生产的要求，很快，人们开发出连续聚合工艺。由于催化剂技术没有进步，工艺上仍需要脱灰和脱无规环节。也仍然采用己烷等惰性烃类为溶剂，工艺上需要进行溶剂的回收处理。所采用的聚合反应器为连续搅拌釜反应器。这可以视为第二代聚丙烯工艺。1964年以前，世界上聚丙烯生产基本上都是采用此法。

溶液法也是这一时期开发的聚丙烯工艺，将丙烯、溶剂和催化剂在几台串联的反应器中于160～170℃和3.0～7.0MPa的高温、高压下聚合，聚合物全部溶解在溶剂中，聚合物溶液闪蒸后除去未反应的单体，再加入溶剂稀释过滤，除去固体催化剂，冷却后析出等规聚合物，然后离心分离出聚合物和无规物溶液。此工艺可以将聚合反应产生的热量用于副产低压蒸汽。所得聚合物中无规物含量很高，达25%～30%，产品性能独特。美国伊斯曼（Eastman）公司拥有长期以来世界上仅有的一套生产等规聚丙烯的溶液聚合装置。

1964年，美国达特（DART）公司的雷克萨尔（REXALL）分公司首先采用第一代催化剂及釜式反应器开创了液相本体法聚丙烯生产工艺。液相本体法生产聚丙烯，将催化剂直接分散在液相丙烯中，进行液相本体聚合反应。聚合物从液相丙烯中不断析出，以细颗粒状悬浮在液相丙烯中。随着反应时间的延长，聚合物在液相丙烯中的浓度增高。当丙烯转化率达到一定程度时，经闪蒸回收未聚合的丙烯单体，即得到聚丙烯粉料产品。这是一种比较简单和先进的聚丙烯工业生产方法，省去了惰性溶剂的回收，但仍需脱灰和脱无规。此阶段，原美国Phillips公司首先采用环管式反应器用于聚丙烯生产，最早开发了环管聚丙烯工艺。连续本体聚合，第一代催化剂，脱灰、脱无规，这是第三代聚丙烯工艺的典型特征。

1971年，原Solvay公司开发了三氯化钛-异戊醚-四氯化钛-一氯二乙基铝[$TiCl_3 \cdot R_2O \cdot Al(C_2H_5)_2Cl$]配合型催化剂，称为配合Ⅰ型催化剂。该催化剂的活性大幅度提高，达2×10^4g PP/g Ti，同时定向性能也大大提高，产品等规度达95%以上。使得聚丙烯生产中的去除脱灰和脱无规成为可能，这促进了液相本体法聚丙烯工艺的更快发展。形成当代聚丙烯工艺的雏形。除了新开发的液相本体法聚丙烯生产工艺以外，德国BASF公司和原美国联合碳化物（UCC）公司还开发了气相法工艺。其气相法工艺是在催化剂作用下，丙烯单体在流化床反应器中进行聚合反应，反应的温度为60～75℃，压力为 2.5~3.0MPa，用气相丙烯外循环，经换热器换热以撤除反应热，从反应器排出的聚合物粉末在缓冲罐中与单体分离。气相法工艺流程短，为聚丙烯多相共聚物生产提供了基础。

2.4.3.2 现代聚丙烯工艺

20世纪80年代初期，高活性、高立构定向性第四代聚丙烯催化剂的开发成功，促进了现代聚丙烯工艺的形成。现代的聚丙烯工艺通常具备丙烯均聚物、无规共聚物以及多相共聚物产品生产的能力。由于抗冲共聚物中乙丙橡胶相的生产需要在气相反应器中进行，各种工艺都是相同的，因此业界常根据均聚及无规共聚阶段聚合反应器的种类将其划为液相本体工艺或气相工艺。实际上，液相本体工艺在生产抗冲聚丙烯时是液相+气相的组合工艺。根据均聚及无规共聚阶段液相本体聚合反应器种类的不同，又将其分为环管工艺（即采用环管为聚合反应器）和釜式工艺（即采用连续搅拌釜为聚合反应器）。气相工艺中，根据聚合物在其中的状态，可分为流化床工艺和微动床工艺。现代典型聚丙烯工艺的分类如图 2-44 所示。

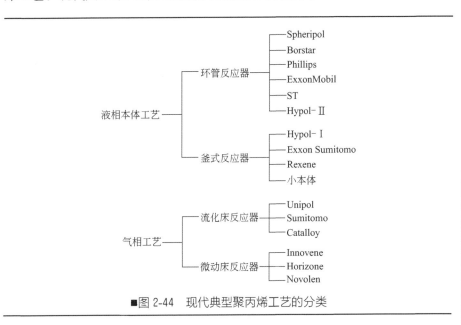

■图 2-44 现代典型聚丙烯工艺的分类

(1) 环管聚丙烯工艺 环管作为丙烯聚合反应器有以下优势：①有很高的反应器时-空产率［可达 400kg PP/(h·m³)］。环管内充满反应介质，体积可以 100% 利用。结构简单，管径小（通常为 DN600mm），较高设计压力时，管壁也较薄，因而反应器的投资少。②为维持反应器内的传热、传质效果，环管反应器内的浆液在轴流泵推动下高速循环，流体流速达 7m/s。由于循环量远大于进出料量，反应器可视为全混釜反应器。高速流体冲刷可有效地避免反应器内产生热点，杜绝粘壁，这对于聚合反应尤为重要。③聚合物颗粒悬浮于丙烯液体中，聚合物与丙烯之间有很好的热传递。采用冷却夹套撤出反应热,单位体积的传热面积大,传热系数大,总体传热系数可高达1600W/(m²·℃)。④反应器可作为装置框架的支柱,简化了结构设计,降低了投资。⑤易实现反应器扩能改造。当需要增加反应体积时,只需增加一部分直管段即可。这是其他类型反应器所无法比拟的。以上这些特点使环管反应器很适宜生产均聚物和无规共聚物。

环管聚丙烯工艺由原美国 Phillips 公司开发,由原意大利 Himont 公司将其完善并发展成为现代最主要的生产工艺类型——Spheripol 工艺。标准的 Spheripol 工艺采用两个串联的环管反应器生产丙烯均聚物和无规共聚物,再串联一个气相反应器生产抗冲共聚物,其流程如图2-45所示。根据目标产品的不同,也可以在标准流程的基础上简化为单个环管反应器生产均聚及无规共聚产品,或是扩展为增加第二气相釜生产特种多相共聚聚丙烯产品。Spheripol 于1982年首次工业化,是迄今最成功、应用最广泛的聚丙烯工艺技术。截至2009年采用 Spheripol 工艺的聚丙烯装置有86套,总生产能力达到13.5Mt/a,分布在全世界30个国家。采用 Spheripol 工艺的聚丙烯装置总生产能力约占近20年来新建聚丙烯生产能力的45%。Spheripol 工艺最适用的催化剂是球形催化剂,代表产品有 Lyondell Basell 公司的 MC 系列催化剂、中国石化的 DQ 系列催化剂等。工艺上相对于其他工艺的特殊设计有:① 连续的催化剂预配合和连续本体预聚合工艺。催化剂预配合即在接触丙烯前,将主催化剂、助催化剂(烷基铝)以及外给电子体(硅烷)先行接触进行反应,以充分活化催化剂上的活性中心点。连续本体预聚合也是在环管反应器内进行,停留时间6min以上,聚合温度12℃以上,在此条件下,可以得到120倍以上的预聚倍率。预配合和预聚合环节对于球形催化剂的应用至关重要,可以有效地减少聚合物中的细粉含量。②从环管反应器出来的聚丙烯、丙烯浆液先进行高压闪蒸,脱除大部分未反应丙烯,再进行低压闪蒸。高压闪蒸的操作压力为1.6～1.8MPa,此压力下的气态丙烯可以用循环水冷凝,因而丙烯回收的能耗大幅度降低。同时与反应器内较小的压差,也有利于保持聚合物颗粒的形貌。③复杂的聚合物处理环节。经过闪蒸

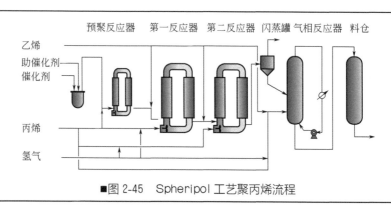

■图2-45 Spheripol 工艺聚丙烯流程

分离出的聚丙烯需进行汽蒸脱活和干燥处理,汽蒸阶段使用大量的低压蒸汽,这对干燥工艺的设计也提出了很高的要求。这种聚合物处理的工艺有利于脱除其中的挥发性有机物,有利于产品质量的提升。④多相共聚物中橡胶相在一密相流化床反应器内生产。密相流化床反应器是一没有明显扩大段的气相流化床反应器。聚合物在其中的运动状态较全流化床反应器略弱。

一些大型聚丙烯生产企业在引进 Spheripol 工艺的同时,结合各自的催化剂技术、产品技术以及工艺工程技术对工艺上一些环节做了改进,并形成自己独特的环管聚丙烯工艺类型。Borealis 公司将环管反应器的操作条件提升至丙烯临界条件附近,有利于高氢气浓度牌号产品的生产。同时将第二环管反应器改为有"大脑袋"扩大段的流化床反应器,去除高压闪蒸分离过程,利用进入流化床反应器的丙烯的气化带走部分反应热。还将用于橡胶相生产的密相气相反应器也改为有"大脑袋"扩大段的流化床反应器。这些改动加上 Borealis 的一些产品技术,形成了 Borstar 聚丙烯工艺。ExxonMobil 公司也将 Spheripol 工艺进行了修改,将用于橡胶相生产的气相反应器也改为有"大脑袋"扩大段的流化床反应器。同时做了适用于不同催化剂类型的装置改造。结合一些产品技术,形成了 EM 聚丙烯工艺。在装置大型化方面,EM 工艺也做了大量工作,已建成有单线 40 万吨/年生产装置。中国石化也在 Spheripol 工艺的催化剂预配合、预聚合,以及催化剂技术、产品技术方面做了完善,开发了 ST 聚丙烯工艺。ST 工艺聚丙烯建成装置的产能已达 300 万吨/年。此外,三井化学公司也将 Hypol 工艺上的两台釜式本体连续搅拌聚合反应器改为环管反应器,开发了 Hypol-II 工艺。

(2) 釜式聚丙烯工艺　日本三井化学公司在 20 世纪 80 年代初期开发的 Hypol 工艺是现代釜式聚丙烯工艺的代表。Hypol 工艺采用颗粒形催化剂,典型的有三井化学公司的 TK 系列催化剂、中国石化的 N 系列催化剂等。Hypol 工艺是一种多级聚合工艺,典型的流程设计是:催化剂先进行间歇预聚合,预聚合在己烷溶剂中进行,此阶段不加外给电子体,预聚倍数通常在 6 倍以下。预聚后的催化剂浆液提浓后进入聚合反应器。第一和第二聚合反应器均为连续搅拌釜,进行丙烯均聚或无规共聚,聚合热由夹套及置于反应器顶部的蒸发丙烯冷凝器带走。第三反应器为带底搅拌、有扩大段的气相反应器,仍进行丙烯均聚或无规共聚。从液相釜来的液体丙烯气化带走部分反应热。循环气中冷凝下来的部分丙烯循环回前两个液相反应器使用。因而在前三个反应器间,丙烯的内循环量较大。串联的第四反应器也是带底搅拌气相反应器,进行多相共聚物中橡胶相的生产。之后是聚合物脱活、干燥环节。Hypol 工艺聚丙流程如图 2-46 所示。

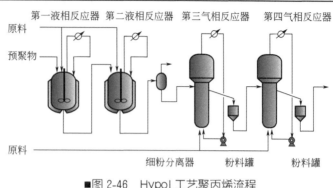

■图 2-46　Hypol 工艺聚丙烯流程

釜式法工艺受反应器体积的限制，装置规模不能做得很大，单线规模通常在 10 万吨/年以下。反应器间的单体内循环以及大量动设备的使用也使得装置的能耗、物耗指标较高。因而正逐步被淘汰或转为特种聚丙烯产品的开发。

具有中国特色的间歇法小本体聚丙烯工艺因对原料的要求低、投资极少等优势，在国内占有重要的地位，产能超过 180 万吨/年。

(3) 气相流化床聚丙烯工艺　原 Union Carbide 公司（UCC）开发的 Unipol 聚丙烯工艺技术是气相流化床聚丙烯工艺的代表。因省去了液相单体的回收，简化了聚合物处理流程，Unipol 工艺是连续法聚丙烯技术中固定资产投资最小的工艺类型。Unipol 工艺也是仅次于 Spheripol 工艺的第二大聚丙烯工艺技术。迄今已有 18 个国家的 31 套装置总计 5.38Mt/a 的生产能力采用 Unipol 聚丙烯工艺。1997 年 5 月，Exxon 和 Union Carbide 成立合资公司 Univation 技术公司，Unpiol 聚丙烯专利技术转为该公司负责。2000 年，Dow 公司收购了 UCC、Univation 及 SHAC 公司的催化剂技术，现在 Unipol 技术为 Dow 公司所有。Unipol 工艺采用 SHAC 系列催化剂，该催化剂是颗粒形催化剂，在 Unipol 工艺上使用时无须预处理或预聚合。固体催化剂用白油配成浆液直接加入聚合反应器内。配套不同的 SHAC 催化剂，Dow 还开发了先进的外给电子体技术（ADT 技术），据称可以实现共聚性能、立构定向性能、氢调性能等的灵活调整。标准的 Unipol 聚丙烯工艺采用两台串联的气相流化床反应器，靠各自循环气管线上的换热器带走反应热。循环丙烯通常会冷却到露点以下，以利用其在反应器的气化带走部分反应热，被称为"冷凝法"操作。第一反应器生产均聚或无规共聚产品，聚合温度控制在 65℃，压力控制在 3.0MPa，另一个较小的第二反应器生产多相共聚物中的橡胶相，压力控制在 2.0MPa。反应器间有类似"气锁"设施避免大量第一反应器的单体进入第二反应器。当不需要多相共聚产品时，通常只建一台反应器。从聚合反应器出来的聚丙烯经过在一个设备内的湿氮气脱活干燥处理，即得成品粉料。Unipol 工艺聚丙烯流程如图 2-47 所示。

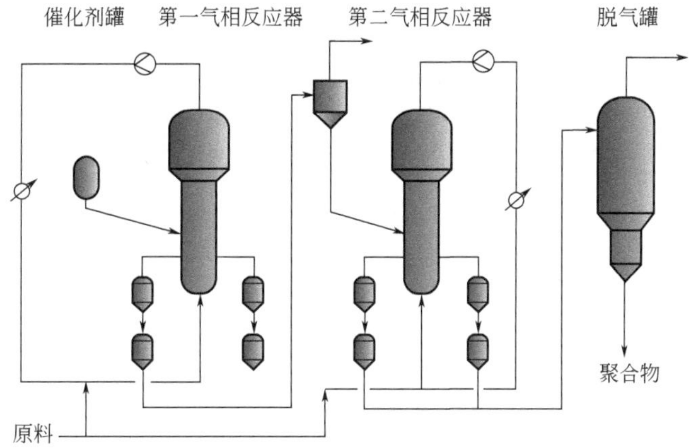

■图 2-47　Unipol 工艺聚丙烯流程

由于采用了气相聚合方法，较之于液相本体工艺，其无规共聚产品中的共聚单体含量可以做得更高一些，比如乙烯含量可达 5.5%（质量分数），丙烯和 1-丁烯共聚无规共聚产品中丁烯含量最高可达 12.5%（质量分数）。Unipol 工艺开发有配套的先进控制技术（APC 技术），可以实现产品品质的稳定控制。

住友（Sumitomo）气相法工艺是另一种重要的气相流化床聚丙烯工艺。1984 年，住友化学开发出 DX-V 催化剂，活性是第一代催化剂的 1200 倍，等规指数达 99%，催化剂的形态得到良好控制，催化剂颗粒尺寸及粒度分布也控制很好，这有利于解决共聚产品发黏的问题。根据 DX-V 催化剂的特性，住友化学决定开发气相法聚丙烯工艺。1981 年，住友化学一套 3kt/a 的气相法中试装置开始运转。1985 年，在日本的 Chiba 建成投产了一套 10kt/a 的气相法聚丙烯装置，能够生产全范围的聚丙烯产品，包括抗冲共聚物和低熔点的无规共聚物。之后，Sumitomo 工艺在全球陆续推广。住友气相法聚丙烯工艺采用流化床反应器，使用住友 DX-V 催化剂，能够生产很宽范围的聚丙烯产品。用串联的气相流化床反应器（两台或三台串联反应器），反应热通过液体丙烯的气化潜热和循环气的显热撤出反应器，用冷却水从循环气冷却器中撤出反应系统。第一反应器的反应条件为 65℃、2.1MPa。从反应器顶部出来的气体经过一个旋风分离器和过滤器并经冷却后用循环气压缩机循环回反应器。生成的聚合物通过反应器出料和输送系统加入第二反应器。第二反应器系统的设计与第一反应器相同，但操作压力较低，反应条件为 60℃、1.5MPa。第二反应器用于生产多相共聚物的橡胶相。第二反应器通过气锁出料系统将产品从反应器底部排入粉末分离器。粉末分离器顶部设计有袋滤器，将聚合物与未反应的单体分离。粉末分离器在接近常压下操作，未反应的单体从分离器顶部排出，经过滤除去夹带的聚合物细粉并冷却，用循环气压缩机压缩后循环回反应器。分离后的聚合物粉料通过旋转进料器用氮气输送到脱气仓，连续通入氮气和少量蒸汽脱除粉料中夹带的少量单体并去活催化剂。脱气仓尾气通过旋风分离器及过滤器后送火炬烧掉。粉料产品在脱除夹带的烃类后送入粉料料仓，粉料料仓能在挤压机检修时提供一定的缓冲时间。聚合物粉末加入添加剂用挤压机切成颗粒产品，送料仓储存。Sumitomo 气相法聚丙烯工艺流程如图 2-48 所示。

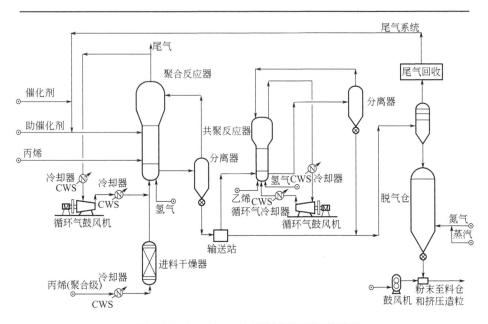

■图 2-48　Sumitomo 气相法聚丙烯工艺流程

(4) **气相搅拌床聚丙烯工艺**　气相搅拌床与流化床工艺不同之处在于反应器内固体运动速度低于最小流化速度。在搅拌的作用下，处于缓慢的微动状态。靠喷淋进去的大量液态丙烯气化带走反应热。因而实际上，在聚合物所处的反应区域内，是气、液、固三相共存的状态。这类工艺又根据反应器类型分为平推流型和全混釜型。Ineos 公司的 Innovene 工艺、JPP 公司的 Horizone 工艺均采用卧式气相搅拌床反应器，催化剂从反应器一端加入，在反应器的另一端将生产的聚合物排出。反应器内的搅拌只是起到径向翻动的作用，物料在重力作用下从起始端流向排出端，几乎没有任何返混，因而属于平推流反应器。而 NTH 公司的 Novolen 工艺尽管也是气相搅拌床反应器，但由于反应器为立式的搅拌釜，催化剂加入聚合物床层上，聚合物通过一插入管从上部排出，在搅拌和重力的双重作用下，反应器内物料被强制混匀，因而属于全混釜反应器。全混釜和平推流反应器本质上的不同决定着产品切换时间上的差别，全混釜反应器从一个牌号切到另一个牌号需要最少 2 倍以上的停留时间，而平推流反应器仅需 1 倍停留时间。

Novolen 工艺是由 BASF 公司开发成功的。1997 年，BASF 和 Hoechst

公司将他们各自的聚丙烯业务合并成立了 Targor 公司，1999 年 Targor 和 ABB Lummus 公司达成协议，由 ABB Lummus 公司在全球范围内推广 Novolen 工艺。2000 年，Montell、Targor、Elenac 公司合并组成 Basell 公司。Targor 公司的聚丙烯生产装置并入 Basell 公司，欧洲反托拉斯委员会（European Antitrust Commission）要求 Novolen 工艺技术、茂金属催化剂及产品技术必须从 Basell 公司分离出来。2000 年 9 月，Novolen 工艺被 ABB 公司（80% 股份）和 Equistar 公司（20% 股份）所组成的合资公司 Novolen Technology Holdings（简称 NTH）收购。Novolen 工艺采用 BASF 公司开发的 PTK-4 催化剂，该催化剂采用氧化硅（silica）作载体，据称具有活性高、挥发分含量低、分子量和等规指数易于控制的特点，能够生产高强度和韧性的均聚物，和高共聚单体含量的无规共聚物及多相共聚物。催化剂不需预聚合，与烃类溶剂（己烷）或单体丙烯在催化剂配制罐内混合，配制成浆液，然后用泵输送至催化剂加料罐，计量加入反应器。在流程设置上，通常采用一个或两个反应器。聚合反应器为立式，采用螺旋式搅拌器，以防止反应床层内产生大块、空洞和床层骤降。第一反应器生产均聚或无规共聚产品，反应的温度范围是 60~90℃，压力范围是 2.5~3.0MPa。第二反应器生产多相共聚物中的橡胶相，共聚反应在较低的温度、压力下进行，温度为 50~70℃，压力为 1.0~2.5MPa，具体的反应条件取决于最终生产产品的性能。聚合热主要通过加入反应器的液态丙烯气化撤出，通过冷凝器将丙烯冷凝，循环回反应器。聚合物粉料及其夹带的丙烯气体，从反应器内部的插底管靠压差连续排出，进入旋风分离器。在此排出管上装一个阀门，其随反应器料位的高低而开启或关闭。反应器排出物［随聚合物排出的丙烯占总进料丙烯的 15%~20%（质量分数）］在分离器内降到接近常压，聚合物与夹带的大部分丙烯分离，粉料与夹带的气体分开。分离出的气体经循环气压缩机压缩、冷凝（如果含有乙烯，还要经过精馏），循环回反应器。离开旋风分离器的粉料靠重力进入脱气仓，粉料中大约含有 0.2% 的丙烯，在脱气仓中被氮气吹出。粉料用闭路氮气气流输送至挤压造粒系统。Novolen 工艺聚丙烯流程如图 2-49 所示。

Innovene 聚丙烯工艺即 1999 年以前的 Amoco 气相法工艺，1999~2001 年又称 BP-Amoco 气相法聚丙烯工艺，现在属于 Ineos 公司所有。Innovene 工艺的主要特点是采用独特的接近平推流的卧式搅拌床反应器和高效 CD 催化剂，中国石化开发的 N 催化剂在此类装置也有广泛应用。催化剂不需预处理或预聚合，直接配制成白油的浆液加入反应器。Innovene 气相法工艺流程短，能耗较低，过渡产品少，抗冲共聚产品的综合性能好。Innovene 气相法工艺的显著特征就是其非常独特的接近平推流式带水平搅拌器的反应器设计。反应器为卧式圆柱形压力容器，在轴向设有桨式搅拌器。每个反应器的聚合物床层都由固定在搅拌轴上间隔 45°的叶片进行匀速缓慢的翻动，轴转速为 10~20r/min。单体和氢气进入每一部分，混合物被连续搅拌以避

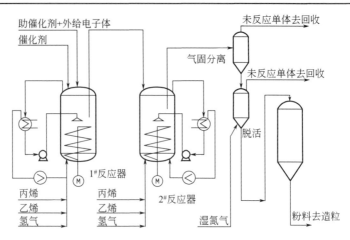

■图 2-49 Novolen 工艺聚丙烯流程

免热点集中。聚合反应热主要由从上部喷入液体丙烯气化带走，气化的丙烯经反应器上部外接的"穹顶"扩大段，分离出固体，气体进入循环气冷却器，冷凝下大部分丙烯，作为喷淋液送回反应器。不凝气用循环压缩机送到反应器的底部，通过喷嘴喷入聚合物床层内。从底部喷入的循环气流维持半流化状态或松动状态并将气相进料的氢气、乙烯等均匀分布于聚合物床层中。催化剂从反应器一端注入，聚丙烯粉料从另一端流出。粉料停留时间分布接近平推流反应器。如此设计的反应器内，走短路的催化剂极少。由于聚合物堆积较密实，反应器的时-空产率在各种聚丙烯工艺中是最高的。

工艺设置上采用两台平行水平布置气相搅拌床聚合反应器，第一反应器进行丙烯均聚或无规共聚，第二反应器用于多相共聚物中橡胶相的生产。两个反应器间设置有复杂的"气锁"，以将两个反应器的反应介质完全阻隔开。从第一反应器排出的粉料先进入沉降器减压至 $0.5\sim0.7$ MPa，再排入气锁器，用新鲜丙烯升压至 $2.0\sim2.3$ MPa 后进入第二反应器。如此设置的气锁环节对于防止两个反应器内气体的互窜至关重要，从而保证了高质量抗冲共聚产品的生产。反应器的操作温度为 $65\sim85$ ℃，操作压力为 $2.0\sim2.3$ MPa。第一反应器为保证物料的均匀混合，避免产生局部热点、结块，搅拌桨设计为密布的平板叶片桨。第二反应器为避免多相共聚物粘壁，搅拌桨设计为有刮壁效果的框式桨。从反应器排出的聚合物粉料分离出未反应的单体后进入脱气仓，分离出的单体压缩后循环回反应器。从脱气仓底部加入氮气和少量蒸汽以去活残余催化剂并去除夹带的少量单体。脱气仓尾气可送火炬焚烧或用膜分离法分离出其中的丙烯回收利用。脱气仓排出的聚合物可通过氮气气流输送系统送入或直接靠重力（脱气仓布置在挤压造粒楼顶）进入挤压造粒系统。Innovene 工艺聚丙烯流程如图 2-50 所示。

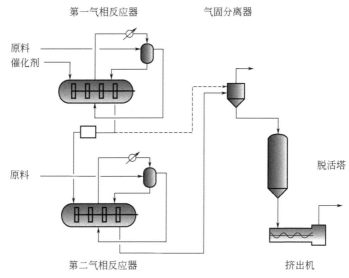

图 2-50　Innovene 工艺聚丙烯流程

JPP 公司的 Horizone 工艺来源于原 CHISSO 与原 Amoco 公司联合开发的卧式气相搅拌床反应器，因而与 Innovene 工艺有诸多相似之处。与 Innovene 工艺相比，两者的主要差别如下：①Horizone 工艺采用 Toho Titanium 公司的 THC-C 催化剂，在加入聚合反应器之前，先进行己烷溶剂中少量丙烯的预聚合，其预聚合条件与 Hypol 工艺相似。②Horizone 工艺的第一反应器布置在第二反应器的顶上，第一反应器的出料靠重力流入一个简单的气锁装置，然后用丙烯气压送入第二反应器。与 Innovene 工艺相比，气锁环节更简单、能耗更小。③Horizone 工艺开发了性能更优的 NEWCON 等系列高性能抗冲共聚产品。

SPG 工艺为原上海医药设计院结合了釜式液相本体聚丙烯与卧式气相搅拌床反应器的特点开发的，1997 年中油辽河油田石化总厂采用 SPG 工艺建成一套年产 2 万吨的聚丙烯装置，并于 2000 年 10 月一次开车成功。SPG 工艺上，催化剂需经过预聚合，预聚合在一连续搅拌釜内液相本体条件下进行，停留时间约 4min，催化剂各组分直接加入预聚反应器，催化剂经过预聚合后进入聚合反应器。SPG 工艺采用两级聚合反应器，第一级采用连续搅拌釜进行丙烯液相本体聚合，第二级为卧式搅拌床气相聚合反应器。此流程配置是兼具液相本体聚合催化剂分散性好、不容易产生热点、生产效率高和卧式搅拌釜设备效率高、无液相丙烯单体回收等优点。工业示范装置现仅用于生产均聚聚丙烯产品。SPG 工艺聚丙烯流程如图 2-51 所示。

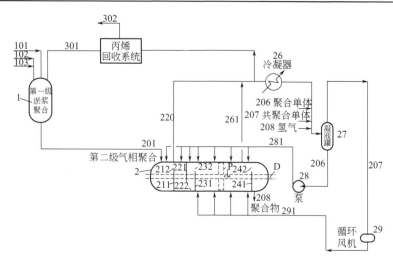

图 2-51 SPG 工艺聚丙烯流程
P—搅拌叶片；D—搅拌轴

综上所述，气相法聚丙烯工艺与液相本体法工艺相比，具有下列一些特点：①更适合于高共聚单体含量无规共聚物的生产。因液相本体条件下，单体会溶解一部分无规物，进而造成物料黏度增加、粘壁、黏结等问题。②反应器是气-固相出料，没有液相单体需要气化、分离、回收的需要，蒸汽消耗量少。③气相法工艺流程较短，设备台数少，固定投资费用低。因此，气相法工艺近 10 年来得到了快速发展，装置建设套数和总能力超过液相本体法工艺。

2.4.3.3 特种聚丙烯生产工艺

(1) Catalloy 工艺　Catalloy 工艺是基于反应器颗粒技术（RGT）的成果，"反应器颗粒技术"可以定义为：在活性 $MgCl_2$ 载体催化剂上进行的烯烃单体的可控制重复聚合反应而形成一个增长的球形颗粒，成为一个多孔性反应床，可加入其他单体聚合并生成聚烯烃合金。在实验室和中试的基础上，1988 年原 Himont 公司决定建设两套工业规模 Catalloy 工艺装置，分别位于意大利的费拉拉（Ferrara）和美国得克萨斯的 Bayport，目标是在聚合单体、聚合物组成和操作条件方面提供更宽范围的灵活性。所谓 Catalloy 工艺就是多单体、产品多相结构的聚烯烃工艺，采用 3 个独立的气相反应器系统以提供最大化的反应组成的灵活性，并使可溶聚合物对工艺的负面影响减到最小。Catalloy 技术既利用了粒形复制，又利用了多孔性的效果，特别是利用了球形和多孔催化剂颗粒承载大量良好分散而无黏结的橡胶组分的能力。目前 Basell 公司有 3 套 Catalloy 工艺的装置，分别于 1990 年、1991 年和 1997 年建成，总生产能力达到 360kt/a。Catalloy 工艺的流程简图如图 2-52所示。

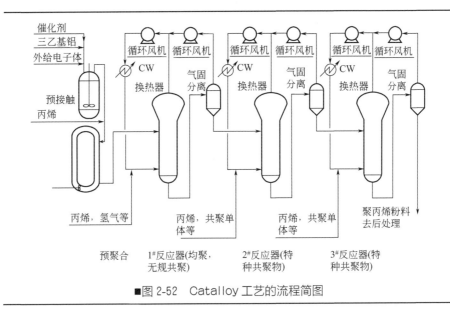

■图 2-52　Catalloy 工艺的流程简图

最后一个反应器排出的产品经过汽蒸和干燥处理，送入挤压造粒。Catalloy 工艺虽然流程较复杂，但结合独特的反应器颗粒技术，该工艺可以灵活地设计生产满足现在市场以及未来市场需要的特殊组成的聚合物产品。在反应器内合成更宽的分子量分布、更高的等规指数、共单体含量高达 15%（质量分数）的无规共聚物、含 70%（质量分数）以上多单体共聚物的多相聚烯烃合金等产品的生产成为现实。而这类产品过去要靠机械共混或熔融配混才能制得。这种多种单体共聚技术的最明显的优点是可制得其他性能下降很少的低模量树脂。而一般把弹性体引入聚丙烯中降低模量，其他性能也要随之下降。例如，用这种技术可制得吹膜和流延膜的聚丙烯树脂，这种树脂柔性好，并具有与 LDPE 相当的低温韧性，同时撕裂强度和拉伸性能并不下降，而对于普通的抗冲级聚丙烯，这些性能是要降低的。在反应器中用 Catalloy 工艺合成的聚丙烯树脂，仍保持着传统聚丙烯树脂的优点。和 LDPE 相比较，它具有更高的使用温度，容易进行薄膜加工。Catalloy 树脂可以用加工 LLDPE 和 LDPE 时使用的设备加工，但需要骤冷。使用这种树脂可节省资源，例如可用 $18\mu m$ 的聚丙烯薄膜代替 $25\mu m$ 的聚乙烯薄膜。

这些从反应器内直接生产宽范围的多相聚烯烃合金产品进入了很多新的应用领域，可以和其他塑料如尼龙、PET、ABS、PVC 竞争，甚至在汽车领域可以和其他一些高性能材料竞争。Catalloy 工艺商业化生产的一些产品的性能及用途见表 2-10。

■表2-10 Catalloy工艺商业化生产的一些产品的性能及用途

产品	MFR /(g/10min)	弯曲模量 /MPa	屈服伸长率 /%	硬度(D)	用途及其他性能
Adstif KC732P	20	2000	—	88	注塑
Hifax 7135	15	950	>150	—	保险杠：低收缩，着色性好
Hifax CA 53A	10	650	>500	52	注塑
Hifax CA 138A	3	420	>200	39	母料
Hifax CA 162A	14	80	>500	32	软的注塑
Adflex Q 300F	0.8	350	430	36	挤出，压延
Adflex Q 100F	0.6	80	800	30	吹膜，片材
Adflex C 200F	6	230	—	41	共挤出
Adflex X 101H	8	80	—	—	沥青共混物
Adsyl 5C 30 F	6	700	—	—	SIT 105℃

(2) Hivalloy工艺 Hivalloy技术是RGT进一步发展的"多催化剂反应器颗粒技术"（简称MRGT）。该技术可以定义为：能提供多孔反应床的球形聚合物颗粒，在反应床内可以引入其他催化剂来聚合烯烃或非烯烃单体，形成聚烯烃基合金。其核心是来自Ziegler-Natta催化剂核的球形、多孔的聚合物颗粒。多孔性是这个体系的关键因素，只有按照孔的分布、大小和数量来细微调节，得到的聚合物才能复制母体多孔聚合物载体的球形状，更重要的是才能保证聚合物组分的最佳混合。使得第二个聚合物均匀地分散到整个聚合物基体中。这样，就能制备随意改变成分比和性质的多种反应器混合物。此外，由于任何种类的均聚催化剂和引发剂都可以被引入多孔的聚合物颗粒中，MRGT并不局限于聚烯烃。

采用MRGT使得在聚烯烃母体上引入并聚合非烯烃单体成为可能。这种具有非常高的比表面积和非常高的反应活性的多孔聚烯烃颗粒为非烯烃聚合提供了一个非常适应的反应基础，可以很容易地通过自由基接枝共聚与含量在50%（质量分数）以上的非烯烃单体反应。原Himont公司称这种技术为Hivalloy技术，可以认为该技术是MRGT的第一次应用。它实际上是采用过氧化物代替配位催化剂用于接枝自由基聚合，如苯乙烯、丙烯腈或丙烯酸酯进入聚丙烯基体的一种工艺过程，生产出各种组分良好的均匀预分散的聚烯烃-非烯烃合金。在聚烯烃母体上进一步聚合非烯烃单体可以生产出以前从未有过的新材料。这种新型材料可以弥补高级聚烯烃树脂和工程塑料之间的空缺，可称为真正的"特殊聚烯烃"。Hivalloy家族产品的第一个目标将是目前ABS的应用领域。Hivalloy产品兼有烯烃和非烯烃的特性，产品可以设计为具有最希望保留的聚丙烯的优越性能，如加工性、耐化学品性和低密度，同时增加目前聚烯烃材料不具备的工程塑料的很多优异性能，如改进材料的刚性/抗冲击性平衡，提高耐摩擦性，缩短成模周期时间，改进抗蠕变性。由于母体为聚烯烃，Hivalloy聚合物很容易添加矿物质和增强剂，改进某些性能，进一步拓宽PP的性能，进入一些特殊应用领域。用这种技术可以生产出用极性和非极性单体改性的聚烯烃基工程材料，由于是反应器内生产的特殊材料，产品具有传统共混方法生产的工程材料没有的优越性能。但该技术产品市场竞争力并不理想，已建成的工业化装置现处于停产状态。

2.5 助剂、造粒和包装

由于主链上叔碳原子的存在，聚丙烯粉料在受热、光照、长时间接触氧等情况下易发生降解，致使材料的性能下降。因而，添加合适的提高稳定性的助剂非常必要。此外，聚丙烯中添加的助剂还包括成核剂，可以有效提高聚丙烯的刚性或韧性；增透剂（一种特殊成核剂），可以提高聚丙烯透明度，降低雾度；抗静电剂，可以有效减少聚丙烯表面的静电积累，减少表面灰尘吸附；卤素吸收剂，用于中和聚丙烯中的催化剂残留组分；抗菌剂，可以赋予聚丙烯表面抗菌和杀菌的功能，阻止有害细菌在材料表面生长，对人们的健康有益等。本节主要介绍聚丙烯添加的抗氧剂、光稳定剂、成核剂、抗静电剂、抗菌剂、卤素吸收剂等，以及它们的作用机理及应用实例。

2.5.1 抗氧剂

从聚合装置上直接生产出的聚丙烯粉料对紫外线十分敏感，在不同的温度、湿度、包装等条件下，聚丙烯粉料在几天或几周之后物理性能会很快下降，在恶劣的条件下，氧化反应会加剧。加入抗氧剂是最常用的也是最有效的解决方法，通常在聚丙烯生产工厂的造粒过程中加入，使用的浓度通常为0.1%～0.3%。抗氧剂是聚丙烯助剂中用量最大且必须添加的助剂。

2.5.1.1 聚丙烯降解及抗氧剂作用机理

一般认为，聚丙烯氧化降解的机理包括链引发、链增长、链支化、链终止。在聚丙烯的加工过程中，螺杆剪切以及加热作用，会导致C—C键和C—H键断裂，形成大分子自由基，聚丙烯与氧分子以及与催化剂残留物的作用也会产生自由基，伴随聚丙烯热氧化产生了醛、酮、羧酸、酯等产物，最终导致分子链主链的断裂而使聚合物分子量减小，宏观表现为材料力学性能明显降低、树脂颜色加深、产生气味等。聚丙烯的降解机理如下。

① 链引发。聚丙烯（RH）在氧、光或热的作用下，其叔碳原子处极易生成自由基：

$$RH \xrightarrow{\text{光和热}} R\cdot + H\cdot$$
$$RH + O_2 \longrightarrow R\cdot + HOO\cdot$$

② 链传递。自由基自动催化生成过氧化自由基和大分子过氧化物，过氧化物分解又产生自由基，自由基又可和聚合物反应，使自由基不断传递，

反应延续：

$$R\cdot + O_2 \longrightarrow ROO\cdot$$
$$ROO\cdot + RH \longrightarrow ROOH + R\cdot$$
$$ROOH \longrightarrow RO\cdot + HO\cdot$$
$$ROOH + RH \longrightarrow RO\cdot + R\cdot + H_2O$$
$$RO\cdot + RH \longrightarrow ROH + R\cdot$$
$$HO\cdot + RH \longrightarrow H_2O + R\cdot$$
$$2ROOH \longrightarrow RO\cdot + ROO\cdot + H_2O$$

③ 链终止。自由基相互结合生成稳定的产物，终止链反应：

$$R\cdot + R\cdot \longrightarrow R\text{—}R$$
$$R\cdot + ROO\cdot \longrightarrow ROOR$$
$$ROO\cdot + ROO\cdot \longrightarrow ROOR + O_2$$
$$ROO\cdot + RO\cdot \longrightarrow ROR + O_2$$
$$R\cdot + \cdot OH \longrightarrow ROH$$

在聚丙烯氧化过程中，当大分子链断裂而发生降解时，分子量降低，熔体黏度下降，材料强度下降或粉化。当大分子发生交联反应时，分子量增大，熔体流动性降低，发生脆化和变硬。在氧化过程中生成的氧化结构，如羰基、过氧化物等，降低了聚丙烯的电性能，并增加了对光引起降解的敏感性，这种氧化结构的进一步反应，使大分子断裂或交联。抗氧剂的作用就在于阻止聚丙烯自动氧化链反应过程的进行。即供给氢使氧化过程中生成的游离基 $R\cdot$ 和 $ROO\cdot$ 变成 RH 和 ROOH，或使 ROOH 变成 ROH，从而改善聚丙烯在加工和应用中抗氧化和抗热解的能力。

2.5.1.2 抗氧剂的种类

抗氧剂根据作用机理可分为主抗氧剂和辅助抗氧剂，按照品种可分为酚类、亚磷酸酯类和硫酯类，其中以酚类为主，亚磷酸酯类、硫酯类为辅。

(1) 酚类抗氧剂 聚丙烯最适用的主抗氧剂是受阻酚类。酚类抗氧剂具有抗氧效果好、热稳定性高、对塑料无污染、不着色、与塑料相容性好等特点。酚类抗氧剂的作用机理如图 2-53 所示，受阻酚转移酚基上的氢到产生的自由基上，形成一个化合物，而酚最终变为一种稳定的受阻酚，不会再从聚合物上夺取氢原子。

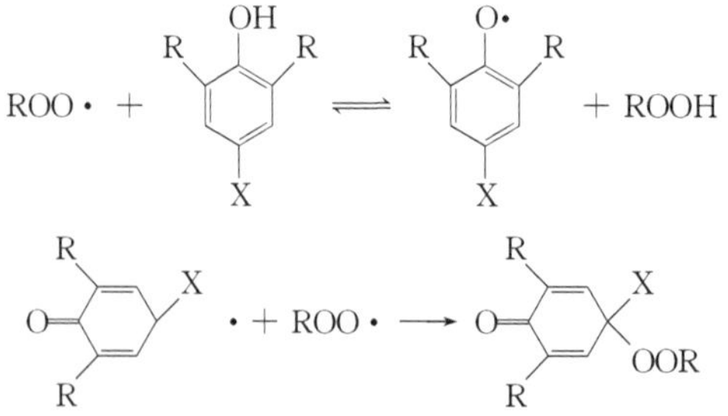

■图 2-53　酚类抗氧剂的作用机理

抗氧剂的发展趋势是无毒化，抗氧效率高，使用方便，易于计量，不污染产品，可制取白色或浅色的最终产品，分子量大，挥发性低，耐析出性高，具有较好的耐久性，并与聚丙烯有很好的相容性等。作为酚类抗氧剂基本品种 2,6-二叔丁基酚（BHT），由于分子量低、挥发性高，且有泛黄变黄等缺点，目前用量正逐年减少。以 1010、1076 为代表的高分子量受阻酚品种消费比例正逐年提高，成为酚类抗氧剂市场上的主导产品。许多非对称受阻酚抗氧剂正在不断开发与生产，显示出更优异的抗热稳定性和耐变色性，具有这种结构的新型抗氧剂有 Cyanoxl 1790、Irganox 245、Sumilizer GA/Mark AO-80 等。

聚丙烯工厂普遍选用的抗氧剂是 1010，其结构中有四个受阻酚基团，以耐热型季戊四醇结构予以联结，分子量高，具有抗氧性高、不污染、不变色、挥发性小、不易被抽提，与辅助抗氧剂有协同效应，可显著提高聚丙烯耐热性、耐老化性等特点。抗氧剂 3114 在聚丙烯中单独使用时远不及单独使用抗氧剂 1010 好，而与辅助抗氧剂并用时有很好的协同效应，具有优良的长期热氧稳定性，与硫酯类抗氧剂（如 DSTP）并用制备耐热级聚丙烯，可生产在 80~100℃ 条件下长期使用的部件。抗氧剂 3114 与亚磷酸酯类抗氧剂 168 和硫酯类抗氧剂 DSTP 三者并用可配制耐热级聚丙烯，用其可生产在 100~120℃ 高温环境中长期使用的部件。此外，添加抗氧剂 3114 的聚丙烯，其耐候性优于抗氧剂 1010，与光稳定剂并用生产耐候级聚丙烯效果更显著。瑞士 Ciba-Geigy 公司（现为 Ciba Specialty）用抗氧剂 3114 与亚磷酸酯类抗氧剂 168 混合复配成复合抗氧剂 B1411 和 B1412 出售，用于聚丙烯纤维。表 2-11 列出了常见的几种商品化受阻酚类抗氧剂，更加详细的商品牌号及厂家可参考附录 4。

■表 2-11　几种商品化受阻酚类抗氧剂

商品名	生产商	相对分子质量	酚基数目
BHT	Various	220	1
Irganox 1076	Ciba	531	1
Irganox 1010	Ciba	1178	4
Irganox 3114	Ciba	784	3
Ethanox 330	Albemarle	775	3
Anox CA-22	Great Lakes	545	3
GA-80	Sumitomo	741	2

（2）**辅助抗氧剂**　辅助抗氧剂主要包括亚磷酸酯类和硫酯类，它们的作用机理不是自由基捕获机理，当它们单独使用时，并不表现出显著的活性，只有与主抗氧剂（受阻酚类）按照一定的比例复配使用时，才产生很强的协同作用。

亚磷酸酯类抗氧剂的作用包括三个方面：它是氢过氧化物分解剂，也是金属失活剂，还是醌类化合物的褪色剂。亚磷酸酯类抗氧剂与酚类抗氧剂并用能够产生极好的协同效应，而且加工稳定性优良，能改善树脂色泽。Irgafos 168 目前是全球销量最大的亚磷酸酯类抗氧剂，主要与 1010 和 1076 协同使用。芳基亚磷酸酯抗氧剂（P-EPQ）的加工稳定作用比抗氧剂 168 好，但因价格贵，仅限用于某些特定的用途以改进色泽。烷基亚磷酸酯（624、626、PEP-36）等一系列固体亚磷酸酯用于聚丙烯，使稳定剂的配制操作简单，操作费用降低。传统的亚磷酸易水解，影响了其储存和应用性能。目前国外推出的 Mark HP-10、Ethanox 398、Doverphos S-686、S-687 都具有很高的水解稳定性及色、光稳定性。高分子量的亚磷酸酯产品具有挥发性低、耐析出性高等特点，具有较高的耐久性，典型产品有 Sandstab P-EPQ、Phosphite A 等。表 2-12 列出了常见的几种商品化亚磷酸酯类抗氧剂，更加详细的商品牌号及厂家可参考附录 4。

■表 2-12　几种商品化亚磷酸酯类抗氧剂

商品名	生产商	类型	重均分子量
Weston® 399	Crompton	芳基亚磷酸酯	688
UTX® 618	Crompton	脂肪二亚磷酸酯	732
UTX® 626	Crompton	芳基二亚磷酸酯	604
Irgafos® 168	CIBA	芳基亚磷酸酯	647
Ethanox® 398	Albemarle Corp	氟代亚磷酸酯	487
Sandstab® P-EPQ	Clariant	芳基膦	1035

硫酯类抗氧剂与酚类抗氧剂并用有良好的协同效应，能明显提高聚烯烃的长期热氧化稳定性。国产硫酯类抗氧剂主要有 4 个产品：硫代二丙酸二（十二醇）酯（DLTP 或 DLTDP）、硫代二丙酸二（十八醇）酯（DSTP 或 DSTDP）、硫代二丙酸二（十三醇）酯（DTDTP 或 DTDTDP，液体抗氧剂）、硫代二丙酸二（十四醇）酯（DMTP 或 DMT-DP）。其中，DSTP 与酚类抗氧剂的协同效果虽然较好，但与树脂的相容性差，添加量多时会出现喷霜现象。表 2-13 列出了常见的几种商品化硫酯类抗氧剂，更加详细的商品牌号及厂家可参考附录 4。

■表 2-13　几种商品化硫酯类抗氧剂

商品名	生产商	类型	重均分子量
DSTDP	Various	硫酯	683
DLTDP	Various	硫酯	514
SE-10	Clariant	二硫化物	571

目前，聚丙烯抗氧剂通常是主抗氧剂和辅助抗氧剂复配使用，国内常见的是将抗氧剂 1010 和辅助抗氧剂 168 复配，其优点是兼具长期热稳定性和加工稳定性，复合抗氧剂中 168 的含量越高，加工稳定性越好。一般根据所要求的加工稳定性和长期热稳定性选用适当的复合抗氧剂。215 型和 225 型复合抗氧剂适用于绝大多数聚丙烯的用途，用量约 0.1%～0.3%，但用于

纤维时效果稍差。比较有代表性的商业化复合抗氧剂的品种有：Ciba Specialty 公司的 Irganox B、Irganox LC、Irganox LM、Irganox HP、Irganox XP、Irganox GX；GE 公司的 Ultranox 815A、Ultranox 817A、Ultranox 875A、Ultranox 877A 等；美国 Crompton 公司的 Naugard 900 系列产品等。

2.5.2 卤素吸收剂

在聚丙烯工厂的造粒过程中，除了抗氧剂是必须添加的，卤素吸收剂也是不可缺少的，其用途是用于中和聚丙烯中催化剂的残留组分，降低其对设备的腐蚀。一般而言，卤素吸收剂是可溶解或易分散的碱类化合物，它们要能够和酸催化剂残余物发生反应。通常它们被加入聚烯烃中来中和由 Ziegler-Natta 催化剂带来的酸催化剂残留物。卤素吸收剂的种类包括：含钠、钙和锌的硬脂酸盐，硅酸盐，天然或合成水滑石（DHT），金属氧化物（如氧化钙和氧化锌），其他金属盐（如乳酸和苯甲酸盐）。聚丙烯中，硬脂酸钙和 DHT 是使用最广的卤素吸收剂，如图 2-54 所示。

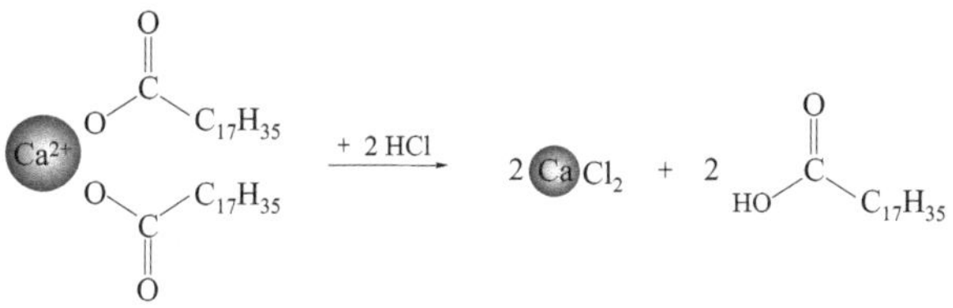

■图 2-54　卤素吸收剂硬脂酸钙的作用机理

2.5.3 光稳定剂

理论上讲，聚丙烯本身不存在不饱和基团，不吸收 290nm 以上的紫外线，但对紫外线引起的降解却十分敏感，这是由于聚丙烯主链上叔碳原子的存在，另外在生产过程和储存过程中，不可避免地存在微量的不饱和单体、催化剂残渣等光氧化敏感点，这些活性基团的吸光作用使得聚烯烃的光老化反应大为加速。因此，在紫外线的作用下，很容易诱发聚烯烃分子链的断链和交联，并伴随产生含氧基团，如羧基等，致使材料的物理机械性能发生很大变化，如变色、表面龟裂、粉化、力学性能、光学性能和电学性能的劣化。同时，羧基的分解产物和发色团的存在又加速了颜色的变化。因此，要抑制聚烯烃光降解过程，延长其使用寿命，需要加入光稳定剂，以阻止光引发，捕获自由基，抑制自动氧化，保持聚丙烯的稳定。

聚丙烯光稳定剂要能够有效消除或削弱紫外线对其破坏作用，而对其他性能没有不良影响；与聚丙烯具有良好的相容性，不挥发，不迁移，不被水或其他溶剂抽提出；具有良好的热稳定性、化学稳定性和加工稳定性；本身具有优秀的光稳定性，不被光能破坏，对可见光吸收低，不变色，不着色；安全性高等。根据光稳定剂的化学结构可以进行如下分类：水杨酸酯类；二苯甲酮类；苯并三唑类；三嗪类；取代丙烯腈类；草酰胺类；有机镍配合物；受阻胺类。根据光稳定剂的作用机理，光稳定剂可分为紫外线吸收剂、紫外线猝灭剂、自由基捕获剂和光屏蔽剂四种。

2.5.3.1 紫外线吸收剂

紫外线吸收剂是通过吸收紫外线后跃迁到激发态，再经分子内质子的移动进行能量转换，最终变成热能或无害的低能释放或消散出去，自身再返回到稳定的基态，从而达到防护的作用。按照分子结构可分为以下几类：水杨酸酯类、二苯甲酮类、苯甲酸酯类、苯并三唑类等，详细的商品牌号及厂家可参考附录4。

(1) 水杨酸酯类　水杨酸酯类是应用最早的一类紫外线吸收剂，它通过形成烯醇式互变异构体的形式将能量转换并消除。其特点是与树脂具有良好的相容性，原料易得，生产工艺简单，价格低廉。缺点是重排形成的结构，除具有吸收紫外线的能力外，还可吸收一部分可见光，使制品有变黄的倾向。常见的水杨酸酯类光稳定剂有 BAD、TBS、OPS 等。

(2) 二苯甲酮类　二苯甲酮类是目前产量最大、应用最广、吸收的波长范围最宽的光稳定剂，最大吸收波长为 320nm。二苯甲酮对热、光稳定，着色少，与聚丙烯的相容性好，价格便宜，是目前聚丙烯广泛使用的光稳定剂之一。典型的产品有 UV-531、UV-9 等。

(3) 苯甲酸酯类　苯甲酸酯类兼具捕获自由基和紫外线吸收剂两种作用。单独使用时没有光稳定效果，且污染大，但与受阻胺的协同效应好，尤其是对添加颜料配方体系效果明显，多用于保险杠等产品，浅色制品应慎重使用。主要的产品有 UV-120、Cyasorb UV-2908 等。

(4) 苯并三唑类　苯并三唑类是目前紫外线吸收剂中的最佳品种，其吸收紫外线的波长比二苯甲酮类宽，可有效吸收 300~400nm 波长范围的紫外线，几乎不吸收可见光。具有优良的光、热稳定性，与抗氧剂的协同效应好，与受阻胺并用能获得较高的耐候性。典型的苯并三唑类紫外线吸收剂有 UV-327、UV-326、UV-P 等。

2.5.3.2 紫外线猝灭剂

紫外线猝灭剂又称能量转移剂。它们是将树脂中发色团吸收紫外线而产生的能量接收过来，并有效地释放出去，从而阻止材料降解反应的发生。这类光稳定剂对聚烯烃有很好的光稳定性，特别是与二苯甲酮类、苯并三唑类等紫外线吸收剂并用，具有很好的协同效应。猝灭剂主要是一些二价的有机镍配合物，它的有机部分是取代酚和硫代双酚等，主要的类型有：二硫代氨基甲酸镍盐，如 NBC；硫代双酚型，如 AM-101；磷酸单酯镍型，如光稳定剂 2002。近年来，有机镍配合物因重金属离子的毒性问题，有可能逐渐被其他无毒或低毒猝灭剂所取代，详细的商品牌号及厂家可参考附录 4。

2.5.3.3 自由基捕获剂

自由基捕获剂（受阻剂）是一类具有空间位阻效应的哌啶衍生物类光稳定剂，也称受阻胺类光稳定剂（HALS），包括单哌啶衍生物、双哌啶衍生物和多哌啶衍生物。此类光稳定剂能捕获高分子链中所生成的活性自由基，从而抑制光氧化过程，达到光稳定的目的，其稳定机理如图 2-55 所示。它是目前发展最快、最有前途的一类新型高效光稳定剂，其光稳定效率比二苯甲酮类及苯并三唑类紫外线吸收剂要高 2～3 倍，全球的需求量增长很快。表 2-14 列出了常见的几种商品化受阻胺，更加详细的商品牌号及厂家可参考附录 4。

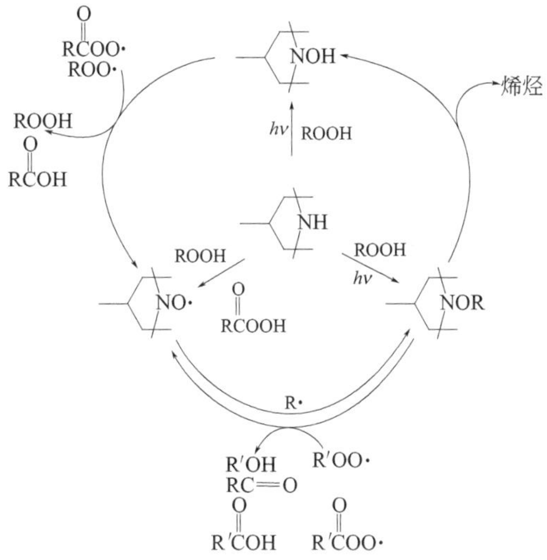

■图 2-55 受阻胺的稳定机理

■表 2-14 几种商品化受阻胺

商品名	生产商	类型	重均分子量
Tinuvin® 770	Ciba	单体	481
LA-57	Asahi Denka	单体	326
Chimassorb® 994	Ciba	聚合物	$M_n>2500$
Cyasorb® 3346	Cytec	聚合物	1600
Cyasorb® UV-500	Cytec	单体	522
Cyasorb® HA-88	3-V Chemical Corp.	聚合物	约 3000

2.5.3.4 光屏蔽剂

光屏蔽剂又称遮光剂，这是一类能够遮蔽或反射紫外线的物质，使光不能直接射入高分子内部，从而起到保护高聚物材料的作用。具有这种功能的物质主要是一些无机填料和颜料，如炭黑、二氧化钛、氧化锌、氧化铁等。

2.5.4 成核剂

聚丙烯属于半结晶树脂，包括结晶区和无定形区两部分，其结晶形态包括 α、β、γ、δ 和拟六方五种晶型，其中 α、β 晶型较为常见，其余三种晶型极不稳定，目前没有有效的方法获得。成核剂就是在聚丙烯的结晶过程中起晶核作用的物质，加入成核剂能增加成核数量、提高结晶温度、细化球晶或改变晶型，进而改变制品的透明度、表面光泽度、刚性、热变形温度、冲击强度和成型周期。

根据成核剂诱导聚丙烯结晶形态的不同，一般分为 α 晶型成核剂和 β 晶型成核剂。α 晶型成核剂可以诱导聚丙烯树脂以 α 晶型结晶，β 晶型成核剂可以诱导聚丙烯树脂以 β 晶型结晶。按照成核剂在加工温度时是否熔融，可将成核剂分为热敏性和非热敏性两大类。热敏性成核剂的熔融温度低于或者接近聚丙烯树脂的加工温度，如山梨醇类化合物。非热敏性成核剂在加工温度下不会熔化，种类较多，包括安息香酸类，如安息香酸钠；还有一类是有机磷酸盐，其既可以作为成核剂，又可以使聚丙烯树脂变得透明。按照成核剂的结构可分为三大类：有机成核剂，是主流产品；无机成核剂，种类较多，但应用效果仍难与有机成核剂媲美；高分子成核剂，目前技术尚不成熟，应用较少。

(1) 有机成核剂

① 羧酸及其盐类。这一类成核剂包括硬脂酸钠、己二酸、己二酸钠、己二酸铝、丁二酸钠、苯乙酸铝、苯甲酸铝、苯甲酸钾等，是较早期用于 PP 的成核剂，其中对叔丁基苯甲酸铝（AL-PTBBA）是应用较广泛的一种。此类成核剂作为通用型成核剂成核效率一般，对聚丙烯的改性效果不理想。

② 二亚苄基山梨醇及其衍生物。这类成核剂主要改善聚烯烃树脂的透明性，又称增透剂。山梨醇类成核剂成核效果好，但是热稳定性差，在高温加工过程中易分解产生异味。以美国 Milliken 公司 Millad 3988 为代表的第三代山梨醇衍生物类成核剂克服了以前二代产品的缺点，能广泛用于注塑、吹塑、挤出薄膜等加工过程，赋予制品高透光性、高力学性能和优美的外观。最近，Milliken 公司又推出了其最新产品 NX8000，其增透效果比 3988 更好。国内的山西省化工研究院开发出了山梨醇类成核剂 TM 系列产品，湖北省松滋市树脂所开发了第三代山梨醇类成核剂 SKC-3988，都已形成规模生产。二亚苄基山梨醇类成核剂代表品种见表 2-15。

■表 2-15 二亚苄基山梨醇类成核剂

化学名称	缩写	应用特点
二亚苄基山梨醇	DBS	熔点 225℃，增透效果一般，气味小，易于分散，但有结垢倾向
二（对乙基二亚苄基）山梨醇	EDBS	熔点 235℃，增透和成核效果显著，但有异味
二（对甲基二亚苄基）山梨醇	MDBS	熔点 242℃，增透和成核效果显著，但有异味
二（3,4-二甲基二亚苄基）山梨醇	DMDBS	熔点 278℃，气味小，无毒，增透效果极佳，同时改善物理机械性能，与 PP 树脂相容性好

③ 有机磷酸酯类成核剂。有机磷酸酯类成核剂对聚合物的增刚改性效果显著，也称增刚剂。此类成核剂热稳定性好，熔点在 400℃以上，化合物的烷基苯部分与聚烯烃有很好的亲和性，对聚丙烯树脂的光学性能和物理机械性能都有所提高，日本旭电化公司的 NA-11 是目前最具代表性的品种。NA-11 为白色粉末，具有以下优点：能提高聚合物的强度、弯曲模量、热变形温度；在低浓度下有增透性；与聚丙烯有良好的相容性及良好的耐迁移性；符合 FDA 规定，可用于食品包装材料。有机磷酸酯类成核剂代表品种列于表 2-16。

■表 2-16 有机磷酸酯类成核剂

化学名称	缩写	应用特点
二（4-叔丁基-苯氧基）磷酸钠	NTBP	热稳定性好，可改善 PP 的刚性、表面硬度及热变形温度
亚甲基双（2,4-二叔丁基-苯氧基）磷酸钠		热稳定性好，成核效率高，增刚和增透效果显著
亚甲基双（2,4-二叔丁基-苯氧基）磷酸酯羟基铝		第三代有机磷酸酯类，综合性能优异

④ β晶型成核剂。β晶型成核剂种类较多，成核体系也较为分散。现有的β晶型成核剂根据分子结构或化学组成可分为四大类：具有准平面结构的稠环化合物；第ⅡA族金属元素的某些盐类及二元羧酸的复合物；芳香胺类；稀土化合物类。常见类型及代表产品、应用特点列于表 2-17 中。

■表 2-17 常见 β 晶型成核剂的类型及应用特点

类　　型	代表产品	应用特点
具有准平面结构的稠环化合物类	γ-喹吖啶酮（E3B）；三苯二噻嗪（TPDT）；蒽（ANTR）；菲（PNTR）；硫化二苯胺（MBIM）	成核效率不高；以 E3B 为成核剂时，得到的 PP 中往往既有 β 晶型，又同时伴有大量 α 晶型生成，且产品带色
ⅡA族双组分复合物类	庚二酸和硬脂酸钙的二元复合物	高效的成核剂，可提高 PP 的冲击强度和应力发白度，但生产成本较高
芳香胺类	STARNU-100（NJ）；TMB 系列	第一类实现商品化的 β 晶型成核剂，β 晶型转化效率高，可达 90%以上，增韧效果明显；国外有日本新理化公司专利产品，山西化工研究院、华东理工大学等也有类似产品
稀土化合物类	WBG 系列	我国自主开发的 β 晶型成核剂，β 晶型转化效率高，可达 90%以上。增韧效果明显，提高热变形温度方面效果尤为突出；多次加工过程中结构稳定，不影响成核效果

(2) 无机成核剂 无机成核剂主要是一类超细的无机或矿物颗粒，如滑石粉、二氧化硅、氧化铝、二氧化钛、氮化硼、碳酸钙、炭黑、高岭土等粉体，有一定的成核作用，但是其成核效率比较低，目前作为成核剂应用趋势远不如有机成核剂。无机成核剂与有机聚合物相容性差，使用前应用表面活性剂或偶联剂进行表面处理，以提高其在聚合物熔体中的分散性。无机成核剂一般为 α 晶型成核剂。

(3) 高分子成核剂 与聚烯烃有类似的结构、熔点高于聚烯烃再结晶温度的结晶型聚合物可以作为聚烯烃的成核剂。高分子成核剂通常在聚烯烃树脂聚合前加入，在聚合过程中均匀分散在树脂基体中，在树脂熔融冷却过程中首先结晶，其特点是成核剂的合成与配合在树脂合成中同时完成，常用的聚合物单体包括乙烯基环己烷、乙烯基环戊烷、3-甲基-1-丁烯等，以及乙烯-丙烯酸共聚物、乙烯-不饱和羧酸酯共聚物、乙烯-不饱和羧酸盐的离子型共聚物、苯乙烯衍生物-偶合二烯烃共聚物等。也可以加入高熔点的聚合物 PA、POM 等作为聚烯烃的成核剂。高分子成核剂目前技术尚不成熟，应用较少，但是具有良好的开发前景。高分子成核剂多属于 α 晶型成核剂。

2.5.5 抗静电剂

聚丙烯作为绝缘材料，表面容易积累电荷，这些电荷容易吸附灰尘，容易对精密的电子器件造成损害。随着聚丙烯在包装材料领域，特别是在电子电气产品和食品包装上应用的增加，对聚丙烯的抗静电性能提出了要求，这就需要通过加入抗静电剂的方法来解决这个问题。聚丙烯用抗静电剂主要分为内抗静电剂和外抗静电剂。

2.5.5.1 内抗静电剂

聚丙烯常用的内抗静电剂是一种具有双亲结构的化合物，即含有亲水和亲油两种基团，在加入聚丙烯中后，抗静电剂会向表面迁移，在聚丙烯表面形成一层亲水层，可以吸附水分子，从而降低聚丙烯的表面电阻率，消除静电荷。这种具有双亲结构的内抗静电剂，实质上也是一种表面活性剂，它在聚丙烯中分布是不均匀的，表面分布的浓度高，内部的浓度低。内抗静电剂对树脂内部导电性实际没有什么改善，其抗静电作用也是靠其在树脂表面分布的单分子层。这种抗静电剂在聚丙烯中的抗静电效果与使用或加工的环境有很大的关系，特别是环境的湿度大小，对材料表面导电性影响很大。如果环境中的湿度较大，空气中水蒸气凝结在材料表面，会大大增加材料表面的导电性。需要注意的是，这种具有表面活性的抗静电剂会随着时间延长和连续冲洗表面，导致浓度下降，抗静电效果减弱。聚丙烯内抗静电剂以烷基胺环氧乙烷加合物、两性咪唑啉（图 2-56）和其他两性活性剂的金属盐为主。抗静电剂的添加量需要根据抗静电剂的性质、加工制品的需要、塑料的种类、加工工艺条件、制品要求等进行添加，一般添加量从 0.1%～5%不等，聚丙烯用抗静电剂的牌号和主要生产企业可以参考附录 4。

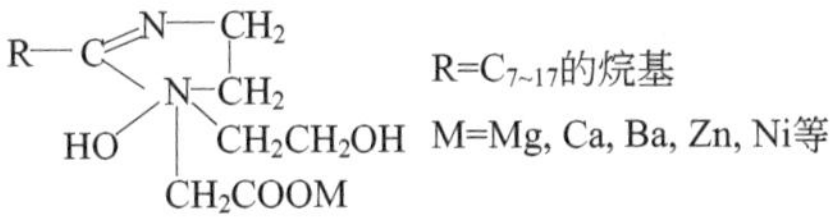

■图 2-56　1-羧甲基-1-β-羟乙基-2-烷基-2-咪唑啉盐氢氧化物

由于抗静电剂会析出到聚丙烯的表面，因此在一些用于与食品接触的塑料用品、儿童玩具时，抗静电剂的毒性是必须要考虑的。特别是在与食品接触的塑料制品中，内抗静电剂容易被食品抽出，抗静电剂的毒性尤应注意，必须无毒、无味，对人体无不良影响。美国食品和药物管理局（FDA）规定抗静电剂的动物急性毒性试验的最低允许限度为 $LD_{50}=5.0g/kg$（LD_{50} 为半数致死量，即致使半数试验动物死亡的药物浓度）。如果 LD_{50} 值小于 5.0g/kg，就认为不符合食品卫生规定。在抗静电剂中，非离子型和两性离子型的抗静电剂毒性较低，阳离子型和阴离子型中的胺类、磷酸酯盐毒性较大。一些抗静电剂的 LD_{50} 值见表 2-18。

■表 2-18　一些抗静电剂的 LD_{50} 值

表面活性剂	试验动物	LD_{50}/(g/kg)
肥皂	大白鼠(rat)	>16
混合聚氧化乙烯-聚氧化丙烯醚类	大白鼠，小白鼠(mouse)	5～15
支链烷基苯磺酸盐(ABS)	大白鼠	1.22
直链烷基苯磺酸盐(LBS)	大白鼠	1.26
硫酸月桂酯钠盐	大白鼠	2.73
硫酸(2-乙基己酯)钠盐	大白鼠	4.125
辛基苯酚-环氧乙烷加合物(3 分子)	大白鼠	4.00
辛基苯酚-环氧乙烷加合物(20 分子)	大白鼠	3.60
壬基苯酚-环氧乙烷加合物(9～10 分子)	大白鼠	1.60
山梨糖醇酐脂肪酸酯-环氧乙烷加合物	大白鼠	20.00
月桂醇环氧乙烷加合物(4 分子)	小白鼠	5.0～7.6
月桂醇环氧乙烷加合物(9 分子)	小白鼠	3.3
硬脂酸环氧乙烷加合物(8 分子)	大白鼠	53.0
季铵盐	大白鼠	0.4～1.0
Catanac SN	大白鼠	0.3
月桂基咪唑啉	大白鼠	3.2
Catanac 4.77	大白鼠	1.8

目前，抗静电剂的发展趋势正朝着高分子聚合型永久抗静电剂方向发展，该类抗静电剂不会像低分子抗静电剂那样水洗后或长时间使用后会丧失其导电性。根据电荷状态，永久性抗静电剂可分为阳离子型、阴离子型和非离子型。环氧乙烷及其衍生物的共聚物研究得较多，已广泛应用的有聚环氧乙烷、聚醚酯酰胺、聚醚酯酰亚胺等。主要生产厂家有：日本的三洋化成、住友精化、第一工业制药，瑞士的 Ciba Specialty 等公司。为了提高抗静电剂性能，国外还采用了反应型抗静电剂，即在树脂中加入具有抗静电性能的单体，使之与树脂形成共聚物而具有抗静电性能。

除了上面介绍的有机抗静电剂之外，为了达到抗静电效果，还有一种途径是在聚丙烯中加入具有高导电性的物质，如炭黑、碳纳米管、金属氧化物等，由于这一类要达到抗静电效果的添加量较大，往往限制了其应用，例如，要达到抗静电剂级别，炭黑的添加量往往要超过10%。

2.5.5.2 外抗静电剂

外抗静电剂多用于成品的处理，通常不用于造粒时的配方中。塑料用外抗静电剂在品种上以抗静电效果良好、附着力强的阳离子和两性离子活性剂为主。阴离子和非离子型效果较差，较少使用。外抗静电剂应用时分为：抗静电溶液调配，塑料制品洗净、涂覆、喷雾或浸渍，干燥四个步骤。外抗静电剂使用时一般用挥发性溶剂或水先调配成浓度为 0.1%～0.2% 的溶液，溶液浓度在保证抗静电效果基础上稀一点为好，浓度高会发黏而吸附灰尘等，损害制品外观。此种用法中，在溶剂或水挥发后，抗静电剂分子比较容易脱落，抗静电效果无法持久。在调配时加入一些能适度浸溶塑料的溶剂，则抗静电分子会渗入塑料制品表面，抗静电效果会持久一些。

2.5.6 抗菌剂

在聚丙烯中加入少量的抗菌剂，可以赋予其杀灭有害细菌或抑制有害细菌生长繁殖的功能。抗菌剂根据其材料的不同，可分为无机抗菌剂、有机抗菌剂、天然抗菌剂和高分子抗菌剂四种类型。

2.5.6.1 有机抗菌剂

有机抗菌剂是以有机酸类、酚类、季铵盐类、苯并咪唑类等有机物为抗菌成分的抗菌剂。有机抗菌剂能有效抑制有害细菌、霉菌的产生与繁殖，见效快。但是这类抗菌剂热稳定性较差（只能在300℃以下使用）、易分解、持久性差，而且通常毒性较大，长时间使用对人体有害。有机抗菌剂种类繁多，根据其用途通常可分为杀菌剂、防腐剂和防霉剂。有机抗菌剂的分类和应用见表 2-19。详细内容可参考附录 4。

■表2-19　有机抗菌剂的分类和应用

种类	性能要求	主要成分	作用原理	用途
杀菌剂	杀菌速度快 抗菌范围广	四价铵盐 双胍类化合物 乙醇等	破坏细胞膜 使蛋白质变性 使—SH酸化，破坏 代谢受阻	机器表面除菌 皮肤除菌 食品加工厂、餐馆 水处理
防腐剂	抗菌范围广 抗菌时间长 相容性好 化学稳定性好	甲醛，异噻唑 有机卤素化合物 有机金属等	使—SH酸化，破坏 代谢受阻 破坏细胞膜	船舶等水用工业品 家庭用品 水处理
防霉剂	抗菌范围广 抗菌时间长 化学稳定性好	吡啶，咪唑 噻唑，卤代烷 碘化物等	使—SH酸化，破坏 代谢受阻 DNA合成受阻	各种涂料，壁纸 塑料，薄膜，皮革 密封胶

(1) 含砷有机抗菌剂　10,10-氧化二酚噁吡（OBPA，结构式见图2-57）是美国Ventrow公司开发的，为白色结晶，熔点180～182℃，热分解温度在300℃以上，中等毒性，无致癌作用，已通过美国FDA的认证。OBPA对细菌、霉菌、真菌及藻类微生物有明显的抑制作用，对金黄色葡萄球菌、大肠杆菌、霉菌的最低抑菌浓度分别为6mg/kg、12mg/kg、20mg/kg。目前OBPA的供应商Rohm & Haas公司不仅提供OBPA，而且还提供OBPA与聚合物组成的母料，可用于室内塑料用品及汽车塑料用品。

(2) 2,4,4′-三氯-2′-羟基二苯醚　2,4,4′-三氯-2′-羟基二苯醚（triclosan，结构式见图2-58），Ciba公司称为Irgasan-300、DP-300等，中文名为玉洁新，为白色结晶粉末，熔点56～60℃，分解温度270℃。溶于乙醇、丙酮、乙醚和碱性溶液。产品无毒，对小鼠经口LD_{50}为4000mg/kg。DP-300具有高效、广谱、无毒等优点，对大肠杆菌、金黄色葡萄球菌、沙门菌等各种革兰细菌有明显的抑制作用，而且对流感病毒、疫苗病毒及乙肝病毒表面抗原等病毒有很好的抑制作用。DP-300可用作LDPE、HDPE、PP、EVA、PMMA、PS、PVC及PU等塑料制品的抗菌剂，在聚丙烯中的添加量在0.5％以下。

■图2-57　OBPA结构式　　　　■图2-58　Triclosan结构式

(3) 苯并咪唑氨基甲酸甲酯　苯并咪唑氨基甲酸甲酯（BCM，结构式见图2-59），为白色结晶，熔点302～307℃。微溶于水、乙醇、苯等溶剂。对热、光、碱性环境稳定，遇酸易结合成盐。BCM实际为无毒物质。BCM

通过抑制微生物的 DNA 的合成达到抑制微生物生长和繁殖的作用，抗菌效率高，尤其对青霉属微生物的抑制效果优异，对黑曲霉的最小抑菌浓度（MIC）为 1.0mg/kg，对黄曲霉、拟青霉的 MIC 为 1.5mg/kg，对橘青霉的 MIC 为 0.2mg/kg，对变色曲霉、蜡状芽枝霉的 MIC 为 0.4mg/kg，对木霉的 MIC 为 0.6mg/kg。BCM 广泛用于塑料、橡胶、胶黏剂、纤维、皮革、木材、涂料、纸张等领域。

(4) 2-(4-噻唑基)苯并咪唑 2-(4-噻唑基)苯并咪唑（TBZ，结构式见图 2-60）俗称赛菌灵，熔点 300℃，微溶于醇、酮、水等极性溶剂中。TBZ 是安全性很高的抗菌剂，对人体毒性极低。由于 TBZ 的热稳定性好，可用于塑料和橡胶的加工，一般用量为 0.1%～0.5%。

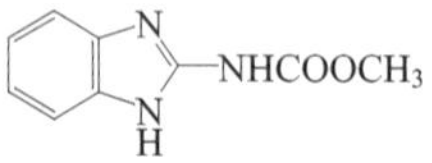

■图 2-59　BCM 结构式 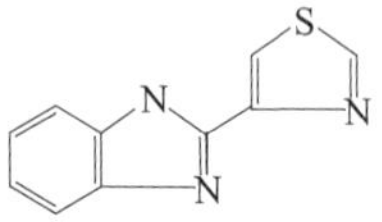　　　　■图 2-60　TBZ 结构式

近年来，异噻唑啉酮类抗菌剂由于其杀菌广谱、高效，在塑料中的应用越来越受到人们的重视，典型产品有 4,5-二氯正辛基-4-异噻唑啉-3-酮（DCOIT，罗门哈斯），2-正辛基-4-异噻唑啉-3-酮（OIT，罗门哈斯），N-正丁基-1,2-苯并异噻唑啉-3-酮（BBIT，美国 Arch 公司）等。

2.5.6.2　无机抗菌剂

为了克服有机抗菌剂的缺点，人们逐渐将研究方向转向了无机抗菌剂。无机抗菌剂主要是利用银、铜、锌等金属本身所具有的抗菌能力，通过物理吸附或离子交换等方法，将银、铜、锌等金属（或其离子）固定于沸石、硅胶等多孔材料的表面或孔道内，然后将其加入制品中获得具有抗菌性的材料。无机系抗菌剂的优点是具有低毒性、耐热性、耐久性、持续性、抗菌谱广等，不足之处是价格较高和抗菌的迟效性，不能像有机系抗菌剂那样能迅速杀死细菌。金属离子杀灭、抑制细菌的活性由大到小的顺序为：Hg、Ag、Cu、Cd、Cr、Ni、Pd、Co、Zn、Fe。而其中的 Hg、Cd、Pb 和 Cr 等毒性较大，实际上用作金属杀菌剂的金属只有 Ag、Cu 和 Zn。其中银的杀菌能力最强，其杀菌能力是锌的上千倍，因而目前研究最多的是含银离子的抗菌剂，详细牌号及厂家可参考附录 4。

(1) 沸石抗菌剂　沸石为一种碱金属或碱土金属的结晶型硅铝酸盐，又名分子筛，其结构为硅氧四面体和铝氧四面体共用氧原子而构成的三维骨架结构，具有较大的比表面积。通过阳离子交换，使得银（铜）离子置换沸石结构内的碱金属或碱土金属离子。载银-沸石抗菌剂的抗菌能力是随着离子交换量的增加而提高的。目前比较成熟的沸石抗菌剂是日本 Sinanen Zeomic 公司的 Zeomic XAW10D。

(2) **溶解性玻璃系抗菌剂** 作为抗菌材料载体的玻璃通常是选用化学稳定性不高,并能溶解于水的磷酸盐或硼酸盐系玻璃。但是以硼酸盐玻璃为载体的灭菌材料由于在溶出具有灭菌能力的金属离子的同时,也可溶出目前毒性尚无定论的硼离子,因而限制了其应用范围。磷酸盐玻璃的主要成分是磷,它是对人体和环境危害较小的物质。在磷酸盐玻璃中引入一些灭菌性能很强的银、铜等金属离子可以制备长期、高效、缓释的新型抗菌材料。近几年,欧美及日本等国已成功地将这类抗菌材料商品化,取得了较好的经济效益。目前,日本在可溶性玻璃抗菌剂领域占据主导地位。

(3) **磷酸钙、磷酸锆及羟基磷灰石系列抗菌剂** 作为抗菌材料载体的磷酸盐材料主要是指一些具有降解性的磷酸钙类物质,包括磷酸三钙(α-TCP、β-TCP)、羟基磷灰石(HA)、磷酸四钙(TeCP)及它们的混合物,其中降解性能显著的是 β-TCP 陶瓷材料。磷酸钙是一种与生物具有良好亲和性的生物陶瓷材料,其作为人工齿根、人工骨、生物骨水泥等生物材料已得到了广泛的应用,在食品添加剂、钙剂和催化剂等领域中它也有广泛的应用。因此它是一种安全性很高的抗菌载体材料。制备时通常是将磷酸钙与银离子化合物混合后于 1000℃ 以上进行高温烧结,再经粉碎、研磨后便可得到抗菌剂。

磷酸锆抗菌剂比较成熟的商品有 Novaron 以及 APACIAER。Novaron 常见的组分为 $Ag_{0.17}Na_{0.29}H_{0.54}Zr_2(PO_4)_3$,银含量为 3.6%(质量分数),白色粉末,粒度为 $0.72\sim 1\mu m$,对各类细菌的 MIC 为 $125\sim 1000\mu g/L$。APACIAER 是载银羟基磷灰石的商品名,是一种无机广谱高效无毒型抗菌剂。该产品一般用于船体的抗菌防霉,银含量为 3.6%(质量分数),粒度在 $1\mu m$ 左右。

(4) **膨润土抗菌剂** 膨润土为典型的层状黏土矿物,其层间的阳离子易被交换,因而具有很大的离子交换容量。蒙脱石(膨润土的主要成分)晶体的结构为:两层硅氧四面体片夹一层铝(镁)氧(氢氧)八面体片构成的 2:1 型含结晶水硅酸盐矿物单元结构。基于蒙脱石的纳米层状结构及可离子交换的特性,人们通过对微米或亚微米级的蒙脱石微粉进行离子(Ag)交换从而获得在纳米尺度上金属与非金属复合的载银纳米复合抗菌材料,达到了良好的抗菌效果。该类型目前尚无成熟的产品出现。

2.5.6.3 天然抗菌剂

天然抗菌剂是人类使用最早的抗菌剂,埃及金字塔中木乃伊包裹布使用的树胶便是天然的抗菌剂。天然抗菌剂有壳聚糖、天然萃取物等。目前最常用的天然抗菌剂是壳聚糖,壳聚糖是一种抗菌性能较强的天然抗菌剂。天然抗菌剂的缺点是耐热性差,大部分不能用于塑料加工。

2.5.6.4 高分子抗菌剂

在聚合物中直接引入抗菌基团是一种新的制备抗菌材料的途径,国外在这方面研究较多。抗菌高分子的抗菌性能是通过引入抗菌官能团而获得,根据抗菌官能团的不同，可将抗菌高分子分为季铵盐型、季鏻盐型、胍盐型、吡啶型及有机金属共聚物等。官能团可以通过带官能团单体均聚或共聚引入，也可通过接枝的方式引入。Kanazawa等对季铵盐型和季鏻盐型抗菌聚合物的性能做了一系列研究。制备了氯化三丁基（4-乙烯基苄基）铵和氯化三丁基（4-乙烯基苄基）鏻的均聚物和共聚物，发现均聚物在某一比例下有最大抗菌活性，显示出协同效应；共聚物的抗菌活性随着季鏻盐单体含量的增大而增大，没有显示协同效应。Sun等用5,5-二甲基乙内酰脲（DMH）和7,8-苯并-1,3-二氮杂螺环［4.5］2,4-癸二酮（BDDD）分别与3-溴丙烯反应制得3-丙烯基-5,5-二甲基乙内酰脲（ADMH）和［4.5］2,4-癸二酮（BADDD），ADMH和BADDD再分别与丙烯腈（AN）、醋酸乙烯酯（VAC）、甲基丙烯酸甲酯（MMA）单体共聚，共聚物经卤化处理后形成N-卤胺结构。这种聚合物对大肠杆菌表现出很高的抗菌活性。当共聚物中ADMH或BADDD的含量为5%时，在30min内能杀灭全部大肠杆菌。N-卤胺结构性能稳定，抗菌范围广，安全性好。Kanazawa通过光照将季鏻盐基团接枝到聚丙烯薄膜表面。这种带有季鏻盐的薄膜对于金黄色葡萄球菌特别是大肠杆菌有很好的抗菌性。M. Zhang等通过缩聚合成了聚六甲基胍硬脂酸盐和聚六甲基二胍硬脂酸盐，并用沉淀法制备亲脂性的聚六甲基胍硬脂酸盐、聚六甲基二胍硬脂酸盐。

用于聚丙烯的助剂还包括过氧化物、荧光增白剂、金属螯合剂等。过氧化物的作用机理和用途是促使聚丙烯发生降解，用于增大聚丙烯的熔体指数，提高其流动性，目前是工厂生产高熔体指数聚丙烯的常用方法之一。缺点是由于加入量稳定性控制困难，分散均匀度不好，产品熔体指数稳定性波动大；过氧化物的残存会导致材料变色、异味以及挥发性有机物（VOC）含量的增加。荧光增白剂能够吸收紫外线而发出蓝光，可使聚丙烯显得更白，更有光泽，在一些透明聚丙烯制品中加入可以使制品看起来更加透明、悦目。金属钝化剂可以帮助聚丙烯抵抗金属或者金属化合物引起的降解作用，提高聚丙烯制品的寿命，特别是用于一些用于通信电线和输电电缆场合直接与Cu导线接触的材料。在诸多助剂中，抗氧剂和卤素吸收剂通常是必须加入的，其他的助剂可以根据牌号的特点和需求按照一定的配方加入，使其具备相应的功能。其他加入填料、橡胶、其他塑料的共混改性的方法，将在本书第3章介绍。

2.5.7 超细粉末橡胶辅助分散技术

助剂在聚丙烯中的分散性直接影响助剂的效果、聚丙烯产品的质量，如何提高助剂在聚丙烯中的分散性一直都是业界研究的重点。中国石化北京化工研究院原创性地开发了塑料加工助剂的超细全硫化粉末橡胶辅助分散技术。全硫化粉末橡胶体系包括全硫化粉末丁苯橡胶、全硫化粉末丁腈橡胶、全硫化粉末羧基丁腈橡胶、全硫化粉末丁苯吡橡胶、全硫化粉末丙烯酸酯橡胶、全硫化粉末硅橡胶、全硫化粉末氯丁橡胶等，其中丁苯粉末橡胶与聚丙烯的相容性较好，将其与助剂复配后，可以协助助剂在聚丙烯中分散，提高助剂的效率，生产中可减少助剂的用量，降低成本。目前，已大量用于工业聚丙烯产品生产的助剂主要是利用丁苯粉末橡胶与市售成核剂等组分按照配方设计成复合成核剂产品 VP101B 和 VP101T，分别为 α 晶型和 β 晶型成核剂。由于粉末橡胶在聚丙烯体系中的优良助分散性作用，使成核有效组分的用量大幅度减少，提高助剂的作用效果，降低了产品的成本。

在均聚聚丙烯中加入 VP101B 成核剂可以在很大程度上提高材料的刚性指标，可用于高结晶聚丙烯产品的生产，表 2-20 是加入 VP101B 前后聚丙烯力学性能的对比，可以看到加入 VP101B 之后，聚丙烯的弯曲模量和热变形温度都有了很大的提高。

■表 2-20　VP101B 对均聚聚丙烯的改性效果　（MI＝12g/10min，ASTM 标准）

项目	拉伸强度 /MPa	断裂伸长率 /%	弯曲强度 /MPa	弯曲模量 /GPa	悬臂梁缺口 冲击强度 /(J/m)	HDT/℃
原样	37.8	26	53.1	1.96	27.4	121.5
原样＋0.12%VP101B	40.9	16.2	59.5	2.43	28.0	137.5

将粉末橡胶和 β 晶型成核剂等组分按照一定配方开发了复合成核剂 VP101T，研究发现 β 晶型成核剂在粉末橡胶的助分散作用下，在聚丙烯中分散性良好。利用 VP101T 复合成核剂，可将均聚聚丙烯的抗冲击性能大幅度提高。β 晶型成核剂的增韧效果从表 2-21 中的数据可见一斑，加入 0.2% β 晶型成核剂 VP101T 后，聚丙烯的抗冲击性能提高了约 600%，增韧效果显著。

■表 2-21　VP101T 对均聚聚丙烯的改性效果　（MI＝6g/10min，ASTM 标准）

项目	拉伸强度 /MPa	断裂伸长率 /%	弯曲强度 /MPa	弯曲模量 /GPa	悬臂梁缺口 冲击强度 /(J/m)	HDT/℃
原样	33.6	117	34.4	1.19	96.9	86.4
原样＋0.2%VP101T	31.5	141	33.5	1.18	668.4	90.8

2.5.8　挤压造粒

挤压造粒机是聚丙烯装置的核心设备之一，其运行状况不仅影响上游聚合工段聚合反应的连续性，同时也影响聚丙烯装置最终出厂产品的质量。挤压造粒机的功能是将聚合反应器聚合出来的聚丙烯粉末变成几何形状相对规则的颗粒，以便运输和进一步加工成型，同时将必要的助剂，如抗氧剂、卤素吸收剂、抗紫外剂等均匀分散在聚丙烯中，并将聚丙烯中的低分子挥发物脱除。按照工艺流程的顺序，可以分为四个系统，即粉料的输送系统、粉料及添加剂进料计量系统、挤出造粒机组系统和粒料干燥系统。来自聚合区的聚丙烯粉料，在氮气保护下，被输送到挤压造粒端后，经筛分除去大颗粒或块状物后，与添加的一定量的助剂混合，送入挤压机中熔融、混炼、输送到切粒模板，进行水下切粒。切出的粒子由切粒水冷却输送到后处理系统，经离心干燥，脱去水分，风送到粒料料仓中，再经掺和送至包装段。造粒机一般为双螺杆挤出机，通常包括主电机、混炼机、熔融齿轮泵、切粒机及其辅助系统如热油系统、筒体冷却水系统、切粒水系统、液压油系统等部分。近年来，聚丙烯挤压造粒机组中已不再配置熔融泵，熔体的输送由螺杆完成。

聚丙烯在塑料中属于比较难切粒的品种，聚丙烯的熔体指数过低或过高，切粒均越困难。此外，粉料中的挥发分也对切粒形成很大影响，因此，切粒机也是挤出机造粒部分的重要设备之一，其正常运行对于保证聚丙烯粒子的质量非常关键。切粒机分为间歇式和接触式切粒。间歇式切刀与模板有一定距离，接触式切刀始终在液压作用下与模板保持接触。例如，德国WP公司挤出造粒机的切粒机——UG400水下切粒机属于接触型切粒机，切刀均匀分布于切刀盘上，切刀在油压等作用下紧贴于模板上，模板的硬度和耐磨性通常要好于切刀，切刀的磨损部分可以通过进刀压力得到补偿，使切刀总是贴着模板旋转，使切出的聚丙烯粒子外观好看，整齐，不易出现碎屑。对水下切粒机而言，调刀、模板、切粒水和物料的物理性能是影响切粒质量的四个重要因素。尽管国外切粒机的切刀精度很高，但是每把刀之间仍然存在一定的差别，通常安装之前要求对切刀进行厚度测量，保证厚度均一，使其差值≤0.015mm。将切刀安装到刀盘上之后，再将其安装到切粒机转轴上，安装时需要注意各部位的清洁处理，可以在接触处喷涂二硫化钼。新刀安装后，还要进行磨刀和刀压调整。切刀和模板的质量不好、安装不好、对中不好都将直接影响切粒效果。轻则造成切刀的异常磨损，产品外形难看，重则造成缠刀、垫刀，影响后续离心干燥器和振动筛的正常运行，严重时会造成整个装置停车。因此，需要严把切刀质量关。切粒机的模板大部分是内加热型模板。通常开车前，先用熔融物料冲模孔，至模孔束状出料均匀。开车后，切粒水进入切粒室，模板被水冷却，温度降低，可以通过热油对其加热来维持在控制范围内。如果温度太低（如低于200℃），模孔易出现冻堵现象，即使温度回升至操作范围（如220~330℃），冻堵的孔仍无法冲开，导致切粒不均匀，碎屑多，影响产品外观质量，严重时会停车，重新开车冲模孔，产生大量废料，造成聚丙烯单位成本和单耗增加。模板在长时间使用后，在切刀和物料磨损下，会出现切削面不平整的情况，导致无法保证切刀贴合得良好，形成楔形、凹沟等造成垫刀、串料等问题。因此，可根据具体情况进行一次检测及研磨维修。生产中切粒水的流量、温度一定时，通过改变热油温度或流量来控制好模板温度，保证切粒效果。另外，模板温度也不能过高，否则会使切粒粘连，加速模板、隔热垫等部件的老化失效，增加不必要的能源消耗。切粒水一般使用的是脱盐水，在保证水流量、压力的同时必须控制好水温。水温过高易出现串料、缠刀"灌肠"等事故；水温过低易使模板温度低，冻堵模孔，同时树脂变脆，切削时碎屑增多。切粒水温度与产品的 MFR 关系很大，当生产不同牌号的产品时，水温应做相应的调整，通常熔体指数较大的产品，水温要低一些；熔体指数较低的产品，水温要高一些。

聚丙烯经过切粒机形成粒料之后，通常还需要经过离心干燥器和粒料振动分选器，最后进行计量包装。离心干燥机通过旋转的离心力、风机的抽风和粒料内部热量蒸发的共同作用，将粒料表面的水分除去。粒料振动分选器的作用是将经过切粒机产生的粒料，通过孔径不同的筛板进行筛选分离，很多振动筛有两层不同孔径的筛板，粒径比较大的塑料粒子（例如大于 4mm）先经第一层筛板的分离筛选后回收，然后是直径小于 2mm 的小颗粒料，再经第二层筛板的分离筛选回收，经过两次分离后成为合格成品粒料。筛分合格的聚丙烯粒料进入粒料料斗，然后通过风送系统，将粒料送至下一个操作单元——均化储存料仓，最后生产的聚丙烯粒料通过自动称重计量系统自动称重包装。

2.6 聚合反应设备

2.6.1 气相流化床聚合反应器

流化床反应器是指设备内固体颗粒处于流态化的反应器，意即固体颗粒在流体（聚丙烯工业上通常为气体）的作用下悬浮在流体中跳动或随流体流动的反应器。由于存在较高的流体速度和极好的湍动效果，反应器的传热、传质特性好，温度、组成均匀。特别适合于烯烃聚合的强放热反应，而且由于聚合物树脂易于熔融，对温度要求高，所以流化床作为反应器进行烯烃聚合是有一定优势的。气相流化床聚丙烯技术最早由 BASF 公司于 1969 年开发，现在工业上广泛用于乙烯、丙烯的均聚和共聚过程。

2.6.1.1 工艺与设备

气相流化床聚合部分的工艺流程是相对简单的。关键设备有流化床反应器、循环气体压缩机、循环气体冷却器以及相应的进出料设施等。在聚丙烯装置上，循环气体通常是丙烯、乙烯、氢气、氮气等，循环气体通过反应器时，一方面流化聚丙烯颗粒，另一方面部分被聚合，从反应器出来的循环气体首先进入循环气体压缩机，再经过循环气体冷却器，之后重新回到反应器。这是为了避免过冷液滴进入压缩机，导致部件损伤。原料丙烯、乙烯等大部分从循环气体冷却器之后加入循环气管线上，再进入聚合反应器。

循环气体压缩机通常采用离心式压缩机。离心式压缩机的主轴带动叶轮旋转时，循环气自轴向流进，并以很高的速度被离心力甩出叶轮，进入流通面积逐渐扩大的扩压器中，使气体的速度降低而压力提高。在聚烯烃装置上使用的离心式压缩机需具有大流量、小压头的特点，同时要求能允许循环气中一定的固含量。为了满足不同工艺条件控制的要求，循环气体压缩机流量的调节在聚烯烃装置上是非常必要的。流量的调节可以通过如下方式实现。

① 改变转速。当原动机为加装液压传动变速器的蒸汽轮机、燃气轮机或电动机等时，可以采用改变压缩机转速的方法，以达到所要求的工况。

② 排气管的节流调节。在压缩机排气管上安装调节蝶阀，来增加压缩机出口处的压力，以便调节压缩机的流量。这种方法虽然不影响机组的特性曲线，但功率消耗不经济。

③ 吸气管的节流调节。在压缩机吸气管上装节流阀，是最简便的方法。用节流阀控制进气量及进气压力可以改变特性曲线，以达到所需工况。此方法常用于固定转速的机组。比排气管节流法经济，对大气量机组可省功率 $5\%\sim8\%$。

④ 进气口装导向片。在压缩机叶轮进气口处安装导向片，使进气旋绕以变更流向，可以改变机组的压力头和输气量。这种方法结构复杂，多级叶轮压缩机上只能在第一级进气口前设置导向片。功率消耗比节流法少。

⑤ 抽气调节法。如果需要气体压缩机在喘振点以下的流量区操作，当不能改变机组的转速，也不能采用其他的方法时，可以在出口管道上装旁路管，将多余气量放回到吸气管中循环。

在聚烯烃装置上通常用加进气口导向片的方式实现流量调节。早期的装置上也采用抽气调节法，但因旁路管线流量不固定，又处于低位，易被聚合物堵塞，因而被逐步抛弃。小型压缩机组通常用改变转速的方式调节流量。气相流化床反应器系统的循环气体冷却器通常采用单程管壳式换热器。属于标准的化工设备，在此不再详述。流化床反应器是核心设备。设备由预分布器、分布板、反应段、扩大段和穹顶组成，如图 2-61 所示。气体分布板是流化床中至关重要的构件。气体分布板在流化床中的作用如下。

① 从结构上、强度上支承开车时加入的种子床粉料；在停车时支承残留在床内的树脂粉料。

② 均匀分布流体，同时使流体通过分布板的能耗最小。这可以通过调节分布板的开孔率或板压降与床压降之比，以及选择适当的预分布手段来实现。

③ 保证在分布板附近形成良好的气固接触条件，以使所有粒子都处于运动状态，从而消除死区。这可以通过选择分布板的结构和操作参数给予调节。

④ 分布板不被堵塞和磨蚀，可操作的周期长。特别是在操作过程中或在突然停止操作之后，固体粒子不会返流入分布板之下的气室之中。

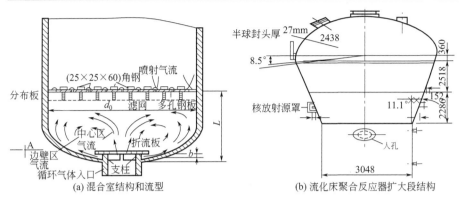

■图 2-61　流化床反应器结构示意图

在流化床的上部，将其直径扩大，自此处向上至反应器的顶端称为扩大段，或称为沉降段。扩大段的主要作用是实现床内气固分离。在扩大段气体流速下降，对颗粒的拖曳力减小，当重力大于浮力时，颗粒返回床层。流化床反应器内通常应尽量避免内构件。因为在聚烯烃装置上，任何内构件都会导致物料流速、湍动效果的下降，进而导致黏附、结块等后果。

2.6.1.2　流化床反应器的气速

(1) 最小流化速度　流化床反应器中，气体向上流过床层颗粒时的变化是这样的：当气速较低时颗粒静止不动，随着气速的不断增加，床层的压降 Δp 逐渐变大，当 Δp 等于床层中颗粒的重量减去气体对颗粒的浮力时，床层颗粒将不再由分布板支承而完全被上升气体所悬浮，分布板仅起均匀分布气体的作用。对于单个颗粒而言，它不再依靠邻近颗粒的支承来固定它的空间位置，此时每个颗粒在它的附近均可以较为自由地运动、迁移。不仅如此，整个床层还具有流体的特征。对应于刚进入流态化时的气速就是最小流化速度 U_{mf}。临界流化状态的其他参数还有最小流化时床层的空隙率 ε_{mf} 和对应的床层高度 H_{mf}。对于聚烯烃反应器，受高静电、团聚等现象的影响，最小流化速度 U_{mf} 的准确预测较困难。目前普遍推荐选用 Wen-Yu 公式计算 U_{mf}。

(2) 带出速度　当流化床的气速大到气体对颗粒的曳力与颗粒的重力相等时，颗粒就会被气体带出床外。此时的气速称为带出速度，也称颗粒下落的最终速度，用 U_t 表示。带出速度与最小流化速度一样，也仅与固体颗粒和流体的性质有关。带出速度常用计算的方法求得。通常用带出速度与临界流化速度之比来考察流化状态的范围。U_t/U_{mf} 大致在 9~90 的范围内，颗粒越小其比值越大。比值大小，说明从临界流化状态到颗粒被带出时范围的大小，因此采用小颗粒物料操作灵活性较大。

(3) 操作速度　已知颗粒的最小流化速度 U_{mf} 和筛分中的小颗粒的带出速度 U_t，只是给出了操作速度 U_0 的范围。实际操作中，需综合分析其他相关因素，才能做出适当的选择。这些相关因素包括：①流化均匀，床内细颗粒与粗颗粒能够均匀混合；②夹带量小，即循环气带出反应器的颗粒量要少；③满足床层撤热的要求，通常对于循环气通过床层的温升有一定的要求，以避免床层内上下位置过大的温度差。这在大部分时候是决定操作气速的关键因素。一般 U_0/U_{mf} 在 1.5～10 的范围内。聚烯烃装置的流化床反应器，通常的操作速度约为 0.4～0.8m/s。

2.6.2 环管反应器

环管反应器由一段首尾相连的环形管路和连接处的轴流泵组成。由于在单位体积撤热能力、湍流冲刷效果、建造成本等方面的优势，在聚乙烯、聚丙烯等领域得到广泛的应用。

2.6.2.1 工艺与设备

环管反应器配套的工艺非常简单。如图 2-62 所示，反应器本身由管道和轴流泵组成。聚合反应的热量由反应器直管段部分的夹套水带走。轴流泵的作用是使反应混合物在管道中流动。反应器内无内构件，这主要是避免聚合物的黏附、结块。工业上为了安装的方便，满足框架结构的稳定性，并避免太高的高度，常将反应器多次折叠形成"四条腿"或"六条腿"的首尾相连管组。聚合反应也可以在两个串联的环管内进行，以提高停留时间或达到不同反应条件控制的目的。反应器为全液体操作，轴流泵提供流体高速运动的动力，并保证反应组分的良好混合。反应器配有密度检测手段，以判定其中的固含量。工业聚丙烯装置上，环管反应器的出料由反应器的"料位"控制。这时所说的料位是指将反应器丙烯进料加到一个与反应器直接相连的储罐内，储罐内是有气相空间的，储罐内液体料位的高低即视为环管料位的高低，以此作为反应器出料量的控制依据。

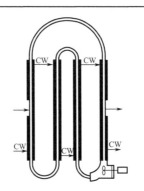

■图 2-62　环管反应器示意图

在环管反应器中高的循环速率允许进行高的聚合物浓度操作。当采用搅拌釜操作时，高浓度的大尺寸颗粒的混合与传热将存在严重限制，在这一点上环管反应器占有明显的优势。为了保持固体颗粒的悬浮，流体流动的区域必须在湍流区。此外，反应器长径比和物料高速循环可以形成良好的传热条件，与流化床反应器及连续搅拌釜反应器相比可以允许有更高的时-空产率。由于采用了有效而简单的搅拌方式、传热效率高、传热面积大、管道压降小，故环管反应器的能量利用也是非常经济的。轴流泵是环管反应器的核心设备，主要是利用叶轮的高速旋转所产生的推力提升物料浆液。轴流泵叶片旋转时对反应器内物料浆液所产生的升力，可把浆液从下方推到上方。由于叶轮高速旋转，在叶片产生的升力作用下，连续不断地将浆液向上推压，使环管反应器内的固液混合物料保持高流速，约为 6～7m/s，形成湍流，减少滞流层的形成，较高的物料循环速率也保证了环管反应器较高的传热水平，从而避免反应器内物流产生局部热点。尽管环管反应器的主体是一段管路，但环管反应器整体上应视为全混釜反应器。这是因为一般认为满足下式时，可以将反应器作为全混处理。

$$\mathrm{Rec} = Q_R/Q_{out} > 30$$

式中，Rec 为环管反应器的循环比，定义为循环量和出口量的体积流量之比。

以 30 万吨/年聚丙烯装置的环管反应器为例：环管内物流线速度为 6～7m/s，环管内径约为 600mm，反应器正常操作密度为 550kg/m³，装置产量约为 40t/h，环管每小时出浆液约为 40t 聚丙烯和 20t 丙烯，经计算 $Q_R \approx 6100\ m^3$，这样 $Q_{out} \approx 109\ m^3$，$\mathrm{Rec} = Q_R/Q_{out} \approx 55.96 > 30$，所以可以将环管反应器整体上作为全混釜考虑。

2.6.2.2 环管反应器两相流分布及传热过程

实际上，环管反应器内由于存在管壁的拖曳力和弯管处的离心力，颗粒在反应器内自由分布。对于此两相流分布的真实、详细描述有利于理解反应器实际运行状况，设置合理的运行参数。刘永兵等在颗粒动力学基础上建立了 Euler-Euler 双流体模型，将颗粒相处理为连续相，模拟计算量大为减少，对工业环管反应器做了模拟，研究环管反应器内固液两相流的流动与混合物性。图 2-63 为在不同入口速度、入口固相体积分数 $\alpha_s = 0.3$ 时，环管反应器内固相体积分数等值线分布图。

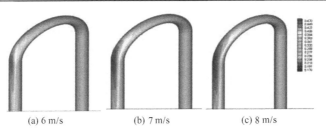

(a) 6 m/s　　　　(b) 7 m/s　　　　(c) 8 m/s

■图 2-63　不同浆液入口速度固体颗粒相体积分数等值线分布图

从图 2-63 可以看出，在入口上升直管段，固相体积分数分布均匀。当流体从直管段流向弯管段之后，固相体积分数分布在弯管段发生明显变化：固相体积分数分布不再呈均匀状态，当液固两相流体流到弯管段时，在入口速度 $v=6\text{m/s}$ 时，弯管段外侧固相体积分数出现一个固相体积分数增大的区域；从图中还可以看出，随着入口速度的增大，弯管段外侧固相体积分数增大的区域明显变大。这主要是固液两相存在密度差，而在弯管段由于离心力存在而引起管道内二次流，使得固相颗粒甩向弯管的外侧，而引起固相体积分数在弯管外侧明显增大。当流体从弯管段流向下降的直管段，液固两相体积分数分布又开始向均匀化方向发展，固相体积分数分布变化程度随着向下流动时，明显变小。

图 2-64 为入口速度为 $v=7\text{m/s}$ 时，入口固相体积分数分别为 $\alpha_s=0.3$，$\alpha_s=0.4$，$\alpha_s=0.5$ 时固相体积分数等值线分布图，从图中可以看出，当随着入口固相体积分数增大时，弯管段外侧固相体积分数也明显增大，在 $\alpha_s=0.4$ 时，弯管段外侧固相体积分数达到 0.5 以上，这表明固相体积分数基本达到了最大的堆积状态，容易造成粘壁，使得管道堵塞。

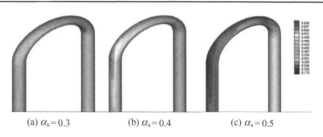

(a) $\alpha_s=0.3$ (b) $\alpha_s=0.4$ (c) $\alpha_s=0.5$

■图 2-64　浆液速度为 7m/s 时环管反应器内固体颗粒相体积分数等值线分布图

与固含量的分布相似，在环管反应器也存在微观上的温度场分布。刘永兵等模拟计算表明，在弯管段，温度场不再像直管段一样呈中心对称型分布，这进而在一定距离内影响后续的直管段。

从图 2-65 可以看出，在上升直管段，由于在环管反应器管壁有冷却水从反应器移出反应热，管壁温度相对较低，冷却水温度为 50℃，而在管中心温度相对较高，存在有一定的温度差。同时，从图中还可以看出，在上升直管段，温度呈中心对称分布，而在弯管段、下降直管段，温度分布不再呈中心对称分布。在下降直管段，在圆管右侧区域温度比左侧区域温度相对较高，存在有一定的温度差。从图 2-66 还可以看出，在浆液入口速度 $v=6\text{m/s}$ 时，管内温度相对较高，随着浆液入口速度的增加，管内温度也降低。这主要是由于浆液入口速度越小，反应器内停留时间越长，反应量就越多，反应释放的热量就越多。

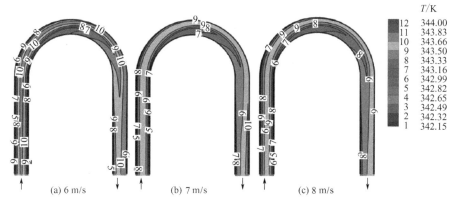

■图 2-65　在入口体积分数 $\alpha_s = 0.35$ 不同浆液入口速度情况下环管反应器内温度等值线图

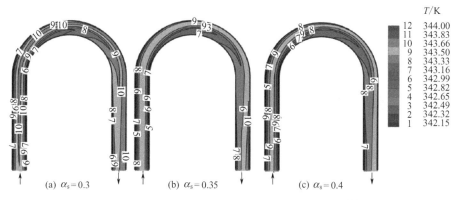

■图 2-66　在浆液速度为 7m/s 不同浆液入口体积分数情况下环管反应器内温度等值线图

图 2-66 表示的是在浆液入口速度 $v = 7m/s$ 时，不同浆液浓度情况下，环管反应器温度等值线图。从图中可以看出：在上升直管段，由于在环管反应器直管段管壁有冷却水对反应器移出反应热，管壁温度相对较低，冷却水温度为 50℃，而在管中心温度相对较高，存在有一定的温度差；而到了弯管段，由于管壁无冷却水对反应器内物料反应放出的热量进行移除，与前面上升段温度分布相比，弯管段温度比上升直管段温度相对较高，同时弯管段与直管段相比，弯管段温度分布也不再呈中心对称分布；在下降直管段，管内温度同样不再呈中心对称，在圆管右侧区域温度比左侧区域温度相对较高，存在有一定的温度差。从图中还可以看出，在浆液入口固体颗粒相体积分数为 $\alpha_s = 0.3$ 时，管内温度相对较高，随着浆液入口固体颗粒相体积分数增加，管内温度也降低。这主要是由于浆液入口固体颗粒相体积分数越

小，相对来说，液相丙烯量就越多，反应速率就越快，反应放出的热量就越多。

2.6.3 卧式搅拌床聚合反应器

卧式搅拌床反应器是原 Amoco 公司发明的气相聚合反应器，是迄今为止唯一的一种丙烯聚合用平推流反应器。在卧式搅拌床聚丙烯反应器中，液态丙烯作为急冷液喷洒在反应器内的聚丙烯粉料床层上，丙烯气化带走聚合反应热。粉料在搅拌器的搅动下呈微动状态，因而堆积得相对最为紧密。所以卧式搅拌床聚合反应器是时-空产率值最高的聚丙烯反应器。

2.6.3.1 工艺与设备

如图 2-67 所示，卧式搅拌床聚合反应器中，主催化剂、助催化剂、外给电子体各自由丙烯带着喷入反应器的一端。聚合反应热由上部喷入的液体丙烯气化带走，气化的丙烯经反应器上部外接的"穹顶"扩大段，分离出固体，气体进入循环气冷却器，将大部分丙烯冷凝下来，作为喷淋液送回反应器。不凝气用循环压缩机送到反应器的底部，通过喷嘴喷入聚合物床层内。从底部喷入的循环气流维持半流化状态或松动状态，并将气相进料的氢气、乙烯等均匀分布于聚合物床层中。聚丙烯粉料从另一端流出。粉料停留时间分布接近平推流反应器。如此设计的反应器内，走短路的催化剂极少。

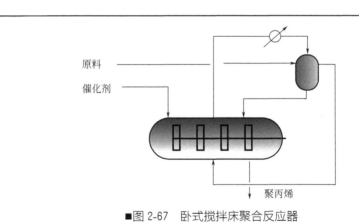

■图 2-67 卧式搅拌床聚合反应器

催化剂首先加入第一反应器一般用作均聚或无规共聚，为保证催化剂的均匀分散，物料的均匀混合，避免产生局部热点、结块，搅拌桨设计为密布的平板叶片桨。用作多相共聚物中橡胶相生产的第二反应器为避免多相共聚物粘壁，搅拌桨设计为有刮壁效果的框式桨。王嘉骏等用数值模拟和实验模拟的方法验证了卧式搅拌床反应器，在框式搅拌桨作用下的平推流特征。如图 2-68 所示，结果表明，框式搅拌的轴向混合作用极弱。

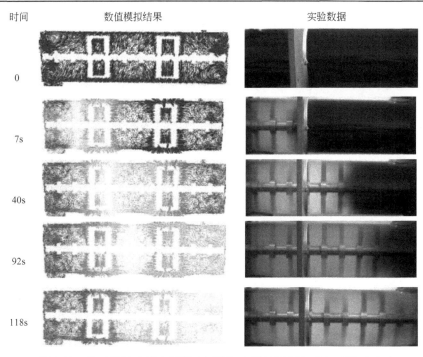

■图 2-68　卧式搅拌床反应器混合过程与实验结果对比（$N=100\text{r/min}$）

2.6.3.2 卧式搅拌床反应器料面倾斜角

卧式搅拌床反应器，在搅拌的作用下，聚合物粉料的料面并不是水平，而是如图 2-69 所示，与水平方向呈一定夹角。将倾斜料面与水平方向的夹角 θ 定义为料面倾斜角。在聚合过程中，急冷液、催化剂等需均匀喷在倾斜料面的全部表面，否则，易因局部撤热因素不足而造成热点，进而形成结块。因而 θ 角的确定、维持非常重要。

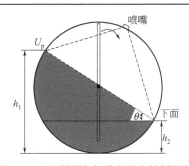

■图 2-69　卧式搅拌床反应器内的料面特征

刘伟等利用声波检测技术，研究了料面倾斜角的影响因素，并关联了经验计算公式如下：

$$\tan\theta = (0.257\tan\beta - 0.381\tan\alpha + 0.197\phi^{-1.21})Gd^{2.07-0.225\phi-0.229Su}$$

式中，ϕ 为加料系数，无因次，$\phi = V/V_0$，V 为加料体积，V_0 为反应器体积；Gd 为加料数，无因次，$Gd = (H-H_0)/B$，H 为静止料位高度，H_0 为桨末端料位高度，B 为桨末端距搅拌轴的距离；Su 为速度数，无因次，$Su = U^2/gB$，U 为搅拌桨末端线速度，m/s，g 为重力加速度，m/s^2；α 和 β 均是与粉料颗粒特征有关的数据，分别为休止角和平板角。不同的流动性的聚丙烯颗粒此角度相差较大，需实测。研究还发现底部循环气对料位分布影响可忽略。随 ϕ 值增大，高、低端料位均有所增加，料面倾斜角相应增大。粉料流动性越好则料面倾斜角越小。搅拌转速低时，随转速加快，料面倾斜角的变化较小；搅拌转速高时，随转速加快，料面倾斜角的波动较大。

2.7 聚合过程控制

2.7.1 集散控制系统

聚丙烯工业属于典型的大型化工流程工业，生产过程中控制回路繁多，工艺流程复杂，仅仅依靠人工控制不仅劳动强度大，也无法满足稳定生产过程、控制产品质量的要求。现代化工生产过程的控制是通过 DCS 来进行的。DCS 是 Distributed Control System 的缩写，即集散控制系统。在 DCS 诞生之前，过程控制经历了几代变革和进化。欧洲工业革命后，建成了大量工厂，提出了对工业控制的要求。20 世纪初，化工过程控制依靠的是安装在现场的用于测量、记录、指示和调节的就地式调节仪表。就地式调节仪表在 20 世纪 30 年代具备了微分、积分作用功能，可以实现生产过程的局部自动化。随着气动和电动模拟调节器的发明和投入使用，调节器和显示操作站被从现场集中到控制室，变送器和执行机构留在现场，过程控制实现了控制和调节分开。20 世纪 50 年代末期，计算机技术兴起，开始使用计算机进行直接数字控制（DDC），即用计算机直接参与过程操作量计算，以数字输出代替常规调节器的模拟输出去调节阀门开度进行闭环控制的系统。它是此后所有数字过程控制的基础。在 DDC 系统中，所有回路都处于一台过程控制机的控制下，实现了生产过程的集中检测和控制，克服了模拟仪表过于分散、不便观察和控制的缺点，也使一些常规仪表难以做到的复杂控制策略得以实现。但是由于控制功能高度集中到控制计算机，事故发生时的危险性也被大大集中了，一旦控制机出现故障，就会使许多控制回路瘫痪，甚至会发生全局性的事故。于是，随着微电子技术的发展，1975 年 Honeywell 等公司将整个流程按照功能或者区域划分成若干模块，使用多个微处理器分别控制各个模块,并使用通信连接将各个微处理器连接起来,从而成为了 DCS 系统。在 DCS 系统中,由于每个微处理器仅负责几条至几十条控制回路,微处理器发生故障时的影响被限制在一个有限的范围内,不会产生严重后果。另外,由于处理器和控制操作站间由通信网络连接,信息可以集中显示,操作也可以集中在控制室内进行。危险分散、信息集中正是 DCS 系统的特点。

2.7.1.1 DCS 系统的构成

在危险分散、信息集中的指导原则下,许多厂商提出了自己的 DCS 解决方案。虽然各家技术各不相同,但体系结构方面都是大同小异,基本都由五部分组成,即现场仪表、现场控制层、操作控制层、管理控制层和通信网络。这五个层次中,管理控制层为最高层,现场仪表为最低层,各层之间由通信网络进行连接。

(1) **现场控制站** 现场控制站是 DCS 的核心。控制权从一台主控制机下放到若干台按工段或区域划分的现场控制站上。现场控制站完成主要的系统控制功能,它的可靠性、性能也反映了整个 DCS 系统的可靠性和性能。其主要功能部件为主控制器(MCU)和 I/O 接口。主控制器是各个控制站的核心元件,由 CPU、系统网络接口、控制网络接口、主从冗余控制逻辑、存储器等组成。CPU 从控制网络接口取得数据,经过控制计算,将计算结果通过控制网络接口发送到 I/O 接口并传送到现场仪表,同时经过系统网络接口与操作站进行数据交换。I/O 接口用于采集来自现场的信号,将模拟量采样转换成 MCU 可以识别处理的数字量,并将控制器给出的控制信号转换传送至现场。其输入输出信号包括模拟/数字输入/输出(AI/AO/DI/DO)等类型。MCU 一般采用主备双模冗余结构,运行时主副模块均处于热运行状态,同时采集和计算数据,控制命令由主模块发出。一旦主模块出现故障,副模块可无缝接替运行。MCU 内运行的 DCS 控制站软件主要是各种控制应用程序。这些软件存储在 ROM 中,由 CPU 在内存中执行,可以完成数据输入输出、控制计算等功能。需要对程序进行改动时,由工程师站上的组态软件输入必要参数并进行功能块连接、编译后下装到现场控制站上执行。

(2) **操作站** 操作站作为运行值班人员与 DCS 系统之间的人机接口,供装置操作人员控制操作使用。操作人员可以通过操作站上安装的操作站软件对生产过程进行监视、对控制器进行操作。

(3) **工程师站** 一般每套 DCS 系统会配置一台工程师站,作为系统设计和维护的主要工具,供仪表工程师使用。通过工程师站上安装的组态软件,工程师可以完成对系统人机界面进行设计和修改,配置数据库,修改控制算法等工作。

(4) **服务器** DCS 系统的服务器可以分为 I/O 服务器、历史服务器、计算服务器等类型。I/O 服务器可以将第三方的设备和软件作为数据源挂载到系统中来,通过驱动程序使监控软件能够与第三方设备和软件进行数据交换和发送指令等功能。历史服务器是用于保存生产过程中每个变量的历史数据记录。它可以根据采集周期或者以用户指定的周期,将所有或者某些工艺变量的历史值储存到存储介质上,以便回溯和查找。历史服务器还可以记录生产过程中的事件信息,将其保存为日志,方便事故后分析查找原因。计算服务器的功能是在采集数据的基础上,对原始数据进行二次加工。先进控制服务器也可以整合在 DCS 系统中。20 世纪 90 年代后,各家 DCS 厂商的产品均开始采用客户机/服务器体系结构,操作站、工程师站、服务器等机器的概念逐渐与硬件脱离,成为以功能为核心的软件体系。提供服务的软件被称为服务端,使用功能的软件被称为客户端。服务端和客户端可以在同一台机器上运行,也可以在不同的机器上运行,二者间以网络协议连接。当系统规模小时,可以将各种软件集中安装在一台计算机上,操作站、工程师站和服务器在同一台计算机上实现。系统规模大时,也可以将各种服务端分开安装在不同的计算机上,各司其职。

(5) **通信网络** 通信网络是 DCS 系统各层间以及层内设备间数据传输的纽带。一般 DCS 系统内的通信网络可以分为系统网络(SNET)和控制网络(CNET)。系统网络将操作站、工程师站、服务器等设备与现场控制站连接起来。在 DCS 发展的初期,各家厂商的系统网络都是封闭的,无论硬件或软件均与其他厂商的产品不能兼容。随着计算机技术的发展,以太网逐步成为事实上的工业标准,越来越多的厂家直接采用以太网作为系统网络。现场控制站与现场的仪表和执行机构之间通信是依靠控制网络。早期的 DCS 系统中没有严格意义上的控制网络,现场仪表和现场控制站的 I/O 接口设备相连,之间以 4~20mA 的直流电流或 0.02~0.1MPa 的气压信号通信。新一代的 DCS 中,这部分模拟量的网络被数字化的基金会总线、Profitbus 等总线取代,现场仪表也更新为现场总线仪表,实现了现场检测、管理控制的全面数字化。从 1975 年 DCS 系统出现至今,DCS 系统也经过了几代的发展。CPU 由 8 位升级成为 16 位、32 位,出现了数字化的控制网络。软硬件性能、可靠性、性价比都有大幅度提高。各厂商都开始采用开放性的接口,使不同厂商不同设备的通信互联更为方便。DCS 系统和 PLC 系统互相学习、互相渗透,功能上的差异越来越小。同时,现场仪表智能化和过程的先进控制是目前 DCS 发展比较迅猛的方向。

2.7.1.2 常用的 DCS 系统简介

目前,国内聚丙烯装置上使用的 DCS 系统主要由 Honeywell、横河电机、ABB 等公司提供。在规模较小的一些装置上也有采用国内浙江中控等公司的产品。

Honeywell 与横河电机在 1975 年分别推出了基于 4C(Computer、Control、Communication、CRT)技术的第一代 DCS 系统 TDCS 和 CENTUM。横河电机最新的 DCS 版本为 CENTUM VP。CENTUM VP 在 CENTUM CS3000 的基础上,改进了人机交互界面,继承了基于 Vnet/IP 的控制网络,

并添加了先进控制支持。CENTUM VP 的操作站和工程师站均基于 PC 架构和 windows 系统，可以使用商用 PC 硬件，并可以运行在 windows vista/xp 等系统上。结合改进后的人机界面，系统的使用和维护都较为方便。CENTUM VP 的系统网络沿用了 Vnet/IP，与上一代的 Vnet 相比，大幅度提高了系统吞吐量，并具有抵抗网络攻击的能力。其数字现场网络支持 FOUNDATIO fieldbus、HART、PROFIBUS-DP、DeviceNet、Modbus、Modbus/TCP 和 Ethernet/IP。OPC 站可以使它方便地与其他公司的过程控制系统集成。目前 Honeywell 的最新产品 Experion PKS 是包括了软硬件在内的一体化解决方案。它集合了 Plantscape 系统组态方便的特点，又集合了 TPS 控制系统硬件上的优点而推出的一款全新的 DCS 控制系统。它使用 FTE（Fault Tolerant Ethernet）作为控制网络，支持 HART 协议和基金会总线。Experion PKS 具有专家系统，根据异常情况管理联盟的研究结果内嵌异常情况管理解决方案。异常情况管理联盟是由 10 家主要公司和大学组成的联合研发联盟。它可以利用操作人员多年积累的知识建立最佳惯例操作，处理从设备故障到过程故障再到操作人员错误等可能导致生产过程中断的因素，避免由于人员变动导致知识流失。

2.7.2 紧急停车系统

ESD 是 Emergency Shutdown Device 的缩写，即紧急停车系统，是独立于 DCS 之外的安全保护系统。ESD 是化工生产装置保证人员、设备和环境安全，避免重大经济损失的必要装置。ESD 按照安全独立原则要求，独立于 DCS，其安全级别高于 DCS。在正常情况下，ESD 系统是处于静态的，不需要人为干预。作为安全保护系统，凌驾于生产过程控制之上，实时在线监测装置的安全性。只有当生产装置出现紧急情况时，不需要经过 DCS 系统，而直接由 ESD 发出保护联锁信号，对现场设备进行安全保护，避免危险扩散造成巨大损失。据有关资料，当人在危险时刻的判断和操作往往是滞后的、不可靠的，当操作人员面临生命危险时，在 60s 的反应时间内基本不能做出正确的决策。因此设置独立于控制系统的安全联锁是十分有必要的，这是做好安全生产的重要准则。

安全的 ESD 系统应该具有两个特点：安全完整性（safety integrity）和安全可用性（safety availability）。前者是指如果生产过程失控，ESD 系统应该能够将过程导入安全状态，如停车。后者是指当 ESD 系统本身出现故障时，不至于将正常运行的生产过程带入不必要的停车。

ESD 系统最重要的指导思想是容错和诊断。一般的容错系统都采用多通道表决方案。表决方案可以分为 1oo1（1 out of 1）、1oo2、2oo2、2oo3、1oo2D、2oo4D 等。1oo1 的含义是系统只有一个通道，当这一个通道发生或检测到故障时即失去安全功能（ESD 系统故障）或导致系统停车（检测到过程错误）。1oo2 和 2oo2 是指有两个通道，停车逻辑可以配置为任何一个通道检测到错误即停车或两个都检测到错误才停车。1oo2D 中 D 的含义是指自诊断，这种方案汇集了 1oo2 和 2oo2 的优点，正常时按照 2oo2 的方案运行，当由自诊断功能检测出其中一个处理器故障时，可以将故障通道隔离，正常通道可以按照 1oo1 的方式继续工作，不会失去安全功能或者导致停车。2oo3 的方案也称 TMR，表决系统为三通道结构，不用对设备进行动态诊断，只要其中两条通道工作正常即可以通过表决完成安全功能。2oo4D 的方案也称 QMR，它是二次容错安全系统，具有更高的容错能力和更高的操作可用性。ESD 是从 20 世纪 90 年代开始发展起来的，是化工企业保障安全生产、降低装置恶性事故发生的重要手段。ESD 系统的设计在国内外都已经有了通用的设计标准。但在实际生产中，由于种种原因，很多生产装置尚不具备完善的 ESD，各种 ESD 的实现方案也都有各自的优缺点，如何为生产装置设计和部署合适的 ESD 还需要更深入的探索和实践。

2.7.3 先进控制技术

2.7.3.1 先进控制技术的发展

先进控制（Advanced Process Control，APC）是指一类不同于常规的控制方法，但比常规 PID 控制有更好的控制效果。先进控制的特点是基于模型，以现代控制理论为理论基础，并必须借助计算机完成数据处理、模型辨识、计算等工作。PID 算法的历史可以追溯到 20 世纪 30 年代，因为其适应性强，操作方便，在现代的化工过程中仍得以大量使用，可以占到 DCS 系统总回路数的 80%～90%。这是因为 PID 控制算法是对人们简单而有效操作方式的总结与模仿，足以维护一般工业过程的平稳操作与运行。但是，PID 控制并不能满足所有的过程和所有的控制要求。50 年代开始，逐渐产生了串级、比值、前馈等基于经典控制理论的复杂控制系统，很大程度上满足了当时生产过程的一些特殊要求。

在现代化工生产过程中，仍有 10%～20% 控制问题不能以上述控制方法解决，涉及的问题多具有强耦合、非线性和大滞后等特征，且有些位于生产的关键部位，直接关系到产品质量、产量等经济指标。20 世纪 60 年代后期，由于现代控制理论的进展，提供了以状态空间为核心的一整套分析和综合方法，使多变量系统的设计可以在坚实的理论基础上进行。70 年代以来，人们加强了对建模理论、辨识技术、最优控制等工程化的研究。70 年代末出现的模型预估控制使最优控制的思想在过程工业中得到实际应用，逐渐得到工业界的认可。1980 年前后，随着模型预测启发式控制、模型算法控制、动态矩阵控制等策略的提出，工业界广泛接受了现代控制理论的概念，神经网络、模糊系统等人工智能技术也被加入先进控制的策略中。

2.7.3.2 模型预测控制

在聚丙烯装置上投运较多的先进控制方法是基于模型的模型预测控制，这也是目前在化工生产领域应用比较广泛的先进控制方法。模型预测控制是一种基于模型的闭环优化控制策略，利用模型预估未来时刻被控对象的运动和误差，作为确定当前时刻控制作用的依据，使之适应动态系统所具有的存储性和因果性的特点。模型预测控制包括模型算法控制（Model Algorithmic Control，MAC）、动态矩阵控制（Dynamic Matrix Control，DMC）、广义预测控制（Generalized Predictive Control，GPC）等。这类模型都具有三个基本特征，即预测模型、反馈修正、滚动优化。

(1) 预测模型　模型预测控制需要对生产过程建立数学模型，通过数学模型根据系统当前的状态预测出未来的趋势，并给出相应的控制策略。生产过程的数学模型可以根据建立方法分为两大类。一类是反映过程机理的机理模型。机理模型是通过分析过程的机理，利用质量、能量守恒定律、反应动力学等基本定理建立起来的。在机理清楚、检测变量和被控变量关系简单的情况下可以得到良好的效果。另一类是基于数据的统计模型。这种模型属于黑箱模型，不关心具体过程的机理，而只是依靠输入输出数据获得过程的数学模型。对于机理比较复杂或尚不明了的过程，这种方法也可以建立起能够较好反映过程特性的模型，通用性好，便于工程应用。建立这一类模型的方法有统计建模、模糊技术、神经网络等。商品化的软件包广泛采用的算法如MAC 和 DMC 即属于这一类方法。MAC 和 DMC 分别基于脉冲响应模型和阶跃响应模型，在实施时对过程施加一系列脉冲或阶跃变化，通过对象的响应曲线求取过程的数学模型，建立模型不需要专门的设备，所需时间较短，可以离线进行，具有应用方便、适用面广的优势。

(2) 反馈修正　建立起过程模型后即可以对过程输出进行预测，但由于实际生产过程不是理想过程，易受随机的因素干扰，模型也可能存在一定程度的误差，模型预测结果不可能完全与实际相符，因此有必要对模型的预测值进行修正。通常采用的方法是将某一时刻的目标测量值与上一时刻的预估值进行比较，得出误差值，再将误差值及其权重与此时刻的预估值进行叠加，得到修正后的预估值。也可以将结果反馈至预测模型，直接修改模型参数。正是因为有了反馈修正环节，预测控制对模型精度要求不高，可以克服随机干扰，具有良好的稳定性。

(3) 滚动优化　模型预测控制中的优化策略与通常一步到位式的优化策略不同，是采用滚动式的优化策略。也就是说，在每一个时刻，只计算从当前开始到未来一段有限的时间内的局部优化指标，并逐步实施优化控制动作。在下一个时刻，重新根据当前值计算当前时刻对应的局部优化指标并实施控制。以 DMC 为例，DMC 的算法是根据目标的当前值和期望值，确定接下来的一段时间内控制量的一系列变化，使得当前值可以平稳地接近期望值。但是在当前时刻只实施控制输出的一系列变化中的第一个动作，到下一个时刻后再重新计算控制策略，并实施新策略的第一个动作。如此反复滚动进行，可以更及时地修正模型误差和随机干扰，始终把优化建立在从实际过程中获得的最新信息的基础上，使控制保持最优化。

2.7.3.3 先进控制方案介绍

模型预测控制的特征决定了它对模型结构要求低，可以直接基于输入输出数据建立模型，在优化过程中可以将不确定因素加以补偿，并可以处理多种形式的优化目标，因此通用性强，可以适合复杂化工过程的控制，从而在化工领域得到大量应用，并出现许多商业化的先进控制软件产品。在聚丙烯领域比较有代表性的是 Honeywell 公司的 Profit Suite 和 Aspen 公司的 DMCplus。

Profit Suite 是 Honeywell 公司的先进控制及优化技术软件包，其核心是基于 RMPCT 技术的 Profit Controller。RMPCT 即鲁棒多变量预测控制技术，它具有以下几个特点：① Honeywell 取得专利的区域控制算法 (RCA) 并不要求所有的被控变量都精确地保持在给定点上，而是允许其中任意一个在用户指定的接近设定点的范围之内浮动，大大减小了完全协调控制的需要，增加了控制器的抗扰动性；这是 RMPCT 独有的性能，可以很好地处理严重关联的过程，在模型具有很大误差的时候也能适用；② RMPCT 限制每个控制周期内被控变量与操纵变量的变化速度，使之能够平滑过渡到设定值或控制区域内，防止大幅度改变过程变量破坏控制系统的平稳性；③在某些情况下，动态模型矩阵中的一些元素会远小于最大元素，此时计算矩阵的收敛较为困难，结果的精度误差相对于最小元素不能忽略，导致输出结果精度变差，引起过程不稳定；不像其他控制器通过丢弃被控变量来提高控制器速度，RMPCT 是通过对动态模型矩阵的特征值进行阈值限制实现控制器速度的自动调节；当矩阵处于良好状态时，特征值阈值限制对系统控制没有任何影响；④RMPCT 使用极小极大原则，先找出过程模型的不确定性，根据目标函数求出最坏的情况，然后在此基础上计算出具有最好控制性能的控制器参数。这种算法也提高了控制器的鲁棒性，也能满足过程的不确定性。

Profit Controller 主要由六部分组成：数据采集器采集并存储指定的 CV、MV 和 DV 值，模型辨识器利用采集得到的数据辨识过程模型，控制器设计器根据得到的过程模型设计控制器，仿真器可以在仿真过程中运行设计出的在线控制器，在线控制器即在真实或者仿真过程中运行的 Profit Controller。TDC 3000x 仿真器模拟一个真实过程，可以挂在控制器上并把它作为真实过程处理。

DMCplus 是 AspenTech 公司的多变量预测控制系统，基于原 DMC 公司的核心算法和原 Setpoint 公司的界面及数据库技术。DMCplus 的主要核心包括预测、优化和动态控制三个阶段，并在传统的 DMC 算法基础上创造性地引入了稳态优化的概念。DMCplus 具有如下特点：①精确划分被控变量的等级；②基于被控变量的重要性，提出"等重要性误差衡量系数（Equal Concern Error）"的概念；③包含有限脉冲响应（Finite Impulse Response，FIR）和子空间（Subspace）模型辨识方法；④包含积分变量和非连续变量（在线分析仪分析数据）专门的处理措施；⑤继承 SMCA（Setpoint Multivariable Control Architecture）的诸多优点，如二次优化、理想静态值等；⑥包括专有的、自动的阶跃测试工具；⑦控制器中的卷积工具可将短时间、单个设备单元的响应模型有机地生成长时间、多设备单元的响应模型；⑧在控制器尚未投用时，已对控制模型中的奇异问题进行离线辨识和剔除；⑨利用"控制作用抑制系数（Move Suppression）"参数，限制操纵变量的调节幅度，确保控制的平稳性；⑩有机地利用线性化模块处理非线性问题；⑪在线性问题不能满足要求的场合，可利用如神经网络等技术支持增益的调整；⑫从建模极端就确立了"标准调节幅值（Typical Move）"的重要性。

DMCplus 软件包包括在线和离线两部分。在线部分由 DMCplus-Collect、DMCplus-Control、DMCplus-Connect、DMCplus-View、DMCplus-Manage 组成。DMCplus-Collect 是项目测试阶段采集、存储、查看数据的工具。可以查看数据，开发控制器的动态模型。DMCplus-Control 是基于 DMC5.3 引擎的在线多变量预测控制器。DMCplus-Connect 是 Aspen 公司的应用软件与其他计算机的标准在线通信层。DMCplus-View 是 DMCplus 的图形用户界面。它采用 C/S 结构，根据控制器组态自动现实，不需要手工建立显示画面。DMCplus-Manage 是交互式程序，允许工程师安装、启动、监视和关闭单一或多个控制器。

离线部分中，DMCplus-Builder 是控制器组态工具，可以将控制器模型与现场 DCS 中的实际位号相关联，定义控制器在线运行的周期和其他一些内部参数等。DMCplus-Model 是动态过程模型辨识工具。DMCplus-Simulate 是离线仿真和参数整定工具。除上述组件外，Aspen 还提供了 DMCplus-Composite，可以协调控制多个 DMCplus 控制器的作用，连续地计算操作和被控变量的稳态目标值提供给下属的控制器，适用于多个 DMCplus 控制器组成的大型装置。

参 考 文 献

[1] Himont Incorporated：US，4971937．1990．
[2] Fink G，Mulhaupt R，Brintzinger H H．Ziegler Catalysts．Recent Scientific Innovatios and Technological Improvements．Springer-Verlag，1995．
[3] Basell Polyolefins：WO，2000063261．2000．
[4] Cechin G，Morini G，Pelliconi A．Macromol．Symp．，2001，173：195．
[5] 中国石化，北京化工研究院．CN，1453298．2003．
[6] 营口向阳市催化剂有限责任公司．CN，1463990．2003．
[7] ［意］内罗·帕斯奎尼主编．聚丙烯手册．第 2 版．胡友良等译．北京：化学工业出版社，2008．
[8] Giannini U．Makromol．Chem．Rapid Commun．，1991，12：5．

[9] Albizzati E. Chim. Ind. (Milano), 1993, 75: 107.
[10] Zakharov V A, Paukshtis E A, Mikenas T B, Volodin A M, Vitus E N, Potapov A G. Macromol. Symp., 1995, 89: 55.
[11] Hu Y, Chien J W C. J. Polym. Sci. Part A: Polym. Chem., 1988, 26: 2003.
[12] Gupta V K, Satish S, Bhardwaj I S. J. Macromol. Sci., Pure Appl. Chem., 1994, A31 (4): 451.
[13] Iiskola E. Intern. Symp. 40 Years Ziegler-Natta Catalyst Chemistry, ACS 44 Southwest Pegional Meeting, Corpus Christi, 1988.
[14] Busico V, Corradini P, DeMartino L, Proto A, Savino V, Albizzati E. Makromol. Chem., 1985, 186: 1279.
[15] Busico V, Corradini P, DeMartino L, Proto A. Makromol. Chem., 1986, 187: 1125.
[16] Busico V, Corradini P, DeMartino L, Proto A, Albizzati E. Makromol. Chem., 1986, 187: 1115.
[17] Chien J C W, Weber S, Hu Y. J. Polym. Sci. Part A: Polym. Chem., 1989, 27: 1499.
[18] Fontanille M, Guyot A. Recent Advances in Mechanistic and Synthetic Aspects of Polymerization, NATO ASI Sect. 215, D. Reidel Publishing Co., 1987.
[19] Solli K, Bache Φ, Ystenes M. Int. Symp. on Advances in Olefin, Cycloolefin and Diolefin Polymerization, Lyon, 1992.
[20] Pater J T M, Weichert G, Loos J, van Swaaij W P M. Chem. Eng. Sci., 2001, 202: 187.
[21] Noristi L, Marchetti E, Baruzzi G, Sgarzi P. J. Polym. Sci. Part A: Polym. Chem., 1994, 32: 3047.
[22] Cecchin G, Marchetti E, Baruzzi G. Macromol. Chem. Phys., 2001, 202: 187.
[23] Floyd S, Choi K Y, Taylor T W, Ray W H. J. Appl. Polym. Sci., 1986, 32: 2935.
[24] Kosek J, Graf Z, Novak A, Stepanek F, Marek M. Chem. Eng. Sci., 2001, 56: 3951.
[25] Sinn H J, Kamisky W. Adv. Organomet. Chem., 1980, 18: 99.
[26] Stevens J C, Timmers F J, Wilson D R, Schmidt G F, Nickias P N, Rosen R K, Knight G W, Lai S Y. EP, 0416815. 1991.
[27] Chen Y X, Marks T J. Chem. Rev., 2000, 100: 1391.
[28] Coates G W, Waymouth R M. Science, 1995, 267: 217.
[29] Tagge C D, Kravchenko R L, Lal T K, Waymouth R M. Organometallics, 1999, 18: 380.
[30] Ewen J A, Elder M J, Jones R L, Curtis S, Cheng H N. In Catalytic Olefin Polymerization, Studies in Surface Science and Catalyst. Keii T, Soga K (Eds). New York: Elservier, 1990: 56.
[31] Spaleck W, Kuber F, Winter A, Rohrmann J, Bachmann B, Antberg M, Dolle V, Paulus E F. Organometallics, 1994, 13: 954.
[32] Nakano M, Ushioda T, Yamazaki H, Uwai T, Kimura M, Ohgi Y, Yamamoto K Ger. (chisso). Pat 10125356. 2002.
[33] Sugano T, Tayano T, Uchino H, Ikou A, Iwama N, Endo J, Osano Y. Novel metellocene catalyst for propylene polymerization. SPO99. Schotland Business Research: Houstion, 1999.
[34] Elder M, Okumura Y, Jones R L, Seidel N, Richter B. Moscow: Mospol Conference, 2004.
[35] Burkhardt T. Polym. Mat. Sci. Eng., 2002, 87: 61.
[36] Hlatky G G. Chem. Rev., 2000, 100: 1347.
[37] Rieger B, Schlund R. EP, 518092. BASF, 1992.
[38] Covezzi M, Fait A. WO, 2001044319. Basell, 2001.
[39] Ferraro A, Baruzzi G, Stewart C. WO, 2003046023. Basell, 2003.
[40] Govoni G, Pasquali S, Sacchetti M. EP, 703930. Basell, 1995.
[41] Halterman R L. Metallocenes: Synthesis Reactivity Applications. Weinheim: Wiley-VCH, 1998.
[42] www.basell.com. 2004.
[43] Ittel S D, Johnson L, Brookhart M. Chem. Rev., 2000, 100: 1169.

Gibson V C, Spitzmesser S K. Chem. Rev. ,2003,103：283.

[44] Johnson L K, Mecking S, Brookhart M. J. Am. Chem. Soc. ,1996,118 (1)：267.
[45] Dupont，Univ North Carolina. WO，1996023010. 1996.
[46] Brooke S L, Brookhart M. J. Am. Chem. Soc. ,1998,120 (16)：4049.
[47] Britovsek G P J, Gibson V C, Kimberley B S. Chem. Commun. ,1998,(7)：849.
[48] Fujita T, Tohi Y, Mitani M, Matsui S, Saito J, Nitabaru M, Sugi K, Makio H, Tsutsui T. EP，0874005. 1998.
[49] Furayama R, Saito J, Ishii S, Mitani M, Matsui S, Tohi Y, Makio H, Matsukawa N, Tanaka H, Fujita T. J. Mol. Catal. A-Chem. ,2003,200 (1-2)：31.
[50] Prasad A V, Makio H, Saito J, Onda M, Fujita T. Chem. Lett. ,2004,33：250.
[51] 陈乐怡.世界丙烯工业进展与展望.中外能源,2009,14 (3).
[52] 朱向学.C_4烯烃催化裂解制丙烯/乙烯.中国科学院博士学位论文,2005.
[53] 刘国峰.丙烯生产技术综述.黑龙江科技信息,2008,20：10.
[54] 刘学龙,张凤秋,周春艳.催化裂解与蒸汽热裂解制烯烃技术经济分析.石油化工技术经济,2005,21.
[55] 孙可华.国内外丙烯生产及供需分析.石油化工设计,2004,2 (1).
[56] 何细藕.烃类蒸汽裂解原理与工业实践（一）.乙烯工业,2008,20 (3).
[57] 赵金立.增产丙烯的技术及其进展.炼油技术与工程,2004,4 (34).
[58] 张司苒.丙烯增产技术.国内外石油化工快报,2004,34 (1).
[59] 陈香生,陈俊武.煤基甲醇制烯烃（MTO）工艺生产低碳烯烃的工程技术及投资分析.煤化工,2005,10 (5).
[60] 毛东森,郭强胜,卢冠忠.甲醇转化制丙烯技术进展.石油化工,2008,37 (12).
[61] 张殿奎.大型煤气化合成甲醇制丙烯（MTP）是我国煤化工发展趋势.化工技术经济,2007,25 (1).
[62] 徐蕾.甲醇制低碳烯烃产业发展概述及建议.上海化工,2006,31 (10).
[63] 吴锁林.丙烷脱氢制丙烯的技术进展.江苏化工,1998,26 (2).
[64] 曹湘洪.增产丙烯,提高炼化企业盈利能力.化工进展,2003,22 (9).
[65] 张毓明.聚丙烯原料净化技术及其工业应用.工业催化,2004,12 (2).
[66] 余学恒.炼厂丙烯的精制.石油化工设计,1997,14 (1).
[67] 逯云峰,孙国文,蒋荣等.聚丙烯原料杂质对聚合的影响及净化技术的发展.四川化工,2005,6 (8).
[68] 吕新良,马智,曹振祥等.聚丙烯装置丙烯精制系统技术改造.石油化工,2006,35 (6).
[69] 董金勇,韦少义,冀棉等.丙烯聚合用负载型主催化剂及其制备方法：中国,101195668. 2008-06-11.
[70] Matsunaga Kazuhisa, Hashida Hisao, Tsutsui Toshiyuki, et al. Catalyst for olefin polymerization and process for olefin polymerization：US, 20080125555. 2008-05-29.
[71] Ernst A B, Streeky J A, Oliver W L. Olefin polymerization catalyst containing a cycloakane dicarboxylate as electron donor：US, 20080113860. 2008-05-15.
[72] 高明智,刘海涛,李昌秀等.用于烯烃聚合反应的催化剂组分及其催化剂：中国,1453298. 2003.
[73] 高明智,李现忠,李昌秀等.用于制备烯烃聚合催化剂的二酯化合物：中国,1690039. 2005-11-02.
[74] 胡友良,崔楠楠,张志成.一种丙烯聚合的催化剂体系及其制备方法和用途：中国,1539857. 2004-10-27.
[75] 王立才,高占先,李伟等.烯烃聚合用催化剂及其制备和聚合方法：中国,1670043. 2005-09-21.
[76] 古列维奇 Y V,巴尔邦廷 G,克尔德 R 等.用于烯烃聚合的催化剂组分和催化剂：中国,1968974. 2007-05-23.
[77] 徐东炘,荣峻峰,费建奇等.一种烯烃聚合固体催化剂组分及制备方法与应用：中国,

[78] 张学全，陈斌，张巧风等．聚醚二芳香酯类化合物的应用：中国，1986576．2007-06-27．
[79] 付义，郎笑梅，赵成才等．烯烃聚合催化剂组分及其制备方法：中国，101215344．2008-07-09．
[80] 高明智，刘海涛，王军等．用于烯烃聚合反应的催化剂组分及其催化剂：中国，101125896．2008-02-20．
[81] Campbell Jr, Richard E, Chen Linfeng, et al. Self limiting catalyst composition with dicarboxylic acid ester internal donor and propylene polymerization process：US，7381779．2008-06-03．
[82] Lee Nan-Young, Park Churl-Young, Im Dong-Ryul, et al. Catalyst system for olefin polymerization compring trioxasilocane and method for olefin polymerization using the same：WO，2008093953．2008-08-07．
[83] 张旭之．聚丙烯衍生物工学．北京：化学工业出版社，1995．
[84] Edward P, Moore Jr. Polypropylene Handbook. Munich, Vienna, New York：Hanser/Gardner Publishions，1996．
[85] 胡友良．聚烯烃功能化及改性．北京：化学工业出版社，2006．
[86] 洪定一．聚丙烯原理、工艺与技术．北京：中国石化出版社，2002．
[87] 潘祖仁主编．高分子化学（增强版）．北京：化学工业出版社，2007．
[88] 林尚安等编著．配位聚合．上海：上海科学技术出版社，1988．
[89] 郭洪猷，余晨，曹维良等．高分子学报，1991，2：175．
[90] Ystense M. J. Catal.，1991，129：383．
[91] Chadwick J C, Miedema A, Sudmeijer O. Makromol. Chem.，1994，195：167．
[92] Chadwick J C, Heere J J R. Macromol. Chem. Phys.，2000，201：1846．
[93] Busico V, Cipullo R, Talarico G, et al. Macromolecules，2003，36：2616．
[94] Chadwick J C, Morini G, Albizzati E, et al. Macromol. Chem. Phys.，1996，197：2501．
[95] Chadwick J C, Morini G, Balbontin G, et al. Macromol. Chem. Phys.，1997，198：1181．
[96] Randall J C, Ruff C, Speca A N, Burkhardt T N. Metalorganic Catalysts for Synthesis and Polymerization. Kaminsky W (Ed). Berlin：Springer Verlag，1999：601．
[97] Moscardi G, Piemontesi F, Resconi L. Organometallics，1999，18：5264．
[98] Soga K, Shiono T, Takemura S, et al. Makromol. Chem. Rapid Commun.，1987，8：305．
[99] Grassi A, Zambelli A., Resconi L, et al. Macromolecules，1988，21：617．
[100] Stehling U, Siebold J, Kirsten R, et al. Organometallics，1994，13：964．
[101] Busico V, Cipullo R, Chadwick J C, et al. Macromolecules，1994，27：7538．
[102] Spaleck W, Kuber F, Winter A, et al. Organometallics，1994，13：954．
[103] Nello Pasquini. Polypropylene Handbook. 2 nd edition. Munich：Hanser Publishers，2004．
[104] Vandenberg E J, Repka B C. Polymerization Processes. Shildknecht C E, Skeist I. New York：John Wiley，1997．
[105] 高煦．中国，87100218．1991．
[106] 洪定一编．塑料工业手册．聚烯烃．北京：化学工业出版社，1999．
[107] 国家医药管理局上海医药设计院编．化工工艺设计手册（下册）．第2版．北京：化学工业出版社，1994：4-199．
[108] Koda H T Kurisaka. Research and Development of Gas Phase Polymerixation Process of Proplene，Proceedings of Second China-Japan Fluidization Conference. Kunming：1985：402-413．
[109] Wen C Y, Chen L H. AICHE J，1982，28 (1)：117．
[110] 吴占松等．流态化技术基础及应用．北京：化学工业出版社，2006．
[111] Zacca J J, Ray W H. Chem. Eng. Sci.，1993，48 (22)：3743-3765．
[112] 刘永兵．环管反应器内液固两相流的数值模拟．高校化学工程学报，2007，21 (5)：790-796．
[113] 刘永兵．环管反应器内传热过程的数值模拟．高校化学工程学报，2010，24 (1)：41-46．
[114] 王嘉骏等．卧式搅拌槽内流体混合的实验与模拟研究．中国科技论文在线，2008，3 (12)：

911-914.

[115] 刘伟等. 聚丙烯卧式搅拌床反应器斜面倾角的声波发射检测. 石油化工, 2009, 38 (10): 1095-1100.
[116] 刘慧杰. 聚丙烯抗氧剂的作用机理及发展趋势. 辽宁化工, 2008, 37 (10): 688.
[117] 李杰. 硫酯类抗氧剂的合成与应用. 塑料助剂, 2009, (4): 29.
[118] [德] 根赫特 R, 米勒 H. 塑料添加剂手册. 成国样, 姚康德等译. 北京: 化学工业出版社, 2000.
[119] 刘素芳. 塑料用抗氧剂的生产现状与发展趋势. 聚合物与助剂, 2009, (4): 18.
[120] 杨明. 塑料添加剂应用手册. 南京: 江苏科学技术出版社, 2002.
[121] 皆川源信. プラスチック添加剤活用ノート. 东京: 日出岛株式会社, 1996.
[122] 谢鸧成 (汽巴精化). 塑料助剂, 2004, 43 (1): 1.
[123] 化工部合成材料研究院, 金海化工有限公司编. 聚合物防老化实用手册. 北京: 化学工业出版社, 1999.
[124] 钱逢麟, 竺玉书主编. 涂料助剂——品种和性能手册. 北京: 化学工业出版社, 1992.
[125] [美] Charles A Harper 主编. 现代塑料手册. 焦书科, 周彦豪等译. 北京: 中国石化出版社, 2003.
[126] 陈彦, 徐懋. 高分子学报, 1998, (6): 671.
[127] 王克智, 李训刚. 塑料加工, 2003, 38 (5): 19.
[128] 秦亚伟, 郭绍辉. 聚丙烯的 β 晶型及 β 成核剂的研究进展. 中国塑料, 2006, 20 (3): 7.
[129] 张晓东, 史观一. 成核剂含量对 β 晶相聚丙烯结晶与熔融行为的影响. 高分子学报, 1992, (3): 293-297.
[130] 王克智. 山西化研院聚烯烃成核剂形成产品群. 化工新型材料, 2000, 28 (12): 40.
[131] 冯嘉春, 陈鸣才. 一种新型 β 成核剂及其对聚丙烯结晶性能的影响. 塑料, 2004, 33 (2): 35-37.
[132] 冯嘉春, 陈鸣才, 黄志镗. 硬脂酸镧复合物对聚丙烯 β 晶的诱导作用. 高等学校化学学报, 2001, 22 (1): 154-156.
[133] 段予忠, 徐凌秀主编. 常用塑料原料与加工助剂. 北京: 科学技术文献出版社, 1991: 24.
[134] 吕咏梅. 抗静电剂开发与生产现状. 中国石油和化工, 2003, 11: 37.
[135] 徐战, 韦坚红, 王坚毅等. 国内外抗静电剂研究进展. 合成树脂及塑料, 2003, 20 (6): 50.
[136] 王宁, 李博文. 抗菌材料的发展及应用. 化工新型材料, 1998, (5): 8-11.
[137] 冯乃谦, 严建华. 银型无机抗菌剂的发展及其应用. 材料导报, 1998, (2): 1-4.
[138] 金宗哲. 无机抗菌材料及应用. 北京: 化学工业出版社, 2004.
[139] 陈仪本, 欧阳友生等. 工业杀菌剂. 北京: 化学工业出版社, 2001.
[140] 季君晖, 史维民. 抗菌材料. 北京: 化学工业出版社, 1997.
[141] 沈萍. 微生物学. 北京: 高等教育出版社, 2003.
[142] Hagiwara J, Hashino J, Ishino H, et al. European Patent Application, EPO 116.856.1984.
[143] 许瑞芬, 许秀艳, 付国柱. 塑料, 2002, 3 (31): 26.
[144] 张鹏, 张向东, 高敬群, 王君. 辽宁化工, 2002, 31 (7): 305.
[145] 何继辉, 谭绍早, 马文石, 赵建青. 塑料工业, 2003, 31 (11): 42.
[146] Akihiko Kanazawa, Tomiki Ikeda, Takeshi Endo. J. Appl. Polym. Sci., 1994, 53: 1245-1249.
[147] Yuyu Sun, Gang Sun. J. appl. Polym. Sci., 2001, 80: 2460-2467.
[148] Jian Lin, Catherine Winkelman, Worley S D, et al. J. Appl. Polym. Sci., 2001, 81: 943-947.
[149] Akihiko Kanazawa, Tomiki Ikeda, Takeshi Endo. J. Appl. Polym. Sci. Part A: Polym. Chem., 1993, 31: 1467-1472.
[150] 丁学杰, 方岩雄. 塑料助剂生产技术与应用. 广州: 广东科技出版社, 1996.
[151] 鲁明修, 罗安等. 化工过程控制系统. 北京: 化学工业出版社, 2006.
[152] 蒋慰孙, 俞金寿等. 过程控制工程. 北京: 中国石化出版社, 1992.
[153] 杨艳慈, 王秀艳. 基于现场总线技术的控制系统的探讨. 石油化工自动化, 2007, 6: 50.
[154] 俞文光. 分散型控制系统的现状及发展趋势. 自动化与仪器仪表, 1996, 68 (6): 1.

[155] 詹世平. 化工装置紧急排放系统分析. 化学工业与工程技术, 2000, 21 (2): 6.
[156] 顾诚彪. 石油化工装置紧急停车系统的设计探讨. 石油化工自动化, 2001, 3: 4.
[157] 黄德先, 叶心宇等. 化工过程先进控制. 北京: 化学工业出版社, 2006.
[158] 郭晓军. 非线性控制器在聚丙烯装置上的应用. 石油化工技术经济, 2007, 27 (4): 31.
[159] 孙康, 徐宁等. 先进控制在环管聚丙烯装置上的应用. 计算机与应用化学, 2007, 24 (4): 507.
[160] 周猛飞, 蔡亦军等. 聚合反应过程的先进控制及优化. 石油化工, 2003, 32 (7): 626.
[161] 罗招灰, 卢昶等. 先进过程控制技术在国内 PP 装置的应用. 合成树脂和塑料, 2008, 25 (4): 80.

第 3 章 聚丙烯树脂的结构、性能及应用

3.1 引言

聚丙烯的性能和分子链的结构以及成型加工的历史有关，而分子链结构又和催化剂、聚合工艺甚至造粒过程有关。在丙烯聚合过程中，由于 Z-N 催化剂中多活性中心的立构定向性、共聚性能、氢调敏感性等聚合性能不同，生成的聚丙烯树脂的化学结构和分子量是不均一的，从而即使是均聚聚丙烯，也很难找到两根化学结构和分子量完全相同的分子链，这种现象常被称为结构的多分散性。应用凝胶渗透色谱技术可以测定从丙烯低聚物到超高分子量聚丙烯的分子量分布，但聚丙烯的化学结构的表征通常还是采用统计平均参数，如常用核磁共振得到的二单元、三单元及五单元等规序列含量来描述均聚聚丙烯分子链的规整性。随着淋洗分级及结晶分级技术的应用，人们已经能够在一定程度上了解聚丙烯分子链结构的多分散性。

聚丙烯均聚物是一种半结晶性的材料，形态具有不同尺度的多级结构，如图 3-1 所示。实际使用的制品相当于宏观尺度的形态，图中显示的是注塑加工样条的皮-芯结构，再小一级尺度的结构是球晶，尺度为 $1 \sim 50 \mu m$，球晶是片晶的聚集体，片晶是高分子结晶的一般形式，它的尺度一般为 $10 \sim 30nm$。分子链在片晶中有序排列，在晶体学（crystallography）上用晶型表示，每种排列方式对应着一种晶型，每种晶型都有特定的晶胞，晶胞参数包括夹角和轴长，尺度为几埃❶，图中所示的晶胞为 α-等规聚丙烯的单斜晶胞。

图 3-2 给出了聚丙烯的分子结构、形态、加工和最终性能的相互关系，可见四个方面各自作为一个相对独立的知识模块，同时又是相互联系的。分子结构包括等规度，分子量及其分布，链内、链间结构，共混和共聚物的组成及其分布等。加工方面的因素有熔体加工条件，取向方法，流动历史，热

---

❶ $1Å=0.1nm$。

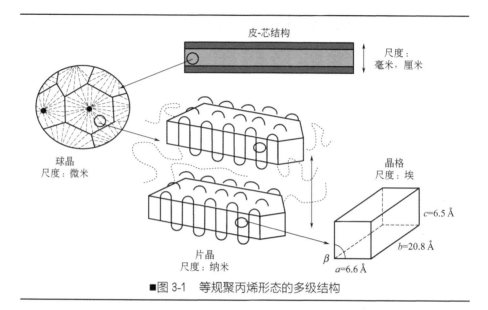

■图 3-1 等规聚丙烯形态的多级结构

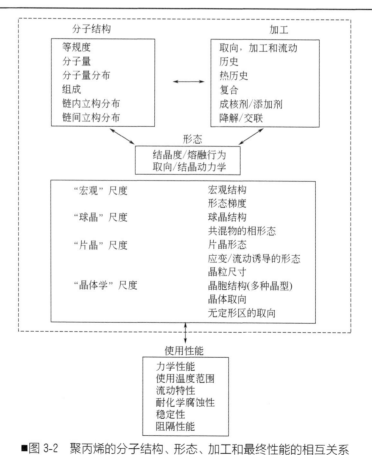

■图 3-2 聚丙烯的分子结构、形态、加工和最终性能的相互关系

历史，复合，成核剂或添加剂，降解和交联等。形态方面，包括结晶度，取向度，熔融和结晶行为以及不同尺度的形态结构的因素等。在宏观尺度上有皮-芯结构及其有关的形态梯度。在球晶尺度上有球晶的尺寸、种类和球晶的结构及共混的相形态。片晶尺度上的因素有片晶的尺寸、应变和流动诱导的形态等。晶体学尺度上的影响因素有晶体结构，微晶取向，无定形区的取向等。最终性能包括力学性能、热性能、流动特性、耐化学腐蚀性、稳定性和阻隔性能等。由该表可以看出，形态是连接结构和性能的桥梁。

等规聚丙烯用量最大，本章将用较多的篇幅介绍其使用性能、链结构以及结晶等形态结构，这些内容主要基于均聚聚丙烯的研究结果，等规聚丙烯的无规共聚聚丙烯和多相共聚聚丙烯将用单独的一小节叙述，重点介绍无规共聚和多相共聚带给聚丙烯的特性；间规聚丙烯虽然用量很少，但目前其特殊的性能日益受到关注，因此会用单独的一小节介绍。聚丙烯的结构表征将介绍常用的结构表征技术及其应用。了解聚丙烯结构与性能的关系一直是一个挑战，这方面的研究结果会穿插在有关章节中。

3.2 聚丙烯的结构与性能

3.2.1 等规聚丙烯的各项性能指标

3.2.1.1 密度

等规聚丙烯的典型密度为 $0.9g/cm^3$，它是热塑性塑料中最轻的一种。因此，在重量一定的情况下用聚丙烯能够制造更多的产品。随着结晶度的变化，聚乙烯的密度会有较大的变化，而等规聚丙烯与此不同，各种等规聚丙烯均聚物和共聚物之间的密度变化很小，无规共聚物的密度稍小于均聚物的密度。

3.2.1.2 热性能

等规聚丙烯的热性能决定着相应产品在低温和高温下的使用性能和加工性能。等规聚丙烯典型的低温使用产品是冰箱部件和冷冻食品包装物等；典型的高温使用产品是蒸汽消毒用具、微波炉用容器、电热水壶、洗碗机部件以及使用热水和洗涤剂的清洗用具等。

① 玻璃化转变温度和熔点　等规聚丙烯材料在特定温度下的力学性能依赖于其玻璃化转变温度。在低温下，整个分子链被冻结，分子运动被阻止，随着温度升高，分子链的运动性逐渐增加，力学性能相应地随着温度变化而发生变化。低于玻璃化转变温度时，等规聚丙烯的无定形部分处于较硬较脆的玻璃态，当温度升高，达到玻璃化转变温度时，这一部分由玻璃态转变为较软较韧的橡胶态。等规聚丙烯片晶熔融的温度称为熔点。片晶的熔点

可用式(3-1) 表示：

$$T_m = T_m^0 \left(1 - \frac{2\sigma_e}{l\Delta H T_m^0}\right) \tag{3-1}$$

式中，T_m 为表观熔点；T_m^0 为平衡熔点（无限厚晶体的熔点）；σ_e 为折叠表面能；l 为片晶厚度；ΔH 为单位体积的熔融热焓。根据上式可知，在分子结构不变的情况下（T_m^0 和 ΔH 不变），实验观察到的熔点与片晶厚度 l 直接相关，片晶厚度越大，表观熔点越高。

等规聚丙烯的玻璃化转变温度和熔点可用动态力学分析仪（DMA）和差示扫描量热仪（DSC）测量，文献报道的数据也不尽一致。等规聚丙烯的玻璃化转变温度为－10℃（预测值），实测的玻璃化转变温度与测试频率（DMA）和升温速率（DMA、DSC）有关，晶体熔点与等规聚丙烯种类、结晶条件（结晶温度、有无应力存在等）、测试频率（DMA）和升温速率（DMA、DSC）有关，一般在160~170℃范围内。

在低温下，很多塑料会变硬变脆，脆化温度定义为，在特定的冲击条件下，50%的被测试样发生脆性断裂的温度。脆化温度与玻璃化转变温度有很紧密的联系，因此，玻璃化转变温度决定了等规聚丙烯材料在保证冲击强度没有明显降低前提下的最低使用温度。等规聚丙烯均聚物的脆化温度约为5~15℃。

② 最高连续使用温度　最高连续使用温度的确切定义为，试样在该温度下暴露100000h 后，室温测量的拉伸强度值降低一半。该测试提供了在无应力作用下塑料的连续使用温度，所测试的等规聚丙烯的最高连续使用温度为100℃。最高连续使用温度与使用的时间有关，一般来讲，使用时间增加10倍，最高连续使用温度降低10℃，如果100000h 的最高连续使用温度为100℃，那么1000000h 的最高连续使用温度则为90℃。几种聚烯烃材料的最高连续使用温度见表3-1。

■表3-1　几种聚烯烃材料的最高连续使用温度

聚合物	温度/℃
聚丙烯	100
高密度聚乙烯	55
低密度聚乙烯	50

③ 热变形温度和软化点　热变形温度定义为，在标准载荷下，被测标准试样达到标准形变量的温度。一般情况下的标准载荷为0.45MPa 和1.8MPa。表3-2 是几种聚烯烃材料在不同载荷下的热变形温度数据。材料的热变形温度与残余应力有关，应力松弛所导致的试样翘曲变形可导致错误的测试结果。另外，与压塑的试样相比，注塑试样的热变形温度较低，这是因为压塑试样中的分子链取向程度低，相应地，试样中的应力程度很低。

■表 3-2　几种聚烯烃材料在不同载荷下的热变形温度

聚合物	0.45MPa 下的热变形温度 /℃	1.8MPa 下的热变形温度 /℃
聚丙烯	88～95	50～60
高密度聚乙烯	75	46
低密度聚乙烯	50	35

维卡软化温度（Vicat softening temperature）是评价热塑性塑料高温变形趋向的一种指标。热塑性塑料试样在规定负荷和升温速率条件下，试样被面积 1 mm^2 的圆形截面的平顶针压入 1 mm 深度时的温度称为维卡软化点。等规聚丙烯的维卡软化温度为 90～95℃，比聚乙烯的维卡软化温度高得多。维卡软化温度在实际应用中一般被用来进行质量控制，也可用来粗略估计制品从注塑模具中顶出的温度。

值得指出的是，我们引用的参考文献数据是等规度较低聚丙烯的数据，对于高等规度聚丙烯，热变形温度和维卡软化温度均高于所列出数据，例如，高结晶聚丙烯在 0.45MPa 下的热变形温度可达 140℃ 以上。

④ 比热容、热导率及线膨胀系数　等规聚丙烯在 23℃ 和 100℃ 下的比热容、热导率和线膨胀系数列于表 3-3。比热容与加工性能有关。等规聚丙烯的比热容比聚乙烯低，比聚苯乙烯高，因此，使用等规聚丙烯为原料时，注塑机的塑化能力比使用聚乙烯时高，比使用聚苯乙烯时低。在熔点以下，比热容是温度的函数，在熔点附近，比热容有显著的增长，高于熔点时，比热容几乎与温度无关。

■表 3-3　聚丙烯的热性能

性　　　能	指标
23℃下的比热容/[J/(g·℃)]	1.68
100℃下的比热容/[J/(g·℃)]	2.10
20℃下的热导率/[W/(m·K)]	0.22
线膨胀系数（20～60℃）/℃$^{-1}$	10×10^{-5}
线膨胀系数（60～100℃）/℃$^{-1}$	15×10^{-5}
线膨胀系数（100～140℃）/℃$^{-1}$	21×10^{-5}

聚丙烯和其他塑料一样，相比金属有更低的热导率，因此聚丙烯可用作绝热材料。聚丙烯在 20℃ 的热导率为 0.22W/(m·K)。但是较低的热导率带来的缺点是可能导致冷却不均匀，从而带来热应力造成产品翘曲变形。聚丙烯的热导率与密度有关，发泡聚丙烯比未发泡的聚丙烯具有更低的热导率。

热膨胀系数定义为，在单位温度变化下，材料的长度或体积的变化率。塑料的热膨胀系数是金属材料的 6～10 倍。聚丙烯在熔融前后的体积有较大变化，在模具内，材料有 1%～2% 的收缩，在设计模具时必须要考虑到这一点。填料的加入可以降低热膨胀系数，使得聚丙烯的热膨胀系数接近金属和陶瓷的数值。

3.2.1.3 力学性能

(1) 应力-应变关系 等规聚丙烯材料在简单拉伸过程中的应力-应变关系曲线如图3-3所示。由图中可见，在拉伸初期，应力随着应变的增加而接近线性地增加，到达屈服点后，应力首先下降，之后伴随着成颈现象，应变增加而应力不变，当成颈达到整个样品时，应力再次随应变增加，直到断裂。第二次应力增加是由于在成颈中，分子链沿拉伸方向发生了取向，这导致在该方向的强度增加。通常聚丙烯在屈服后基本丧失了使用功能，因此使用者更多关注其屈服强度。从图3-4中可以得到的材料的性能参数包括：①弹性模量（E），即应变较小时线性部分的斜率。②屈服应力，即屈服点处的应力。③屈服应变，即在屈服点的应变。④断裂伸长率，即断裂时的应变。⑤断裂拉伸强度，即在断裂时的应力。

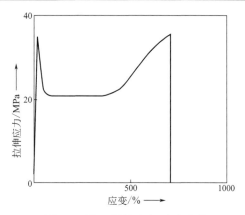

■图3-3 聚丙烯的应力-应变曲线

(2) 冲击强度 几种等规聚丙烯均聚物的冲击强度见表3-4。可见，室温时的冲击强度比-30℃下的冲击强度高得多，这是因为在低于玻璃化转变温度的温度下，材料呈现出脆性。常见的评价等规聚丙烯抗冲击性能的方法有简支梁和悬臂梁方法。在测试中，常常在试样上设置一个缺口，这会造成应力集中，使试样发生脆性断裂，缺口的存在同时在尖端处构建了一个平面应变的环境。

■表3-4 几种等规聚丙烯均聚物的冲击强度

熔体流动速率(230℃,2.16kg)/(g/10min)	4.1	14	33
简支梁冲击强度(23℃)/(kJ/m²)	—	140	110
简支梁冲击强度(-30℃)/(kJ/m²)	17	15	15
简支梁缺口冲击强度(23℃)/(kJ/m²)	5	3	3
简支梁缺口冲击强度(-30℃)/(kJ/m²)	1.5	1.5	1.5

试样的冲击强度与分子链本身微观结构和加工过程中形成的形态有关。分子量增加，冲击强度增加，引入共聚单体可以使冲击强度显著提高。提高聚丙烯冲击强度的最重要方法就是在聚丙烯基体内引入橡胶相，如多相共聚

物聚丙烯材料。随着橡胶含量的增加，材料的韧性增加，脆-韧转变温度也随之向低温移动。

（3）弯曲模量 弯曲模量是衡量聚丙烯刚性的重要指标。图 3-4 是均聚聚丙烯、共聚聚丙烯和弹性体改性聚丙烯的弯曲模量与温度的关系。从图中可以看出，弯曲模量与温度有关，温度越高，弯曲模量越低。在相同的温度下，均聚聚丙烯的弯曲模量最大，共聚聚丙烯次之，弹性体改性聚丙烯弯曲模量最低。

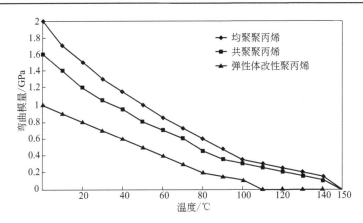

■图 3-4　均聚聚丙烯、共聚聚丙烯和弹性体改性聚丙烯的弯曲模量与温度的关系

（4）蠕变 聚丙烯是一种黏弹性材料，表现出蠕变行为。蠕变是指在恒定应力作用下，变形随时间的延续而缓慢增长的现象。蠕变的程度依赖于应力的大小、应力的种类、应力作用时间和温度。在室温下，即使在较低的应力作用下，聚丙烯试样仍可表现出蠕变行为，撤去应力后，试样能够或多或少地恢复到原来的尺寸，恢复的程度与应力大小和类型有关。可恢复的形变称为弹性形变，不可恢复的形变称为塑性形变。

共聚和熔体流动速率也会影响蠕变行为。聚丙烯共聚物的蠕变模量低于均聚物。聚丙烯的模量与高密度聚乙烯相接近，但抗蠕变性比高密度聚乙烯好得多，在相近的作用时间和载荷作用下，聚丙烯的蠕变模量也比高密度聚乙烯大。聚丙烯注塑制品的抗蠕变性还受到残余应力和分子链取向的影响。

3.2.1.4　电性能

聚丙烯由非极性的碳、氢元素组成，因此具有很好的电绝缘性能。聚丙烯的电学性能与聚乙烯相似。一般来讲，聚丙烯具有高绝缘性和低介电常数，在一般的使用条件下，这些参数受温度、频率和湿度的影响都不大。几种等规聚丙烯均聚物的电学性能列于表 3-5，由表中数据可见，聚丙烯的电学性能不受熔体流动速率的影响。将聚丙烯长时间浸没在水中并不会对其电学性能有显著的影响，而填充物的加入对电学性能有不利的影响。

■ 表3-5 几种等规聚丙烯均聚物的电学性能

熔体流动速率(230℃，2.16kg)/(g/10min)	4.1	14	33
相对介电常数(100Hz)	2.3	2.3	2.3
相对介电常数(1MHz)	2.3	2.3	2.3
损耗因数(100Hz)/×10^{-4}	0.7	0.7	0.7
损耗因数(1MHz)/×10^{-4}	2	2	2
体积电阻率/$\Omega \cdot cm$	>1×10^{15}	>1×10^{15}	>1×10^{15}
表面电阻率/Ω	1×10^{14}	1×10^{14}	1×10^{14}

3.2.1.5 光学性能

光学性能的相关参数有折射率、透光率、雾度和光泽度。聚丙烯的折射率为1.49。树脂中残余的催化剂可能会影响制品的透明性并可能导致树脂发黄，不同催化剂对树脂产品透明性和发黄程度的影响是不同的。

① 透光率 透光率定义为透过材料的光通量与入射到材料表面上的光通量的百分率。透明性好的材料都具有高透光率和低雾度。

对于未上色的聚丙烯，厚的部分是半透明的，薄的部件或膜制件则可能是透明的或不透明的，这与所用原料的种类和加工方法有关。均聚物可被加工成透明性很好的膜，由于结晶带来的对透明性的影响可以通过调节而最小化；而由于相结构的原因，抗冲共聚物则一般不能被加工成透明的膜；无规共聚物的透明性比均聚物好，这是因为无规共聚物的结晶能力要低于均聚物。

通过选用能够提供很好表面抛光的模具或模块可以改善聚丙烯制品的透明性，透明性还可通过加工条件进一步改善。要想提高透明性，就要使加工条件不利于球晶的生长，如可采用快速冷却、降低熔体温度和模温度的方法。但是，降低熔体温度会影响制品的表面光泽度，加入成核剂和透明剂，降低球晶尺寸是改善聚丙烯制品透明性的有效方法。

② 光泽度 光泽度是指物体受特定角度的入射光照射时表面反射光的能力，用试样在正反射方向相对于标准表面反射光量的百分率表示。它能够与人眼在不同角度上观察到的光滑程度联系起来。以高度抛光的平板黑玻璃作为标准板(光泽度为100%)，常用测量角度为20°、60°、85°。当入射角增加时，光泽度数值增加。光泽度是表面反射系数和表面抛光程度的函数，而这两方面都依赖于模具的光滑程度。作为ABS替换物的场合中，聚丙烯的光泽度是极为重要的指标。

③ 雾度 雾度用偏离入射光方向2.5°以上的透射光的量来衡量。它一般与聚丙烯的结晶度、晶粒尺寸以及表面的粗糙度有关。

3.2.2 等规聚丙烯链结构、分子量及其对性能的影响

3.2.2.1 聚丙烯等规度的定义

丙烯单体上有一个甲基连接在一个双键碳原子上，因此丙烯单体分子在形状上是不对称的。正是由于这种不对称的特性，在聚合后，聚丙烯中的单

体排列可以具有不同的形式，造成所谓的空间异构和位置异构。如果将带有甲基的双键碳原子的一侧定义为"头"，另一个双键碳原子定义为"尾"，在目前的 Z-N 催化体系下，丙烯单体大部分以"头-尾"相接的方式进行聚合，但是也会出现"头-头"或"尾-尾"相连的形式。这种头-尾连接方式差异造成的异构称为位置异构。在进行"头-尾"方式聚合时，连接在双键上的甲基在空间上具有三种不同的排列方式：如果所有的甲基都位于分子链的同一侧，则这种排列称为等规（isotactic）排列，如图 1-1(a) 所示；如果甲基是在分子链两侧交替排列，则这种排列称为间规（syndiotactic）排列，如图 1-1(b) 所示；如果甲基在分子链两侧没有规律地排列，则这种排列称为无规（atactic）排列，如图 1-1(c) 所示。

等规聚丙烯分子链上的甲基主要以等规立构形式排列，用核磁共振碳谱得到的二单元等规序列、三单元等规序列以及五单元等规序列的含量可用来表征聚丙烯分子链上等规立构序列的含量，尽管这些参数只是统计平均值，但毕竟可直接关联到分子链的化学结构，所以常用在实验室研究工作中。工业上常用正庚烷萃取后的不溶物含量表示聚丙烯的等规度，由于正庚烷萃取物含量和分子量的大小有关，工业上也常用室温下二甲苯中可溶物的百分含量来衡量聚丙烯的等规度，二甲苯可溶物含量基本不受分子量大小的影响。

3.2.2.2 等规度与性能的关系

链的立构规整性是决定聚丙烯材料结晶性能的最重要的参数。图 3-5 是等规度对弹性模量和悬臂梁冲击强度的影响，可见，随着等规度增加（二甲苯可溶物含量降低），冲击强度降低，弯曲模量增大。

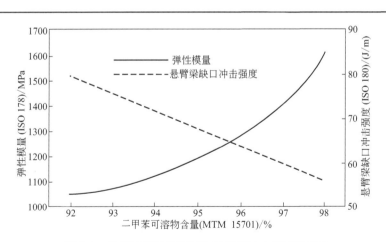

■图 3-5　等规度对弹性模量和悬臂梁冲击强度的影响
（聚丙烯均聚物的熔体流动速率为 2g/10min）

调整聚丙烯等规度的分布，可以显著改善聚丙烯的刚韧平衡性，中国石化北京化工研究院开发了非对称加外给电子体（NSD）技术，在多反应器聚合过程中，相对提高了小分子量组分的等规度，降低了高分子量组分的等规度，结果聚丙烯的刚韧性同时得到改善，见表3-6。

■表3-6 等规度分布与聚丙烯性能

样品	熔体流动速率/(g/10min)	拉伸强度/MPa	弯曲强度/MPa	弯曲模量/GPa	悬臂梁缺口冲击强度/(kJ/m²)	热变形温度/℃
对比样	0.25	35.3	29.7	1.19	23.7	92
采用NSD技术制备的样品	0.27	34.6	30.6	1.25	41.7	96

3.2.2.3 分子量及分子量分布的定义

聚丙烯是一种高分子材料，它具有分子量的多分散性，即材料是由具有不同分子量的分子链按照一定的分布组合在一起的混合物。所谓的高分子材料的分子量是一个平均数，而且还有不同的加权平均方法。平均分子量有数均分子量（M_n）、重均分子量（M_w）、Z均分子量（M_z）和黏均分子量（M_v）。数均分子量对分子量较小的部分敏感，而重均分子量对分子量较大的部分敏感，因此M_w/M_n常用来计算材料的分子量分布（MWD）。

凝胶渗透色谱（GPC）是常用的测量分子量和分子量分布的方法，图3-6是一种等规聚丙烯均聚物的GPC曲线。用GPC可以得到M_n、M_w、M_z和M_{z+1}。

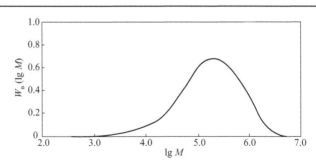

■图3-6 典型的聚丙烯均聚物GPC曲线

另外的一种测定材料的分子量分布的方法是流变学方法，与GPC相比，流变学方法较为快速，但它是一种间接方法。用GPC和熔体流变学方法测定的分子量分布的关系如图3-7所示。

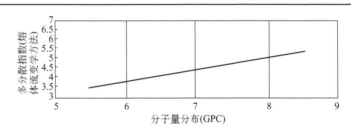

■图3-7 GPC测得的分子量分布与熔体流变学方法测定的分子量分布的关系

3.2.2.4 分子量与性能的关系

对聚丙烯而言，随着分子量增加，熔体黏度增大，冲击强度增加，屈服强度降低，硬度降低，刚性降低，软化点降低。分子量（熔体流动速率）对冲击强度的影响可见表 3-4。

分子量与性能的这种关系可能来源于分子量对结晶性能的影响：高分子量意味着分子链较长，在熔体中分子的运动能力变差，因此在标准化的冷却条件和时间条件下，高分子量材料的结晶度较低。图 3-8 是一系列聚丙烯均聚物的弯曲模量与结晶度的关系，可见随着结晶度增加，树脂的弯曲模量增加。

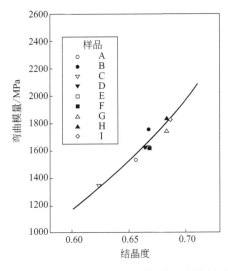

■图 3-8　压塑样品弯曲模量与结晶度的关系

分子量分布可影响材料的结晶行为，包括结晶度和结晶速率等；分子量分布对熔体的流动行为也有很重要的影响。聚丙烯对剪切较为敏感。当剪切应力或剪切应变增加时，熔体的黏度下降，这种现象称为"剪切变稀"（shear thinning）。剪切变稀的程度取决于分子量分布，尤其是对于高分子量样品。一般的聚丙烯树脂的分子量分布指数在 5.6～11.9 范围内，而控制流变聚丙烯的分子量分布一般控制在 3～5。

图 3-9 是普通聚丙烯均聚物和控制流变聚丙烯均聚物的黏度与剪切速率的关系曲线。由图中可以看出，在低剪切速率下，控制流变聚丙烯具有较低的黏度，其剪切变稀程度低于普通聚丙烯，这是因为控制流变聚丙烯的分子量分布较窄。具有宽分子量分布的聚丙烯对剪切速率的增加非常敏感，分子量分布越宽，就越容易用注塑方法加工，这是因为低分子量的部分可以充当增塑剂。

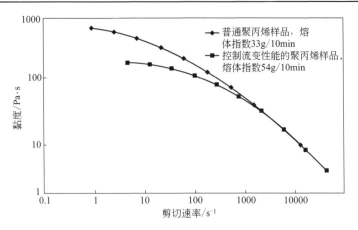

■图 3-9　普通聚丙烯均聚物和控制流变聚丙烯均聚物的黏度与剪切速率的关系曲线

分子量分布对弹性模量的影响如图 3-10 所示，该系列聚丙烯样品具有相似分子量和等规度。分子量分布变宽有利于模量的增加，这个趋势在多分散度低于 10 时非常明显，之后随着分子量分布（多分散度）进一步增加，弹性模量增加并不显著。

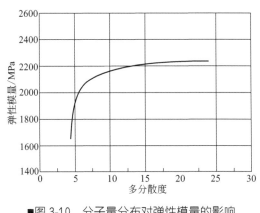

■图 3-10　分子量分布对弹性模量的影响

3.2.3　等规聚丙烯的结晶及其对性能的影响

在结晶状态下，等规聚丙烯可以形成几种不同的晶型，目前已经发现的晶型包括 α 晶型、β 晶型、γ 晶型和介晶相。

3.2.3.1　α 晶型

α 晶型等规聚丙烯是熔体结晶的等规聚丙烯最常见的晶体类型，该晶型属于单斜晶系，晶胞类型由 Natta 和 Corradini 确定，晶胞参数为：$a = 6.65\text{Å}$，$b =$

20.96Å，c=6.5Å，β=99.3°，c 轴相应于分子链。在晶体中，分子链以 3/1 螺旋构象存在，如图 3-11 所示。晶胞结构如图 3-12 所示，图 3-12 中的 L 和 R 分别代表左手螺旋和右手螺旋，在理想的完美晶体中，两种螺旋是交替出现的。在广角 X 射线衍射图中，较强的衍射峰对应于（110）、（040）、（130）和（111）晶面的衍射，对应的尺寸分别为 6.26Å、5.19Å、4.77 Å 和 4.19 Å。

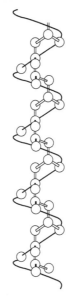

■图 3-11　等规聚丙烯的 3/1 螺旋构象

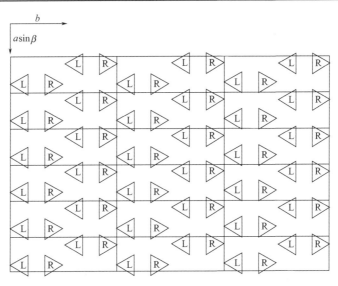

■图 3-12　α-等规聚丙烯的晶胞结构

3.2.3.2 β 晶型

β 型晶体最早是由 Keith 等以及 Addink 和 Beintema 在 1959~1960 年发现。等规聚丙烯分子链在晶胞中的链构象也是 3/1 螺旋。β 晶胞具有六次对称性，对于 β 晶胞的确切结构，学术界一直存在争议，读者可参考 Brückner 等和 Lotz 等的综述文章。不同的晶胞模型对应于不同的晶胞参数和单位晶胞所含的分子链个数。1959 年，Keith 等提出的晶胞参数为 $a=12.74$ Å，$c=6.35$Å。1961 年，Addink 和 Beintema 提出的晶胞参数为 $a=6.38$Å，$c=6.35$Å。1964 年，Turner-Jones 等提出，a 轴尺寸为 11.01~25.43Å，$c=6.35$Å。1994 年，Meille 等和 Lotz 等的研究小组提出的晶胞参数为 $a=11.03$ Å，$c=6.49$ Å。晶胞结构如图 3-13 所示，每个晶胞含有三个相同手性的分子链。虽然各条分子链的手性相同，但晶胞中间的两条分子链与外围的四条分子链的取向是不同的。在 β 型晶体的广角 X 射线衍射图中，较强的衍射峰对应的尺寸分别为 5.53Å 和 4.17Å。

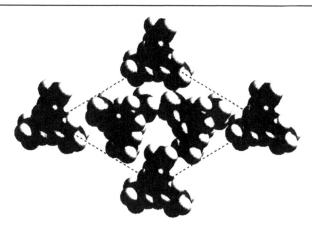

■图 3-13　β-等规聚丙烯的晶胞结构

3.2.3.3 γ 晶型

γ 型晶体最早是由 Addink 和 Beinterma 发现。γ 晶型的形成需要较为特殊的条件，在一般商业化的等规聚丙烯均聚物产品中观察不到 γ 晶型，因此 γ 晶型是研究相对较少的一种晶型。可是近年来的研究发现，用茂金属催化剂制备的等规聚丙烯均聚物即使在通常的结晶条件下也可以形成 γ 晶型。另外，γ 晶型在晶体学对称性方面具有不同于其他高分子的特殊性。因此 γ 晶型又重新成为了一个研究的重点。

γ 型晶体的晶胞结构为面心正交，晶体由分子链形成的双层结构堆砌形成，不同层中的分子链是不平行的，分子链轴成 80°的夹角，如图 3-14（a）所示。晶胞参数为 $a=8.54$ Å，$b=9.93$ Å，$c=42.41$ Å。等规聚丙烯分子链中 3/1 螺旋的周期为 6.5 Å，这恰好是 a、b 轴平面对角线长度的一半。

分子链在片晶中的分布如图 3-14(b) 所示，b 轴是垂直于片晶表面的，分子链在图中用斜线表示，分子链轴与 b 轴有 $40°$ 的夹角。γ-等规聚丙烯的广角 X 射线衍射图中的衍射峰与 α-等规聚丙烯的衍射峰大部分重合，只有对应于 4.42 Å 处的衍射峰才是 γ-等规聚丙烯所特有的，该峰可被用作指示 γ-等规聚丙烯存在的标志并可用来计算 γ-等规聚丙烯的含量。

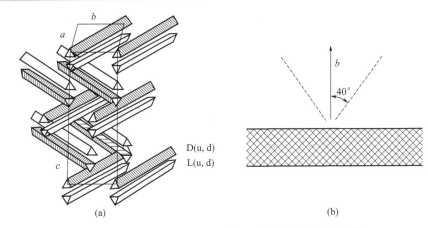

■图 3-14　γ 型晶体的晶胞结构和片晶中分子链的排列

3.2.3.4　介晶相

介晶相最早是由 Natta 等通过用冰水淬冷等规聚丙烯熔体的方法获得。它之所以称为介晶相，是因为它的有序性不如晶体高，它被认为是介于无定形相和晶相之间的一种状态。在介晶相中，分子链仍以 3/1 螺旋构象存在，但分子链的堆砌是无序的。在 80℃ 以上退火，介晶相可转化为 α 相。在介晶相等规聚丙烯的广角 X 射线衍射图上，观察不到尖锐的衍射峰，只能在对应于 5.99Å 和 4.19Å 的位置观察到两个弥散的信号。

3.2.3.5　各种晶型的形成条件

在商业化的产品中，等规聚丙烯最常见的晶型是 α 晶型，β 晶型只是随机地出现。当结晶时存在温度梯度，或熔体处在剪切作用下结晶时，更有利于 β 晶型的形成。β 型晶体形成的温度上限为 140℃，温度下限为 100～110℃。选用适当种类的成核剂是控制 β 型晶体形成的最有效的方法，在工业领域被广泛采用。

在通常的结晶条件下，等规聚丙烯很难形成 γ 型晶体，但是通过调节结晶条件、分子链本身的化学结构和分子链长度等可以控制 γ 型晶体的形成。形成 γ 型晶体的条件如下。

① 高压。高压有利于形成 γ 型晶体，在 200MPa 以上的高压下结晶的等规聚丙烯全部以 γ 型晶体形式结晶。

② 降低分子量。等规聚丙烯分子量降低到 1000～3000 时会生成 γ 型

晶体。

③ 共聚。与少量的 α-烯烃，如乙烯、1-丁烯等共聚有利于提高 γ 型晶体含量，当等规聚丙烯中含有 6%（摩尔分数）的乙烯单元时，从熔体结晶形成晶体中可以有 80% 属于 γ 晶型。

④ 增加分子链内的缺陷，对于等规聚丙烯而言，分子链的缺陷是指位置缺陷（regiodefect）和空间立构缺陷（stereodefect）。在通常的结晶条件下，等规聚丙烯分子链的立构缺陷（独立的 rr 型缺陷）和位置缺陷（主要是 2,1 和 3,1 插入缺陷）都有利于 γ 型晶体形成。值得一提的是，即使在缺陷含量相同的情况下，缺陷在分子链上的分布也会影响结晶。当缺陷集中在某一段时，γ 型晶体含量远比缺陷随机分布时的情况低。用茂金属催化剂制备的等规聚丙烯中更容易形成 γ 型晶体，这是因为用该种催化剂制备的分子链中，缺陷种类和分布更有利于 γ 型晶体形成。

介晶相的形成条件是熔体淬冷，最早的介晶相就是 Natta 等用冰水对熔体淬冷获得的。

3.2.3.6 各种晶型的相互转变

(1) α 晶型与 β 晶型的转变　β 型球晶形成之后，在降温至 100~110℃ 以下，而后升温的情况下，升温过程中会发生部分熔融再结晶，形成 α 型晶体，这种新形成的 α 型晶体的熔点比原有的晶体熔点要高。如果 β 型晶体在形成之后不经冷却直接升温，则不会发生 β-α 熔融再结晶行为，β 型晶体像热力学上稳定的晶体一样独立地熔融。

形变也会导致 β 晶型到 α 晶型的转变，这种晶型转变对材料的韧性增加有利。

(2) α 晶型与 γ 晶型的转变　在升温过程中，不会发生从 γ 型晶体到 α 型晶体的转变。Turner-Jones 等提出 γ 型晶体只有在机械应力存在的条件下才能转化成 α 型晶体。De Rosa 等最近研究了茂金属催化剂制备的含 γ 晶型聚丙烯样品，证实了在拉伸作用下 γ 到 α 的晶型转变。例外的是 E. Lezak 等采用在 200MPa 下等温结晶的方法获得了含大部分 γ 型晶体和极少量 α 型晶体的等规聚丙烯样品。他们研究了样品在室温下平面和单轴压缩过程中的结构变化，没有观察到 γ 到 α 的晶型转变。这可能与他们所采用的实验模式有关，他们不是采用通常的拉伸模式，而是压缩模式，这也许是未出现晶型转变的原因。他们认为在高压结晶的条件下，初级晶核（primary nuclei）均为 α 晶型，之后的 γ 型晶体是以 α 型晶体为核生长的，这种 α 型晶核的量非常少，以至于 X 射线衍射或 DSC 实验都无法检测到它的存在。

3.2.3.7 等规聚丙烯的片晶及球晶形态

高分子结晶的基本形式是折叠链片晶，片晶可以聚集成球晶和轴晶等不同的超分子结构。在静态条件（无剪切等外场作用）下，等规聚丙烯形成球晶。球晶是片晶的聚集体，最简单的球晶结构模型是，在点状晶核的存在下，片晶沿着空间各个方向均匀地径向生长，在片晶之间存在非结晶学分叉，这些分叉使球晶完成在空间上的充分填充。分子链、片晶和球晶之间的关系可用图3-15表示。

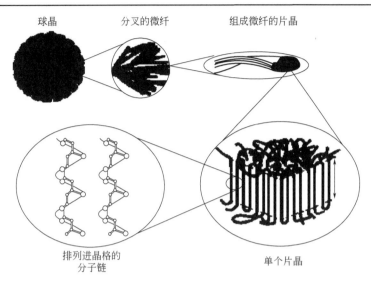

■图3-15　半结晶型高分子的不同层次的结构单元

(1) 片晶形态

① α晶型等规聚丙烯片晶　α晶型等规聚丙烯的片晶具有独特的"交叉投影"结构。这种结构如图3-16所示，其具体的分子排列可以参考已有的文献资料。由于这种独特结构的存在，在α-等规聚丙烯的球晶中，除存在径向发散生长的片晶外，还存在切向生长的片晶，径向生长的片晶称为"母

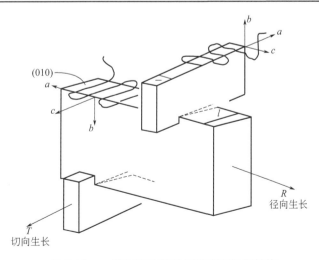

■图3-16　α-等规聚丙烯片晶的交叉投影结构

片晶"(parent),切向生长的片晶称为"子片晶"(daughter),母片晶与子片晶的夹角为80°。通过晶体学分析可知,子片晶的 a 轴、c 轴分别与母片晶的 c 轴、a 轴方向一致。这是因为晶胞的 a 轴和 c 轴尺寸相差不大,附生结晶较容易以这种形式发生。

与母片晶相比,子片晶在升温过程中的稳定性较低。当等温结晶温度升高时,子片晶的数目降低,在较高的结晶温度下,几乎没有子片晶生成,提高等规度同样可以抑制子片晶生成。因此,提高结晶温度或增加等规度有利于降低片晶的分叉。

② β 晶型等规聚丙烯片晶　β 晶型等规聚丙烯片晶没有像 α 型球晶中的片晶那样的分叉结构,由 β 晶型等规聚丙烯组成的球晶中,片晶都是径向生长的。Varga 综述了这些形态特征。研究认为,β 型球晶中,球晶的生长方向为晶体学的 a 轴方向。原位的小角 X 射线散射实验证明,与 α 型片晶相比,结晶温度相同时,β 型片晶的长周期较大,并且具有更大程度的片晶间填充。

③ γ 晶型等规聚丙烯片晶　由于形成 γ 晶型需要较为特殊的条件,在商业化的齐格勒-纳塔催化剂制备的等规聚丙烯均聚物中通常观察不到 γ 晶型,因此关于 γ 晶型的形态研究相对于 α 和 β 晶型要少很多,很多推论都是基于某些特殊样品的实验结果。低分子量样品的电子显微镜和电子衍射结果表明,在薄膜中 γ 型片晶可在 α 型片晶的 (010) 晶面上成核,与 α 型片晶分叉结构中子片晶与母片晶中的分子链接近垂直不同,在母片晶上附生的 γ 型片晶的分子链轴接近平行,如图 3-17 所示。片晶之间的夹角为 40°,在 γ 型片晶中,分子链与片晶表面不是垂直的,片晶表面法向为 b 轴方向,分子链与 b 轴成 40°夹角。

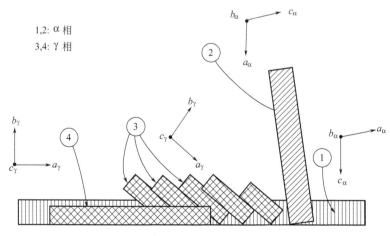

■图 3-17　γ 型片晶和 α 型片晶的相对关系示意图
(图中标 1 的片晶代表 α 型母片晶,2 为附生的 α 型片晶,3 和 4 为 γ 型片晶)

(2) 球晶形态 由于具有多晶型特点，等规聚丙烯的球晶种类也比较多样。等规聚丙烯球晶的种类取决于结晶时的热环境、熔体的热历史、正在结晶的熔体受到的机械作用（压力、剪切、拉伸等）以及成核剂、添加剂等的影响。球晶的尺寸一般在微米级别，因此在实验上，球晶可通过偏光显微镜研究，要观察球晶内部的细微结构，则要借助于扫描电子显微镜、透射电子显微镜和原子力显微镜等分辨率达到纳米级别的仪器。球晶的尺寸可通过改变晶核数量的方法进行调节，添加成核剂和降低结晶温度都可使晶核数量增加，进而使得球晶尺寸降低。球晶尺寸越大，材料的抗冲击性能越差。通常，球晶尺寸和其他形态因素之间是相互联系的，早期的一篇综述对性能关联的复杂性进行了阐述。成核剂可以显著降低球晶尺寸，这对提高光学性能和抗冲击性能很有帮助，同时材料的力学性能也会得到一定程度的提高。

① α 型球晶　根据在偏光显微镜下观察到的形态，α-等规聚丙烯的球晶可分成几类。Norton 和 Keller 将这些球晶进行了分类归纳，将球晶分为Ⅰ型、Ⅱ型和混合型三类。根据这种分类，具有清晰的 Maltese 十字消光和正双折射的球晶称为Ⅰ型 α 球晶；Ⅱ型 α 球晶也具有 Maltese 十字消光，但是具有负双折射特征；混合型球晶没有明显的 Maltese 十字消光。图 3-18 中（a）和（b）分别为Ⅰ型和Ⅱ型球晶。在偏光显微镜下，在起偏器和检偏器之间放置 λ 波片时，两种球晶具有不同的双折射类型，表现在象限颜色分布的不同。在起偏器与检偏器呈 90°夹角，λ 波片与起偏器夹角为 45°时，Ⅰ型 α 球晶的第二和第四象限为黄色（图 3-18 的黑白图片中显示为白色），第一和第三象限为蓝色（图 3-18 的黑白图片中显示为黑色），Ⅱ型 α 球晶与之相反。Ⅰ型 α 球晶在较低的结晶温度下（<136℃）形成，而Ⅱ型 α 球晶在较高的结晶温度下（>138℃）形成。在实际情况下，这个温度范围还要受到熔融历史和等规聚丙烯种类的影响。

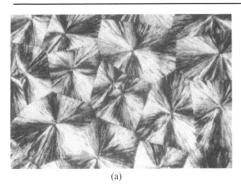 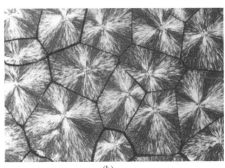

(a)　　　　　　　　　　　　(b)

■图 3-18　等规聚丙烯均聚物球晶的偏光显微镜照片

图 3-18 为等规聚丙烯均聚物球晶的偏光显微镜照片。起偏器与检偏器夹角为 90°，二者之间放置 λ 波片，λ 波片与检偏器和起偏器的夹角均为 45°。图 3-18(a) 为 120℃下等温结晶条件下形成的Ⅰ型 α-等规聚丙烯球晶，图 3-18(b) 为 140℃下等温结晶条件下形成的Ⅱ型 α-等规聚丙烯球晶。

等规聚丙烯球晶的光学特性是由片晶的组织方式决定的。球晶中除径向生长的片晶外,还有切向生长的片晶,这两种片晶的相对含量的不同导致球晶具有不同的光学特性。Ⅱ型 α-等规聚丙烯球晶具有负双折射,这是因为其中的片晶大部分是径向生长的;Ⅰ型 α-等规聚丙烯球晶具有正双折射,这是切向生长的片晶含量增加的缘故,当切向片晶含量超过 1/3 时,球晶就会表现出正双折射。在升温过程中,偏光显微镜下观察到的Ⅰ型 α-等规聚丙烯球晶的形态可发生很大的变化,这是由于切向生长的片晶首先发生了熔融。当切向生长的片晶减少到只占 1/3 时,球晶的双折射由正变负。在更高的结晶温度(155℃)下,观察到的结晶形态为有捆束状的轴晶,几乎没有切向生长的片晶。分子链的等规度也会影响球晶的形态,在同样的结晶温度下,等规度越高,切向生长的片晶就越少,但是对于等规度很低的等规聚丙烯级分而言,等规度的降低会导致切向片晶的含量降低。在一些相容的共混体系中,正双折射球晶能够在较高的结晶温度下形成,这可能是稀释作用的结果。电子束辐射可促进切向片晶的生长。另外,在球晶的晶核附近的切向片晶也有增加的趋势。

② β 型球晶 由于不存在片晶分叉结构,在偏光显微镜下,β 型球晶具有负双折射,而且双折射强度要明显高于 α 型球晶。根据用偏光显微镜观察到的形态,Keith 和 Padden 将 β 型球晶归类为 $β_Ⅲ$ 和 $β_Ⅳ$ 两种类型。$β_Ⅲ$ 型球晶表现出常规球晶的双折射形态,而 $β_Ⅳ$ 型球晶具有环带特征。不同的研究人员所给出的 $β_Ⅲ$ 和 $β_Ⅳ$ 球晶的生长温度范围是不同的。Norton 和 Keller 提出,温度低于 142℃ 时形成 $β_Ⅲ$ 型球晶,温度在 126~132℃ 时形成 $β_Ⅳ$ 型球晶。其他的一些形态和分类的进展可参考 2002 年的一篇综述。

β 型球晶的径向(球晶生长方向)与其六方晶胞的 a 轴方向相同。β 型球晶在光学显微镜下的双折射形态的区别根源在于片晶的微观结构。在偏光显微镜下,β 型球晶的双折射强度明显高于 α 型球晶,另外,由于 β 型球晶的生长线速度较大,当两种晶型的球晶共存时,其交界是凹陷的。

图 3-19 是 β 型球晶的扫描电子显微镜(SEM)照片,从照片中可见,β 型球晶是由径向生长的片晶组成的,形成捆束状球晶,由图 3-20(c) 可以看出,球晶之间没有明显的边界,相邻球晶中的片晶在边界处相互交叉,它们之间由系带分子相互连接。

③ γ 型球晶 高分子量的等规聚丙烯在高压下(200 MPa)生成 γ 型球晶,通过改变结晶温度,在偏光显微镜下可观察到具有三种双折射特征的球晶:正球晶、负球晶和混合型球晶。

3.2.3.8 结晶与性能的关系

(1) **晶体类型与性能** 晶型对性能的影响需要将晶胞本身的特点与晶型对应的片晶和球晶形态以及晶型之间的相互转变结合起来考虑。α 晶型和 β 晶型等规聚丙烯的性质列于表 3-7,根据表 3-7 可知,α-等规聚丙烯的熔点、熔融热焓和晶体密度较高,而两种晶型的材料中无定形部分的玻璃化转变温度基本一样。力学性能方面,α 晶型等规聚丙烯的屈服应力、硬度和刚性较

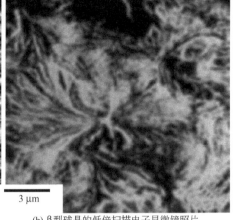

(a) β型球晶的低倍扫描电子显微镜照片　　　(b) β型球晶的低倍扫描电子显微镜照片

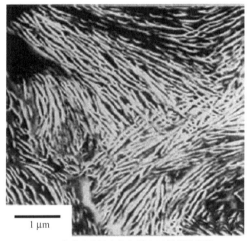

(c) β型球晶的高倍扫描电子显微镜照片

■图 3-19　β 型球晶的低倍和高倍扫描电子显微镜照片

■表 3-7　α 晶型和 β 晶型等规聚丙烯的性质

性　　质	等规聚丙烯(α 相)	等规聚丙烯(β 相)
熔融温度实验值/℃	约 165	约 155
平衡熔点/℃	208	184±4
玻璃化转变温度/℃	0~25①	0~25①
熔融热焓/(J/g)	148±10	113±11
晶体密度/(g/cm³)	0.936	0.921
无定形材料密度/(g/cm³)	0.858	0.858

① 与测试条件有关。

高，而 β 晶型等规聚丙烯的力学柔性（断裂伸长率）和韧性（拉伸强度）较高。表 3-8 给出了两种晶型树脂的力学性能参数，从表中数据可见，在同样的测试条件下，α-等规聚丙烯具有较高的屈服应力和较低的断裂伸长率。

■ 表 3-8　两种晶型等规聚丙烯的力学性能比较

样品	应变速率/min^{-1}	拉伸模量/GPa	屈服应力/MPa	屈服应变	断裂应力/MPa	断裂伸长率/%
等规聚丙烯（α相）	0.02	2.57	25.62	0.116	—	—
	0.15	—	31.30	0.162	—	—
	0.77	—	34.07	0.163	—	—
	1.54	—	36.07	0.164	21.02	256
	3.08	—	38.29	0.159	20.80	61
	7.69	—	39.46	0.138	21.31	50
等规聚丙烯（β相）	0.02	2.27	23.57	0.125	—	—
	0.15	—	27.72	0.163	—	—
	0.77	—	31.30	0.155	22.89	551
	1.54	—	32.09	0.156	22.28	644
	3.08	—	34.36	0.154	21.89	284
	7.69	—	35.46	0.138	21.37	74

图 3-20 是 α-等规聚丙烯和 β-等规聚丙烯的应力-应变曲线。由图中可以看出两种晶型的材料表现出不同的应力-应变行为。α-等规聚丙烯在屈服点后的应力很快速地下降，而 β-等规聚丙烯的应力下降比较缓和。

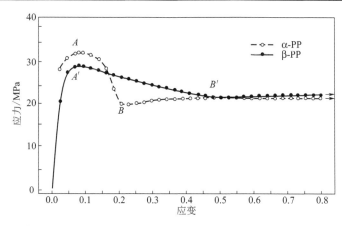

■ 图 3-20　α-等规聚丙烯和 β-等规聚丙烯的应力-应变曲线（应变速率为 0.15 min^{-1}）

β-等规聚丙烯之所以具有较高的断裂伸长率和较高韧性的原因，可能是在形变中发生了 β 晶型到 α 晶型的晶型转变，或 β 晶型到介晶相转变（在形变速率较低的情况下）。β-等规聚丙烯韧性较高的另一个原因，则来自于形态。在前面的章节中已经介绍，α-等规聚丙烯的片晶具有分叉结构，这种分叉结构导致在外加应力作用下片晶之间的"互锁"作用，从而限制了 α-等规聚丙烯球晶的塑性形变。而 β-等规聚丙烯的片晶不具有分叉结构，片晶之间的滑移相对容易，这有利于增韧。

有文献报道，β 晶型的耐化学物质性比 α 晶型低，用热的甲苯可以选择性地溶解 β-等规聚丙烯。

(2) 结晶度与性能 结晶度增加，材料硬度增加，模量增加，强度增加，耐磨耐用性增加。低结晶度的材料易于加工，具有更好的透明性和更好的熔融加工性。

结晶度与热历史有关，快速降温能够得到透明度较高且韧性较高的产品，这是因为在这种条件下不利于大球晶的生成；而退火和缓慢降温则有利于大球晶的生成，材料的韧性和透明性相应降低。

3.2.4 无规共聚聚丙烯的结构与性能

聚丙烯的无规共聚物是指丙烯单体与其他共聚单体（如乙烯、1-丁烯等）的共聚物，共聚单体在分子链上无规分布。无规共聚物中的共聚单体"段"有可能由一个单体或多个单体组成，常见的无规共聚物含有质量分数1%～7%的乙烯，其中有75%的乙烯单体是以一个单体形式插入等规聚丙烯的分子链中。无规共聚物主要用于需要较好的光学性能的应用领域和需要较低熔点的热封领域。

无规共聚物中共聚单体的引入对密度影响不大，其密度比均聚物稍低，为 $0.89 \sim 0.90 \text{g/cm}^3$。但是热学性能、力学性能和光学性能等都受到共聚的影响，与均聚物有较为明显的区别。

3.2.4.1 无规共聚对结晶的影响

共聚单体的引入破坏了聚丙烯均聚物分子链中的立构规整性，这对分子链的结晶能力有非常显著的影响。共聚物的存在对结晶的一般影响是，结晶速率变慢，总结晶度降低，晶体熔点降低。根据图 3-21 可见，乙烯单体含量每增加一个百分点，结晶温度降低 3.6℃。

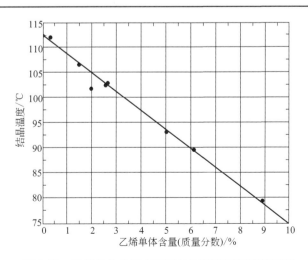

■图 3-21 乙烯单体含量对无规共聚物结晶温度的影响

对于无规共聚物,成核剂的使用是非常重要的。成核剂的加入既可以加快无规共聚物的结晶速率,又可以使晶体尺寸变小且均匀分布,从而得到光学性能很好的产品。就光学性能而言,无规共聚物是聚丙烯类产品中最好的。调节共聚单体的量是改变无规共聚物材料结晶度的主要手段,共聚单体类型和共聚单体在分子链上的分布同样起到非常关键的作用。

3.2.4.2 无规共聚对热学性能的影响

无规共聚可以使聚丙烯的熔点降低,有资料报道,当无规共聚物中的乙烯单体含量达到7%时,熔点就可降低至120℃,正因为如此,无规共聚物多被用于热封领域。乙丙无规共聚物的熔点和玻璃化转变温度与乙烯单体含量的关系分别如图3-22和图3-23所示。由图可见,乙烯单体含量每增加一个百分点,熔点下降4.4℃,玻璃化转变温度降低2℃。无规共聚物的玻璃化转变温度一般比均聚物低,具体数值与共聚单体的种类、相对含量和分布有关。

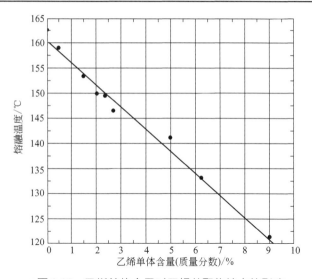

■图3-22 乙烯单体含量对无规共聚物熔点的影响

3.2.4.3 无规共聚对力学性能的影响

由于结晶度的降低,无定形部分含量相应增加,这使得共聚物的抗冲击性能也有所改善,含3%乙烯共聚单体材料的Gardner冲击强度为28J,而均聚物的典型数值为11J。无规共聚物在低温下的抗冲击性能也有所提高,在0℃仍能保持中等的冲击强度,但在更低的温度下的冲击强度仍不能满足需要。

结晶度的降低也使得无规共聚物的刚性和硬度下降,柔性相应增加。较高结晶度的均聚物材料的拉伸强度可超过34MPa(5000psi),而含3%~4%乙烯单体的无规共聚物的数值可低至14 MPa(2000psi)。与均聚物相比,共聚物的模量降低,热变形温度(HDT)降低。

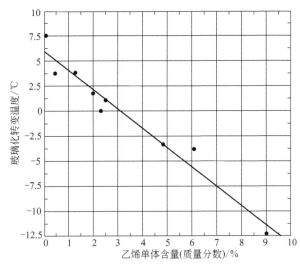

■图 3-23 乙烯单体含量对无规共聚物玻璃化转变温度的影响

3.2.4.4 无规共聚对光学性能的影响

共聚物的光学性能有所改善,这是因为共聚物中不容易生长导致光散射的大球晶,且结晶度较低。均聚物制品的雾度为 55%～70%,含乙烯单体 5% 的无规共聚物的雾度就只有均聚物雾度值的一半。因此,无规共聚物在薄膜、食品包装和制瓶方面都有应用。

3.2.5 共聚和共混聚丙烯多相材料的结构及性能

3.2.5.1 聚丙烯的橡胶改性

增加等规聚丙烯抗冲击性能的有效方法是在等规聚丙烯基体中引入其他组分,如二元乙丙橡胶(EPR)、三元乙丙橡胶(EPDM)、乙烯-α-烯烃共聚物、SEBS 三嵌段共聚物 [poly (styrene-*block*-(ethylene-*co*-1-butene)-*block*-styrene) triblock copolymer] 和丁苯橡胶(SBR)等。经改性的等规聚丙烯树脂产品称为抗冲聚丙烯(IPP),早期的抗冲等规聚丙烯主要是由聚丙烯与各种橡胶进行机械共混获得的。

目前应用广泛的抗冲聚丙烯是一种"反应器合金"。这种"合金"材料是由两步(或多步)法生产的,首先在第一步反应中制备均聚或含少量乙烯单体(有时也使用其他 α-烯烃单体)无规共聚的等规聚丙烯,然后,在第二个反应器中制备乙烯单体含量较高的乙丙共聚物。

随着茂金属催化剂的发展,开发出用茂金属催化剂制备的乙烯与其他烯烃的共聚物。这种共聚物的特点是共聚单体在分子间的分布比较均匀,分子量分布窄,有些聚合物还含有长支链,同时具有塑性体和弹性体的特征。用茂金属共聚物增韧等规聚丙烯是近年来的一个研究热点。

橡胶增韧的原理是：橡胶颗粒可以阻止裂纹蔓延。当裂纹尖端遇到橡胶颗粒时，橡胶颗粒的延伸和能量在界面上的重新分布一起降低应力集中的程度，进而使能量降低到基体材料的临界强度以下的程度，进而避免脆性断裂。

与等规聚丙烯均聚物相比，抗冲聚丙烯的冲击强度虽然得到显著提高，但刚性和硬度下降，其趋势是随着共聚物含量的增加，韧性增加，硬度下降，热变形温度降低。因此抗冲聚丙烯材料设计的目标是在提高韧性的同时尽可能降低刚性的损失，实现较为理想的刚韧平衡。抗冲聚丙烯的韧性来源于橡胶相，而刚性来源于基体相，因此，刚韧平衡的实现需要对两相的性质加以研究和调控。

增韧效果的影响因素包括：用于增韧的橡胶的性质，橡胶颗粒的含量，橡胶颗粒的分散性及其形态。构成橡胶相的材料的组分和性质决定了橡胶颗粒的形变模式和吸收能量的能力，橡胶颗粒的分散性与阻止裂纹扩展有关。

3.2.5.2 聚丙烯/橡胶混合物的共混热力学

在等规聚丙烯/橡胶共混物中，各组分相互之间的相容性和组分的结晶是决定形态的两个极其重要的因素。其中，等规聚丙烯是可结晶的，对于反应器直接制备的抗冲聚丙烯多相材料，橡胶相往往也具有一定的结晶度，因此结晶是影响形态的重要因素。各组分的结晶与分相热力学相叠加，共同影响相形态结构的形成。图 3-24 示出了共混体系中相分离和结晶的关系。

两种聚合物的相容程度与分子量和相容性有关。两种单体所构成聚合物的相容性常用 Flory-Huggins 相互作用参数 χ 来衡量，χ 越大，相容性越差。χ 是温度的函数，对于聚烯烃体系，随着温度的增加而减小，即相容性随着温度的升高而增加，因此聚烯烃共混物的相图一般表现出高临界共容温度（UCST）特点，图 3-24 中示意的就是具有 UCST 的共混物相图。聚丙烯和聚乙烯在热力学上是高度不相容的。聚丙烯与乙丙橡胶的相容性与橡胶的组成有关，有研究表明，对于相对分子质量 100000 的乙丙共聚物而言，当乙烯单体的含量超过 12% 时，共聚物与聚丙烯就变成不相容了。

图 3-24 中，在路径 3 的情况下，熔体在结晶前处于稳定的混容状态，在达到结晶温度时，体系仍未发生分相，此时结晶发生在相容区域（miscible regime）。在路径 1 的情况下，组分的结晶温度处于不相容区域（immiscible regime），在这种情况下降温，分相与结晶同时发生。在路径 2 的情况下，结晶温度仍位于分相区，与路径 1 的不同在于，熔体在结晶前先在分相状态下停留一段时间，允许分相先于结晶发生。三种情况所对应的形态是不同的。

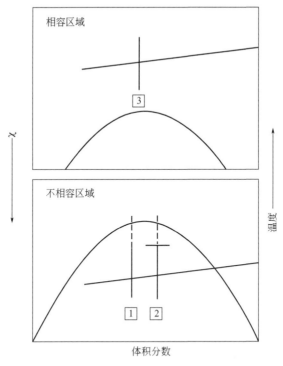

■图 3-24　半结晶型聚合物共混物体系中熔点与热力学相边界的潜在关联，这些关系决定了相分离的物理和热力学过程（图中 1 代表在两相体系中结晶，相分离与结晶同时发生；2 代表分相之后结晶，结晶在相分离之后发生；3 代表在单相体系中结晶。图中与 1、2、3 路径相交的直线代表结晶温度）

等规聚丙烯/橡胶混合物多属于 2 的情况。在快速降温结晶条件下，熔体中形成的各相尺寸的分布不会发生明显变化，橡胶颗粒可被包含在球晶之中。在这种情况下，结晶阻止了橡胶颗粒的进一步生长，如果在熔体中保持更长时间，橡胶颗粒则容易凝聚成更大的颗粒。

以乙烯基共聚物改性的等规聚丙烯在商业上越来越受到重视，这些共聚物与等规聚丙烯的相容性的研究也相应得到关注。近年来关于等规聚丙烯和乙烯-丁烯共聚物共混行为的研究表明，相容性依赖于共聚物中的乙烯含量，改变乙烯含量可以得到表观相容的和不相容的体系。

3.2.5.3　橡胶含量对性能的影响

橡胶含量增加，韧性增加，但是模量和屈服强度下降。图 3-25 为乙丙共聚物/等规聚丙烯机械共混物中橡胶含量对冲击强度的影响。在橡胶含量低于 14%（质量分数）时，材料表现出的是脆性断裂行为，当橡胶含量在 16%（质量分数）以上时，材料表现出韧性断裂行为，当高于 18%（质量分数）时，材料的韧性已经很强，受到冲击后发生屈服行为。但橡胶含量的增加也同时带来了刚性的下降，由图 3-26 可见，材料的弯曲模量随着橡胶含量增加呈线性下降。

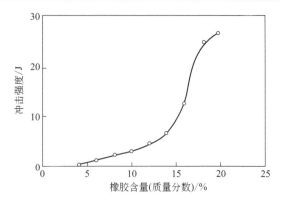

■图 3-25　乙丙共聚物/等规聚丙烯共混物在-20℃下冲击强度与橡胶含量的关系

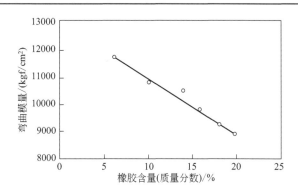

■图 3-26　乙丙共聚物/等规聚丙烯共混物弯曲模量与橡胶含量的关系

($1kgf/cm^2 = 0.1MPa$)

3.2.5.4 形态及其对性能的影响

橡胶改性聚丙烯的形态与橡胶和基体的化学组成以及分子量的搭配有关，此外加工条件也会影响形态。橡胶相形态和橡胶颗粒与基体之间的界面相互作用的调节是控制橡胶改性聚丙烯性质的重要因素。

等规聚丙烯/橡胶多相体系具有多种形态，橡胶相既可以以分散相形式存在，也可能以连续相形式存在。橡胶相内部也不一定是均一的相，其形态与链结构、组成、熔体加工条件以及结晶有关。图 3-27 是一种等规聚丙烯/橡胶反应器合金的 TEM 照片，该合金的橡胶含量约为 14%，橡胶中的 C_2 含量为 40%，用于 TEM 实验的试样在 193℃下注塑，保压时间为 5min。TEM 照片选取的是靠近制件内核的位置，该区域内受加工取向的作用较小。这种共混物的性质与加工的条件有关，当注塑过程中的温度为 215℃，保压时间为 10min，橡胶颗粒尺寸发生了变化。如图 3-28 所示，由于橡胶的凝聚生长，橡胶颗粒的尺寸增加，这种增加带来的后果就是冲击强度下降。两种成型条件并没有带来结晶度和分

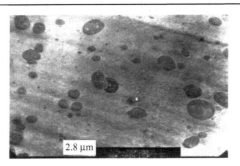

■图 3-27　193℃注塑的等规聚丙烯/橡胶反应器合金的 TEM 照片

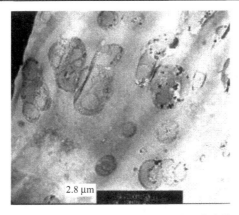

■图 3-28　215℃注塑的等规聚丙烯/橡胶反应器合金的 TEM 照片

子量的变化，宏观形态（如皮-芯结构）变化也不大。

有研究表明，要达到最好的抗冲击性能，要求橡胶颗粒直径低于 $1\mu m$。在实际产品中，橡胶颗粒的直径一般在 $0.1\sim 3\mu m$ 之间，其平均值约为 $0.5\sim 1.0\mu m$。实验结果表明，无论是对压模还是注塑的样品，在 $0.64\sim 2.1\mu m$ 之间，橡胶颗粒尺寸越小，冲击强度越高。作者推测当橡胶颗粒直径低于 $0.6\mu m$ 时还能达到更高的冲击强度。B. Z. Jiang 等的研究表明，对于橡胶增韧的聚丙烯，只有当橡胶粒子体积足够大时才能有效引发银纹，当橡胶粒子尺寸低于 $0.5\mu m$ 时将出现剪切带。有文献报道，小尺寸的粒子不能促使银纹成核。但就增韧效果而言，尽管不能引发银纹，但小尺寸橡胶颗粒的效果好于大尺寸橡胶颗粒，橡胶颗粒尺寸越小，断裂伸长率越高，冲击强度也越大。

模量下降是橡胶增韧的不利方面，为实现理想的刚韧平衡，橡胶的分散是最重要的因素。就这方面考虑，橡胶颗粒的分散程度要比橡胶的绝对含量有意义。分散效率依赖于挤出造粒阶段的操作条件，在这一步中的剪切力要足以使得连续的弹性体相形变并破碎，并达到最为理想的尺寸。为达到这一目的，就必须控制和调节基体相与橡胶相的黏度比。黏度比定义为 $\eta_r =$

$\eta_{分散相}/\eta_{基体}$，它对混合物的形态具有非常重要的影响，并已经得到了较为深入的研究。黏度比是熔融加工中非常重要的参数，尤其是对于挤出共混而言。这种共混物的初始橡胶颗粒往往较大，能够达到几毫米。黏度比对反应器合金也很重要。反应器合金中的橡胶颗粒往往可以达到 $1\mu m$ 以下，在之后的熔融加工过程中，如果 η_r 比较高，橡胶颗粒容易发生团聚，导致颗粒尺寸变大。图 3-29 是反应器合金的扫描电子显微镜（SEM）照片，图 3-30 是在注塑后的 SEM 照片，可见在注塑后橡胶颗粒尺寸增大。改变黏度比可以对橡胶颗粒尺寸有明显的调节作用，图 3-31 和图 3-32 分别为较低和较高黏度比的反应器合金的 SEM 照片，低黏度比体系的橡胶颗粒尺寸（图 3-31）低于高黏度比体系的橡胶颗粒尺寸（图 3-32）。

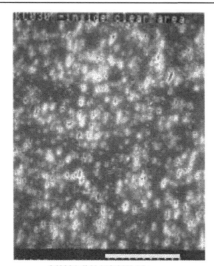

■图 3-29　等规聚丙烯反应器合金横断面的 SEM 照片

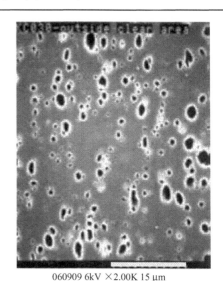

■图 3-30　等规聚丙烯反应器合金注塑制品横断面的 SEM 照片

一些型号的双螺杆挤出机施加的剪切和拉伸流动可产生 Tylor 分散，Tylor 分散造成典型两相高分子共混物中橡胶颗粒的破碎。不相容共混物的流变性能比较复杂，难以一概而论。分散程度与黏度比、界面张力和剪切速率有关。对于稀牛顿流体，液滴的破碎趋势用无量纲量毛细管数（C_a）或 Weber 数（W_e）来表征。当 Weber 数超过临界值（W_{ecr}）时，变形的流体破碎成小液滴。W_{ecr} 是黏度比和流场类型的函数。在简单剪切流动中，黏度比高于临界值时，无论剪切速率如何，没有颗粒会被打碎。在拉伸流动中，W_{ecr} 降低，颗粒破碎对任何黏度比都是可能的。当黏度比变化，使得 W_{ecr} 最低时，颗粒最容易破碎。这种情况在黏度比接近于 1 时出现。在黏度比固定的情况下，颗粒半径越大就越容易变形。由于高分子具有黏弹性，弹性和屈服应力也会影响颗粒的形变和破碎速率。在这种情况下，Tylor 极限低估了最小颗粒尺寸。

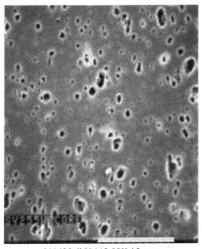

■图 3-31　等规聚丙烯反应器
合金横断面的 SEM 照片（低黏度比）

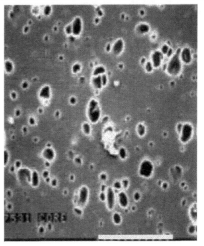

■图 3-32　等规聚丙烯反应器
合金横断面的 SEM 照片（高黏度比）

在 C_2 和 C_3 比例不变的情况下，分子量的改变与冲击强度的关系如图 3-33 所示。在低温下的悬臂梁冲击强度随着共聚物（弹性体相）黏度的增加而增加，达到最大值之后不再随着黏度的增加而增大，而落锤冲击强度在共聚物黏度为基体 2 倍时达到最大值。这说明为了实现多相材料理想的刚韧平衡，必须优化黏度比。悬臂梁冲击强度值对结构材料比较有意义，而落锤冲击强度值则对于有较大表面积的材料比较有意义。一般来讲，图 3-33 中，两条曲线同时具有最大值的部分能够实现最好的性能，在一种新产品的应用领域还没有被完全确定之前这一点尤其重要。

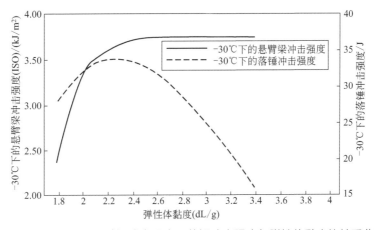

■图 3-33　-30℃下悬臂梁冲击强度和落锤冲击强度与弹性体黏度的关系曲线
（基体黏度为 1.2dL/g；C_2/C_3 = 20∶80）（MTM15701）

3.2.5.5 橡胶组成对性能的影响

橡胶相的组成也是决定多相材料性能的重要因素。组成主要由共聚物含量控制。有必要强调的是，除冲击强度之外的一些特殊性质也会受到影响，这些性质往往在特定应用中需要。图3-34是共聚物中乙烯含量不同时冲击强度与温度的关系。从图中可以看到，当 C_2/C_3 物质的量比为 50∶50 时，材料的综合性能是最好的。当橡胶相共聚物中的 C_3 含量较高时，橡胶相与基体组成比较接近，因此颗粒的分散性有所提高，这时的光学性能较好，室温下的冲击强度也较高，但是低温下的冲击强度下降得较为严重。而当共聚物中乙烯含量较高时，低温下的冲击强度较好，没有发生剧烈的下降。

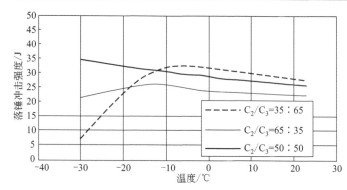

■图 3-34　不同 C_2/C_3 组成的多相等规聚丙烯材料的冲击强度和温度的关系曲线
（共聚物质量分数为 20%，黏度为 2.2dL/g，基体黏度为 1.2dL/g）

等规聚丙烯/橡胶多相材料在冲击作用下容易发生应力泛白，这是由橡胶粒子附近的银纹以及它带来的光散射所导致的。

银纹由以下现象引起。

① 当含有共聚物的多相材料冷却时，基体发生结晶进而带来体积收缩，这就对分散相施加了压缩应力。当材料受到冲击时，这种冻结的应力以银纹形式得到释放。

② 在富含乙烯单体的相中，可结晶的聚乙烯段的结晶对橡胶颗粒有松弛作用，这是因为聚乙烯位于橡胶颗粒内部，并且其结晶发生在基体结晶之后。这样，冻结的应力就会降低，在受到冲击时银纹较少。

③ 向多相共聚物中添加可结晶的聚乙烯是获得无发白抗冲共聚物的广泛采用的方法，其机理同上。聚乙烯的引入既可以通过增加聚合步骤，也可在复合阶段添加。

④ 当分散相具有多重组分时，体系的复杂性增加，此时要考虑的因素较多，包括组分、黏度和相对含量。上述因素需要认真考虑，以保证在共混阶段橡胶相的合理分散，并且避免松弛效应。松弛效应可导致基体与橡胶颗粒发生界面脱离，导致冲击强度的下降。

3.2.5.6 基于单活性中心催化技术的橡胶改性聚丙烯

用于乙烯和各种 α-烯烃共聚的单活性中心催化剂的发展使橡胶改性等规聚丙烯材料有了进一步的扩展空间。这种新催化剂的特点是，能够制备共聚单体较高的共聚物，无规共聚能力强，链间的组成分布窄（共聚单体在各个分子链间分布较均匀），分子量分布较窄，能够达到2。这些特点使得用这种催化剂制备的聚烯烃与用齐格勒-纳塔催化剂制备的聚烯烃相比，有着不同的玻璃化转变温度和结晶行为。用齐格勒-纳塔催化剂制备的聚烯烃共聚物分子链中，往往存在同种单体形成嵌段的情况，分子链间的组成分布也不均匀。在乙烯单体含量相同的情况下，齐格勒-纳塔催化剂共聚物的结晶度更高，并且具有较宽的玻璃化转变。目前，齐格勒-纳塔催化剂和单活性中心催化剂体系都可应用于反应器合金和共混型产品。

目前基于单活性中心催化剂的橡胶改性等规聚丙烯大部分都是机械共混产品，这是因为用单活性中心催化剂制备的不同烯烃单体共聚得到的弹性体比较容易获得。用单活性中心催化剂制备的聚烯烃弹性体以乙烯为基本单元，通过共聚单体的种类和含量来控制性能。这种弹性体具有一些特殊的性质，它们是线型低密度聚乙烯（LLDPE）的一种拓展产品，具有较低的结晶度，性质更接近弹性体。共聚单体包括丙烯、丁烯、己烯和辛烯，不同共聚单体的共聚物具有不同的折射率、溶解性、界面张力和玻璃化转变温度。

共聚物的流变性能与侧链的浓度和长度有关。共聚物的分子量分布较窄，在低剪切速率下表现出牛顿流体的行为。前面的章节中已经阐述，共聚物的黏度和表面张力对共混物的形态十分重要，单活性中心催化剂制备的共聚物能够通过单体和组分含量的选择实现对流变性能和表面张力的控制，因此这种共聚物与等规聚丙烯的共混物的形态能够得到充分有效的控制和设计，根据实际需要实现合理的橡胶颗粒尺寸和分散度，材料的冲击强度、雾度和光泽度等性能都能达到目的数值。图3-35是两种聚烯烃弹性体在低剪切速率下的黏度与剪切速率的关系，乙烯-辛烯共聚物（C_2C_8）用单活性中心催化剂制备，含有质量分数为25%的辛烯，多分散指数为1.95，熔体指数1.1g/10min，乙烯-丙烯共聚物（C_2C_3）用齐格勒-纳塔催化剂制备，含有质量分数为70%的丙烯，多分散指数为3.55，熔体指数1.0g/10min。可见用齐格勒-纳塔催化剂制备的弹性体表现出更显著的剪切变稀。

茂金属制备的聚乙烯弹性体的分子量一般都不高，另外，单活性中心催化剂的反应器合金抗冲共聚物工艺的发展也要比机械共混慢得多，就均聚物部分而言，茂金属等规聚丙烯的熔点较低，这也成为了茂金属反应器合金的一个受限之处。但是目前有商业化的反应器合金，其注塑制品具有好的刚韧平衡、高透明度、低可萃取物含量、低翘曲和优异的触感，可用于医疗器械、包装、密封和家用器具等领域。这些优异性能的结合使得这种产品还可应用于薄膜挤出工业。

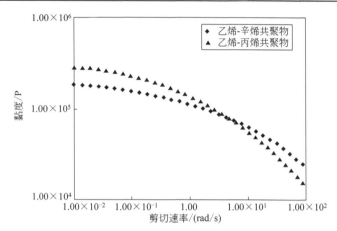

■图 3-35 低剪切速率条件下富含乙烯的乙烯-辛烯共聚物弹性体与富含丙烯的乙烯-丙烯共聚物弹性体的比较

($1P=10^{-1}Pa\cdot s$)

3.3 聚丙烯树脂的微观结构表征

在聚丙烯合成与制造业中，微观结构的表征对于新产品的开发、质量控制以及加工过程都有着重要的意义。本节以实验室常用的各种表征技术展开论述，涉及聚丙烯树脂分子链结构、形态、组成的表征以及热力学性质等。近年来，随着各种新型表征技术的不断涌现，聚丙烯树脂的表征工作在新材料开发和应用领域的地位越来越重要，因此希望本节介绍能向相关技术人员提供有用的技术参考。

3.3.1 凝胶渗透色谱分析

凝胶渗透色谱（gel permeation chromatography）是根据流体力学体积对聚合物进行分离的一种色谱技术，已经成为一种测量合成树脂分子量及其分布的主导技术。对于具有较高立构规整度的结晶型的均聚聚丙烯以及含有乙烯或 α-烯烃单体的共聚聚丙烯，只有在高温下才溶解，因此需要用高温GPC进行测量。

3.3.1.1 聚丙烯实验条件

对于聚丙烯，高温 GPC 实验温度通常在 135~150℃ 范围内，且从样品注射位置到色谱柱和检测器均需保持温度一致。所用溶剂和淋洗相一般为三氯苯（TCB），样品溶液浓度通常为 0.5~1.5g/L。常用的 GPC 色谱柱是由苯乙烯-二乙烯苯共聚物填充而成，有时也用多孔球形硅胶作为固定相，此时一般用邻二氯苯作为溶剂和淋洗相。

由于聚丙烯高温溶解时会被氧化降解，因此 GPC 实验的溶剂中需加入一定浓度的抗氧剂，如 2,6-二叔丁基-4-甲基苯酚。通常要使聚丙烯颗粒在 150℃ 完全溶解至少需要 4h，若分子量太大，则需更多时间。而且溶解过程最好在氮气氛围中进行，伴随微弱的搅拌，如果搅拌太过强烈会造成高分子量级分降解。

3.3.1.2 GPC 分子量分布及数据处理

(1) 分子量及其分布定义 由有机单体为原料，经聚合反应制得的聚合物（或称为高聚物），其分子量分布呈多分散性，为表征聚合物的分子量，需要用统计方法求出试样分子量的平均值和分子量分布。

① 平均分子量 对同一种试样，由于采用统计方法的不同，可能有几种计算平均分子量的方法，最常用的四种平均分子量的计算方法如下。

a. 数均分子量 $\overline{M}_n$ 是分子量按照分子数分布函数 $N(M)$ 的统计平均值。

$$\overline{M}_n = \frac{\sum_i N_i M_i}{\sum_i N_i} = \frac{\sum_i W_i}{\sum_i \frac{W_i}{M_i}} \tag{3-2}$$

式中，M_i 为多分散聚合物的分子量；N_i 为多分散聚合物的分子数；W_i 为多分散聚合物的质量。

b. 重均分子量 $\overline{M}_w$ 是分子量按照质量分布函数 $W(M)$ 的统计平均值。

$$\overline{M}_w = \frac{\sum_i W_i M_i}{\sum_i W_i} \tag{3-3}$$

c. Z 均分子量 $\overline{M}_z$ 是分子量按照 Z 值统计平均得到的相对摩尔质量，其中 $Z_i = W_i M_i$。

$$\overline{M}_z = \frac{\sum_i Z_i M_i}{\sum_i Z_i} = \frac{\sum_i W_i M_i^2}{\sum_i W_i M_i} \tag{3-4}$$

d. 黏均分子量 $\overline{M}_\eta$ 是考虑到聚合物分子量与溶液黏度的关联，但无明确物理意义。

$$\overline{M}_\eta = \left[\frac{\sum_i W_i M_i^\alpha}{\sum_i W_i} \right]^{\frac{1}{\alpha}} \tag{3-5}$$

式中，α 为描述特性黏度 $[\eta]$ 与聚合物平均分子量 $\overline{M}$ 相关联的 Mark-Houwink 方程式中的常数，随聚合物的种类的变化而改变。

由以上定义可知，同一种聚合物试样的不同种类的平均分子量，其数值各不相同，在一般情况下，对于多分散聚合物，其各种平均分子量的排列次序为：

$$\overline{M}_z > \overline{M}_w > \overline{M}_n \tag{3-6}$$

只有当聚合物的分子量是均一的情况下，才为：

$$\overline{M}_z = \overline{M}_w = \overline{M}_n \qquad (3\text{-}7)$$

对于黏均分子量 $\overline{M}_\eta$,只有当 $\alpha=1$ 时,$\overline{M}_\eta = \overline{M}_w$,而当 $0<\alpha<1$ 时,则 $\overline{M}_w > \overline{M}_\eta > \overline{M}_n$。

② 分子量分布　聚合物是分子量不同的高分子化合物组成的同系混合物,其分子量分布受聚合方式及聚合条件的影响而有所不同。聚合物的分子量分布是指试样中各种分子量组分在总量中所占的比重,可以用分子量分布曲线(或分布函数)来表示均一性、具有不同链长分子的聚合物的质量或数量分布情况。分子量分布还可以用表示多分散程度的参数来表示,如用分布宽度指数 W_1 来表示,它是指 $\overline{M}_w/\overline{M}_n$ 的比值。W_1 值越大,表示聚合物分子大小差别越大,其多分散程度越严重。

③ 测定分子量分布的意义　聚合物的物理、力学性能不仅与平均分子量有密切关系,还受分子量分布的影响,分子量分布是表征聚合物分子链长短的重要参数。在高分子材料的加工工艺中,需将其加热熔化成流动的熔体,再经模压、拉伸或吹塑制成成品,熔体黏度强烈依赖聚合物分子量分布。而 GPC 正好提供了测定分子量分布的快速方法,对研究聚合物的加工性能提供了关键性的数据。因此它在优化高分子材料的加工工艺、研究高分子材料的结构和性能的关系中发挥了重要的作用。

(2) GPC 谱图解析及数据处理

① 典型的 GPC 谱图　在 GPC 谱图中,纵坐标是示差折光检测器的浓度监测信号 R_c,横坐标是流动相的淋洗体积(又称保留体积)V_e。其中,R_c 的值与该级分的样品数量有关,表征了样品某一级分的质量分数;而 V_e 与分子量的对数值成比例,表征了分子量。因此 GPC 谱图可看成是以分子量的对数值为变量的微分质量分布曲线。

对于单分散型的高聚物,其色谱图的保留体积即表征了样品的分子量。若为一个多分散的聚合物,则色谱图呈现分布较宽的色谱峰,此峰是由多个组分的峰叠加而成,如图 3-36 所示。

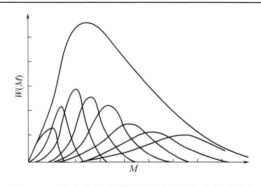

■图 3-36　聚合物单分散性分子量分布曲线的叠加

② **分子量校正曲线** 由 GPC 谱图计算样品的分子量分布的关键是把 GPC 曲线中的淋洗体积 V_e 转换成分子量 M。这种分子量的对数值与淋洗体积之间的关系曲线（lgM-V_e 曲线）称为分子量校正曲线。该曲线测量的精度直接影响 GPC 测定的分子量的精度，因此分子量校正曲线的确立成为 GPC 实验中关键的一环。

校正曲线的测定方法很多，大致可分为两大类，即直接校正法和间接校正法。直接校正法有单分散标样校正法、渐近试差法和窄分布聚合物级分校正法等；间接校正法有普适校正法、无扰均方末端距校正法、有扰均方末端距校正法等。

3.3.2 光谱技术分析

3.3.2.1 红外和拉曼光谱

(1) 技术介绍 振动光谱是表征聚合物结构常用的一种方法，其中一个重要的优点是能快速简易地提供各种结构信息。红外（IR）和拉曼（Raman）光谱都是振动光谱，前者是振动吸收光谱，后者是激光散射光谱，在多数情况下，这两种光谱信息是互补的，而且两种光谱方法在制样方面有很大区别。在红外吸收光谱实验中，要求样品很薄，通过探测透射光能量进行信号采集。如果不易制成薄片或不透明的样品，要采用反射模式而不能用透射模式采集信号。对于拉曼光谱，原则上无须制样就可以进行光谱采集，但是在采集聚合物样品的拉曼光谱时，荧光干扰是一个较大的难题。傅里叶变换拉曼光谱技术可以解决这一难题，采用的光源是近红外光源（约 $4000 \sim 11000 cm^{-1}$），但是信号较弱。

关于红外和拉曼光谱在聚丙烯中的应用有大量的文献报道，包括基础性的化学结构和物理特性研究以及实际生活中的应用，如司法部门对材料循环变化过程的鉴别。还有一些其他特性研究，如表面分析、显微镜、在线分析、扩散分析等。接下来简要列举红外和拉曼光谱在聚丙烯结构表征中的主要应用，即如何用振动光谱研究分子的构型、取向、变形和降解机理。

(2) 在聚丙烯结构表征中的应用

① **分子构型、构象及分子链结构** 聚丙烯有等规、间规和无规三种立体构型，其中等规和间规聚丙烯属于立构规整性聚合物，而表示立构规整性的参数称为等规度。等规度越高，结晶度越高，熔点与软化点越高，机械强度也越高。因此判断聚丙烯的构型与等规度对聚丙烯产品性能控制起关键作用。

无规和等规聚丙烯的谱图都含有一些 CH_2 和 CH_3 的特征谱带及其他相关振动叠加谱带。通过专门的理论和实验处理方法可以从这些特征谱中推断出聚丙烯的构象。对于固体等规聚丙烯材料，在 $800 \sim 1200 cm^{-1}$ 范围内多出一些特征峰（表 3-9），这归因于等规聚丙烯中规整构象的 3_1 螺旋结构。其中两个螺旋结构谱峰 $998 cm^{-1}$ 和 $841 cm^{-1}$ 只有当螺旋周期中分别含有至少 11 个和 14 个重复单元时才会出现。而 $973 cm^{-1}$ 谱带也会在等规聚丙烯熔体的光谱中出现，这是较短螺旋结构引起的，对于不同的等规聚丙烯材料，该峰的强度和位置会有变化,通常会分裂成两个强峰,分别在 955cm^{-1} 和 973cm^{-1},而无规聚丙烯只在 973cm^{-1} 有强吸收带,在 955cm^{-1} 只有肩峰。

由于聚丙烯形成螺旋结构的能力依赖于等规度,因此也可以从螺旋结构谱带来测量聚丙烯等规度。在众多的螺旋结构谱带中,998cm^{-1} 和 973cm^{-1} 两个谱带的吸光度比值 A(998cm^{-1})/A(973cm^{-1})是最常用的。拉曼和红外光谱测量聚丙烯等规度时,要先用其他直接测量方法,如 NMR 的测量结果进行工作曲线校正。另外测试的样品必须是在与校正样品同样的固化条件下制样。另一方面,通过这些谱带也可以估算结晶度与材料的加工参数之间的关系。对于等规聚丙烯中无定形相,其特征谱带在 1154cm^{-1}。

对于间规聚丙烯谱图要复杂一些,因为人们已经观测到它至少存在三种以上构象,这些构象与等规聚丙烯中常规构象不同,因此从振动光谱可以很容易区分两种聚丙烯。间规聚丙烯中常规的两个构象是 2_1 螺旋构象和平面 zig-zag 构象,分别对应谱带 977cm^{-1} 和 962cm^{-1}。另外两个构象结构都会出现 867cm^{-1} 谱带,因此该谱带常用作测量间规度。头-头聚合时在 755cm^{-1} [—(CH$_2$)$_2$—]和 1030cm^{-1} [—CH(CH$_3$)—CH(CH$_3$)—]出现特征振动谱带。

在等规聚丙烯中三维结晶结构也会造成特征峰的分裂,但是由于这种分裂很小,通常情况下无法分辨,只有在低温光谱下才能实现分辨。等规聚丙烯中不同晶型和介晶相与链的堆砌方式密切相关,而不同的堆砌方式会影响 CH 振动谱带的强度,因此可以用这些谱带研究晶型之间的转变情况。

在低频拉曼光谱区域,所谓的纵向声学模式(longitudinal acoustic modes, LAM)与材料的片晶结构有关,其振动频率与片晶的厚度有关。尽管两者之间的定量关系还没有被验证,但是已经证明了两者存在反比的关系。而且这些 LAM 谱带在低频拉曼区域位于 10~20cm^{-1},人们已经通过探测这些谱带来比较不同聚丙烯材料中的片晶厚度。半结晶型等规聚丙烯常用的振动谱带见表 3-9。

■表 3-9 半结晶型等规聚丙烯常用的振动谱带(主要参考文献, 实际的振动频率受仪器型号、分析方法以及样品种类影响)

拉曼频率/cm^{-1}	红外频率/cm^{-1}	主要振动基团
—	2956vvs	ν CH$_3$ asym.
2952m	2953vvs	ν CH$_3$ asym.
2920m	2921vvs	ν CH$_2$ asym.
2905m	2907sh	ν CH
2883s	2877vs	ν CH$_3$ sym.
2871w	2869vs	ν CH$_2$ sym.
2840m	2840vs	ν CH$_2$ sym.
1458vs	1460s	δ CH$_3$ asym., δ CH$_2$
1435w	1434m	δ CH$_3$ asym.
1371sh	1370s	δ CH$_3$ sym., ωCH$_2$, δ CH, ν CC$_b$
1360s	1357m	δ CH$_3$ sym., δ CH
1330vs	1326vw	δ CH, τ CH$_2$
1306vw	1305w	ωCH$_2$, τ CH$_2$
1296vw	1296vw	ωCH$_2$, δ CH, τ CH$_2$

续表

拉曼频率/cm^{-1}	红外频率/cm^{-1}	主要振动基团
1257w	1255w	$\delta CH, \tau CH_2, \rho CH_3$
1219s	1220vw	$\tau CH_2, \delta CH, \nu CC_b$
1167sh	1164m	$\nu CC_b, \rho CH_3, \delta CH$
1152vs	1154w	$\nu CC_b, \nu C-CH_3, \delta CH, \rho CH_3$
1102w	1101vw	$\nu CC_b, \rho CH_3 \omega CH_2, \tau CH, \delta CH$
1040s	1045vw	$\nu C-CH_3, \nu CC_b, \delta CH$
998m	998m	$\rho CH_3, \delta CH, \omega CH_2$
973s	973m	$\rho CH_3, \nu CC_b$
941m	940vw	$\rho CH_3, \nu CC_b$
900m	900w	$\rho CH_3, \rho CH_2, \delta CH$
841vs	841m	$\rho CH_2, \nu CC_b, \nu C-CH_3, \rho CH_3$
809vs	809w	$\rho CH_2, \nu CC_b, \nu C-CH_3$
530m	528w	$\omega CH_2, \nu C-CH_3, \rho CH_2$
458m	456vw	ωCH_2
398s	396vvw	$\omega CH_2, \delta CH$
321m	320vvw	ωCH_2
252m	248vvw	$\omega CH_2, \delta CH$

② 分子取向和变形　在研究材料加工参数与力学性能时，分子取向是一个关键的参数，通过红外和拉曼光谱都可以测量分子的取向，但是拉曼光谱相对于红外光谱处理起来要更复杂一些。在研究分子取向时，要用一束偏振光，即在红外光谱仪中加入一个偏振器，得到电矢量只在一个方向的偏振光。这束光射到取向高聚物时，若基团振动偶极矩变化的方向与偏振光电矢量方向平行，则该基团的振动吸收有最大的吸收强度；反之，若二者垂直，则该基团的振动吸收强度为零。聚合物试样这种在两个垂直方向上对偏振光具有不同吸收的现象称为二向色性。对于单轴取向聚丙烯具有两个吸光度$A_{//}$和$A_{\perp}$，它们分别对应平行和垂直试样拉伸方向的偏振光，样品的二向色性比R可用$A_{//}/A_{\perp}$的比值来表示。红外谱带809cm^{-1}、841cm^{-1}、973cm^{-1}和1154cm^{-1}被用来研究聚丙烯的取向。同样的，红外和拉曼光谱研究取向因子时需要用其他技术测得取向因子进行校正，如广角X射线散射仪。通常选用1460cm^{-1}谱带作为内标峰，这是因为两个方向的取向结构对该谱带都有贡献，也即它对于聚丙烯取向不敏感。

除了取向结构，一些红外和拉曼谱带对外界应力也比较敏感，如可以用红外和拉曼光谱研究材料的变形。应力通常会影响谱带位移和峰形，其中峰位移常被用来研究应力，而峰形只作为不均匀应力分布的一种证明。通常对外界应力最为敏感的振动是沿着骨架方向的C—C振动谱带。据报道，1164cm^{-1}谱带是其中一个对应力最为敏感的谱带，通常有-20cm^{-1}/GPa的位移量。此外，谱带敏感效应也与外界温度、材料形貌有关。对于聚丙烯材料，在大部分情况下这些敏感效应是负的，但也有少数情况是正效应。

近来随着一些新的技术手段和分析方法的发展，红外和拉曼光谱在聚丙烯材料中的应用也越来越广泛。其中二维红外光谱的出现，可以研究材料在外界各种微扰作用下的变化过程，这些微扰有温度、应力、频率等。如可以研究聚丙烯中结晶谱带与无定形谱带在这些微扰作用下的变化，从而研究材料内部结构对于外界作用的变化机理。

③ 共聚和共混聚丙烯成分研究　红外光谱法在测量乙烯-丙烯共聚物的乙烯含量时具有独特优势，快速、简易、准确。孤立的乙烯共聚单元[—$(CH_2)_3$—]，即使含量很低，在低频区域 733cm^{-1} 也会出现特征谱带。对于含有少量乙烯的无规共聚聚丙烯，只在该谱带出现一个峰；若为多相共聚聚丙烯，如果其结构中含有两个以上乙烯连排序列，则该谱带分裂成两个峰，即 730cm^{-1} 和 721cm^{-1}。同样对于聚乙烯/聚丙烯共混体系也会出现这两个谱带。但是多相共聚和共混聚丙烯，这两个谱带的峰形有差别，前者两个峰会有一定重叠，不能完全分辨；而后者两个峰各为一个尖锐的吸收峰，分辨较好。因此，在一般情况下可以很容易地通过红外光谱鉴别乙烯-丙烯共聚物与聚乙烯/聚丙烯共混物。

用 730cm^{-1} 谱带的吸光度强度也可以定量测量乙烯单体含量，这时一般选用 4323cm^{-1} 吸收峰作为内标峰，消除样品厚度带来的误差。同样在建立工作曲线时，所选标样的乙烯共聚单体含量要先用 NMR 方法测出。此外，也可以测量乙烯-丁烯-丙烯三元共聚物，其中丁烯特征谱带为 760cm^{-1}。

④ 降解过程　红外光谱是研究聚丙烯降解和稳定性的一种最常用的手段之一。聚丙烯的红外特征参数可以用来研究聚丙烯的热氧降解。有文献报道采用羰基指数和羟基指数来表征没有添加抗氧剂的聚丙烯粉料的热降解。

在此引入了羰基指数增加率的概念，定义羰基指数增加率为：

$$Q = \frac{CI - CI_0}{CI_0} \tag{3-8}$$

式中，Q 表示聚丙烯粉料的羰基指数增加率，％；CI 表示聚丙烯粉料热氧降解产物的羰基指数；CI_0 表示未进行热氧老化处理前的聚丙烯粉料（空白对照试样）的羰基指数。于是，羰基指数增加率 Q 表征了在热氧降解过程中大分子短链的生成率，因而，就可以用来表征和评估聚丙烯粉料在热氧降解过程中的降解程度。通过研究热氧老化处理时间对聚丙烯粉料的羰基指数增加率的影响，可以进一步研究聚丙烯粉料的热氧降解的动力学过程。

3.3.2.2　核磁共振

(1) 技术介绍　核磁共振（NMR）与红外、紫外光谱一样，实际上都是吸收光谱，只是 NMR 相应的波长位于比红外线波长更长的无线电波范围内。物质吸收电磁波的能量较小，从而引起的只是电子及核在其自旋态能级之间的跃迁。原子核能绕着核轴自旋具有自旋磁矩，在一般情况下，原子核的磁矩可以任意取向。当把原子核放入均匀磁场中，核磁矩就会沿着外界磁场的方向采取一定的量子化取向，取向数与核自旋量子数有关，也使得原来简并的能级分裂，能级差与外界磁场成正比。这些分裂后的核量子态的能级之间也能产生跃迁，只要外加一个其能量满足能级差的射频场，则低能级的核吸收射频场能量可以跃迁到高能级，从而产生核磁共振吸收，探测这些吸收谱带即为核磁共振谱。核磁共振谱常按测定的核分类，测定氢核的称为氢谱（^1H NMR）；测定碳-13 核的称为碳谱（^{13}C NMR）。前者是研究化合物中^1H 原子核（也即质子）的核磁共振，可提供化合物分子中氢原子所处的不同的化学环境和它们之间相互关联信息，依据这些信息可确定分子的组成、连接方式及其空间异构等。后者是研究化合物中^{13}C 核的核磁共振情况，能够直接测定分子骨架结构，分辨率较高，但是灵敏度低。

（2）聚丙烯结构中的应用　NMR 是高聚物研究中很有用的一种方法，在聚丙烯领域，常用来研究共聚物组成、序列分布以及高聚物的立构规整性。只要 NMR 有足够的分辨，可以不用已知标样，直接从谱峰面积得出定量计算结果。但应当注意一般的 NMR 测定中，要求把试样配成溶液，如聚丙烯要溶解在二氯苯中，要选择适当的温度和浓度，以避免黏度太大给测量带来的不便。借助于高分辨固体核磁技术的发展，固体试样也可以直接被测量。

① 共聚物组成的测定（氢谱无法用来准确计算乙烯含量）　^{13}C-NMR 在研究抗冲聚丙烯乙烯含量及序列分布方面有着重要应用。由于抗冲聚丙烯具有良好的性能，因此在家用电器和汽车零部件等领域有着广泛应用，其性能与结构之间存在密切联系，为了研究其序列结构必须依靠^{13}C-NMR。Cheng 等用^{13}C-NMR 研究了 EPR 橡胶以及典型的抗冲共聚聚丙烯的 NMR 谱图；马德柱等用^{13}C-NMR 方法研究了五种高抗冲共聚聚丙烯的序列结构，比较了各种序列长度的含量和分布情况，对材料性能的研究提供了数据支持。

② 聚丙烯立构规整度　NMR 另一个重要的优点是能够直接获取聚合物分子结构信息，如均聚聚丙烯的立构规整度。在一般情况下，这些结构信息往往与聚丙烯聚合过程中所用催化剂的性能直接相关。因此，NMR 研究结果有助于改进催化剂的结构设计。图 3-37 是不同空间立构规整性的两种聚丙烯的宽带去耦^{13}C-NMR 谱图。从图中可以观察到，空间立构不同对—CH_3 基团的化学位移影响较大，依据谱图中 mm、rr、mr 等的峰强可以计算聚丙烯的空间立构。

图 3-38 展示了一幅典型的高等规度均聚聚丙烯的^{13}C-NMR 谱图。其中化学位移在 21.84 的 m 的强峰证明了聚丙烯存在 mmmm 五单元组构象。

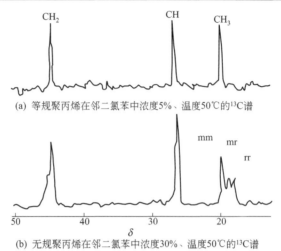

(a) 等规聚丙烯在邻二氯苯中浓度5%、温度50℃的^{13}C谱

(b) 无规聚丙烯在邻二氯苯中浓度30%、温度50℃的^{13}C谱

■图 3-37　等规和无规聚丙烯宽带去耦^{13}C-NMR谱图

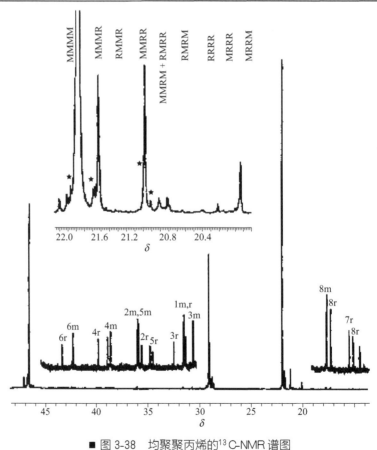

■图 3-38　均聚聚丙烯的^{13}C-NMR谱图

③ 高聚物分子运动的研究　核磁共振谱的峰宽与弛豫时间有关。依照测不准原理，弛豫时间越短，峰宽越宽。在一般横向弛豫（自旋-自旋弛豫）中，气体、液体弛豫时间约为1s，固体高聚物的是$10^{-5} \sim 10^{-3}$s，所以使用固态或黏稠液态的高聚物样品时，测得谱线很宽，甚至几个峰会叠加在一起。随着温度升高，高分子运动逐渐加剧，弛豫时间增加，谱线形状发生变化。若用谱线的半峰宽ΔH表征峰的宽度，测定ΔH随温度的变化曲线，就可以研究高聚物的分子运动。

④ 高分辨固体核磁共振　采用一般的高分辨溶液核磁共振研究固体聚合物时，由于分子在固体中无法快速旋转，因此几乎所有的各向异性的相互作用均被保留而使谱线增宽，以至于无法分辨谱线的精细结构。为此近几年发展了一种高分辨固体核磁共振技术，魔角旋转（magic angle spinning）、高功率去耦（dipolar-decoupling）和交叉极化（cross polarization）的方法，可以用于研究聚合物在固态下的结构，如高分子构象、晶体形状和形态特征等。如用高分辨固体核磁研究聚乙烯、聚丙烯等体系的支化结构。Katja等使用魔角旋转和高功率去耦的优化方法，通过熔体^{13}C核磁共振谱不仅对聚乙烯中长支链的含量进行测定，也定量测定了丙烯-α-己烯共聚物中共聚单体的含量，也即含有4个C原子的支链的含量。

3.3.3　热力学分析

现代热分析是一个广泛的概念，是分析物质的物理参数随温度变化的有关技术。国际热分析协会将热分析定义为"热分析是测量在受控程序条件下，物质的物理性质随温度变化的函数关系的一组技术。"其中物质是指被测样品，程序升温一般采用线性程序，也可使用温度的对数或倒数程序。常用的热分析技术有热重分析（thermal gravimetric analysis，TA）、示差扫描量热（differential scanning calorimetry，DSC）、热机械分析（thermomechanical analysis，TMA）以及动态力学分析（dynamic mechanical analysis，DMA）等。热分析技术通过测量热量变化与力学模量来研究聚丙烯材料的结晶性能以及一些转变过程，如玻璃化转变、结晶熔融、结晶温度等。

3.3.3.1　热重分析仪

热重法又称热失重法，是在程序升温的环境中，测量试样的重量对温度（或时间）的依赖关系的一种技术。在热谱图上横坐标为温度T（或时间t），纵坐标为样品保留重量的分数，所得的重量-温度（或时间）曲线呈阶梯状。可以看出有的聚合物不止一次失重，每次失重的百分数可由该失重平台所对应的纵坐标数值直接得到。失重曲线开始下降的转折处即开始失重的温度为起始分解温度，曲线下降终止转为平台处的温度为分解终止温度。热重法是测定聚合物热稳定性常用的方法之一。

3.3.3.2 示差扫描量热仪

DSC 是使试样和参比物在程序升温或降温的相同环境中,用补偿器测量使两者的温度差值保持为零所必需的热量值对温度(或时间)的依赖关系的一种技术。DSC 谱图横坐标为温度 T,纵坐标为热量变化率 dH/dt,得到的 (dH/dt)-T 曲线中出现热量变化峰或基线突变的温度与聚合物的转变温度相对应。

DSC 也可以与 TG 联用,测量聚合物反应过程,如熔融、气化、升华和热降解。可以用来表征聚丙烯玻璃化转变温度 T_g、熔融温度 T_m、结晶温度 T_c 以及结晶度等参数,图 3-39 为典型 DSC 曲线。

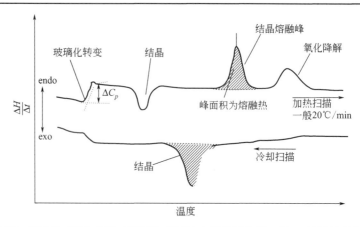

■图 3-39 聚合物 DSC 曲线(测量的重要热力学参数有 T_g、T_m、熔融热焓和 T_c)

3.3.3.3 热机械分析仪

热机械法是静态热-力法,设备简单,操作方便,能获得聚合物主要的热转变温度的信息。它是在程序控温的条件下,给试样施加一定量的负荷(恒力),试样随着温度(或时间)的变化而变形,用特定的方法测定这种形变过程,最后以温度对形变作图,便得到温度-形变曲线(图 3-40),称为热机械曲线。施加给试样的恒力可以是压缩力、拉伸力或弯曲力等,通常为压缩力。该方法用来测量聚合物材料的模量,但是其对力学模量-温度的关系测量是一种半定量的方法。

3.3.3.4 动态力学热分析仪

DMTA 是在程序升温过程中,给试样施加一个振荡的力学变形模式,测量力学模量-温度曲线的一种技术。图 3-41 是乙丙橡胶/聚丙烯共混物的 DM-TA 曲线,其横坐标是温度,纵坐标是 lgE、$tan\delta$。其中 $tan\delta$-T 曲线中的峰位对应于玻璃化转变温度。在 DMTA 实验中,通常可以实现的温度范围为 -150~300℃,常用频率范围是 0.033~90Hz,根据不同的测量模式选用不同样品夹具,可以用来研究样品的黏弹性、玻璃化转变温度、交联程度等。

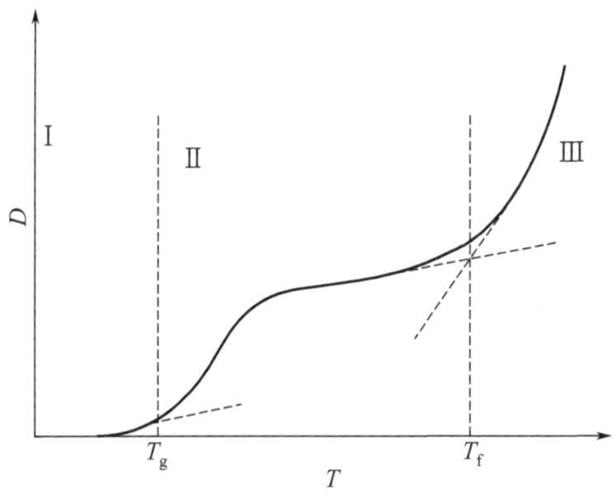

■图3-40 无定形聚合物的温度-形变曲线
Ⅰ—玻璃态；Ⅱ—高弹态；Ⅲ—黏流态

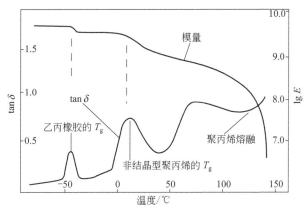

■图3-41 乙丙橡胶/聚丙烯共混物的DMTA测量曲线

3.3.4 X射线散射分析

3.3.4.1 X射线散射技术

X射线散射技术（X-ray scattering techniques）是常用的非破坏性分析技术，可用于揭示物质的晶体结构、化学组成以及物理性质。这些技术都是以观测X射线穿过样品后的散射强度为基础，并根据散射角度、极化度和入射X射线波长对实验结果进行分析。X射线散射技术可在许多不同的条件下进行分析，例如不同的温度或压力。通常选用Cu-K$_\alpha$线作为X射线激发光源，波长为0.15418nm，照射到试样上时，可以达到最佳的分辨率和散射强度。可以用来研究聚合物晶体结构、结晶度、试样形貌、片晶厚度等。X射线散射技术有两种：广角X射线衍射（WAXD）和小角X射线散射（SAXS）。前者在大角度测量散射光强度，测定的晶格间距在零点几纳米到几纳米，后者在小角度范围内测量，可测定几纳米到微米量级的长周期结构。对于高分子材料 SAXS 相当重要。

3.3.4.2　X 射线散射对聚丙烯材料的研究

同种聚合物在不同的结晶条件下可能会形成不同晶型的晶体。用 WAXD 可以很清晰地判断等规聚丙烯的不同晶型 α、β 和 γ。如图 3-42 所示，三种不同晶型的衍射峰有着明显区别。同样，也可用 WAXD 来观察和测量间规聚丙烯的晶体结构和结晶参数。

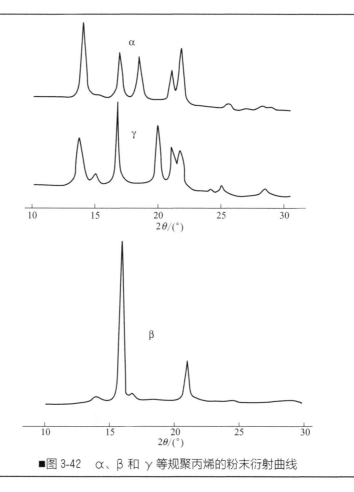

■图 3-42　α、β 和 γ 等规聚丙烯的粉末衍射曲线

WAXD 还可以用来分析聚丙烯共混物与共聚物体系。这是因为共聚物结构取决于各单体在形状和尺寸上是否相似，也与分子链侧基的大小有关，因此共聚物的 X 射线衍射图可能是两种均聚物衍射图重叠，或者是共聚后不结晶，衍射图为弥散峰。而相对于共聚物，共混物的衍射图通常是各组分衍射的叠加，而且各组分对强度的贡献与组分成正比。但有时结晶生长时两组分的分子链互有扩散，则衍射图取决于共混和结晶条件。刘平安等用广角

X 射线衍射（WAXD）方法研究了不同接枝聚丙烯对聚丙烯/尼龙 6 共混物结晶行为的影响。结果表明，与简单机械共混物相比，由于增容剂的加入，聚丙烯的结晶行为发生变化，不同晶面的生长速率不同，且在所研究的范围内随增容剂含量的增加，聚丙烯的结晶能力有增强的趋势。

WAXD 还用来观察聚丙烯拉伸膜的结晶取向行为，能够直观地看到晶核的形成和取向。

由于 SAXS 可以研究数纳米到几十纳米的高分子结构，因此主要用来测量片晶尺寸、长周期、溶液中聚合物分子的回转半径、共混物和嵌段共聚物的层片结构等。马桂秋等用 X 射线小角散射研究聚丙烯/顺丁橡胶和聚丙烯/乙丙橡胶合金中分散体系尺寸分布；讨论了两合金体系中分散相的形态，并评价了上述聚合物合金结晶特征及结晶尺寸分布。又如对取向结晶聚丙烯的研究，N. Stribeck 等用时间分辨的 SAXS 技术来观察聚丙烯熔融淬火结晶过程中结晶取向与等温结晶温度和时间的关系，以及以 100℃/min 的降温速率降至 150℃、109℃和 81℃后停留不同时间时的结晶取向，研究不同等温结晶条件以及非等温结晶条件下晶体的纳米结构变化（如取向、尺寸和结晶度等）以及结晶机理。如图 3-43 所示，SAXS 结果表明，在 155℃等温结晶时主要表现的是初级结晶过程，形成片晶结构，随着选择的等温结晶温度的降低，二级结晶过程越来越明显。

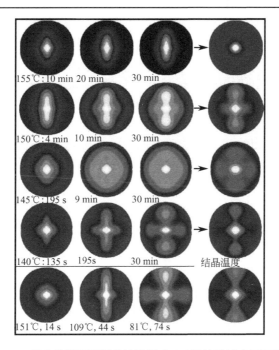

■图 3-43 用 SAXS 观察等规聚丙烯从熔融温度 171℃快速淬火至不同等温结晶温度并停留不同时间后的晶体取向（图最右侧是冷却至室温下的散射图，图最下列是以 100℃/min 快速淬火至不同温度下放置一定时间后的散射图）

近来，聚丙烯纳米填充粒子材料的开发和应用越来越深入，SAXS 的作用也越来越明显。A. Rasheed 等就用 SAXS 分析了聚丙烯/层状硅酸盐纳米复合材料的结晶行为和晶体形态。

3.3.5 分级技术

结晶型聚烯烃为非均相材料，分子链结构及其不均一性直接对产品的性能和用途有影响。所以对聚烯烃分子链结构及其分散性的表征越来越受到重视。常用的分级技术有按结晶性能分级的升温淋洗分级（temperature rising elution fractionation，TREF）和结晶分级（crystallization fractionation，CRYSTAF）；还有按分子量进行分级的逐步沉降法分级和梯度淋洗柱分级以及两种分级方法联用的交叉分级技术。

3.3.5.1 升温淋洗分级

TREF（temperature rising elution fractionation）是一种通过连续或阶梯式升温淋洗将结晶型聚合物进行分级的分离技术，进而可以鉴定出复杂混合物中的单独成分。这种方法能使人们了解复杂混合物中的每一种成分所处的位置及作用，该技术在聚丙烯表征中的应用，有助于更好地理解聚丙烯微观结构的分散性、聚合机理及催化剂的性质。

TREF 在聚烯烃中的广泛应用与聚烯烃的特点有关：①大多数聚烯烃是可结晶的；②聚烯烃在高温（＞100℃）下能溶解在溶剂中（如二甲苯、三氯苯和邻二氯苯），无须任何专门冷却设备分级就可以进行，而且温度也易控制；③由传统 Ziegler-Natta 催化剂制备的聚烯烃不均一结构包括宽的分子量分布、组成分布、立构规整度的分布使聚合物在较宽温度范围内分级成为可能，并使它们适合于 TREF 分级。

实验用的 TREF 装置有两种：分析型 TREF 和制备型 TREF。分析型 TREF 通常是自动化的，它和其他分析仪器相连接，如 IR、GPC，聚合物级分的结构可以被即时测定；制备型 TREF 用于获得大量的聚合物级分，这些聚合物级分可以用 GPC、NMR 和 DSC 离线表征。制备型 TREF 耗时，但通常能比分析型 TREF 提供更多的信息，而且经常用于聚丙烯的分析。

TREF 广泛应用于聚丙烯树脂的结构分级。通过分级研究不同材料的等规度分布及乙烯共聚单体分布等。已有的研究表明，将冷却速率降低到 2℃/h 后，进一步降低冷却速率不再影响分级的分离效果；相对分子质量大于 10000 后，可以忽略端基对溶解度的影响，从而级分相应的淋洗温度将主要取决于分子链的等规度和组成；使用良溶剂有较好的分离效果；而使用不良溶剂升温淋洗则可按照分子量的大小对样品进行分级。

相对于均聚聚丙烯，近年来共聚聚丙烯以其优越的性能而广泛应用，它的结晶性能除了与立构分布有关以外，也与其组成分布和序列分布有关，因此它的级分更加复杂。研究表明，对低含量共聚单体的聚丙烯，共聚单体的插入会改变分子链的规整性，通过 TREF 分级试验能够表征其等规度的分布。图 3-44 给出了三种不同等规度分布的聚丙烯的 TREF 淋洗量累积曲线，可以看出无规共聚物 A 样品的淋洗量累积曲线相对于另外两个均聚聚丙烯样品 B 和 C 移向更低温的范围，说明乙烯的共聚降低了分子链的规整性。

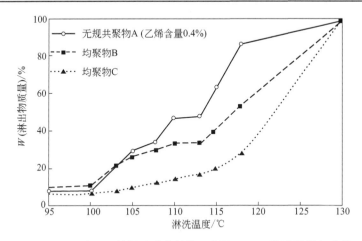

■图 3-44　三种不同等规度分布的聚丙烯的 TREF 淋洗量累积曲线

Feng 等选用一种商业牌号为 KV202 的无规共聚聚丙烯，对该无规共聚物在 18～123℃范围内进行了 16 个温度的分级，采用 NMR、IR 测得每个级分中的乙烯含量及三单元、二单元序列的含量。结果表明，淋洗级分中乙烯含量随着淋洗温度的提高而减少，说明所表征的无规共聚聚丙烯树脂分子链的化学组成有较宽的分布（图 3-45）。

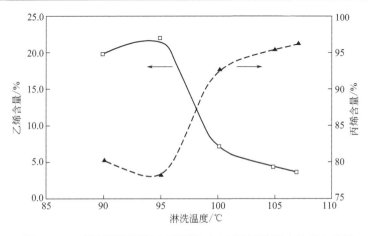

■图 3-45　无规共聚聚丙烯中乙烯相对 TREF 淋洗温度的分布曲线

薄等对另一个乙烯含量5.1%（摩尔分数）商业化无规共聚聚丙烯进行了TREF分级，采用WAXD考察了级分样品的结晶，未发现聚乙烯的结晶，说明乙烯链段不足够长，不可能形成结晶。

Mirabella应用TREF来研究高抗冲聚丙烯共聚物，他把这种抗冲共聚聚丙烯的TREF曲线划分为三个区域，每一部分都具有明显不同的性质：乙丙无规共聚物［EPR，约占17%（质量分数）］，主要以不连续相的粒子分散在聚丙烯基体中；可结晶的乙丙共聚物（约占8%），其主要成分为含小于8%丙烯共聚单体的富含乙烯的共聚物；高等规聚丙烯均聚物［约占75%（质量分数）］和少量的PE均聚物。

Hongbin Lu等用TREF对等规聚丙烯进行分级，联合其他表征技术研究其结晶和熔融行为。实验表明，同样分子量和等规度的聚丙烯，其等规度分布不同表现出的结晶行为和结晶类型也不相同。

Junting Xu小组用TREF对非均相Ziegler-Natta（Z-N）催化剂合成的聚丙烯进行分级，研究不同内给电子体对聚丙烯等规度分布的影响。TREF分级结果表明，含有芳香树脂结构的内给电子体催化剂合成的聚丙烯具有较窄的等规度分布。他们还对分级的第一级分进行分子量测量，发现内给电子体的加入不仅使得该级分的分子量降低，分子量分布变窄，也使等规度降低。这说明内给电子体对非等规活化点的影响要比对等规活化点的影响大。

3.3.5.2 结晶分级

CRYSTAF法是依据与TREF同样的原理，将加热溶解的高聚物稀溶液缓慢降温，聚合物从溶液中缓慢结晶析出，结晶过程中在线测定不同温度下溶液的浓度，经微分处理转换为结晶分布曲线，从而得到高聚物分子链结构的信息，分析高聚物的组成。

CRYSTAF也广泛应用聚烯烃结晶性能研究，如不同乙烯单体含量的无规聚丙烯结晶行为的研究，用CRYSTAF可以实现快速结晶行为分析。图3-46给出两种编号为4、5的聚丙烯试样的CRYSTA分级结果。根据IR和GPC表征结果，得知试样5比试样4分子量大，且乙烯单体含量高。分级结果显示，虽然试样5具有较高的分子量，有利于结晶的成核，但其分子链中由于含有较多的乙烯结构单元或序列，破坏了分子链的规整性，其结晶分布还是移向较低的温度范围。

3.3.5.3 分子量分级技术

通常，高分子聚合物是具有不同分子量的高分子同系物的混合物，其平均分子量及分布情况与该聚合物的加工性能（流变性能、加工条件等）密切相关，更和聚合物材料的宏观力学性能密切相关，尤其是分子链立构规整性或化学组成在不同分子量组分中的分布同样会影响材料的宏观性能。因此需要对合成的聚合物进行分子量的分级，再进一步分析其微观结构。有时为了得到分子量分布极窄的聚合物标准样品，也需用分级方法来

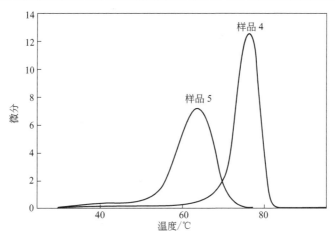

■图 3-46　两种聚丙烯试样的 CRYSTAF 分级结果

制备。

高分子在溶剂中溶解的原理是，利用溶剂分子抵消高分子链间的分子相互作用力，把单个高分子链从高分子的凝聚状态中拆成自由高分子链，使其自由分散在溶剂中。单个高分子链分子间相互作用力的大小和该高分子的分子量有关，和高分子的键结构有关，也和影响高分子运动状态的温度有关。根据上述原因，建立了不同的分子量分级方法。

对于聚丙烯的分子量分级，常用的是溶剂梯度分级（solvent gradient elution fractionation，SGEF），即将聚丙烯溶液经降温沉淀在加有填料的柱子中后，在一恒定温度下，通过向柱子中加入不同比例的良溶剂（如三甲苯）和不良溶剂（如单丁醚类溶剂）的混合溶剂，随着良溶剂比例的增加，依次淋洗，实现不同分子量的分级。这一方法较早在线型低密度聚乙烯的结构表征中就得到应用，后来用在了聚丙烯聚合机理的研究、无规共聚聚丙烯管材专用树脂的结构分级等，但由于分级效果和溶剂的选择及其配比、温度等多个因素有关，实验中要花费过多的时间筛选合适的分级条件才能得到窄分子量分布的样品，因此没有像 TREF 那样广泛应用在聚丙烯结构表征中。

3.3.5.4　交叉分级技术

目前交叉分级技术主要指的是将升温淋洗分级（TREF）与凝胶渗透色谱（GPC）联用，可以直接在线检测各级分的分子量，使结晶度和分子量相关联，这种设计最早是由 Nakano 等提出的。但是他们的分级设计实验同时只能实现一个样品的分析。为了提高分析效率，David 等改进了实验设计，实现了 TREF/GPC 或 GPC/TREF 两种交叉分级模式，可以同时对多个样品进行分级，但是目前用于聚丙烯分级的报道不多。

3.4 聚丙烯粉料的稳定性

聚丙烯的稳定性较差，不加抗氧剂不能使用，但是我国聚丙烯粉料的生产能力有 180 多万吨，聚丙烯粉料在储运中会降解，造成极大的损失；并且，聚丙烯粉料在与抗氧剂混合过程中也会降解，影响聚丙烯树脂的性能。因而，研究聚丙烯粉料的稳定性对聚丙烯的应用是非常重要的。

将不同催化剂制备的聚丙烯粉料放在室外自然光照射，4 天后，每两天测定一次熔体指数，得到如图 3-47 所示的结果。

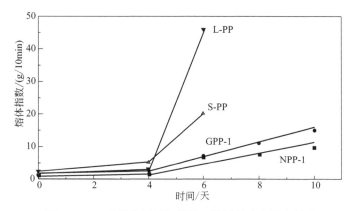

■图 3-47　不同催化剂制备的聚丙烯粉料稳定性之差异

可以看出，四种聚丙烯粉料在室外日照 4 天均发生了降解现象，且 L-PP 降解最为严重，熔体指数随时间的变化率 $\tan\theta$ 高达 21；S-PP 次之，$\tan\theta$ 为 7.4；然后是 GPP-1，$\tan\theta$ 为 2.0；稳定性最好的是 NPP-1，$\tan\theta$ 仅为 1.2。在紫外老化箱中进行紫外加速老化试验，得到了类似的结论，表 3-10 所列的是 50℃ 在紫外老化箱中老化 45h 的结果。可以看出，使用不同催化剂会得到稳定性不同的聚丙烯粉料。

■表 3-10　紫外老化箱老化后聚丙烯粉料熔体指数的变化

聚丙烯种类	NPP-1	GPP-1	L-PP
老化前熔体指数/(g/10min)	1.0	2.0	2.0
老化后熔体指数/(g/10min)	12	16	33

由于聚丙烯的稳定性很差，在聚丙烯与抗氧剂混合过程中也会降解。在连续法聚丙烯的生产过程中的造粒步骤，因为抗氧剂达到在聚丙烯中均匀分散需要一定的时间，所以在这个过程中，聚丙烯的分子量或多或少都有所降低。但是使用不同催化剂制备的聚丙烯，分子量降低的程度是不同的。

3.5 聚丙烯树脂的改性

在第 2 章 2.5 节已经介绍了在线造粒时加入助剂可以提高其力学性能和赋予聚丙烯一定的功能性；包括通过加入成核剂的方法提高 PP 的刚性、韧性和透明性；使其具有抗菌性能、抗静电性能、抗紫外和抗老化性能等，称为造粒前改性。但是对于某些性能要求，是造粒前改性无法实现的：一方面，在线造粒可加入助剂的量有限，往往都低于 1.0%，这其中还包括了必须要加入的抗氧剂和卤素吸收剂；另一方面，改性配方对共混设备有一定的要求，聚丙烯生产工厂在线造粒的螺杆长径比通常较小，剪切和共混效果较差，因此，必须对其进行造粒后改性。

造粒后改性主要包括聚丙烯的填充、增强、增韧、阻燃等。通常称这一类改性的聚丙烯为聚丙烯复合材料，即通过一定的加工方法在 PP 的熔融状态下，加入其他组分，包括填料、增强剂和橡胶等。聚丙烯复合材料是以 PP 作为连续相，其他组分，如填料、纤维、橡胶等分散在 PP 相中。为了使复合材料的物理性能尽可能得到优化，通常要满足以下条件：填料或纤维尽可能分散均匀，最优化状态是以初级粒子大小分散，不发生团聚，其他的聚合物型分散相尺寸较小，使其性能尽可能发挥出来。此外，还需要提高 PP 基团与分散相之间的界面黏结力，具体方法包括对填料、纤维等进行表面修饰，如用偶联剂进行改性等，现在许多商业化的填料已经进行了表面改性，通过加入极性基团接枝 PP（如马来酸酐接枝聚丙烯）也可以提高 PP 基体与填料之间的界面黏合力。

3.5.1 无机填料填充和增强聚丙烯

由于无机粒子成本较聚丙烯低很多，加入 PP 后可使成本大幅度降低，同时，可以减少对石油资源的消耗。同时，无机粒子本身属于天然资源，废弃后易于与环境同化。

无机粉体的种类很多，常见的有碳酸钙、滑石粉、高岭土、硅灰石、云母粉、水镁石、氢氧化铝和氢氧化镁等。目前用量最大的是重质碳酸钙，其白度高，资源丰富，易于加工，成本低；其次是轻质碳酸钙和滑石粉。

3.5.1.1 碳酸钙填充 PP

碳酸钙是最常用的无机填料，具有来源丰富、价格低廉、易于使用、表面易处理、对设备磨损小等优点，在 PP 中应用广泛。碳酸钙可以分为三种：重质碳酸钙、轻质碳酸钙和活性碳酸钙。

重质碳酸钙由天然碳酸钙矿物（如方解石、大理石、白垩）粉碎而成。轻质碳酸钙是以石灰石为原料，经化学方法制备的。轻质碳酸钙有枣核晶型，也有立体型、针状体、链状体、球状体、片状晶型及无定形。粒度可以分为：把 0.1～1μm 颗粒称为微细，把 0.02～0.1μm 颗粒称为超细，把≤0.02μm 颗粒称为超微细。用于塑料和橡胶工业的轻钙，其国家标准 GB 4797—84 的主要技术指标见表 3-11。

■表 3-11 轻钙 GB 4797—84 的主要技术指标

指标名称		一级品	二级品	指标名称		一级品	二级品
碳酸含量（以干基计）/%	≥	98.0	97.0	沉降体积/（mg/g）	≥	2.8	2.5
水分/%	≤	0.30	0.40	盐酸不溶物/%	≤	0.10	0.20
筛余物/%	≤			游离碱（以 CaO 计）/%	≤	0.10	0.10
12μm		0.005	0.005	铁/%		0.10	0.10
45μm		0.50	0.50	锰/%		0.0045	0.008

为了减少碳酸钙在聚丙烯中的团聚作用，降低颗粒的表面能，增强与聚合物表面的结合能力，要对碳酸钙进行表面改性，通常把表面处理过的碳酸钙称为活性碳酸钙或活化钙等。章正熙、华幼卿等用偶联剂改性碳酸钙，得出最佳偶联剂的用量是在每个填料颗粒表面均匀覆盖一层偶联剂单分子层所需的量。碳酸钙填充聚丙烯，在提高硬度、弯曲模量和热变形温度等方面的改性效果不如滑石粉，但会使填充 PP 有较好的抗冲击性能，并且在大量填充的时候对加工设备的磨损也较小。当然，碳酸钙也有不足之处，例如，易受到酸的作用放出 CO_2，并形成可溶性盐类，使填充聚丙烯的耐酸性降低。

张桂云等研究了不同含量碳酸钙对聚丙烯复合材料力学性能的影响（图 3-48），发现：用钛酸酯偶联剂对碳酸钙进行表面处理，可有效地改善碳酸钙与 PP 的相容性；碳酸钙可提高 PP/$CaCO_3$ 复合材料的弯曲模量、弯曲强度、拉伸强度，但同时也降低了复合材料的冲击强度和伸长率。从图 3-48(a) 中可以看到，随着碳酸钙添加量的不断增加，材料的伸长率降低。作者认为无机颗粒之间的团聚增大了分子链之间的摩擦力，阻碍了分子链的滑移，碳酸钙与聚丙烯的润滑性、相容性变差，界面结合力变弱，因此使材料的伸长率降低。

由图 3-48(b) 可知，随着碳酸钙添加量的增加，拉伸强度先提高然后呈递减趋势；而硬度开始快速上升然后趋于缓慢提高。碳酸钙含量较少时，碳酸钙与 PP 分子通过偶联剂的作用结合良好，材料拉伸强度有所提高。随着添加量的增加，碳酸钙粒子制约了 PP 高分子链的运动和基材变形，碳酸钙含量高时不容易分散，聚集在一起形成较大的缺陷，导致裂纹从该处引发断裂，从而使拉伸强度呈下降趋势。从图 3-48(b) 中可以看出，当碳酸钙的添加量达 20% 时，拉伸强度达到最大值 28.5MPa。

由图 3-48(c) 可知，随着碳酸钙添加量的增加，弯曲模量和弯曲强度均逐渐增加。这是因为碳酸钙刚性填料粒子起到了增强剂的作用，提高了 PP 的刚性和抗蠕变性；另外，微细的碳酸钙粒子可作为结晶晶核，使 PP 球晶细化，提高了 PP 的结晶度，增强了 PP 的抗弯曲性。

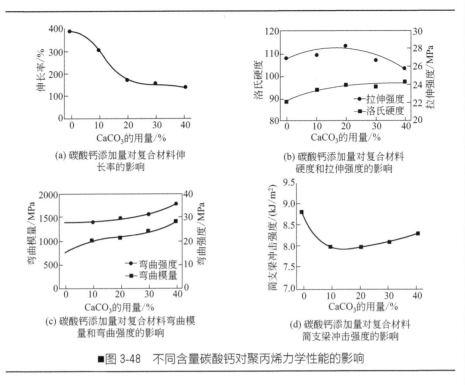

■图3-48　不同含量碳酸钙对聚丙烯力学性能的影响

由图3-48(d)可知，随碳酸钙添加量的增加，复合材料的简支梁冲击强度先下降然后再缓慢上升。在碳酸钙添加量大于10%时，随碳酸钙添加量的增加，复合材料的冲击强度有缓慢上升趋势。

3.5.1.2 滑石粉填充聚丙烯

滑石粉大量用于PP的填充改性。滑石粉是由矿物滑石加工而成的一种具有片状结构的填料。滑石是一种水合硅酸镁，理论上的化学式为$3MgO \cdot 4SiO_2 \cdot H_2O$，常含有Fe、Al等元素。因产地不同，组成也有所不同。滑石粉的主要特性：密度为2.7～2.8g/cm³，莫氏硬度为1，是矿物填料中硬度最小的一种；其结构是由一层水镁石（$MgO \cdot H_2O$）夹于两层二氧化硅（SiO_2）之间构成的，这些层彼此叠加，相邻的滑石粉依靠弱的范德华力结合在一起，在剪切力的作用下容易发生层间滑动。在水中略显碱性，pH值为9.0～9.5；对大多数化学试剂是惰性的，与酸接触不发生分解；在380～500℃之间会失去缔合水，800℃以上失去结晶水。根据其表面情况不同，可以分为亲水型和憎水型。亲水型滑石粉吸收水分的能力是比较大的。

滑石粉单个小片状的尺寸在1～100μm不等，滑石粉的尺寸以及与PP的表面亲和力（偶联剂的表面处理情况）决定了滑石粉对PP的弹性模量、热变形温度和成型收缩率的改善效果。

研究发现，在滑石粉适宜的填充含量范围内，可以提高其弹性模量和抗冲击力，减少收缩性。滑石粉对PP的刚性和耐热性提高作用较大，需要高刚性和高耐热的 PP 经常需要采用滑石粉填充，滑石粉填充 PP 的尺寸稳定性要好于碳酸钙填充 PP，因此在汽车、家电等领域得到广泛的应用。日本聚烯烃公司利用 PP/SEBS/POE/滑石粉复合材料制造的保险杠，具有高冲击强度和极好的涂覆性。日本丰田汽车工业公司与三菱化学公司共同开发了 PP/乙丙橡胶/滑石粉纳米复合材料，克服了以往 PP 改性材料韧性增加而断裂伸长率下降的缺点，兼具高流动性、高刚性和抗冲击性，用于制造汽车的前后保险杠。表 3-12 为滑石粉改性 PP 材料参考性能。仪表板要求具有高的强度和韧性，采用 EPDM 含量较高的抗冲改性的滑石粉增强 PP，可用于轿车的仪表板，其表面质量良好，易成型加工。复合增强的方法也是常用的方法，表 3-13 为碳酸钙/滑石粉复合增强 PP 的性能。

■表 3-12 PP/TPE/HDPE/滑石粉复合材料的性能

性　　能	滑石添加量				
	0	5%	10%	15%	20%
缺口冲击强度/（kJ/m^2）	28.5	36	32	24	22.5
弯曲强度/MPa	24.3	25.4	27	29.5	22.5
弯曲模量/MPa	700	810	920	1040	1100
断裂伸长率/%	640	530	490	280	200

■表 3-13 碳酸钙/滑石粉复合增强 PP 的性能

含量	拉伸强度/MPa	弯曲强度/MPa	弯曲模量/MPa	洛氏硬度	成型收缩率/%
20%碳酸钙	27.8	40	2000	105	0.87
20%滑石粉	29	42	1300	100	0.82
10%碳酸钙+10%滑石粉	32	45	2500	130	0.74

3.5.1.3 云母增强 PP

云母是水化硅铝酸钾矿物的总称，具有不同化学组成的层状或片状结构。按照来源和种类不同可能含有不同的镁、铁、锂、氟等，各类云母组成有很大的差别。下面是一些云母近似的分子式：

白云母 $K_2Al_4(Al_2Si_6O_{20})(OH)_4$

金云母 $K_2(Mg,Fe^{2+})_6(Al_2Si_6O_{20})(OH,F)_4$

黑云母 $K_2(Mg,Fe^{2+})_6(Al_2Si_6O_{20})(OH)_4$

锂云母 $K_2Li_4Al_2(Si_6O_{20})(F,OH)_4$

云母是由硅-氧四面体（Si_2O_5 硅氧烷薄层）片状结构构成的，在两个硅氧烷层片间夹一个由铝-羟基层排列成的八面体形状。这种三层晶胞以阳离子形式同上下相似的薄层松散地联结起来，随着云母种类不同，阳离子可以是钾离子，也可以是锂、钠、钙离子。在白云母中，八面体主要由水铝石

[Al(OH)$_3$]构成,在金云母中则由水镁石[Mg(OH)$_2$]构成。每一个三重薄层的厚度约为1nm。

从理论上讲,云母的薄片最薄可以剥离到1nm左右,但由于难以完全剥离,所以大多数云母薄片由多层构成,厚度很难小于1μm(相当于1000个三重薄片),云母本身具有模量高、径厚比大等特点,它属于单斜晶系,微观上呈薄片状结构,对聚丙烯能起到二维增强作用。因此云母填充聚丙烯所获得的共混材料具有高模量、高刚性、不翘曲、尺寸稳定和热变形温度高等优点,尤其是云母填充聚丙烯复合材料的弯曲强度和弯曲模量是一般无机填料无法比拟的,从表3-14中可以看到云母增强PP的模量要远远超过其他的填料。

■表3-14 云母、滑石粉、碳酸钙、玻璃纤维增强PP的性能对比

性能	注塑级					
	PP空白	云母200KH(未处理)	云母200NP(处理)	滑石粉	碳酸钙	30%玻璃纤维
弹性模量/MPa	1500	6400	7600	4700	2900	6400
拉伸强度/MPa	32	28	43	30	19	43
缺口冲击强度(23℃)/(J/m)	31	32	35	24	40	74
热变形温度(1.83MPa)/℃	56	89	108	78	84	125

注:资料来自Basell聚烯烃公司。

3.5.1.4 玻璃纤维增强聚丙烯

玻璃纤维增强聚丙烯(PP)作为一种通用热塑性增强复合材料,具有弹性模量高、强度高、热变形温度高、尺寸稳定性好、价格低廉等优点,应用十分广泛。玻璃纤维的种类较多,生产玻璃纤维用的玻璃包括:E玻璃,也称无碱玻璃,属于硼硅酸盐玻璃,目前应用最为广泛;C玻璃,也称中碱玻璃,耐酸性优于无碱玻璃;高强玻璃纤维,特点是模量高,强度大,单纤维拉伸强度为2800MPa,比无碱纤维高约25%,弹性模量86000MPa,多用于军工、空间、防弹盔甲等领域;AR玻璃纤维,耐碱玻璃纤维;A玻璃,高碱玻璃等。此外,近年来还出现了不含硼、氟等环保型的无碱玻璃纤维。

市场上的玻璃纤维品种较多,有无捻粗纱、粗纱织物、毡片、短切原丝和磨碎纤维等,但用于聚丙烯增强的玻璃纤维制品主要以无捻粗纱作为长纤维使用,而以短切原丝或者磨碎纤维作为短玻璃纤维增强原料。增强聚丙烯的玻璃纤维一般为无碱玻璃纤维和中碱玻璃纤维。纤维直径一般在8~15μm之间。太细的玻璃纤维价格较高,而且加工困难,太粗的玻璃纤维的增强效果不好。玻璃纤维的临界长度是指将基体的应力传递给纤维时的最小长度,对多数聚合物来说,在300~600μm之间。

玻璃纤维经常用硅烷、润滑油涂层以及偶联剂涂覆,起到防止纤维断

裂，提高纤维和聚合物之间结合力的作用。由于玻璃纤维的长径比很大（通常大于50），其填充PP的增强效果较为明显，通常加入一定量的极性接枝聚丙烯，如PP-g-MAH可以有效提高玻璃纤维增强PP的综合性能。邵静波等研究了马来酸酐接枝聚丙烯对玻璃纤维增强PP力学性能的影响（图3-49）。从图3-49(a) 可以看出，未加PP-g-MAH的GFRPP的拉伸强度随着玻璃纤维含量的增加先增大后减小，玻璃纤维质量分数为23%时拉伸强度最大，为54.3MPa。而加入PP-g-MAH的GFRPP的拉伸强度随玻璃纤维含量的增加持续增加，玻璃纤维质量分数为43%时，拉伸强度达82.5MPa。这是由于加入PP-g-MAH使玻璃纤维和PP界面处形成了具有一定强度的化学键，将两者连接在一起，较强的界面作用使得应力平稳地从基体树脂传入玻璃纤维处，且不会因外力过大而从基体树脂中脱出，使玻璃纤维充分发挥了增强作用。由图3-49(b) 可见，GFRPP的弯曲模量和弯曲强度都随玻璃纤维含量的增加而增加，加入PP-g-MAH的GFRPP的弯曲强度增加较多。由图3-49(c) 可知，未加PP-g-MAH的GFRPP的缺口冲击强度随玻璃纤维含量增加持续下降，但加入PP-g-MAH的GFRPP的缺口冲击强度随玻璃纤维含量的增加先增加，达到最高值（160.0J/m）后才减小，缺口冲击强度基本维持在140.0J/m左右。可见，加入PP-g-MAH的缺口冲击强度远大于未加入PP-g-MAH的GFRPP，这是由于在PP与玻璃纤维之间形成了良好的界面效应，应力通过界面传递到玻璃纤维上，从而提高了GFRPP的缺口冲击强度。由图3-49(d) 可看出，PP-g-MAH对GFRPP热变形温度的影响不大。

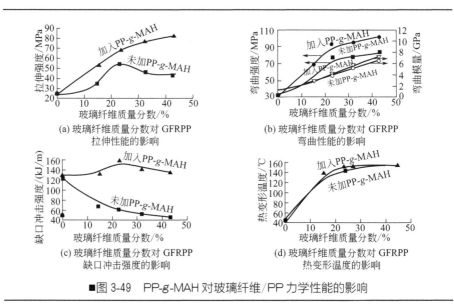

图3-49　PP-g-MAH对玻璃纤维/PP力学性能的影响

3.5.1.5　硅灰石增强聚丙烯

硅灰石是一种含钙的白色偏硅酸盐结晶粉体（$CaSiO_3$），化学成分为

48.3%（质量分数）的 CaO 和 51.7%（质量分数）的 SiO_2。其形貌通常为针状、放射状或纤维状集合体（图 3-50）。硅灰石无毒，白度高，介电性能好，耐热性高，耐化学腐蚀性好，吸油吸水性低，其具有的针状形态更是别的天然矿物质所不具备的。硅灰石填充聚丙烯，通常使用偶联剂对其进行表面处理，提高其与 PP 基体界面间的结合，加强二者之间的相互作用。常用的偶联剂为硅烷类和钛酸酯类。

(a) 1250 目　　　　　　　　　　(b) 2000 目

■图 3-50　硅灰石形貌 1250 目和 2000 目

表 3-15 为不同含量硅灰石填充聚丙烯的力学性能，可以看到随着硅灰石含量的提高，复合材料的模量和热变形温度提高较大。

■表 3-15　不同种类偶联剂改性硅灰石填充聚丙烯的力学性能

样品	组　　成	拉伸强度/MPa	伸长率/%	弯曲强度/MPa	弯曲模量/GPa	悬臂梁冲击强度/(J/m)	热变形温度/℃
PP	纯 PP	17.5	478	20.9	0.77	669.7	85.9
PP	25%硅灰石，硅烷改性	17.0	93	24.4	1.37	201.9	100.0
PP	25%硅灰石，钛酸酯改性	14.6	78.8	21.5	1.24	546.3	93.5
PP	35%硅灰石，硅烷改性	17.2	47.2	25.4	1.70	106.3	108.3
PP	35%硅灰石，钛酸酯改性	14.9	49.9	23.7	1.67	369.1	100.4

注：聚丙烯树脂为 K9015，硅灰石为 1250 目，钛酸酯偶联剂为 NXT-101；硅烷偶联剂为 KH550，偶联剂添加量为填料的 0.5%。

3.5.1.6　PP 纳米复合材料

聚丙烯纳米复合材料涉及的纳米粒子种类较多，包括蒙脱土（MMT）、水滑石、碳纳米管、多面体低聚半氧硅烷（Poss）。其中，纳米蒙脱土改性聚丙烯纳米复合材料研究得最多，应用前景最好。

蒙脱土（MMT）是一种层状硅铝酸盐，与滑石粉和云母不同，MMT 可以被剥离成 1nm 厚度的单个片层，70～150nm 宽。分层的结果导致比表面积大幅度提高。蒙脱土（MMT）属于 2:1 型黏土矿物，其基本结构单元是由一片铝氧八面体夹在两片硅氧四面体之间靠共用氧原子而形成的层状结构。天然的 MMT 片层在形成过程中，一部分位于中心层的 Al 被低价的金属离子（如 Fe、Cu 等）同心置换，导致各片层呈现出弱的电负性，因此在片层表面往往吸附着金属阳离子（如 Na、Ca、K、Li 等）以维持整个矿物结构的电中性。这些金属阳离子由很弱的电场作用力吸附在片层表面，因此很容易被无机金属阳离子、有机阳离子型表面活性剂和阳离子染料交换出来，使层间距发生一定的变化。

蒙脱土在聚丙烯中可以分为四种不同的形态结构：①团聚体，与普通的微米复合材料相同；②有序的插层结构，层间距扩大，但是不破坏层状结构；③插层结构，插层，但是 MMT 的片层不再平行；④剥离结构，单个蒙脱土片层存在于聚丙烯体系中。

制备 PP/MMT 纳米复合材料时需要利用插层剂的离子交换原理对 MMT 的片层进行表面处理，以扩大其片层间距和改善层间的微环境，使 MMT 的内外表面由亲水性转化为亲油性，增强 MMT 片层与树脂分子链之间的亲和性，以降低 MMT 的表面能，使树脂单体或分子链更容易插入 MMT 的片层之间形成纳米复合材料。制备 PP/MMT 的方法主要有以下几种。

① 原位插层聚合法。是将丙烯单体、催化剂预置到 MMT 层间，然后在 MMT 层间引发丙烯单体聚合，随着聚合的进行，PP 分子量增大而使片层剥离并分散于 PP 基质中，得到纳米复合材料。

② 溶液插层聚合法。是聚合物大分子链在溶液中借助于溶剂而插层进入硅酸盐片层间，再挥发除去溶剂而形成纳米复合材料的方法。

③ 熔融插层聚合法。是指聚合物在熔融状态下通过混合或剪切作用直接插层到 MMT 片层间。此法工艺简单，易于工业化，不使用溶剂，对环境友好；同时熔融共混在制备传统复合材料时成本低，因而成为制备纳米复合材料最有前景的方法之一。研究发现，加入 PP-g-MAH 相容剂可以显著地改善 PP 与 MMT 的界面相容性，使 PP/MMT 复合材料的力学性能显著提高，并且改善了复合材料的加工流动性。

在聚合物中加入 MMT 后可以提高材料的力学性能，例如模量、熔体强度和抗刮伤性能等，还可提高热变形温度、尺寸稳定性和阻燃性能。提高幅度与蒙脱土的剥离程度有直接关系。蒙脱土的种类，黏土的预处理，以及将黏土添加到聚合物中的方式都会影响复合材料的性能。PP/蒙脱土纳米复合材料主要的应用包括汽车、阻隔包装、电子和医疗器械等领域。

3.5.2 聚丙烯的增韧

聚丙烯虽然具有密度低、耐热性高、刚性和硬度高、加工性好、无毒无味等优点，但仍存在不足之处。例如，韧性较差，特别是对缺口较敏感。并且，低温下抗冲击性能更差，限制了聚丙烯在一些领域的应用。因此聚丙烯的增韧历来是聚丙烯研究的重点之一。

聚丙烯的增韧改性方法主要有共混增韧改性和反应器内聚合直接生产增韧聚丙烯树脂两种。前者实现方法简单，投资少，一般的改性加工企业都可以实施；后者则需要在石化的大型工业装置中，通过调控聚合的工艺，以及引入增韧单体来实现。此外，还有通过加入成核剂增韧聚丙烯的方法，在第 2 章 2.5 节已经介绍。共混增韧聚丙烯体系中，可以引入的共混组分较多，包括其他塑料、橡胶、弹性体、无机物等。

3.5.2.1 塑料增韧 PP

PP/塑料共混体系可以简单概括为三大类：PP/柔性聚合物体系、PP/刚性聚合物体系和 PP/超高分子量聚乙烯（UHMWPE）体系。

柔性聚合物包括乙烯-乙酸乙烯酯共聚物 EVA、低密度聚乙烯（LDPE）、线型低密度聚乙烯（LLDPE）、HDPE 等，其增韧机理近似于弹性体增韧。柔性聚合物的增韧效果不如弹性体理想，但对 PP 强度和刚度的损失却比弹性体低得多。Z. Wang 对比了 LDPE 和 HDPE 对 PP 的改性，发现 LDPE 能有效改善 PP 的抗冲击性能，但弯曲性能等迅速下降，但是 HDPE 的综合改性效果要好得多。采用 EVA 改性 PP，能够有效提高 PP 的抗冲击性能、断裂伸长率等，制品光泽度也有提高。

刚性聚合物包括尼龙 6（PA6）、PET（聚对苯二甲酸乙二醇酯）、聚碳酸酯（PC）、PA66、PPO、ABS 等，其增韧机理主要是"冷拉"机理。该类聚合物可在提高材料抗冲击性能的同时，提高其加工流动性和热变形温度而不降低其拉伸强度和刚性。PP 与 PA 共混可以克服两者的缺点，使材料具有较好的综合性能，为了解决两者相容性的问题，通常可以加入 PP-g-MAH 等相容剂。例如，赵书兰等发现 PP 与 PA6 共混后，抗冲击性能提高了 49.5%，弯曲强度变化不大，但拉伸强度降低了 13.8%，为了进一步提高性能，添加了 PP-g-MAH 作为相容剂，发现抗冲击性能进一步提高了 113%，拉伸强度仅降低了 2.7%。在 PP/PET 体系中引入 PP-g-MAH、PP-g-GMA 等增容剂可以使合金的韧性和刚性同时提高。

用 UHMWPE 增韧 PP 是近年来发展的增韧技术。UHMWPE 的增韧机理一般是，PP/UHMWPE 的亚微观相态为双连续相，UHMWPE 的超长分子链在 PP 基体中形成网络结构，从而起到增韧作用。UHMWPE 增韧不仅可提高 PP 的缺口冲击强度，也可以提高其拉伸强度。杨军等利用 UHMWPE 增韧共聚聚丙烯，在提高韧性的同时起到了增强作用，其中配比为 90∶10 的 PP/UHMWPE 的缺口冲击强度、拉伸强度和断裂伸长率分别是 PP 的 3.5 倍、1.5 倍和 2.5 倍。李炳海等对共聚 PP/UHMWPE 共混体系的增韧机理提出了不同的解释。他认为，在熔体冷却过程中，UHMWPE 的高分子链段与 PP 基体的部分聚乙烯（PE）链段形成共晶，产生一种"共晶物理交联点互穿网络结构"，从而使合金的韧性和刚性同时得以提高。

3.5.2.2 橡胶和热塑性弹性体增韧 PP

在 PP 中加入橡胶或热塑性弹性体是最常用的增韧方法，PP 增韧常用的弹性体有三元乙丙橡胶（EPDM）、乙丙橡胶（EPR）、顺丁橡胶（BR）、天然橡胶（NR）、苯乙烯-丁二烯-苯乙烯共聚物（SBS）、茂金属催化剂合成的聚烯烃弹性体（POE）等。不同种类的橡胶对 PP 都能起到明显的增韧作用，但增韧效果有所不同。橡胶的含量、粒径、形态，橡胶与 PP 基体之间界面作用力，橡胶的交联度以及松弛行为，加工的条件等因素都会对橡胶增韧 PP 的效果造成影响。弹性体增韧 PP 目前广泛接受的理论是"多重银纹"理论和"银纹-剪切带"理论。而大多数情况下这两种理论所发生的情况会同时出现，因此增韧过程可简单概括为：弹性体以分散相形式分散于基体树脂中，分散相弹性体粒子之间存在一定的临界厚度，受外力作用时，弹性体粒子成为应力集中点，它在拉伸、压缩或冲击下发生变形，若两相界面黏结良好，会导致颗粒所在区域产生大量银纹和剪切带而消耗能量；同时，银纹、弹性体粒子和剪切带又可以终止银纹或剪切带进一步转化为破坏性裂纹，从而起到增韧作用。

(1) 橡胶增韧 PP　　EPR、EPDM 是 PP 传统最常用的增韧剂，两者具有高弹性和优良的耐低温性能，可明显改善 PP 的抗冲击性能和耐低温性能。由于两者结构中均含有丙基，因此两者之间的相容性很好。在一定的范围内随着 EPR、EPDM 用量的增加，体系韧性迅速提高，抗冲击性能近似线性增大，但体系的弯曲模量、拉伸强度、热变形温度等会有所降低。国内多以 PP/EPDM 体系生产汽车配件专用料，例如，PP/EPDM 常被用于汽车保险杠。通常在制备时，橡胶含量要大于 20%，还要加入少量的 HDPE 和滑石粉。

在制备过程中，使 PP/EPDM 橡胶的共混体系内形成部分交联结构的形态，可以有效提高材料的韧性，动态硫化是非常有效的方法。动态硫化是指在橡胶和塑料熔融时加入交联剂（如过氧化物），使橡胶相一边在机械力作用下剪切破碎，一边发生交联反应。动态硫化技术是目前获得高韧性 PP 改性体的一种重要途径，动态硫化可以强化橡胶的成核作用，交联后形成网状结构更具有明显的消耗能量和控制银纹发展的作用。姚亚生等采用动态硫化方法制备了 PP/EPDM 改性材料。与简单共混 PP/EPDM 相比，动态硫化 PP/EPDM 体系的抗冲击性能和流动性明显提高，弯曲弹性模量基本一致，拉伸强度略有下降。张隐西等采用双（3-三乙氧基甲硅烷基丙基）四硫化物作为硫化剂，比较了动态硫化和简单共混两种方法制备的 PP/EPDM 的性能（图 3-51），发现在 EPDM 用量为 5%~25% 的范围内，动态硫化共混物的缺口冲击强度均要高于相同橡塑比的简单共混物的缺口冲击强度，动态硫化物的悬臂梁缺口冲击强度在 25% EPDM 用量时为 611J/m，为纯 PP 悬臂梁缺口冲击强度 35 J/m 的 17 倍。简单共混物的悬臂梁缺口冲击强度在 25%EPDM 用量时为 329 J/m。动态硫化共混物的断裂伸长率在 10%~15%

EPDM 的用量范围内有一突变，而简单共混物的断裂伸长率在 5%～25% EPDM 的用量范围内随 EPDM 用量的增大变化很小，基本与纯 PP 的断裂伸长率相当。随着 EPDM 用量的增加，动态硫化和简单共混物的弯曲模量随之降低。在 EPDM 含量在 10% 以上时，对于相同 EPDM 用量的共混物，动态硫化物弯曲模量要高于简单共混物。

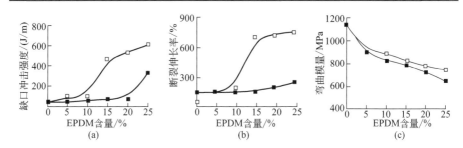

■图 3-51　动态硫化和简单共混 PP/EPDM 共混物的力学性能对比
（配方：PP+EPDM100 份，Si696 份，TMTD1.5 份，ZnO5 份，SA1 份）
—□—动态硫化；—■—简单共混

顺丁橡胶（BR）和丁苯橡胶（SBR）都具有高弹性、良好的耐寒性、耐磨性和产品尺寸稳定性。顺丁橡胶和丁苯橡胶与 PP 都具有良好的相容性，对 PP 都能起到较为明显的增韧作用，但增韧效果和增韧程度有所不同。

(2) POE 和 SBS 增韧 PP　采用茂金属催化剂生产的聚烯烃弹性体（POE）是一种饱和的乙烯-辛烯共聚物。由于其表观切变黏度对温度的依赖性与 PP 相近，在 PP 基体中易得到较小的分散相粒径和较窄的粒径分布，作为抗冲击改性剂加入 PP 材料中，可使 PP 的低温冲击强度得到显著改善。李蕴能等将 POE 作为增韧剂分别加入共聚 PP 和均聚 PP 中，发现随着 POE 用量的增加，两种体系的冲击韧性和伸长率逐步升高，共聚 PP 体系变化更为明显。当增韧剂含量为 20% 时，材料呈现脆、韧性转变，即冲击强度由 85J/m 增至 450J/m；当增韧剂为 30% 时，缺口冲击强度高达 660J/m。冯予星等研究了 POE 对 PP 冲击韧性的影响，指出 POE 的加入使 PP 常温缺口冲击强度增加，当用量超过一定份数后，增韧效果显著。

SBS 具有高弹性、耐低温等特征，同时它兼具硫化橡胶和热塑性的优良性能。在 PP 基体中加入 SBS，在显微镜下可观察到 SBS 有细化 PP 结晶、增大无定形区的作用。PP/SBS 共混物的冲击强度、断裂伸长率随着 SBS 的添加量逐步提高，拉伸强度、弯曲强度和硬度则下降。加氢苯乙烯-丁二烯-苯乙烯（SEBS）具有优异的耐老化性能，既具有可塑性，又具有高弹性。F. O. M. S. Abreu 发现和 SBS 相比，SEBS 对 PP 来说是一种更加有效的增韧剂，含质量分数 30%SEBS 的 PP 的冲击强度是含同样质量分数 SBS 的 PP 的 2 倍。

弹性体用量增加虽然提高了体系的抗冲击性能，但是刚性、强度和热变形温度、流动性的损失较大，并且成本增加很多，为此人们还考虑将弹性体和塑料一同加入聚丙烯中，形成三元共混体系，以提高综合性能，降低成本，其中常见的是聚丙烯/弹性体/聚乙烯体系。张增民等研究了 PP、HDPE 和弹性体三元共混体系的力学性能，发现常温冲击强度可以达到 $40kJ/m^2$，其他力学性能指标和加工性能也较好。研究认为增韧作用在于：HDPE 对 PP 球晶起到了插入、分割、细化作用；改善了弹性体和基体之间的界面性能；使弹性体分散相的粒径变小等。

3.5.2.3 无机刚性粒子增韧 PP

常用于增韧 PP 的无机刚性粒子材料有硅灰石、碳酸钙、细玻璃微珠、沉淀 $BaSO_4$、高岭土、云母、稀土、滑石粉等。无机刚性粒子在使用前，需经过表面处理剂进行表面处理。张云灿等采用 PP/EPDM 共混过程中同时加入 $CaCO_3$ 的方法，研究了 $CaCO_3$ 的表面处理对 PP/EPDM 体系性能的影响。结果表明，当经偶联剂处理和未处理的 $CaCO_3$ 的粒径、粒径分布和含量相同且体系中的 EPDM 为 15％时，未经偶联剂处理的 $CaCO_3$ 增韧材料的缺口冲击强度（$21.2J/m^2$）较低，增韧效果不佳；当采用单一偶联剂对 $CaCO_3$ 进行处理后，其增韧材料的缺口冲击强度（$66.8J/m^2$）有明显提高；而用偶联剂与助偶联剂复合处理 $CaCO_3$ 后，其增韧材料的缺口冲击强度有显著提高，其值从 $66.9J/m^2$ 增至 $88.3J/m^2$。这是因为经偶联剂处理的 $CaCO_3$ 与 EPDM 有良好的界面黏结作用，形成了以 $CaCO_3$ 为核、EPDM 为壳的核-壳分散相结构。

粒度小于 100nm 的一类填料，称为纳米填料。作为增韧 PP 的纳米粒子，添加量一般在 10％以下，相对的冲击强度成倍增长。王旭等对 PP/纳米级 $CaCO_3$ 复合材料进行研究发现，纳米级 $CaCO_3$ 对材料的缺口和无缺口冲击强度的提高作用十分明显，在纳米级 $CaCO_3$ 含量为 4％时达到最大值。任显诚等研究发现，经过适当表面处理的纳米级 $CaCO_3$ 粒子可以通过熔融共混法均匀分散在 PP 中，粒子与基体界面结合良好，纳米级 $CaCO_3$ 粒子在低于 10％的用量时即可使 PP 缺口冲击强度提高 3～4 倍，同时基体仍保持其拉伸强度和刚度。

3.5.3 聚丙烯的阻燃

3.5.3.1 聚丙烯的燃烧反应

大量研究成果表明，聚烯烃（包括聚丙烯）的燃烧反应是按自由基链式反应进行的，其化学反应历程包括如下四个过程。

① 热分解引发反应

$$RH \longrightarrow RH \cdot \text{ 或 } R \cdot + H \cdot$$

② 链增长反应

$$R\cdot + O_2 \longrightarrow ROO\cdot$$
$$RH + ROO\cdot \longrightarrow ROOH + R\cdot$$

③ 链支化反应

$$ROOH \longrightarrow RO\cdot + \cdot OH$$
$$2ROOH \longrightarrow ROO\cdot + RO\cdot + H_2O$$
$$RH + RO\cdot \longrightarrow ROM + R\cdot$$

④ 链终止反应

$$2R\cdot \longrightarrow R-R$$
$$R\cdot + \cdot OH \longrightarrow ROH$$
$$2RO\cdot \longrightarrow ROOR$$
$$2ROO\cdot \longrightarrow ROOR + O_2$$

阻燃化就是切断燃烧循环中的某个环节，使燃烧过程不能继续。在一般情况下，物质产生燃烧的必要条件是：可燃物、四周存在的氧气和热源。三者缺一都不会产生燃烧。因此，可燃物、氧气和热作为燃烧的三要素，只要抑制了它们之中的任何一个，均可达到阻燃的目的。目前，对聚合物进行阻燃主要是通过往树脂基体中添加阻燃剂来实现的。

3.5.3.2 阻燃剂的分类

阻燃剂的分类可根据元素种类分为卤系、有机磷系及卤-磷系、氮系、硅系、铝镁系、钼系等。按阻燃作用分为蒸气相阻燃剂、膨胀型阻燃剂、成炭阻燃剂等。按化学结构分为无机阻燃剂、有机阻燃剂、高分子阻燃剂等。按阻燃剂与被阻燃材料的关系可分为添加型阻燃剂和反应型阻燃剂，反应型阻燃剂参与高聚物的化学反应。

理想的阻燃剂应该是阻燃效率高，添加量少，无毒，抑烟，对环境友好，热稳定性好，便于加工，对被阻燃物各项性能影响小，不渗出，便于回收，使用方便，使用面广，还要价格便宜。同时具有上面这些要求的阻燃剂几乎是不存在的。

(1) 卤系阻燃剂 是目前世界上产量最大的有机阻燃剂之一。卤系阻燃剂的阻燃效率高，价格适中，其性价比是其他阻燃剂难以与之相比的。加之卤系阻燃剂的品种多，适用范围广，所以得到人们的青睐。而且尽管卤系阻燃剂在热裂解或燃烧时生成较多的烟和腐蚀性气体并已受到二噁英问题的困扰，但目前卤系阻燃剂仍占据塑料阻燃剂的主导地位。

自 1986 年以来，德国等欧洲国家与美国就多溴二苯醚等卤系阻燃剂的毒性与环境问题展开争论，大大促进了人们对卤系阻燃剂的认识，主要的溴类阻燃剂生产企业组织了"溴阻燃剂工业专家小组"（BFRIP）和欧洲的相应机构（EBFRIP）。并且向有关当局和消费者更系统地讲解有关市场中卤系阻燃剂商品使用的安全问题。热稳定性更好、加工性好、耐紫外线、低烟、低毒，对环境没有危害或影响小的溴类阻燃剂被开发出来。1990～1996年全球溴类阻燃剂产量的年平均增长率估计在 4% 左右。在缺乏溴系阻燃剂合适代用品的前提下,溴类阻燃剂在世界范围内还会被使用相当长的时间,而且还会有一定的增长率。但从长远看阻燃剂的无卤化是人们的最终目标。工业中应用的阻燃剂种类繁多,附录中列出了在聚丙烯中常用的卤系阻燃剂的主要性能参数和指标,还列出了国外卤系阻燃剂的生产企业及其牌号。

(2) 含磷阻燃剂 可作为聚烯烃材料的阻燃剂。此类阻燃剂包括红磷、水溶性的无机磷酸盐类及不溶性的聚磷酸铵等。

红磷是极有效的阻燃剂,由于红磷会与大气中的水汽反应生成有毒的磷化氢,工业上采用红磷作为聚烯烃的阻燃剂时,需要对红磷进行表面稳定化处理。

聚磷酸铵作为膨胀型阻燃剂,可用于聚烯烃的无卤阻燃。在成炭效果差的阻燃聚烯烃中,一般需要加入成炭组分。聚磷酸铵的分子式为:

$$NH_4^+\ {}^-O-P(=O)(O^-NH_4^+)-[O-P(=O)(O^-NH_4^+)]_n-O-P(=O)(O^-NH_4^+)\ {}^-O\ NH_4^+$$

用于聚烯烃的有机磷化合物主要有三丁氧乙基磷酸酯、亚乙基双[三(氰基乙基)]溴化鳞、磷酸(2,3-二氯丙酯)等。

(3) 无机氢氧化物 无机氢氧化物主要有氢氧化铝和氢氧化镁。氢氧化铝的分子式为 $Al(OH)_3$ 或 $Al_2O_3·3H_2O$,氢氧化镁的分子式为 $Mg(OH)_2$。其性能见表 3-16。

■表 3-16 无机氢氧化物的特性

阻燃剂	形态	分解温度 /℃	分解吸热量 /(kJ/g)	密度 /(g/cm³)	结合水量 /%	相对分子质量
氢氧化铝	白色结晶粉末	230	1.97	2.42	34.6	78
氢氧化镁	白色结晶粉末	338	0.77	2.36	31.0	58.3

无机氢氧化物的阻燃作用主要是依靠其受热时释放出的大量结晶水,吸收大量热量,从而抑制树脂基体的温度上升,延缓热分解,来降低燃烧速度。在材料受热燃烧时,二者发生了如下反应:

$$2Al(OH)_3 \xrightarrow[230℃]{\triangle} Al_2O_3 + 3H_2O - 1.97kJ/g$$

$$Mg(OH)_2 \xrightarrow[330℃]{\triangle} MgO + H_2O - 0.77kJ/g$$

脱水反应产生的水蒸气能稀释可燃性气体,冲淡周围氧浓度。分解产生的氧化铝和氧化镁是良好的耐火材料,在树脂周围形成隔热和耐火屏障,从而起到阻燃作用。此外,它们还有抑烟效果。

(4) 锑系阻燃剂 单独使用时阻燃作用很小(除非被阻燃的聚合物中已含有卤素),与卤系阻燃剂并用时,可大大提高卤系阻燃剂的效能。但对卤代磷酸酯,锑化合物的协效作用很小,这可能是生成了不挥发的磷酸锑,因而阻碍了锑在气相中发挥阻燃作用。锑系阻燃剂的主要品种是三氧化二锑、胶体五氧化二锑及锑酸钠，其中最重要和应用最广的是三氧化二锑，分子式Sb_2O_3，相对分子质量291.60，理论锑含量83.54%，白色结晶，受热时显黄色。有两种晶型，一种是立方晶型（稳定型），另一种为斜方晶型，在自然界中分别以方锑矿及锑华存在。它是几乎所有卤系阻燃剂不可缺少的协效剂。

(5) 其他阻燃剂 包括含硅阻燃剂（聚硅氧烷、硅胶-碳酸钾阻燃体系、硅酸盐等）、氮系阻燃剂（双氰胺、联二脲、胍盐、三聚氰胺及其盐）、硼系阻燃剂（主要是硼酸锌，分子式通常为$2ZnO \cdot 3B_2O_3 \cdot 3.5H_2O$或$2ZnO \cdot 3B_2O_3 \cdot 7H_2O$，前者相对分子质量为434.66，后者为497.72）和钼化合物（在凝聚相中可增加炭化作用。它和含卤阻燃剂并用可提高氧指数，并在消烟上有特殊效果。高效钼系抑烟剂有氧化钼、八钼酸铵和钼酸钙等）。

参 考 文 献

[1] Pasquini N. Polypropylene Handbook. 2nd Ed. Hanser Gardner，2005.

[2] Armitstead K，Goldbeck-Wood G，Keller A. Polymer Crystallization Theories//Advances in Polymer Science. 1992：219-312.

[3] Tripathi D. Practical Guide to Polypropylene. Shawbury，Shrewsbury，Shropshire，SY4 4NR，UK：Rapra Technology Limited，2002.

[4] Tjong S C. Deformation Behavior of Beta-Crystalline Phase Polypropylene and Its Rubber-Modified Blends//Polyolefin Blends. Nwabunma D，Kyu T，Eds. John Wiley & Sons，Inc.，2008：305.

[5] Paukkeri R，Lehtinen A. Thermal behaviour of polypropylene fractions：1. Influence of tacticity and molecular weight on crystallization and melting behaviour. Polymer，1993，34（19）：4075-4082.

[6] Kissel W J，Han J H，Meyer J A. Polypropylene：Structure，Properties，Manufacturing Process，and Applications//Handbook of Polypropylene and Polypropylene Composites. Karian H G，Ed. Madison Avenue，New York：Marcel Dekker，Inc.，2003.

[7] Phillips R，Herbert G，News J，Wolkowicz M. High modulus polypropylene：Effect of polymer and processing variables on morphology and properties. Polymer Engineering & Science，1994，34（23）：1731-1743.

[8] Brückner S，Meille S V，Petraccone V，Pirozzi B. Polymorphism in isotactic polypropylene. Prog. Polym. Sci.，1991，16（2-3）：361-404.

[9] White J L，Choi D D. Polyolefins-Processing，Structure Development，and Properties. Munich，Cicinnati：Hanser，2005.

[10] Lotz B，Wittmann J C，Lovinger A J. Structure and morphology of poly（propylenes）：A molecular analysis. Polymer，1996，37（22）：4979-4992.

[11] Meille S V，Ferro D R，Brueckner S，Lovinger A J，Padden F J. Structure of beta-isotactic polypropylene：A long-standing structural puzzle. Macromolecules，1994，27（9）：2615-2622.

[12] Meille S V，Brückner S，Porzio W. γ-Isotactic polypropylene：A structure with nonparallel chain axes. Macromolecules，1990，23：4114-4121.

[13] Varga J，Ehrenstein G W. Beta-modification of isotactic polypropylene//Polypropylene：An AZ Reference. Karger-Kocsis J，Ed. Dordrecht：Kluwer Publishers，1999：51-59.

[14] Lezak E，Bartczak Z. Plastic deformation of the gamma phase isotactic polypropylene in plane-strain compression at elevated temperatures. Macromolecules，2007，40（14）：4933-4941.

[15] Lotz B，Graff S，Wittman J C. J. Polym. Sci. Polym. Phys. Ed.，1986，24：2017.

[16] Guerra G, Corradini P. Polymorphism in polymers. Adv. Polym. Sci., 1992, 100: 183-217.
[17] Busico V, Corradini P, De Rosa C, Di Benedetto E. Physico-chemical and structural characterization of ethylene-propene copolymers with low ethylene content from isotactic-specific Ziegler-Natta catalysts. Eur. Polym. J., 1985, 21 (3): 239-244.
[18] De Rosa C, Auriemma F, Di Capua A, Resconi L, Guidotti S, Camurati I, Nifant'ev I E, Laishevtsev I P. Structure-property correlations in polypropylene from metallocene catalysts: Stereodefective, regioregular isotactic polypropylene. J. Am. Chem. Soc., 2004, 126: 17040-17049.
[19] De Rosa C, Auriemma F, Circelli T, Waymouth R M. Crystallization of the alpha and gamma forms of isotactic polypropylene as a tool to test the degree of segregation of defects in the polymer chains. Macromolecules, 2002, 35 (9): 3622-3629.
[20] Auriemma F, De Rosa C. Crystallization of metallocene-made isotactic polypropylene: Disordered modifications intermediate between the alpha and gamma forms. Macromolecules, 2002, 35 (24): 9057-9068.
[21] Alamo R G, Kim M H, Galante M J, Isasi J R, Mandelkern L. Structural and kinetic factors governing the formation of the gamma polymorph of isotactic polypropylene. Macromolecules, 1999, 32 (12): 4050-4064.
[22] Thomann R, Wang C, Kressler J, Mulhaupt R. On the gamma-phase of isotactic polypropylene. Macromolecules, 1996, 29 (26): 8425-8434.
[23] Hu Y, Krejchi M T, Shah C D, Myers C L, Waymouth R M. Elastomeric polypropylenes from unbridged (2-phenylindene) zirconocene catalysts: Thermal characterization and mechanical properties. Macromolecules, 1998, 31: 6908-6916.
[24] Varga J. β-Modification of polypropylene and its two-component systems. J. Therm. Anal., 1989, 35 (6): 1891-1912.
[25] Varga J. Spherulitic Crystallization and Structure//Polypropylene: An A-Z Reference. Karger-Kocsis J, Ed. Dordrecht: Kluwer Publishers, 1999: 759-768.
[26] Karger-Kocsis J. How does phase transformation toughening work in semicrystalline polymers. Polymer Engineering & Science, 1996, 36 (2): 203-210.
[27] De Rosa C, Auriemma F, De Lucia G, Resconi L. Polymer, 2005, 46: 9461-9475.
[28] Lezak E, Bartczak Z, Galeski A. Plastic deformation of the gamma phase in isotactic polypropylene in plane-strain compression. Macromolecules, 2006, 39 (14): 4811-4819.
[29] Ryan A J, Stanford J L, Bras W, Nye T M W. A synchrotron X-ray study of melting and recrystallization in isotactic polypropylene. Polymer, 1997, 38 (4): 759-768.
[30] Lotz B, Wittmann J C. The molecular origin of lamellar branching in the alpha (monoclinic) form of isotactic polypropylene. J. Polym. Sci., Part B: Polym. Phys., 1986, 24 (7): 1541-1558.
[31] Yamada K, Matsumoto S, Tagashira K, Hikosaka M. Isotacticity dependence of spherulitic morphology of isotactic polypropylene. Polymer, 1998, 39 (22): 5327-5333.
[32] Varga J. β-modification of isotactic polypropylene: Preparation, structure, processing, properties, and application. J. Macromol. Sci., Part B: Phys., 2002, 41 (4): 1121-1171.
[33] Busse K, Kressler J, Maier R D, Scherble J. Tailoring of the α-, β-, and γ-modification in isotactic polypropene and propene/ethene random copolymers. Macromolecules, 2000, 33 (23): 8775-8780.
[34] Lotz B, Graff S, Straupé C, Wittmann J C. Single crystals of [gamma] phase isotactic polypropylene: Combined diffraction and morphological support for a structure with non-parallel chains. Polymer, 1991, 32 (16): 2902-2910.
[35] Norton D R, Keller A. The spherulitic and lamellar morphology of melt-crystallized isotactic polypropylene. Polymer, 1985, 26 (5): 704-716.
[36] Varga J. Supermolecular structure of isotactic polypropylene. J. Mat. Sci., 1992, 27:

2557-2579.

[37] Alamo R G, Brown G M, Mandelkern L, Lehtinen A, Paukkeri R. A morphological study of a highly structurally regular isotactic poly (propylene) fraction. Polymer, 1999, 40 (14): 3933-3944.

[38] Awaya H. Morphology of different types of isotactic polypropylene spherulites crystallized from melt. Polymer, 1988, 29 (4): 591-596.

[39] Maiti P, Hikosaka M, Yamada K, Toda A, Gu F. Lamellar thickening in isotactic polypropylene with high tacticity crystallized at high temperature. Macromolecules, 2000, 33 (24): 9069-9075.

[40] Cheng S Z D, Janimak J J, Zhang A, Cheng H N. Regime transitions in fractions of isotactic polypropylene. Macromolecules, 1990, 23 (1): 298-303.

[41] Janimak J J, Cheng S Z D, Giusti P A, Hsieh E T. Isotacticity effect on crystallization and melting in poly (propylene) fractions. 2. Linear crystal-growth rate and morphology study. Macromolecules, 1991, 24 (9): 2253-2260.

[42] Yamaguchi M, Miyata H, Nitta K H. Structure and properties for binary blends of isotactic-polypropylene with ethylene and 1-olefin copolymer. 1. Crystallization and morphology. J. Polym. Sci., Part B: Polym. Phys., 1997, 35 (6): 953-961.

[43] Tjong S C, Shen J S, Li R K Y. Morphological behaviour and instrumented dart impact properties of β-crystalline-phase polypropylene. Polymer, 1996, 37 (12): 2309-2316.

[44] Mezghani K, Phillips P J. The [gamma] -phase of high molecular weight isotactic polypropylene. II. The morphology of the [gamma] -form crystallized at 200 MPa. Polymer, 1997, 38 (23): 5725-5733.

[45] Tjong S C. Deformation Behavior of Beta-Crystalline Phase Polypropylene and Its Rubber-Modified Blends//Polyolefin Blends. Nwabunma D, Kyu T, Eds. Hoboken, New Jersey: John Wiley & Sons, Inc., 2008: 305-349.

[46] Tjong S C, Shen J S, Li R K Y. Mechanical behavior of injection molded beta-crystalline phase polypropylene. Polym. Eng. Sci., 1996, 36 (1): 100-105.

[47] Karger-Kocsis J, Varga J. Effects of beta-alpha transformation on the static and dynamic tensile behavior of isotactic polypropylene. J. Appl. Polym. Sci., 1996, 62 (2): 291-300.

[48] Karger-Kocsis J, Varga J, Ehrenstein G W. Comparison of the fracture and failure behavior of injection-molded agr- and bgr-polypropylene in high-speed three-point bending tests. J. Appl. Polym. Sci., 1997, 64 (11): 2057-2066.

[49] Aboulfaraj M, G'Sell C, Ulrich B, Dahoun A. In situ observation of the plastic deformation of polypropylene spherulites under uniaxial tension and simple shear in the scanning electron microscope. Polymer, 1995, 36 (4): 731-742.

[50] Jacoby P, Bersted B H, Kissel W J, Smith C E. Studies on the beta-crystalline form of isotactic polypropylene. J. Polym. Sci., Part B: Polym. Phys., 1986, 24 (3): 461-491.

[51] Maier C, Calafut T. Polypropylene the Definitive User's Guide and Databook. Plastics Design Library, 1998.

[52] Davis D S. Ethylene incorporation in polypropylene: Effect on thermal-related properties. Journal of Plastic Film and Sheeting, 1992, 8 (2): 101-108.

[53] Mirabella F M. Multiphase Polypropylene Copolymer Blends//Polyolefin Blends. Nwabunma D, Kyu T, Eds. Hoboken, New Jersey: John Wiley & Sons, Inc., 2008: 351.

[54] Nitta K H, Yamaguchi M. Morphology and Mechanical Properties in Blends of Polypropylene and Polyolefin-Based Copolymers//Polyolefin Blends. Nwabunma D, Kyu T, Hoboken, Eds. New Jersey: John Wiley & Sons, Inc., 2008: 224.

[55] Galli P, Simonazzi T, Duca D D. New frontiers in polymers blends: The synthesis alloys. Acta. Polymerica., 1988, 39 (1-2): 81-90.

[56] Lohse D J. The melt compatibility of blends of polypropylene and ethylene-propylene copoly-

[80] Katja Klimke M P, Christian Piel, Walter Kaminsky, Hans Wolfgang Spiess, Manfred Wilhelm. Macromol. Chem. Phys., 2006, 207: 382-395.

[81] Cheremisinoff N P. Polymer Characterization: Laboratory Techniques and Analysis. USA: Noyes Publication, 1996.

[82] 孙静,胡建设,钞春英,郭志兴. 沈阳化学学报, 2010, 68 (10): 1003-1009.

[83] 倪卓,牛柯. 中国塑料, 2007, 22: 78-82.

[84] 吴宁晶,杨鹏. 高分子学报, 2010, 3: 316-323.

[85] Ariyama T. Journal of Materials Science, 2005, 27: 4940-4944.

[86] Awaya H. Polymer, 1988, 29 (4): 591-596.

[87] Bassett D C. Journal of Macromolecular Science, Part B, 2003, B42 (2): 227-256.

[88] 林海云,田雪,李冰,王继库. 沈阳化工学院学报, 2006, 20 (3): 201-204.

[89] D Kwiatkowski J N, Gnatowski A. Archives of Materials Science and Engineering, 2007, 28 (7): 405-408.

[90] Ling Chen S C W, Sreekumar Pisharath. Journal of Applied Polymer Science, 2003, 88: 3298-3305.

[91] Shu-Lin Baia G T W, Jean-Marie Hiver. Christian Sell Polymer, 2004, 45: 3063-3071.

[92] Hiroyukimae M, Kikuo Kishimoto. International Journal of Modern Physics B, 2008, 22 (9, 10): 1129-1134.

[93] Fryczkowski R W B, Farana J, Fryczkowska B, Wochowicz A. Synthetic Metals, 2004, 145 (2-3): 195-202.

[94] Binnig G Q C F, Gerer C H. Atomic force microscopy. Phys. Rev. Lett., 1986, 56 (9): 930-933.

[95] Albrecht T R, Lang C A, et al. Imaging and modification of polymer by scanning tunneling and atomic force microscopy. J. Appl. Phys., 1988, 64 (3): 1178-1184.

[96] Snetivy D A V G. J. Polymer, 1994, 35: 461.

[97] Chow W S, Z Lshak Z A M, et al. Atomic force microscopy study on blend morphology and clay dispersion in polyamide-6/polypropylene/ organoclay systems. J. Polym. Sci., Part. B: Polym. Phys., 2005, 43 (10): 1198-1204.

[98] Djallel Bouzid F G, Timothy F McKenna. Macromol. Mater. Eng., 2005, 290: 565-572.

[99] Zhang M Q, Rong M Z, et al. Atomic force microscopy study on structure and properties of irradiation grafted silica particles in polypropylene-based nanocomposites. J. Appl. Polym. Sci., 2001, 80 (12): 2218-2227.

[100] Stephens C H, Ansems B C P P, Chum S P, Hiltner A, Baer E. Journal of Applied Polymer Science, 2006, 100: 1651-1658.

[101] Ian L, Hosiera R G A, Linb J S. Polymer, 2004, 45: 3441-3445.

[102] Qamer Zia R A, Hans-Joachim Radusch, Elisabeth Ingolic. Polymer Bulletin, 2008, 60: 791-798.

[103] Brückner S, Meille S V, Petraccone V, Pirozzi B. Polymorphism in isotactic polypropylene. Prog. Polymer Sci., 1991, 16: 361-404.

[104] Lotz B, Wittmann J C, Lovinger A J. Structure and morphology of poly (propylenes): A molecular analysis. Polymer, 1996, 37: 4979-4992.

[105] Rodriguez-Arnold J, Zhengzheng B, Cheng S Z D. Crystal structure, morphology, and phase transitions in syndiotactic polypropylene. JMS Rev. Macromol. Chem. Phys., 1995, C35 (1): 117-154.

[106] De Rosa C, Auriemma E, Corradini P. Crystal structure of form I of syndiotactic polypropylene. Macromolecules, 1996, 29: 7452-7459.

[107] 刘平安,韩甫田,宾仁茂,李笃信,贾德民. 高分子材料科学与工程, 2000, 6 (6): 83-85.

[108] Elinor L Bedia, Kazunobu Senoo, Shinzo Kohjiya. Polymer, 2002, 43: 749-755.

[109] 马桂秋,原续波,盛京. 天津大学学报: 自然科学与工程技术版, 2001, 34 (6): 761-765.

[110] Stribeck N, Almendarez Camarillo A, Roth S V, Dommach M, Bolsecke P. Macromolecules, 2007, 40: 4535-4545.

[111] Rasheed A S A P N, Sivalingam G, Tyagi S, Biswas A, Bellare J R. Journal of Nanoscience and Nanotechnology, 2009, 9 (8): 4948-4960.

[112] Xu J T, et al. Application of temperature rising elution fractionation in polyolefins. European Polymer Journal, 2000, 36: 867-878.

[113] Monrabal B. Crystallization analysis fractionation: A new technique for the analysis of branching distribution in polyolefins. J. Polym. Sci. A: Polym. Chem., 1999, 37: 89-93.

[114] Junting Xu, et al. Temperature rising elution fractionation of polypropylenes produced by heterofeneous Ziegler-Natta catalysts containing different internal donors. Polymer Journal, 1997, 29 (9): 713-717.

[115] Morini G, Albizzati E, Balbontin G, Mingozzi I, Sacchi M C, Forlini F, Tritto I. Microstructure distribution of polypropylenes obtained in the presence of traditional phthalate/silane and novel diether donors: A tool for understanding the role of electron donors in $MgCl_2$-supported Ziegler-Natta catalysts. Macromolecules, 1996, 29: 5770-5776.

[116] Kioka M, Mizuno A. Tacticity distribution of polypropylene prepared by $MgCl_2$-supported titanium catalyst. Polymer, 1994, 35: 581.

[117] Glockner G. Temperature rising elution fractionation-A review. J. Appl. Polym. Sci. Appl. Polym. Symp., 1990, 45: 1.

[118] Feng Y, et al. The characterization of random propylene-ethylene copolymer. Polymer, 1998, 39: 6589.

[119] Liu Yonggang, Zhu Yejuan, Zhang Wenhe. Studies on the intermolecular structural heterogeneity of a propylene-ethylene random copolymer using preparative temperature rising elutieon fractionation. Journal of Applied Polymer Science, 2005, 97: 232-239.

[120] Mirabella J F M. J. Appl. Polym. Sci.; Appl. Polym. Syrup., 1992, 52: 117.

[121] Mirabella J F M. Polymer, 1993, 34: 1729.

[122] Hongbin Lu, Yibin Xu, Yuliang Yang. Journal of Applied Polymer Science, 2002, 85: 333-341.

[123] 魏东, 罗航宇, 殷旭红, 盛建方, 黄红红, 郭梅芳. 石油化工, 2004, 33 (11): 1080-1082.

[124] 何平笙, 杨海洋, 朱平平, 瞿保均. 高分子物理实验. 合肥: 中国科学大学出版社, 2002: 106.

[125] Hosoda S. Structural dstribution of linear lowdensity polyethylenes. Polymer, 1988, 20 (5): 383-397.

[126] Paukkeri R, Lehtinen A, Salminen H. Microstructural analysis of polyprolylenes polymerized with Ziegler-Natta catalysts without external donors. Polymer, 1994, 35 (12): 2636-2643.

[127] 郭梅芳, 张京春, 黄红红, 侯莉萍, 李前树. 溶剂梯度淋洗法表征无规共聚聚丙烯管材专用树脂. 石油化工, 2005, 34 (2): 173-175.

[128] Lehtinen A, et al. Fractionation of polypropylene according to molecular weight and tacticity. Macromol. Chem. Phys., 1994, 195: 1557-1567.

[129] David T, Hazlitt L P S, Lonnie G, et al. WO, 2006/081116 A1. 2006.

[130] 张晓红, 乔金樑, 张风茹, 高健明, 杨建华, 阮文青. 聚丙烯树脂稳定性的研究. 合成树脂及塑料, 2000, 17 (4): 7.

[131] Wei G S, Qiao J L, Hong X, Zhang F R, Wu J. Research on radiation stability of polypropylene. Radiation Physics and Chemistry, 1998, 52 (1-6): 237-241.

[132] [意] 内罗·帕斯奎尼编. 聚丙烯手册. 胡友良译. 北京: 化学工业出版社, 2008.

[133] 胡友良等编. 聚烯烃功能化及改性. 北京: 化学工业出版社, 2006.

[134] 王经武编. 塑料改性技术. 北京: 化学工业出版社, 2004.

[135] 邵静波. PP-g-MAH 对玻璃纤维增强 PP 的影响. 合成树脂及塑料, 2006, 23 (4): 5.

[136] 耿亮先. 聚丙烯/蒙脱土纳米复合材料研究进展. 化学推进剂与高分子材料, 2009, 7

(5): 5.
[137] 金自游. 动态硫化增韧聚丙烯/三元乙丙橡胶共混物的研究. 中国塑料, 2006, 20 (1): 25.
[138] 李跃文. 聚丙烯增韧改性的方法及机理. 工程塑料应用, 2007, 35 (10): 69.
[139] 王海平. 聚丙烯增韧改性的研究进展. 绝缘材料, 2009, 42 (1): 29.
[140] 惠雪梅. 聚丙烯增韧改性研究进展. 化工新型材料, 2003, 31 (8): 6.
[141] 欧育湘, 陈宇, 王筱梅编著. 阻燃高分子材料. 北京: 国防工业出版社, 2001.
[142] 欧育湘. 实用阻燃技术. 北京: 化学工业出版社, 2002.
[143] 欧育湘. 阻燃剂. 北京: 兵器工业出版社, 1997.
[144] 王永强编. 阻燃材料及应用技术. 北京: 化学工业出版社, 2003.
[145] 杨明. 塑料助剂实用技术. 南京: 江苏科技出版社, 2002.
[146] 田小锋. 现代塑料加工应用, 2002, 14 (2): 50-53.
[147] 王保正. 聚丙烯用阻燃剂及阻燃聚丙烯. 塑料, 2004, 33 (1): 54-59.

第 4 章　聚丙烯树脂的加工

4.1 引言

聚丙烯的成型加工方法主要有挤出成型、注塑、吹塑、热成型、压延成型、发泡成型等。其中挤出成型占聚丙烯成型加工方法的一半左右，主要产品包括纤维、薄膜、片材、管材等。另有近 1/3 的聚丙烯用于注塑。而吹塑、热成型和压延成型等约占 5% 份额。

4.1.1 聚丙烯的流动特性

聚丙烯主要通过熔融加工过程成型为产品部件，加工时需升高到一定温度熔融流动才能完成成型过程。了解熔体流动的特性是保证加工过程完善的前提，而研究聚合物的熔体流动的学科是流变学。热塑性塑料的熔融流变行为非常复杂，随着温度和剪切速率的变化而强烈变化，在不同的条件下变化非常大，熔体黏度就是表征流动难易的一个重要物理量。热塑性塑料的分子链很长，具有较高的黏度，同时又具有非牛顿流体的特性。在工业中实际上意味着需要一定的力作用才能使塑料熔体流动进模具中或者通过模头。

为了理解和控制熔体加工过程，需要研究熔体黏度随温度和剪切速率变化的规律。剪切速率是表示熔体通过管道或孔口的快慢情况。水在不同的剪切速率下具有恒定不变的黏度值，这种流体称为牛顿流体，其黏度在一定温度下是一个恒定的值。但塑料熔体在恒定的温度下随着剪切速率的增加而大幅度减小，称为非牛顿流体行为。这意味着对各种加工方法，由于对应的加工剪切速率不同，塑料熔体的黏度也有对应的不同数值，表 4-1 是常见的加工方法对应的剪切速率相对高低。

■表 4-1　常见的加工方法的剪切速率范围

加工方法	剪切速率/s^{-1}	加工方法	剪切速率/s^{-1}
压制	$10^0 \sim 10^1$	压延	$5 \times 10^1 \sim 5 \times 10^2$
开炼	$5 \times 10^1 \sim 5 \times 10^2$	纺丝	$10^2 \sim 10^5$
密炼	$5 \times 10^2 \sim 10^3$	注塑	$10^3 \sim 10^5$
挤出	$10^1 \sim 10^3$		

工业上一般用熔体指数表示热塑性塑料处于熔融状态时的流动性，可用于塑料成型加工的温度和压力的选择。熔体指数大，则表示流动性能好，成型时可以选择较低的温度和较小的压力；相反，则应选择较高的温度和较大的压力，以使塑料熔体能够顺利地流动和成型。

熔体指数（MI），又称熔体流动速率（MFR）或熔体流动指数（MFI）。是指热塑性塑料在一定的温度和压力下，熔体每 10min 通过规定的标准口模的质量，单位为 g/10min。熔体指数不是聚合物的基本性质，只表征热塑性聚合物熔体流动的性能。通过对它的测试可以了解聚合物的分子量及其分布、加工性能等。熔体指数与聚合物的分子量有密切关系，一般来说，对于特定结构的聚合物，熔体指数越小，平均分子量就越高；反之，就越小。

熔体指数测试是在较低的剪切速率下进行的，所以熔体指数对于剪切速率中等或较低的加工方式更具有参考意义，例如常见的吹塑成型和热成型。而对于较高剪切速率的注塑过程，不能准确地表示其加工性能。熔体指数测试由于简单易行、成本低廉，仍然被广泛应用。表 4-2 是聚丙烯注塑条件和熔体指数之间的参考对应值。

■表 4-2　聚丙烯注塑条件和熔体指数的粗略关系

熔体指数范围/(g/10min)	注塑压力范围/bar	熔体温度范围/℃
<4	600~1200	240~280
4~10	500~1000	220~250
10~20	500~1000	210~240
>20	400~1000	200~230

注：1bar=10^5Pa。

毛细管流变仪的测试条件更接近于挤出、注塑时的实际剪切速率，所以这些数据更值得作为加工参考依据。图 4-1 是几种不同牌号、不同熔体指数的聚丙烯在 260℃下对应不同剪切速率的黏度曲线。

有学者提出了多种黏度模型来描述聚合物熔体的流动行为。现在通过计算机模拟，采用这些模型可以对加工中的控制参数进行预测。应用最为广泛的简单模型是"幂律模型"，更为复杂、准确的模型包括"Carreau"、"Cross"，或者"Elli"模型。材料的流动模型数据不像熔体指数那样容易得到，有一些材料供应商可以提供这些数据，例如 Campus 就是一个免费的树脂材料数据库，其中包括了流变数据可供参考。

除测定塑料的流变性外，螺旋流动试验是常用来判断塑料在成型中可模塑性好坏的方法。试验是在一个有阿基米德螺旋形槽的模具中进行的。模具

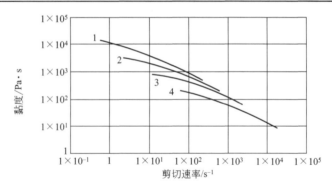

■图 4-1　几种聚丙烯牌号在 260℃下的黏度曲线

1—MFR=0.4g/10min（吹塑级）；2—MFR=1.1g/10min（流延膜级）；
3—MFR=5.0g/10min（抗冲注塑级）；4—MFR=19.0g/10min（薄壁注塑级）

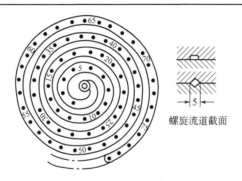

■图 4-2　螺旋流动试验模具示意图（入口处在螺旋中央）

结构如图 4-2 所示。塑料熔体在注塑压力推动下，由中部注入模具，熔体伴随着流动过程逐渐冷却并固化为螺线。螺线的长度反映了不同种类和不同级别塑料的流动性，螺线越长，塑料的流动性就越好。螺线的长度还与熔体的流动压力有关，并随压力的增加而增大。同时，注塑时间、螺槽的几何尺寸等也影响螺线的长度。

通过螺旋流动试验可以了解：①塑料在宽广的剪切力和温度范围的流动性质；②模塑温度、压力和周期等最佳条件；③聚合物分子量和配方中各种助剂及其用量对塑料的流动性和成型条件的影响；④成型模具浇口及模腔形状与尺寸对塑料流动性和模塑条件的影响。各种热塑性塑料按螺旋流动试验所测得的熔体指数和温度对流动性的影响如图 4-3 所示。图 4-4 为聚丙烯材料熔体指数和螺旋流动长度值的对应关系。图 4-5 是一些增强聚丙烯在 750bar 和 1130bar 注塑压力下的螺旋流动长度值，加入滑石粉、玻璃纤维等后，聚丙烯的流动长度降低较为明显。聚丙烯及其他热塑性塑料的螺旋流动长度约值见表 4-3。

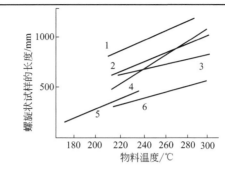

■图 4-3 熔体指数和温度对塑料流动性的影响

1—高密度聚乙烯（MI 5.0g/10min）；2—聚丙烯（MI 4.0g/10min）；3—高密度聚乙烯（MI 2.0g/10min）；4—抗冲聚苯乙烯；5—ABS；6—聚丙烯（MI 0.3g/10min）

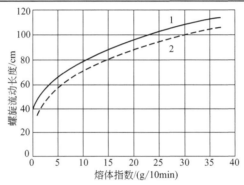

■图 4-4 聚丙烯材料熔体指数和螺旋流动长度值的对应关系

1—均聚聚丙烯；2—共聚聚丙烯

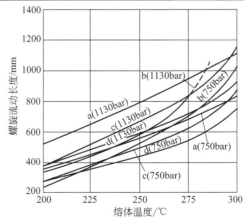

■图 4-5 一些增强聚丙烯在 750bar 和 1130bar 注塑压力下的螺旋流动长度值（1bar=10^5Pa）

a—纯料；b—40%滑石粉；c—20%玻璃纤维；d—30%偶联剂处理玻璃纤维

■表 4-3 聚丙烯及其他热塑性塑料的螺旋流动长度约值

聚合物	2mm 壁厚下的流动长度约值/mm
尼龙 66	810
聚丙烯	250~700
低密度聚乙烯	550~600
尼龙 6	400~600
PBT	250~600
高密度聚乙烯	200~600
聚甲醛	500
聚苯乙烯	200~500
PMMA	200~500
PET	200~500
尼龙 12	200~500

由于聚合反应的特点,聚合物的分子链长度呈多分散性,分子量数值为一个范围,一般采用分子量分布宽度 MWD 表示。聚丙烯熔体黏度对剪切速率和温度的依赖性受到分子量分布宽度的影响。聚丙烯生产时可以控制其分子量分布宽度,生产宽分子量分布或窄分子量分布的产品(图 4-6)。分子量分布较宽的聚丙烯产品对于剪切速率的敏感性高于分子量分布较窄的产品(图 4-7)。

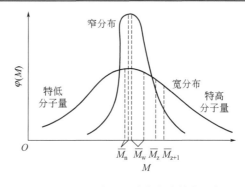

■图 4-6 不同分子量分布宽度的聚丙烯

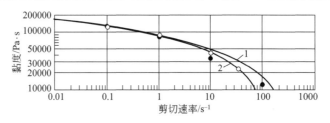

■图 4-7 分子量分布不同的聚丙烯对剪切速率的敏感性
1—宽分子量分布;2—窄分子量分布

工业生产中可以调节聚合工艺方式，也能在后造粒过程中通过加入过氧化物引发聚丙烯分子链断裂，得到熔体指数较高、流动性能较好的聚丙烯产品。这种方法是在可以控制的范围内进行的，因此称为可控流变法。通过可控流变法得到聚丙烯产品熔体黏度较低，但分子量分布较窄（图 4-8），这是因为过氧化物引发剂首先引发较高分子量部分的分子链断裂。较窄的分子量分布宽度减少了熔体黏度对剪切速率的敏感性，尤其是在较高剪切速率下更为明显（图 4-9）。

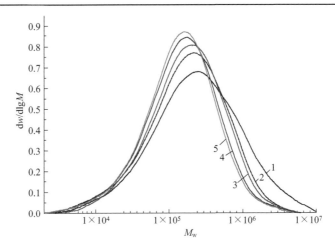

■图 4-8　可控流变对聚丙烯分子量及其分布的影响

1—MI＝1.9g/10min；2—MI＝2.5g/10min；3—MI＝4.0g/10min；
4—MI＝8.1g/10min；5—MI＝9.8g/10min

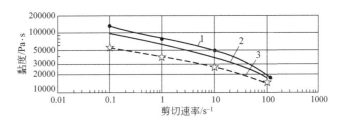

■图 4-9　可控流变对聚丙烯熔体黏度及剪切敏感性的影响

1—原始聚丙烯；2—可控降解程度较轻聚丙烯；3—可控降解程度较高聚丙烯

无论是均聚聚丙烯、无规共聚聚丙烯，还是抗冲聚丙烯，都能够通过可控流变方式控制其黏度。可控流变方法经常用来提高聚丙烯的流动速度，以适应填充改性、提高生产效率或薄壁填充的需求，同时可控流变的产品可以减少翘曲变形等现象（表 4-4）。可控流变降解聚丙烯和普通聚丙烯的熔体黏度曲线如图 4-10 所示。

■表 4-4 可控流变降解聚丙烯性能

特 点	优 点	缺 点
窄分子量分布	减少翘曲 收缩相对均匀	熔体强度降低 高剪切速率下黏度降低相对较少 过氧化物分解残留物带来一定气味
较低分子量	熔体黏度低	力学性能降低

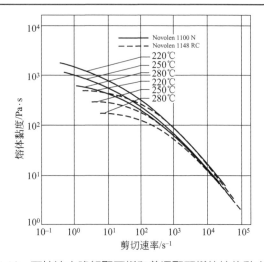

■图 4-10　可控流变降解聚丙烯和普通聚丙烯的熔体黏度曲线

（BASF Novolen 1100N 为普通均聚聚丙烯；BASF Novolen 1148RC 为可控流变降解）

4.1.2　聚丙烯热性能

　　热塑性塑料的熔融加工过程首先要把材料加热到一定温度使其可以流动，然后再冷却到一定温度使其定型。这个过程需要耗费一定的能量，直接影响加工过程的效率和经济效益。一般来说，热塑性塑料作为热的不良导体，不仅难以迅速地被加热，更难以迅速地冷却。研究聚丙烯的热性能对于理解加工过程有非常重要的意义。

　　聚合物的玻璃化转变温度是指非结晶型聚合物由玻璃态向高弹态或者由后者向前者的转变温度。高聚物的自由体积理论认为，高聚物分子结构所占有的整个体积分成两部分。一部分是分子链所占有的空间，而另一部分是分子链之间的自由空间。当温度降低时分子链段动能减少，自由空间减少；当温度升高时，分子链段动能增加，自由空间也增加；当温度达到玻璃化时，急剧产生内聚力，聚合物膨胀，链段开始旋转，链段拥有的能量足以使链段活动起来，所以自由空间的体积突然增加。

　　高聚物在玻璃化转变温度以上的总自由体积等于玻璃化转变温度下的自由体积与热膨胀系数乘以温升之和。当高聚物的物理形态发生变化时，许多物理性质如比热容、比容、密度、热导率、膨胀系数、折射率、介电常数等都跟着变化，因此利用这些关系可以测定聚合物相变温度。

熔化温度是指结晶型聚合物从高分子链结构的三维有序态转变为无序的黏流态时的温度。转变点（熔点）对于低分子材料来说，熔化过程是非常窄的，有较明显的熔点；而对于非晶型高聚物来说，从达到玻璃化转变温度就开始软化，但从高弹态转变为黏流态的液相时却没有明显的熔点，而是有一个向黏流态转变的温度范围。

热分解温度是指在氧气存在条件下，高聚物受热后开始分解的温度范围。依据聚合物化学结构式不同而有显著的差异，此外还与物料的形态有关。在注塑过程中，无论是在预塑阶段，还是在注塑阶段，只要聚合物局部温度达到分解温度，高分子物料就会迅速生成低分子量物质。聚合物的热分解在氧气充足条件下是放热反应，产生的热会继续加热聚合物。当聚合物达到燃点时就有可能会燃烧。

所谓降解，在高分子化学中，通常是指在化学或物理作用下，聚合物分子的聚合度降低过程。聚合物在热、力、氧、水及光辐射等作用下往往发生降解，降解过程实质是大分子链发生结构变化，会伴随发生弹性消失、强度降低、黏度减少或增加等现象。加工过程中力、水、氧通过温度对聚合物降解产生重要影响，在高温时氧和水更容易使聚合物分解。剪切力的作用会因高温时聚合物黏度的降低而减小。热降解是指某些聚合物在高温下时间过长，发生发黄变色、降解、分解等现象。聚合物是否容易发生降解，与其分子内部和分子外部结构有关；与是否有分解的杂质有关；能引起高聚物降解的杂质，一般都是热降解的催化剂。除温度的高低和变化范围对聚合物的降解有影响外，还与在温度场中所经历的反复加工次数有关。不同的聚合物在反复加工后热降解和熔体指数有着较大的差异。聚合物在剪切力作用下缠结着的大分子，在外力作用下，沿力的方向上发生流动，分子链之间发生解脱，当解脱发生障碍时，分子链将受到很大的牵引力，当超过链的强度时就发生链断裂。

在加工过程中，塑料加热或冷却特性是由聚合物的热焓量与温差所决定的。热传递速率正比于被加热材料和热源之间的温差。一般冷却要比熔化快，因为大体上料筒与物料温差小，熔体与模具温差大。加热时间取决于料筒内壁与料层之间的温差和料层厚度。

加热体系所需的能量和物质的质量、比热容以及与外界的热交换有关。表 4-5 展示了理想状态下，不同聚合物加工过程中的能量变化情况。

除了聚合物加工时所需温度不同外，无定形聚合物和结晶型聚合物之间的结构不同也影响加工时所需熔融热量不同。结晶型聚合物材料和无定形聚合物材料相比，除了升温所需的热量以外，晶体结构熔融需要额外的热量。见表 4-5，聚丙烯所需的熔融热量约为 670J/g，仅次于高密度聚乙烯和尼龙66，远远高于无定形的聚苯乙烯。甚至和熔点更高的 PPO、PC 和 PES 材料

■表 4-5　聚丙烯及其他热塑性塑料的加工所需热量比较

聚合物	熔体温度/℃	模具温度/℃	熔融所需热量/(J/g)	冷却所需能量/(J/g)
PES	360	150	391	242
PET	275	135	556	305
聚苯乙烯	200	20	310	310
聚甲醛	205	90	555	345
聚碳酸酯	300	90	490	368
ABS	240	60	451	369
PMMA	260	60	456	380
PPO	280	80	551	434
尼龙 11	260	60	586	488
尼龙 12	260	60	586	488
低密度聚乙烯	200	20	500	500
尼龙 6	250	80	703	520
尼龙 66	280	80	800	615
聚丙烯	260	20	670	670
高密度聚乙烯	260	20	810	810

相比，聚丙烯所需的熔融热量也更大。这表示聚丙烯在加工过程中比起其他大多数材料需要更高的冷却和加热效率。

比热容是单位质量的物料温度上升 1K 时所需热量。不同高聚物的比热容是不同的，结晶型比非晶型聚合物要高。因为加热聚合物时，补充的热能不仅要消耗在温升上，还要消耗在使高分子结构变化上，结晶型聚合物必须补充熔化潜热所需的热量才能使物料熔化。热扩散系数是指温度在加热物料中传递的速度，又称热导率。值是由单位质量的物料温度升高 1K 时所需的热量和材料吸收热量的速度来决定。

压力对热扩散系数影响小，温度对其影响较大。热导率反映了材料传播热量的速度。热导率越高，材料内热传递越快。由于聚合物热导率很低，所以无论在料筒中加热，还是其熔体在模具中冷却，均需花费一定时间。为了提高加热和冷却效率，需采取一些技术措施。例如，加热料筒要求有一定的厚度，这不仅是考虑强度，同时也是为了增加传热的稳定性，有时还利用聚合物的低导热特性，采用热流道模具等保持聚合物熔体的温度。聚合物热导率随温度升高而增加。结晶型塑料的热导率对温度的依赖性要比非晶型的显著。

密度增大会使制品中的气体和溶剂渗透率减小，但是使制品的拉伸强度、断裂伸长率、刚度、硬度以及软化温度提高；使压缩性、冲击强度、流动性、抗蠕变性能降低。

在加工过程中，聚合物经历着冷却—加热—冷却反复的热过程，温度梯度和聚合物形态的变化都很大，所以密度也在不断地发生变化，这对制品质量有着重要的影响。

比容反映了单位物质所占有的体积，这是一个衡量在不同工艺条件下高分子结构所占有的空间，各种状态下的膨胀与压缩，制品的尺寸收缩等方面是非常重要的参数。比容在恒压下由温度而引起的变化，即为膨胀系数。聚合物从高温到低温表现出比容逐渐减小的收缩特性。聚合物比容不仅取决于温度，而且取决于压力。聚合物比容在不同温度下都随着压力而变化，压力增高，比容减小而密度加大。这种性质对于用压力来控制制品的质量和尺寸精度有重要意义。

塑料的比热容和热导率随着温度的变化而剧烈变化（图 4-11），材料的密度也类似。这些数据对于加工过程的计算很重要，但并不像材料力学性能那样受到重视，在实际中对熔体热性能进行测量也非常困难，所以材料供应商很少提供这些数据。图中的曲线表明，对于无定形材料和结晶型材料其焓值随着温度变化的规律是不相同的。结晶型聚合物的焓值曲线有一个非连续的跳跃，焓值在这点的突变是由晶体熔融的潜热变化引起的。而无定形聚合物的焓值曲线没有这种不连续的现象。根据测试得出的焓值数据可以直接推断出塑料加热或冷却时需要给予或者移除的热量。表 4-6 中给出了一些热塑性塑料熔体的热性能参数，实际上密度、比热容以及热导率都是随着温度变化的。加入填料或者增强玻璃纤维会降低聚丙烯的比热容和焓，但是降低的幅度不大（图 4-12），如果需要使用这些数据，也可以近似使用填充前的基材树脂的数据。

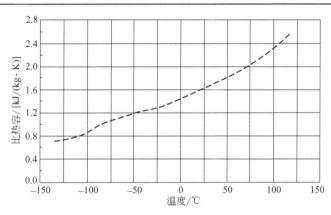

■图 4-11 温度对聚丙烯比热容的影响

■表 4-6 聚丙烯及其他热塑性塑料熔体的热性能参数

聚合物	熔体密度/(g/cm³)	熔体比热容/[kJ/(kg·K)]	熔体热导率/[W/(m·K)]	熔体停滞温度/℃	固化温度/℃	晶体熔融潜热/(kJ/kg)
PES	1.48	1.3	0.15	240	225	0
PVC-U	1.15	1.5	0.14	120	85	0
PET	1.15	1.6	0.2	230	190	—
聚苯乙烯	0.88	1.8	0.13	130	95	0
聚碳酸酯	1.01	1.8	0.19	180	150	0
SAN	0.92	1.9	0.15	140	100	0
PMMA	1.01	2	0.15	140	110	0

续表

聚合物	熔体密度/(g/cm³)	熔体比热容/[kJ/(kg·K)]	熔体热导率/[W/(m·K)]	熔体停滞温度/℃	固化温度/℃	晶体熔融潜热/(kJ/kg)
PPO	0.92	2	0.15	160	140	0
ABS	0.89	2.1	0.15	140	105	0
PBT	1.12	2.1	0.18	220	190	180
聚甲醛	1.22	2.5	0.13	150	140	0
尼龙6	0.95	2.7	0.12	220	215	200
尼龙66	0.97	2.7	0.13	250	240	250
聚丙烯	0.85	2.7	0.19	140	120	235
低密度聚乙烯	0.79	3.2	0.28	110	98	180
高密度聚乙烯	0.81	3.3	0.29	120	100	190

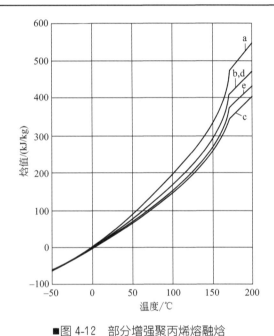

■图 4-12　部分增强聚丙烯熔融焓

a—基础聚丙烯；b—20%滑石粉填充；c—40%滑石粉填充；
d—20%玻璃纤维增强；e—30%玻璃纤维增强（玻璃纤维表面偶联剂处理）

4.1.3 聚丙烯的收缩和翘曲

收缩和翘曲行为是熔融加工后出现的一个复杂的问题。对于聚丙烯这样的结晶型聚合物，翘曲和收缩行为更加严重。结晶区比起无定形区有较大的密度，结晶区比起无定形区有更大的收缩率，所以结晶型聚合物比非晶型聚合物的收缩率更大。

塑料熔体具有一定的可压缩性，在注塑或挤出过程中都要经历较高的压力，所以其收缩行为和压力、体积以及温度有关。一般利用 PVT（压力-体积-温度）曲线来描述，图 4-13 是均聚聚丙烯的 PVT 曲线。如图所示，对于聚丙烯，其 PVT 曲线也有一个突变，这和前面提到的结晶型聚合物的焓值突变是相对应的，都是由于晶体熔融引起的。对于非晶型聚合物，PVT 曲线的变化比较简单，只有一个斜率变化是对应其玻璃化转变温度。

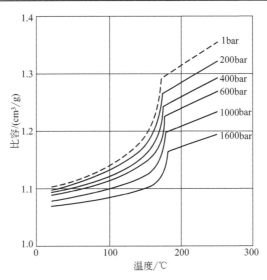

■图 4-13　均聚聚丙烯的 PVT 曲线（升温模式测量，1bar=10^5Pa）

　　从 PVT 曲线上可以看出，收缩不仅是由于熔体的热膨胀引起的，而且与加工过程中熔体的可压缩性有关。在实际加工过程中，施加在熔体上的压力决定了熔体的被压缩程度，而熔体压力不断变化，随之引起体积也在不断变化。聚丙烯的收缩率和其结晶度有直接关系，而冷却速率将影响结晶度的大小。结晶度越高，收缩率越大。由于分子链的黏弹性，其在平行和垂直于流动方向的取向不同，导致两个方向上的收缩率也不相同。剪切力越大，分子链越容易在流动方向上取向，在冷却过程中，伸展的分子链将回弹，所以在这个方向上会有更高的收缩率。分子量分布越宽，收缩的各向异性也就越明显。这种两个方向上不同的收缩率造成的结果就是产品的翘曲变形。收缩行为在制成成品后的一段时间内都会发生，比如注塑过程中，当产品从模具中顶出后，产品的收缩还会在 24h 内继续进行。在这期间，结晶和内部应力的松弛仍然在不断进行，这将使产品的尺寸继续发生变化。这个过程是很缓慢的，如果想要加快这个过程，得到尺寸稳定的制品，可以升高温度，使后结晶和内应力的松弛过程加快。部分聚丙烯收缩率曲线如图 4-14 所示。

　　将以上这些因素都考虑进去以后，可以对聚丙烯的收缩行为进行预测。具有较高黏度的树脂、可控流变生产的较窄分子量分布产品、不加成核剂的牌号都有较低的收缩率，分子量分布宽度较窄的产品也能减小制品的翘曲程度。

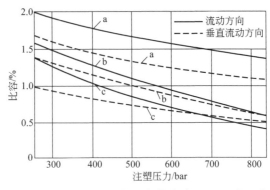

■图 4-14 部分聚丙烯收缩率曲线（1bar=10^5Pa）
a—基础聚丙烯；b—20%滑石粉填充；c—40%滑石粉填充

收缩虽然是制品整个体积的收缩，但是习惯上用线性长度的变化率来表示，表 4-7 给出了一些常见聚合物的收缩率参考值。填料和增强纤维对材料收缩率的影响取决于这些添加剂的物理性质。常见的滑石粉和玻璃微珠会抑制分子链的取向作用，可以减小收缩率，减小各个方向收缩率的差异，从而消除翘曲现象。但玻璃纤维有可能增加取向程度，更容易发生翘曲变形。图 4-15 给出了填充后聚丙烯的收缩率变化情况。

■表 4-7 聚丙烯及其他热塑性塑料的收缩率典型范围

聚合物	收缩率/%	收缩率/(mm/mm)	范围/%
SAN	0.4~0.6	0.004~0.006	0.2
PPO	0.5~0.7	0.005~0.007	0.2
PES	0.6~0.8	0.006~0.008	0.2
聚碳酸酯	0.6~0.8	0.006~0.008	0.2
ABS	0.4~0.7	0.004~0.007	0.3
聚苯乙烯	0.4~0.7	0.004~0.007	0.3
尼龙 11	0.3~0.7	0.003~0.007	0.4
P VC-U	0.4~0.8	0.004~0.008	0.4
PET	1.6~2.0	0.016~0.020	0.4
PMMA	0.3~0.8	0.003~0.008	0.5
尼龙 6	0.2~1.2	0.002~0.012	1
尼龙 12	1.0~2.0	0.010~0.020	1
聚甲醛	1.5~2.5	0.015~0.025	1
尼龙 610	0.8~2.0	0.008~0.020	1.2
尼龙 66	0.8~2.0	0.008~0.020	1.2
PBT	1.0~2.2	0.010~0.022	1.2
聚丙烯	1.2~2.5	0.012~0.025	1.3
高密度聚乙烯	1.5~3.0	0.015~0.030	1.5
低密度聚乙烯	1.0~3.0	0.010~0.030	2

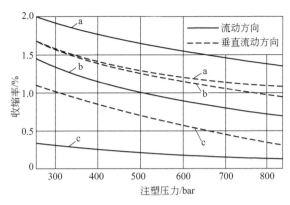

■图 4-15 玻璃纤维增强聚丙烯的收缩率（1bar=10⁵Pa）

a—空白试样；b—20％玻璃纤维；c—30％玻璃纤维

4.1.4 聚丙烯加工前处理

在聚丙烯加工成成品或半成品之前，可能需要必要的前处理过程。这些过程包括干燥、配色等过程。

聚丙烯吸湿性很低，一般在加工前不需特别的干燥处理。但是如果空气湿度较大，也要考虑聚丙烯颗粒外表面上有吸附的水汽。例如，当聚丙烯从温度较低的仓库运送到温暖潮湿的加工车间时，雾气往往会冷凝在聚丙烯表面。纯的聚丙烯表面光滑、疏水，这些冷凝的雾气采用一般的干燥器就可以很容易除去。对聚丙烯粉料而言，由于其比表面积较大，更容易吸附水汽，需要特别注意干燥问题。在保管聚丙烯粒料时，应该密封在适当的环境温度下。有些添加剂如炭黑或阻燃剂可能会增加聚丙烯的吸湿能力，在使用前需要在 105～120℃下烘干 1～3h。

聚丙烯材料本身是无色的，根据其品种的不同呈现奶白色或者透明。易于用颜料或色粉染成各种需要的色彩。聚丙烯染色效果的关键取决于颜料在聚丙烯熔体中的分散均匀程度，聚丙烯加工厂家可以通过不同的手段来改善其分散效果。染色可以通过直接加入颜料共混的方法进行，也可以通过在加工过程中加入母料的方法进行。共混的方法分散效果更好，但是材料会多经受一次热历史，对性能有一定影响，成本也较高。而色母粒是预先制备好颜料母粒，在挤出、注塑等加工过程中加入。采用色母粒法成本较低，但对加工过程中的混合效果要求较高。

4.2 注塑

4.2.1 注塑设备

注塑机的结构组成形式有多种,但均具备塑化、注塑、合模和制件的顶出等功能部分。

注塑机结构由塑化注塑、合模成型、液压传动系统、电控、加热冷却系统、润滑和安全保护及监控测试等部分组成(图4-16)。

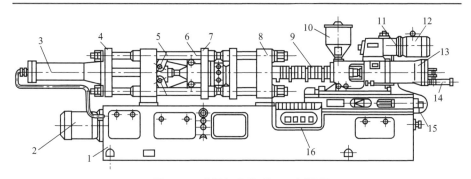

■图4-16 注塑机的外观正面侧视图

1—机身;2—油泵用电机;3—合模油缸;4—固定板;5—合模机构;6—拉杆;
7—活动模板;8—固定板;9—塑化机筒;10—料斗;11—减速箱;
12—电动机;13—注塑油缸;14—计量装置;15—移动油缸;16—操作台

注塑机的塑化注塑装置有多种类型的结构,基本上可分为三种:柱塞式、柱塞预塑化式和往复螺杆预塑化式。

柱塞式塑化注塑装置一般多用于较小的塑料制品成型。它的不足之处有加热仅仅依靠加热套热传导、预混不均匀等,现在已逐渐被往复螺杆式机器取代。

往复螺杆式注塑装置中的主要零部件有螺杆、机筒、螺杆头部、喷嘴和加热器(图4-17)。

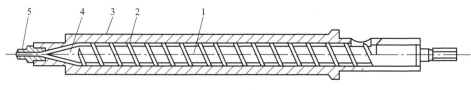

■图4-17 往复螺杆式注塑装置中的主要零部件位置

1—螺杆;2—机筒;3—电加热部位;4—螺杆头部;5—喷嘴

注塑机的合模部分是注塑工作中的合模注塑、保压降温成型和预塑化制品脱模三个工作程序中的重要一环。在这一环节中，一组模具结合的牢固可靠性、模具开启结合的灵活性以及成品制件取出的方便安全性，都是生产中应注意的条件。合模成型过程是影响塑料制品质量的主要工序。

合模部分主要零部件有拉杆、模板和推动移动模板前后运动的油缸。合模部分中顶出装置配备的目的是为了注塑件的顺利脱模取出。要求这个装置应具备一定的顶出力量，把制品顶出成型模具。小型注塑机只用一个顶出杆即可完成制件的顶出工作，而较大型注塑机则需要有多个顶出杆。顶出时，要求各顶出杆的顶出力要均匀，以免损坏制品。顶出杆活动频率和移动速度应与模板的开合速度匹配协调，而顶出杆的行程大小也应能根据模具的厚度尺寸调节。

4.2.2 注塑加工工艺

"注塑过程"包括预塑计量、注塑充模、冷却定型等过程。预塑计量过程是物料在料筒中进行塑化的过程。所谓"均化"是指聚合物熔体温度均化、黏度均化、密度均化和组分均化。在塑化过程中同时完成了计量程序。影响预塑过程的重要因素是热能输入和转换条件。

(1) **预塑计量过程** 影响聚合物熔体塑化质量的因素主要来自两个方面：一是预塑过程有关的工艺参数，如料筒加热温度、螺杆行程、螺杆转速、预塑背压、计量时间等；二是和聚合物热性能和流变性能有关的参数。制品质量与储料室的熔体有直接关系，并由预塑过程及计量精度所决定。近代注塑制品十分强调精度和计量作用，因此预塑过程又称"计量过程"。塑化过程追求的主要指标是塑化质量、计量精度和塑化能力。

(2) **注塑充模** 注塑充模过程是把计量室中预塑好的熔体注入模具型腔的过程。这是聚合物熔体经过喷嘴、流道和浇口向模腔流动的过程。从工艺程序看，有两个阶段：注塑阶段与保压阶段。这两个阶段虽都属于熔体流动过程，但流动条件却有较大区别。注塑阶段是从螺杆推进熔体开始到熔体充满型腔为止。注塑时，在其螺杆头部的熔体所建立起来的压强称为注塑压力；螺杆推进熔体的速度称为注塑速度，熔体的流速称为注塑速率；螺杆推进熔体的行程称为注塑行程，在数值上它是和计量行程相等的。在注塑阶段，熔体速度表现是主要的，必须建立足够的速度和压力才能充满模腔。保压阶段是从熔体充满模腔开始到浇口冻封为止。注塑阶段完成后，必须继续保持注塑压力，避免熔体的外缩流动，一直持续到浇口冻封为止。保压阶段的注塑压力称为保压压力。在保压压力作用下，模腔中的熔体得到冷却补缩及进一步压缩和增密。

(3) **冷却定型过程** 冷却定型过程是从浇口"冻封"开始至制品脱模为止。保压压力撤除后，模腔中的熔体继续冷却定型，使制品能够承受脱模顶出时所允许的变形。冷却定型过程中熔体温度逐渐降低，一直降到脱模温度为止，这一过程没有熔体流动。熔体在温度影响下比容和模腔压力在不断发生变化。随着温度的降低，比容和模腔压力减小。

4.2.3 聚丙烯的注塑模具

聚丙烯的熔融流动性要比聚乙烯好，图 4-18 和图 4-19 分别显示了料筒温度与流动长度的关系和注塑压力与流动长度的关系。从中可以看出，熔体黏度随着注塑温度和压力的上升而下降的程度比较明显，其中注塑压力对熔体黏度的影响要比温度显著一些。聚丙烯的成型收缩率比较大（1%～2.5%）并具有各向异性，在制品与模具设计时须加以注意。

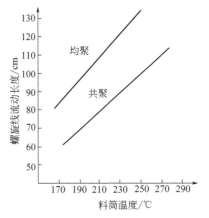

■图 4-18　聚丙烯料筒温度与螺旋线流动长度的关系

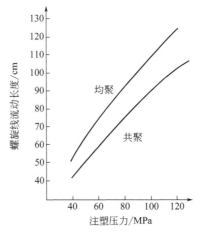

■图 4-19　聚丙烯注塑压力与螺旋线流动长度的关系

对聚丙烯来说，着色剂不仅可以增加制品的美观，而且对制品的性能也有一定的作用，如炭黑可以改善其耐光性。但是如果选用不当则会适得其反，有害于制品性能。如酞菁系颜料对聚丙烯的老化，初期有一定的抑制作用，但随时间的延长反而促进了制品的老化，因此在使用时需慎重考虑，仔细选择。表 4-8 为酞菁系颜料含量与聚丙烯收缩率的关系。

■表 4-8　酞菁系颜料含量与聚丙烯收缩率的关系

含量/%	平行料流方向收缩率/%	垂直流动方向收缩率/%
0.001	1.76	2.06
0.005	1.66	2.11
0.01	1.66	2.24
0.05	1.64	2.22
0.1	1.64	2.23
0.2	1.71	2.17
0.5	1.77	2.29
1.0	1.67	2.18

4.2.3.1 制品与模具设计

在设计聚丙烯制品或模具时，制品的壁厚应充分考虑到熔体充模的可能性。聚丙烯熔体的最大流动长度与壁厚之比为 250∶1，制品的壁厚常在 0.9~4.0mm 范围内进行选择。当然，制品的壁厚还应尽可能保持均匀一致，厚薄不宜相差过大，最多不要超过 50%；厚壁与薄壁之间要用圆弧逐步变化过渡，转角处避免锐角存在，圆弧过渡的半径要求大一些，一般比壁厚小 1/3 即可，但最小不得低于 0.4mm。对于薄而平直的制品，因受应力分布不均匀，收缩各向异性的影响，很容易发生翘曲变形等问题，为此可采用设置加强筋（肋条）或沿口卷边等办法，这样既可防止制品的变形，又起到加强制品强度的作用。加强筋可采用槽沟形或瓦楞形等，其厚度不应超过制品壁厚的 1/2。

与其他塑料一样，聚丙烯制品的成型收缩率与其壁厚有关。壁厚越厚，制品的收缩率也就越大；反之，壁厚越小，收缩率也就减小。表 4-9 为聚丙烯制品壁厚与收缩率的关系。

■表 4-9　聚丙烯制品壁厚与收缩率的关系

制品壁厚/mm	成型收缩率/%
1~3	1~2
4~5	2~2.5
>6	2.5~3

根据聚丙烯的收缩率情况，制品的脱模斜度在 30′~1° 范围内选择就可以满足要求。对于形状复杂或带有成型孔、字母、花纹的制品可取 1.5°~2° 的斜度。成型孔与侧壁之间的距离要求等于或大于成型孔的直径。

对于带有铰链的制品，应注意浇口位置的选择，即要求熔体的流动方向垂直于铰链的轴芯线。在多模腔的模具中，浇口的位置应设在靠近铰链的一侧，避免在铰链区域内产生熔接痕。

由于聚丙烯熔体的流动性较好，在成型过程中易出现排气不良的现象，故需设置适当的排气孔槽。排气孔槽的位置应根据制品情况和料流方向而定，其深度应不超过熔体的溢边值（0.03mm）。

模具温度对聚丙烯制品的性能有一定的影响，模具温度低，结晶度低，制品较柔软，收缩率也低，生产效率高，但大面积和厚壁制品易产生翘曲，光洁度也较低，故在模具设计与制造时应充分考虑这些情况，合理选择加热还是冷却的控温装置。

4.2.3.2 成型工艺

(1) 注塑温度 料筒温度通常应在 200～270℃ 之间。提高注塑温度，可改善聚丙烯制品的表面光洁度，提高尺寸的稳定性，并有利于冲击强度、相对伸长率等项性能指标，特别对于壁厚为 1～2mm 的制品影响更为明显。图 4-20 为均聚聚丙烯料筒温度与相对伸长率的关系。在选择温度时还需注意熔体指数的影响，通常是熔体指数越大，所选择的温度就越低；反之，则越高。表 4-10 为聚丙烯熔体指数与成型温度所选择的范围。

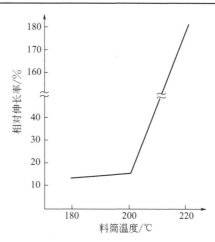

■图 4-20 均聚聚丙烯料筒温度与相对伸长率的关系

■表 4-10 聚丙烯熔体指数与成型温度选择范围

熔体指数(MI)/(g/10min)	成型温度选择范围/℃	
	活塞式注塑机	螺杆式注塑机
>3	220～260	200～240
1	240～280	220～250
0.3	260～300	240～280

(2) 注塑压力 剪切速率对聚丙烯熔体黏度的影响比较大，在成型过程中随着注塑压力的增加，熔体黏度明显下降，流动性显著增加。图 4-21 为

注塑压力与冲击强度的关系，图 4-22 为注塑压力与拉伸强度的关系，图 4-23 为注塑压力与相对伸长率的关系，图 4-24 为注塑压力与成型收缩率的关系。注塑压力的提高对制品的冲击韧性、拉伸强度无不利影响，而且有利于相对伸长率和成型收缩率。因此，实际中往往选用较高的注塑压力，以防止物料在充模时的冷却效应给流动性所带来的不利影响。当然需要注意过高的注塑压力易造成制品溢边。

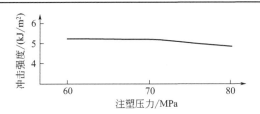

■图 4-21 聚丙烯注塑压力与冲击强度的关系

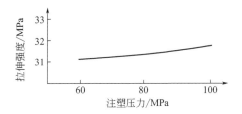

■图 4-22 聚丙烯注塑压力与拉伸强度的关系

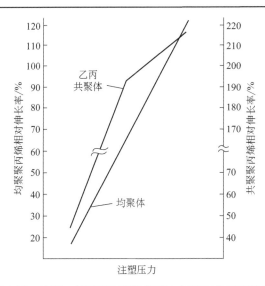

■图 4-23 均聚、共聚聚丙烯注塑压力与相对伸长率的关系

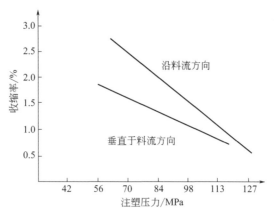

■图 4-24　注塑压力与成型收缩率的关系

(3) 成型周期　保压时间对聚丙烯制品的成型收缩率有一定影响。图 4-25 为保压时间与成型收缩率的关系。可以看出延长保压时间，成型收缩率降低。与其他塑料不同，聚丙烯能够在较高温度下脱模而制品很少发生变形，这可以减少因温度的升高对冷却时间所产生的影响。从生产效益方面考虑，成型周期应尽量缩短。

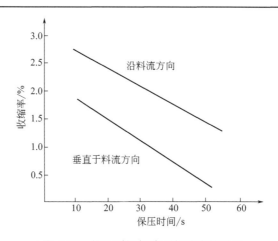

■图 4-25　保压时间与成型收缩率的关系

(4) 模具温度　模具温度的变化对聚丙烯制品的性能有很大影响。通常制品的结晶度随模具温度的降低而下降，收缩率减小，光洁度下降。面积较大、壁厚较厚的制品有易翘曲的倾向；而模具温度高，所得制品的结晶度较高，刚性和硬度增加，表面光洁度较好，但易产生溢边、凹痕、收缩率增大等问题。图 4-26 为模具温度与成型收缩率的关系。除了特定要求之外，聚丙烯制品的模具温度大都是采用水冷却的办法进行控制的。应控制模具中各

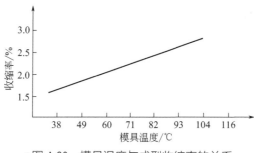

■图 4-26　模具温度与成型收缩率的关系

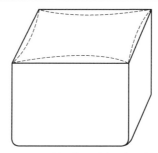

■图 4-27　箱、框形制品变形情况
（实线为制品要求形状，虚线为可能发生的变形）

点的温度，特别是空箱形制品会由于模具温度的不均匀而产生如图 4-27 所示的变形。

4.2.3.3　注意事项

（1）聚丙烯制品的收缩　聚丙烯从注塑温度降低至室温时，体积收缩较大，这主要是聚丙烯的比容变化较大造成的（即高于熔点 30℃ 熔融，然后冷却至室温的比容变化；聚苯乙烯为 4%，而聚丙烯为 16%），以致制品内部出现空隙等现象，因此在制品的冷却收缩阶段，须注意补充足够的熔融物料进入模腔，以弥补和改善这些缺陷。如在注塑过程中适当延长保压时间，提供较大的浇口截面，注塑更多的熔融物料等。

（2）制品的后收缩　所谓后收缩主要是指制品脱模后的一段时间内的收缩情况。聚丙烯制品的后收缩率通常不超过总收缩率的 10%～15%，但由于制品各部分温度的不同，很可能存在不均匀现象，这会导致制品的翘曲、扭曲等。此现象在大面积和形状复杂的制品中较为常见，常用的办法是使用适当的整形装置，将制品固定一段时间，使其充分冷却定型，以获得所需尺寸的稳定性。

4.2.4　聚丙烯注塑常见问题

（1）欠注　可能的原因为工艺条件控制不当，注塑机的注塑能力小于塑件质量，流道和浇口截面太小，模腔内熔料的流动距离太长或有薄壁部分，模具排气不良，原料的流动性能太差，料筒温度太低，注塑压力不足或补料的注塑时间太短等。

(2) 溢料飞边　可能的原因为合模力不足，模具的销孔或导销磨损严重，模具的合模面上有异物杂质，成型模温或注塑压力太高。

(3) 表面气孔　可能的原因为厚壁塑件的模具流道及浇口尺寸较小，塑件壁太厚，成型温度太高或注塑压力太低。

(4) 流料痕　可能的原因为熔料及模温太低，注塑速度太慢，喷嘴孔径太小，模具内未设置冷料穴。

(5) 银条丝　可能的原因为成型原料中水分及易挥发物含量太高，模具排气不良，喷嘴与模具接触不良，银条丝总是在一定的部位出现时，应检查对应的模腔表面是否有表面伤痕。

(6) 熔接痕　可能的原因为熔料及模具温度太低，浇口位置设置不合理，原料中易挥发物含量太高或模具排气不良，注塑速度太慢，模具内未设置冷料穴，模腔表面有异物杂质，浇注系统设计不合理。

(7) 黑条及烧焦　可能的原因为注塑机规格太大，树脂的流动性能较差，注塑压力太高，模具排气不良，浇口位置设置不合理。

(8) 气泡　可能的原因为浇口及流道尺寸太小，注塑压力太低，原料内水分含量太高，塑件的壁厚变化太大。

(9) 龟裂及白化　可能的原因为熔料及模具温度太低，模具的浇注系统结构设计不合理，冷却时间太短，脱模的顶出装置设计不合理，注塑速度和压力太高。

(10) 弯曲变形　可能的原因为模具温度太高或冷却不足，冷却不均匀，浇口选型不合理，模具偏心。

(11) 脱模不良　可能的原因为注塑速度和压力太高，模具型腔表面光洁度太差，模具温度及冷却条件控制不当，脱模机构的顶出面积太小。

(12) 收缩变形　可能的原因为保压不足，注塑压力不足，模具温度太高，浇口截面面积太小，加工温度太低。

(13) 真空孔　可能的原因为保压不足，模具温度太低，注塑压力不足，原料的流动性能太好。

4.3 挤出

挤出成型是一种连续成型塑料制品的生产方法，与其他加工方法相比，具有设备投资少、可连续化生产、生产效率高、操作简单、工艺控制容易、原材料广泛的优点，特别是对于热塑性的聚丙烯（PP）树脂，其挤出成型制品的产量较大，因而挤出成型在PP制品的加工工业中具有举足轻重的地位。

挤出成型是在挤出加工设备中,通过加热、加压和剪切等方式使高分子材料转化为熔融流动状态,并通过挤出机头和口模进行成型,从而生产塑料制品的成型加工方法。挤出成型生产线通常由挤出机、辅机和控制系统三部分组成,其中挤出机是挤出成型生产线的主机。在现代塑料加工工业中,PP挤出制品的生产绝大多数采用单螺杆或双螺杆挤出机进行。而除了单、双螺杆挤出机外,还有三螺杆挤出机、行星螺杆挤出机、往复式螺杆挤出机及柱塞式挤出机等新型挤出设备。

(1) **单螺杆挤出机** 单螺杆挤出机是仅具有一根螺杆结构的挤出机。常用单螺杆挤出机的结构如图4-28所示,主要由挤出系统(螺杆、机筒、加料装置)、加热和冷却系统、传动系统以及辅助控制系统组成。单螺杆挤出机的主要设备参数有螺杆直径、螺杆长径比、螺杆转速范围、驱动电动机功率、机筒加热功率、机筒加热段数、挤出机产量、名义比功率、比流量、中心高等。螺杆是单螺杆挤出机的核心部件,三段式螺杆有四种构型,即等距渐变型、等距突变型、等深变距型和变深变距型。螺杆长径比的选取主要受到挤出温度、挤出压力、挤出产量、制品质量要求、螺杆转速、物料性能等加工因素的影响,PP树脂的挤出加工通常要求螺杆的长径比在22~25之间,压缩比为2.5~4。然而,通用型螺杆的混炼、分散效果往往不够理想,为了提高单螺杆挤出机的分散效果,目前也开发出了一些新型的螺杆结构,如分离型螺杆、剪切型螺杆、屏蔽型螺杆、分流型螺杆、波状螺杆、DIS螺杆、HM多角型螺杆等。

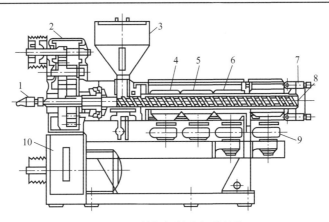

■图4-28 单螺杆挤出机的结构

1—螺杆冷却装置;2—减速箱;3—料斗;4—螺杆;5—机筒;6—加热器;7—机头连接法兰;8—过滤板;9—冷却鼓风机;10—主电动机

(2) **双螺杆挤出机** 双螺杆挤出机是具有并排安放的两根螺杆结构的挤出机,其结构如图4-29所示,主要由机筒、螺杆、加热器、机头连接器、

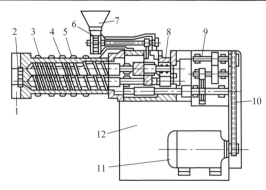

■图 4-29 双螺杆挤出机的结构

1—连接法兰；2—分流板；3—机筒；4—加热器；5—螺杆；6—螺旋加料装置；7—料斗；
8—螺杆轴承；9—齿轮减速箱；10—传送带；11—电动机；12—机架

传动装置等部分组成。双螺杆挤出机的主要设备参数除大部分与单螺杆挤出机相同外，还包括螺杆旋向、螺杆中心距、螺杆承受扭矩、螺杆轴承承受力等。双螺杆挤出机分类方法较多，包括啮合型与非啮合型、开放型与封闭型、同向旋转型与异向旋转型、圆柱螺杆型与圆锥螺杆型。双螺杆挤出机与单螺杆挤出机的不同之处，一方面在于挤出机机筒内安装有两根同向或异向旋转的螺杆，两根螺杆配合工作，转速相同，共同完成对塑料原料的推进输送和熔融塑化；另一方面在于双螺杆挤出机的轴承系统和传动系统结构复杂，很难从机筒后部装拆螺杆，所以常采用向前脱出机筒的方式拆卸螺杆。而一般双螺杆挤出机的螺杆长径比较小，机筒较短，并且在机筒与机座连接处，以及机筒加热器电源线和加料器的安装位置等，均设计成适合机筒拆卸移位的结构，因此机筒和螺杆拆卸方便。与单螺杆挤出机相比，双螺杆挤出机具有以下优点：原料熔融过程中产生的摩擦热量少；原料在机筒内受两螺杆间的啮合剪切作用稳定，混合、塑化效果好；原料在机筒内停留时间短；可以直接加入粉状原料；两螺杆的螺纹互相啮合旋转工作，具有自清洁效果，原料残留少；挤出机比功率消耗低，容积效率高。

聚丙烯制品典型的挤出成型工艺如图 4-30 所示，PP 原料与各种添加剂经预混合后，加入螺杆挤出机中；通过挤出机料筒的加热和螺杆的强烈剪切，使得 PP 原料塑化、熔融，并与加入的添加剂混合均匀；在挤出机螺杆的螺纹和螺槽的输送作用下，PP 熔体被以较高的压力输送到机头中，并经机头结构成型后挤出；PP 原料经机头挤出成型后，尚不能作为最终的制品，

■图 4-30 聚丙烯制品典型的挤出成型工艺

必须要经过冷却定型、拉伸、压制、裁切等后处理工序；此外，为保证产品质量，生产出的 PP 制品需经过严格的产品检验，剔除有瑕疵的废品，才能得到最终的 PP 挤出成型制品。而剔除出的废品经粉碎后仍可以一定的比例掺入新料中，回收使用。

在 PP 挤出成型过程中，需控制的工艺参数较多，如挤出机温度、螺杆转速、机头压力、机头温度、定型装置结构、冷却距离、牵引速度等。

聚丙烯挤出成型制品主要包括管材、片材、电线电缆、异型材等。不同挤出制品加工成型过程的区别在于，在挤出辅机（机头、口模、定型装置、冷却装置、牵引装置、裁切装置、卷取装置等）的类型、结构和设置上有所不同，并且在挤出工艺和对原材料性能的要求上有所区别。

4.3.1 管材的加工

4.3.1.1 通用管材的加工

聚丙烯具有密度小、耐化学腐蚀性强、成型加工性好、热变形温度高、力学性能均衡、无毒无污染的优点，因而非常适合用于管材的挤出成型。PP 管材制品被广泛应用于建筑和工业上的冷/热水给排水管道、大型输水管道等。

PP 挤出管材的发展与 PP 树脂聚合工艺的发展密不可分，早期的均聚聚丙烯（PP-H）管材原料丰富、价格低廉、刚性高、耐热性好，但"冷脆性"明显。然而，随着 PP 聚合工艺的发展，以及聚丙烯管道应用领域的扩大，更多地采用了共聚改性 PP 原料用于管材的加工。PP 共聚管材原料，最初采用的是丙烯和乙烯嵌段共聚的方法，生产嵌段共聚聚丙烯（PP-B），后来出现了丙烯和乙烯无规共聚的方法，生产无规共聚聚丙烯（PP-R）。PP-H、PP-B 和 PP-R 管材同样具有加工性能稳定、可热熔承插连接、原料环保可回收、耐热性好的优点，而其区别在于 PP-H、PP-B 和 PP-R 管材的刚度依次递减，冲击强度则依次递增。三种 PP 管材中，管材抗冲击性能 PP-R＞PP-B＞PP-H，管材热变形温度 PP-H＞PP-B＞PP-R，管材刚性 PP-H＞PP-B＞PP-R，管材常温爆破强度 PP-H＞PP-B 和 PP-R，管材耐化学腐蚀性 PP-H＞PP-B 和 PP-R。相对于其他 PP 管材，PP-R 管材的突出优点在于既改善了 PP-H 的低温脆性，又在较高温度下（60℃）具有良好的耐长期水压能力，特别是用作热水管使用时，长期强度均较 PP-H 和 PP-B 好。图 4-31 为 PP 管材的挤出生产线。

PP 挤出管材的加工工艺流程如图 4-32 所示，挤出成型 PP 管材时，PP 原料经充分干燥后，加入螺杆挤出机中塑化、熔融；PP 熔体在挤出机的压力作用下，进入管材机头中，并由管材机头的口模挤出成型管坯；熔体管坯需经定径装置定径和冷却装置冷却定型，才能得到满足设计尺寸和表面性能

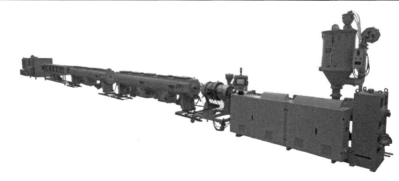

■图 4-31　PP 管材的挤出生产线

PP原料 → 挤出熔融 → 管材机头挤出成型 → 定径冷却 → 牵引输送 → 切断收集 → PP管材制品

■图 4-32　PP 挤出管材的加工工艺流程

的 PP 管材；经定径成型后 PP 管材经由履带式牵引机进行牵引和输送，采用履带式牵引机可以保持对管材的足够大的夹持力，使管材不易变形，并且通过调节牵引速度可以适当调节管材的壁厚。最后，由于 PP 管材刚性较大，因此不能通过盘卷的方式进行收集，必须经由切割装置进行定长切断。切割装置主要有圆盘锯切割和自动行星锯切割。

在挤出成型 PP 管材的加工工艺中，最重要的步骤是管材机头挤出成型，以及挤出管材的定径和冷却定型。

管材挤出机头的主要作用是：①建立足够高的挤出压力，保证成型管材制品的密实性；②改变挤出机中熔融物料的螺旋流动为直线流动；③使 PP 原料经过机头进一步充分塑化；④通过机头口模挤出成型设计壁厚和直径的 PP 管材制品。根据聚合物原料在挤出机和管材机头中的流动方向，管材机头可分为直向机头和角向机头两种。其中，直向机头的机头中心线与挤出机的中心线相重合，即机头中的料流方向与挤出机的螺杆轴线相一致；角向机头的机头中心线，即挤出料流方向，与挤出机螺杆的中心线成一定角度，常为 90°直角。聚丙烯管材的挤出成型一般使用直向机头。管材挤出机头的结构主要取决于所加工材料的性能和制品管径。图 4-33 是 PP 管材挤出成型加工中，最常使用的中央进料式管材机头，其组件主要包括分流锥、分流锥支架、口模、芯棒、气水进口、调节螺钉、加热圈、机头法兰等。此外，在许多管材挤出机中，挤出系统和管材机头之间都安装有多孔板和滤网。

在挤出成型过程中，PP 熔体料流经由挤出机前端的多孔板，进入中央进料式管材机头中。料流在机头中被分流锥转变为环形流动，并被分流锥支架分割成若干股独立的熔体流，绕过支架支柱向前流动。在分流锥支架的尾端，分流锥支架按 10°～15°的角度变窄，从而使被分割的独立料流再次汇

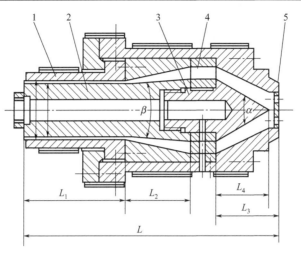

■图 4-33 中央进料式管材挤出机头结构
1—口模；2—芯棒；3—分流锥；4—分流锥支架；5—多孔板

合。分流锥支架后安装有具有环形流道的口模和芯棒，口模和芯棒均有一段平直段，是管材的成型区，PP 熔体通过平直段的环形流道形成连续的管状料流。平直段的长度与成型区环形流道的间隙宽度之比，往往取决于所加工原料的性能和管材制品的管径。机头口模的外模口通过在其周向上设置的对中螺栓可作径向移动，外模口通常由夹持圈和盘式弹簧给予适当的接触应力，从而在达到良好密封的同时使外模口仍能移动。芯棒支架的尺寸必须能够安全承受作用于芯棒梢部的压力，中央进料式管材机头的芯棒支架可承受高达 60MPa 的压力，使机头的极限挤出管径可以达到 700mm。中央进料式管材机头中，与分流锥相连的各机头组件（口模、芯棒和模体）通常可以方便更换，因此一台机头可以满足若干规格管材的挤出加工。

中央进料式管材挤出机头有两处关键的组合部件，即分流锥和分流锥支架，以及口模和芯棒。分流锥为具有圆形头部的金属锥体，俗称"鱼雷头"，PP 熔体流经分流锥时呈环状流动，使得料流的受热面积加大，促进了物料的良好塑化。分流锥与多孔板之间的距离，经验值一般为 10～20mm，距离过大会使物料在此处停留时间过长引起分解，过小则会降低物料流速的稳定性。分流锥锥角（α）的大小，主要依据原料的熔体黏度而定，对于熔体黏度较低的 PP 一般为 60°～90°。锥角过大会增大物料流动的阻力，过小则会增加分流锥的长度，使得机头过于笨重，并延长物料在模腔内的停留时间。分流锥头部圆角的半径（R）为 0.5～2mm，圆角半径过大会引起积料，减小圆角半径可以减少滞料现象的发生，避免物料分解。分流锥的锥体长度要与其锥角一并考虑，锥体长度约为分流锥与支架连接处直径的 0.6～1.5 倍，并略带圆弧形。分流锥是通过独立的分流锥支架与管材机头安装在一起的

(中、小型机头中分流锥可与支架制成一体)。熔融的 PP 原料由分流锥改变为环状流动后,被分流锥支架分割成单股料流,通过分流锥支架后料流再次重新汇合,但是会形成料流合缝线,特别是在机头压缩比较小时合缝线更为严重,因此分流锥支架在满足强度要求的情况下,支架筋的数量应尽量减少,一般为 3~8 根,并且支架筋的截面形状应为流线型,其出料端的锥度应小于进料端的锥度。此外,分流锥支架可转动,在其与分流锥的一条连接筋上有空气入口钻孔,与分流锥和芯棒中的空气通道相连。

口模和芯棒构成了管材成型的环形流道。口模是管材外表面的成型部件,口模内径的确定主要考虑如下两个因素:首先,当管坯由口模挤出后,熔体压力突然降低,熔体管坯会因 PP 大分子的弹性回复出现管径胀大;其次,管坯冷却过程中,PP 大分子发生结晶、重排等情况,使得管径再次发生收缩。挤出胀大和冷却收缩的程度取决于 PP 原料的性能、机头结构参数、挤出压力、成型工艺条件等因素。口模内径可用所设计管材制品的外径除以经验系数,经验系数约为 1.01~1.06。芯棒是管材内表面的成型部件,芯棒与分流锥通过螺纹连接而固定(小型管材机头的芯棒可与分流锥制成一体)。芯棒前部的收敛角(β)比分流锥的锥角(α)要小,收敛角主要依据原料的熔体黏度而设置,一般为 10°~30°。芯棒的直径则由芯棒与口模之间环形流道的间隙宽度计算得出,而环形流道间隙宽度为所设计管材制品的壁厚除以经验系数,经验系数约为 1.16~1.20。口模和芯棒的平直段是管材的成型部分,其长度(L)是管材机头的重要结构参数。平直段较长,料流阻力加大,料流流动比较稳定,挤出管材更加密实,但平直段过长则会影响管材制品的表面质量,降低挤出产量,增加牵引难度。口模平直段长度(L)的确定与管材制品的壁厚、直径、形状、原料性能和牵引速度有关。根据经验公式,L 值可取管材公称外径 D 的 0.5~3 倍,或者管材壁厚 t 的 8~15 倍。L 值还可以根据以下理论公式计算。

由于挤出管材机头的流道为环形狭缝流道,当环形流道的内径大于 3/5 外径时,物料的流动形式可以视作一维流动。而 PP 管材制品的内径一般都大于 4/5 外径,因此能够把口模的环形流道展开,按平行板流动模型处理,于是平直段长度(L)可用式(4-1) 计算:

$$L = \frac{\Delta P}{2K''} \left[\frac{\pi (R_0 + R_i)}{6Q} \right]^n (R_0 - R_i)^{2n+1} \tag{4-1}$$

式中 Q——流量,g/cm³;

ΔP——压差,MPa;

R_0——圆环孔的外半径,mm;

R_i——圆环孔的内半径,mm;

L——口模成型段长度,mm;

n——幂指数;

K''——宽扁孔的表观流动系数,Pa·s。

此外，为了获得壁厚均匀的管材制品，口模和芯棒的轴线应严格同心。通常采用的方法是固定芯棒，而调节口模周围的对中螺栓来调节两者间的同心度；同时，也可采用固定口模而调节芯棒的结构。而对于大直径管材的挤出成型，管子较大的自重会使管材壁厚分布不均匀，其底部管壁较厚，因此往往采用偏心的调节方法，通过口模和芯棒的间隙进行适当修正。随着管材挤出自动控制技术的发展，口模的自动对中技术及设备已经被大量采用，例如热口模对中法和电动口模对中法等。

PP管材的管材机头挤出成型，除了要选择适宜的机头结构和结构参数外，还要严格控制挤出成型温度、机头压力、螺杆转速等挤出工艺条件。

① 挤出成型温度　挤出成型温度是保证PP原料塑化、流动的必要条件，对管材制品的质量和产量具有十分重要的影响。管材机头温度必须控制在PP原料的黏流温度以上，热分解温度以下。为使挤出管材获得良好的外观和力学性能，并减小熔体管坯在口模出口处的挤出胀大，一般将机身温度设置较低，而机头温度设置较高。然而，机头温度过高，挤出管坯的形状稳定性变差，管材的收缩率增大；机头温度过低，则物料熔体黏度增大，机头压力升高，虽然能够相应提高管材制品的密实度，降低管材的后收缩，改善管坯的形状稳定性，但是会使管材的挤出加工较困难，管径挤出胀大较大，制品表面粗糙度升高，还会导致挤出机背压增大，设备负荷提高，设备功率消耗也随之增加。此外，口模和芯棒的温度对于管材的表面光洁度影响显著，在一定温度范围内，升高口模和芯模的温度能够提高管材内、外表面的光洁度。

由于聚丙烯是典型的结晶型聚合物，其熔体黏度对温度较为敏感，因此温度控制在PP管材的挤出成型加工中非常重要。以PP-R管材为例，其挤出成型温度一般控制在210~260℃，挤出温度过高，会导致物料在口模处积存，从而引起原料降解，使管材制品性能下降。表4-11为PP-R管材典型的挤出成型加工温度。

■表4-11　PP-R管材典型的挤出成型加工温度　　　　　　　　　　　　　单位：℃

各段设置	进料段	机筒					连接段	管材机头			口模		芯棒
		1区	2区	3区	4区	5区		1区	2区	3区	1区	2区	
PP-R	60	210	210	215	215	215	220	220	230	230	235	235	235

② 机头压力　管材机头中熔体的压力也是重要的管材挤出成型工艺条件，增大机头熔体压力，能够使挤出管材更加密实，有利于提高制品质量，但机头压力过大则会导致设备使用寿命降低，并带来安全问题。管材机头的熔体压力通常为10~30MPa。

③ 螺杆转速　挤出机螺杆的转速直接影响PP原料的塑化，以及管材的产量和质量。螺杆转速取决于挤出机的大小，如螺杆直径为45mm时转速一般为20~30r/min，螺杆直径为90mm时转速一般为10~40r/min，通常主机螺杆转速不超过40r/min。提高螺杆转速虽然可在一定程度上提高产

mers. Polymer Engineering & Science, 1986, 26 (21): 1500-1509.

[57] Hayashi K, Morioka T, Toki S. Microdeformation mechanisms in propylene-ethylene block copolymer. J. Appl. Polym. Sci., 1993, 48: 411-418.

[58] Akkapeddi M K. Commercial Polymer Blends//Polymer Blends Handbook. Utracki L A, Ed. Dordrecht/Boston/London: Kluwer Academic Publishers, 2002: 1023-1115.

[59] Mirabella F M. Multiphase Polypropylene Copolymer Blends//Polyolefin Blends. Nwabunma D, Kyu T, Eds. Hoboken, New Jersey: John Wiley & Sons, Inc., 2008: 351-378.

[60] Jang B Z, Uhlmann D R, Vander Sande J B. Rubber-toughening in polypropylene. J. Appl. Polym. Sci., 1985, 30: 2485-2504.

[61] Jang B Z, Uhmann D R, Vander Sande J B. The rubber particle size dependence of crazing in polypropylene. Polym. Eng. Sci., 1985, 25: 643.

[62] Sundararaj U, Macosko C W. Drop breakup and coalescence in polymer blends: The effects of concentration and compatibilization. Macromolecules, 1995, 28 (8): 2647-2657.

[63] Ewen J A, Jones R L, Razavi A, Ferrara J D. Syndiospecific propylene polymerizations with Group IVB metallocenes. J. Am. Chem. Soc., 1988, 110 (18): 6255-6256.

[64] Razavi A, Atwood J L. Preparation and crystal structures of the complexes ([eta]$_5$-C$_5$H$_4$CPh$_2$-[eta]$_5$-C$_{13}$H$_8$) MCl$_2$ (M = Zr, Hf) and the catalytic formation of high molecular weight high tacticity syndiotactic polypropylene. J. Organomet. Chem., 1993, 459 (1-2): 117-123.

[65] Grisi F, Longo P, Zambelli A, Ewen J A. Group 4 Cs symmetric catalysts and 1-olefin polymerization. J. Mol. Catal. A: Chem., 1999, 140 (3): 225-233.

[66] De Rosa C, Auriemma F. Structure and physical properties of syndiotactic polypropylene: A highly crystalline thermoplastic elastomer. Prog. Polym. Sci., 2006, 31 (2): 145-237.

[67] Rodrlguez-Arnold J, Bu Z, Cheng S Z D. Crystal structure, morphology, and phase transitions in syndiotactic polypropylene. J. Macromol. Sci., Part C: Polym. Rev. Macromol. Chem. Phys., 1995, 35 (1): 117-154.

[68] De Rosa C, Auriemma F, Corradini P. Crystal structure of form I of syndiotactic polypropylene. Macromolecules, 1996, 29 (23): 7452-7459.

[69] Chatani Y, Maruyama H, Asanuma T, Shiomura T. Structure of a new crystalline phase of syndiotactic polypropylene. J. Polym. Sci., Part B: Polym. Phys., 1991, 29 (13): 1649-1652.

[70] Auriemma F, Rosa C D, Ballesteros O R D, Vinti V, Corradini P. On the form IV of syndiotactic polypropylene. J. Polym. Sci., Part B: Polym. Phys., 1998, 36 (3): 395-402.

[71] De Rosa C, Auriemma F, Vinti V, Galimberti M. Equilibrium melting temperature of syndiotactic polypropylene. Macromolecules, 1998, 31 (18): 6206-6210.

[72] Supaphol P, Spruiell J E. Thermal properties and isothermal crystallization of syndiotactic polypropylenes: Differential scanning calorimetry and overall crystallization kinetics. J. Appl. Polym. Sci., 2000, 75 (1): 44-59.

[73] Bower D I A M. The Vibrational Spectroscopy of Polymers. Cambridge: Cambridge University Press, 1992.

[74] Arruebarrena de Biez M, Hendra P J, Judkins M. The raman spectra of oriented isotactic polypropylene. Specfrockim. Acta., 1995, A51: 2117-2124.

[75] Van der Ven S. Polypropylene and Other Polyolefins-Polymerization and Characterization. Amsterdam: 1990.

[76] LaCoste J, Vaillant D, Carlsson D J. Gamma-initiated, photoinitiated, and hermally-initiated oxidation of isotactic polypropylene. J. Polymer Sci. Polymer Chem., 1993, 31: 715-722.

[77] Karger-Kocsis J. Polypropylene: An A-Z reference. Germany: Kluwer Academic Publishers, 1999.

[78] Cheng H N. Carbon-13 NMR analysis of ethylene-propylene rubbers. Macromolecules, 1984, 17 (10): 1950-1955.

[79] 马德柱, 李希强. 高抗冲聚丙烯序列结果的综合表征. 高等学校化学学报, 1994, 15 (1): 140-144.

量，但单纯提高螺杆转速则会导致原料塑化不良、管材内壁粗糙、管材强度下降。

尽管中央进料式管材机头的结构简单、熔体分布均匀、加工技术成熟、应用广泛，但是由于机头中流过分流锥支架的熔体料流高度取向，并且由于熔体和分流锥支架之间的温度差引起了料流间的密度差，因此导致了管材制品上流痕的产生。实验证明，熔合流痕形成了管材上的力学性能薄弱点，是管材制品存在缺陷的主要原因。因此，PP管材的挤出成型，还广泛采用了"滤网叠机头"和"螺旋模芯机头"。滤网叠机头主要用于挤出大型的PP管材。其机头结构中，采用开有若干直径1~2.5mm小孔的管状半多孔体，即"滤网叠"，作为连接分流锥和芯棒的支撑体。PP熔体经分流锥流向滤网叠，通过滤网叠改道向外侧后，再次改回轴线方向流动，并进入口模成型区。滤网叠机头结构紧凑，压力损失小，并且更易安装、拆卸。螺旋模芯机头的机头结构中采用了螺旋模芯分配器，即在芯棒的入口端采用星形流道或环形流道，将熔体分为独立的料流，然后送入芯棒上镟制的螺旋形流道中，PP熔体以多头螺旋流动的形式前进，从而使熔体在环形口模处实现均匀叠加。螺旋模芯机头不采用芯棒支架，并且口模出口处压力和温度分布均匀性高，因而完全避免了流痕和流纹的出现。

PP原料经管材机头熔融挤出后成型管状，但是由于挤出管坯仍处于塑化状态，管坯离开口模后，熔体压力迅速降低，管坯出现因PP大分子弹性回复而膨胀的现象，管坯壁厚增大。然而，在牵引和冷却收缩的作用下，管坯截面面积也有缩小的趋势，使得此时PP挤出管坯的形状和尺寸尚不稳定，不能达到管材制品的最终要求。因此，由管材机头挤出的PP管坯必须经过定径装置的定型，以及冷却设备的冷却固化。

管材定径的方法主要有两种：内径定型法和外径定型法。内径定型法是采用定径装置控制管材的内径尺寸和圆度，通过将熔体管坯包紧于内定径套，使管坯内表面冷却硬化，从而定型；外径定型法是采用定径装置控制管材的外径尺寸和圆度，通过将熔体管坯贴紧于外定径套，使管坯外表面冷却硬化，从而定型。通用塑料管材的生产往往采用外径定型法。外径定型工艺又可分为压力定径和真空定径。其中，由于PP是结晶型高聚物，熔体黏度较低，因而PP挤出管材的定径均采用真空定径的方式。真空定径工艺采用给定径装置抽真空的形式，使得挤出管坯外壁在定径装置中处于负压环境，而管坯内部则通过机头芯棒中的气水进口维持大气压，在气压差的作用下，管坯外壁能够贴紧定径套，达到使管材成型、定径的目的。真空定径有以下优点：①引管简单快速，产生废料少；②管材内壁冷却效果好；③尺寸公差控制精确；④管材的内应力小；⑤管材没有被螺塞撕裂的危险，生产稳定。

PP管材的真空定径通常采用"真空槽式定径装置"。该装置主要由真空定径槽和真空冷却槽组成，能够将管材定型和管材冷却一并完成。目前多采用的是"双室真空槽",即将一个真空槽分为两部分,在第一个真空室内装有定径套,而紧接独立的第二个真空室为冷却水槽,可以对管材进一步冷却定型。真空槽结构不仅极大地简化了管材生产的牵引操作,而且可通过改变真空度调节管材与定径套之间的摩擦力,还可充分考虑到管材冷却不同阶段对真空度的要求。近年来,由于挤出管材生产线速度的提高,以及对制品尺寸精度要求的严格,真空槽长度现已达到10~12m。真空定径槽中,定径套固定在密闭的水槽内,在水槽中通入冷却水的同时,水环式真空泵对密闭水槽进行抽真空,将水和空气一并抽出,从而使得水槽内部形成真空负压。熔体管坯通过处于负压的水槽时,由于管内大气压力的作用,使管坯外壁膨胀,并紧贴于定径套的内腔,达到冷却定型的目的。采用真空槽定径,具有以下优点:通过安装不同规格的定径套,以及控制槽内的真空度,即可使用一台机头口模,生产不同直径的管材;管材冷却充分,定型效果好;定径套和管材之间的冷却水层起到润滑作用,显著降低定径套和管材之间的摩擦阻力,因此引管容易,挤出生产线速度高。

定径套是真空槽中的核心元件,其结构如图4-34所示。定径套呈管状,其管壁上开有许多真空吸附孔,真空吸附孔应沿定径套周向和轴向上按一定间隔均匀分布,真空孔的大小与PP原料性能和管材壁厚有关。在通常情况下,定径套与挤出机头相距约20~50mm,其内径依据管材尺寸和原料收缩率确定,可采用公式 $d=D(1-\sigma)$ 进行估算,式中,D 为挤出管材的直径,σ 为PP原料的收缩率(约为2.7%~4.7%)。定径套的长度应当保证从定径套中引出的管材能够被充分冷却,以达到精确定型和传递牵引力的目的,因此定径套的长度与管材的挤出生产线速度、冷却系统效率以及PP原料的加工温度范围、热容和热传导性能等因素有关。定径套的长度较长有利于管材的冷却定型,但增加了设备摩擦力和牵引力。近年来,为了适应高速挤出的需要,短型定径套往往被采用。定径套的长度可设定为管材直径的2~6倍,管径小取大值,管径大取小值。

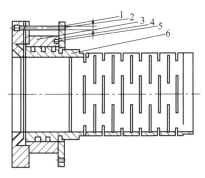

■图4-34 真空定径套结构

1—入水口;2—出水口;3—挡水板;4—冷水环套;5—密封环;6—定径套

真空定径系统的压力是由管材内压与真空槽抽真空所产生负压之间的差值决定的,实际生产中对真空度调整的基本原则见表 4-12。

■表 4-12 真空槽真空度的调整趋势

管材特性	真空度变化趋势
熔体黏度增大	真空度增大
管材直径增大	真空度增大
管材表面光洁度提高	真空度增大
管材壁厚减小	真空度减小
管材内应力减小	真空度减小

挤出 PP 管材时真空定径槽的真空度一般为 0.05～0.08MPa,真空度过高,摩擦阻力加大,牵引机负荷升高,造成管坯从定径套中引管困难,导致熔体滞留在定径套入口,使管材表面粗糙度增大,并且还会降低挤出产量,缩短真空泵使用寿命;真空度过低,则会导致定径套对管材的吸附力不足,管坯易变形,管材制品的外观质量和尺寸精度下降。此外,挤出 PP 管材时,需要通过及时、高效的冷却方式以及适宜的冷却水温度进行冷却定型,才能得到合格的管材制品。通常定型和冷却是同时进行的,冷却段总长度可按式(4-2)进行估算:

$$L = L_{spec} Q \tag{4-2}$$

式中,L_{spec} 为比冷却段长,mm/(h/kg);Q 为挤出产量,kg/h。

挤出无规共聚聚丙烯管材时,为避免管材中产生内应力,真空冷却槽第一区的温度可以稍高一些,在 40～60℃之间,由此可以达到梯度冷却。

4.3.1.2 波纹管的加工

PP 挤出波纹管是指管壁具有平行同心环状的中空棱纹的管材。波纹管具有用料省、刚性高的特点。根据管材的纵向截面形状,PP 波纹管又可分为单壁波纹管和双壁波纹管(图 4-35)。单壁波纹管是指管材的内、外壁均具有波纹的管材;双壁波纹管是在单壁波纹管的基础上发展起来的,其管壁的纵向截面由两层结构组成,内层为普通光滑管壁,外层为波纹状管壁(波纹形状可以为直角形、梯形和正弦形等)。双壁波纹管的加工是通过同时挤出两个同心管坯,再将带波纹的外管熔接在管壁光滑的内管上,从而制成的。由于波纹管的轴向带有环形波纹结构,因而大大增强了管材的刚性和耐压性,且兼有软管易弯曲、可盘绕的柔性。此外,由于波纹管管壁的截面是

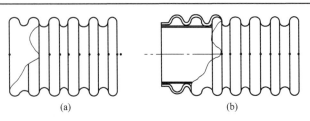

■图 4-35 单壁波纹管和双壁波纹管

中空结构，使其在相同的外压承载能力下，可比普通的实壁管节省50%以上的原材料。PP波纹管主要被用于室外埋地排水管道、污水管道、通信电缆套管和农用灌溉排水管等。

PP波纹管的挤出成型工艺与通用PP管材的加工工艺相似，均是采用螺杆挤出机熔融塑化，管材机头挤出成型管坯，但二者的区别在于波纹管的挤出管坯定型实际上是连续化的挤吹成型过程。波纹管的挤出成型工艺为：充分熔融塑化的PP原料经管材机头挤出成型为管坯；机头的芯棒中心通有压缩空气，管坯内有气塞棒结构进行封堵，从而在管坯内部建立起压力，使熔融管坯向外膨胀，并贴紧在波纹状成型模具的内表面进行成型；数套成型模具被成对地固定在两条循环运转的履带链条上，通过链条和模块的连续运行，每对成型模具互相对合，形成波纹管管壁的成型空间，用于对管坯成型；波纹管由模具中连续牵出后，由风冷方式冷却，并卷绕或切割成为波纹管制品。

PP波纹管的挤出成型用设备与通用PP管材的挤出成型设备基本相似，区别在于挤出管机头的结构和管材的波纹成型模具。

波纹管机头的结构与普通中央进料式管材机头的结构相似，但一般波纹管的实际壁厚较薄，口模的环形出口间隙较小，且由于机头口模要部分插入成型模具中，因而口模和芯模的长度较长，通常这一部分不设置加热装置。单壁波纹管机头中，管坯壁厚均匀度的调节是依靠固定口模，而调节芯棒实现，芯棒中心有固定气塞棒的结构和压缩空气的通气孔。而双壁波纹管机头中，进入机头的熔体料流被分流，并分别进入内芯棒与口模构成的环形流道中，以及外芯棒与口模构成的环形流道中。压缩空气由内、外流道的夹层通入，吹胀的外管坯贴紧成型模内壁的波纹结构，从而成型波纹管的外层。而内层芯棒同样通有压缩空气，并用冷却水对内层管坯进行冷却定型，从而成型波纹管的内层。

波纹成型模具是挤出PP波纹管的关键设备，波纹模具可以在压力或真空的作用下，将熔体管坯贴紧到波纹模具中，使得管材获得波纹状外壁。同时，波纹模具还可以起到牵引、退管的作用。PP波纹管用波纹模具的结构和工作运行形式如图4-36所示。

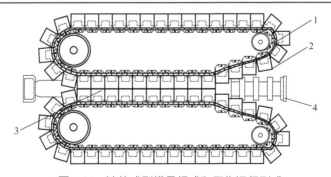

■图4-36　波纹成型模具组成和工作运行形式
1—传动链轮；2—波纹成型模具；3—闭合模具；4—成型波纹管

波纹管的成型装置主要由链式传动装置和波纹成型模具组成。链式传动装置为两条相对移动的环形链条，其上固定着数十对成对的波纹成型模具。每对成型模具由两半对开的波纹模块组成，两模块的波形必须对正，不能错位，波纹模块在链条的带动下循环运行，从而完成模具的闭合或打开。模块对开的方式可以是上下方向对开，也可以是水平方向对开，当模具闭合时，即构成了成型波纹管的型腔，而当模具打开时，管材外壁的波纹结构成型，波纹管进行脱模和输送。当改变挤出管材的规格时，只需更换相应规格的波纹模块。波纹管成型装置操作时应注意调节波纹模块、气塞棒和机头口模的对中。

PP波纹管的成型加工工艺参数，除大部分与PP通用管材的工艺参数相同外，还要注意以下几个方面：①机头口模插入模具内的部分应大于成型模块的宽度，以保证波纹管成型时两模块能够完全闭合；②管坯内部的空气压力应足够高，以使管坯能够完全与成型模具的内壁贴紧，成型波纹形状完整，管坯内气压一般为0.02～0.15MPa；③波纹成型模具的温度通常保持在45～60℃，需采用水喷淋或冷吹风的方法为模具降温，从而使波纹管在开模前能够基本定型；④波纹管卷取前进行充分冷却，防止波纹节距被拉长；⑤波纹成型模具的运行速度一般在10m/min以内。

4.3.2 片/板材的加工

聚丙烯挤出片/板材的加工同样是采用螺杆挤出机作为主机，对PP原料进行熔融混炼制备PP熔体，而片/板材的挤出成型部分主要是通过片材机头实现，片/板材的冷却定型部分则主要是通过三辊压光机实现。PP挤出片材的厚度一般在0.2～10mm范围内，片材的宽度一般在600～2000mm范围内。图4-37是PP片/板材的挤出加工工艺流程，图4-38是PP片/板材的挤出生产线。PP片/板材的挤出成型过程中，PP原料经挤出机熔融挤出后，进入片材机头中；PP熔体通过片材机头结构的分流和均化后，由机头口模的狭缝挤出成型片材；熔体片材立即被引入三辊压光机的压辊间，进行冷却定型；片材经夹辊牵引，并裁切后得到PP挤出片/板材制品。

PP片/板材挤出成型主要采用的衣架式片材机头如图4-39所示，其结构主要由机颈、扇形流道、歧管、稳压流道、狭缝口模、上/下模唇、模唇调节螺钉、阻流调节块、加热器等组成。

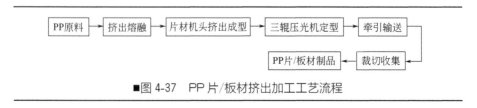

■图4-37　PP片/板材挤出加工工艺流程

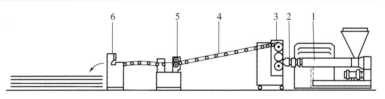

■图 4-38　PP 片/板材挤出生产线

1—挤出机；2—片材机头；3—三辊压光机；
4—辊传送器；5—起料夹辊；6—闸刀和堆积装置

■图 4-39　衣架式片材机头

　　PP 熔体由机颈入口进入衣架式片材机头，经机头中的扇形流道在机头幅宽方向分流熔体料流，并使其改变为层流。在机头的扇形流道内，开有多道与口模方向水平的歧管（圆形槽），并且歧管直径逐渐变小。挤出片材时，歧管内会有少量的存料，可以起到稳定料流压力和流速的作用，而减小歧管的截面面积，则会减少物料的停留时间。在歧管结构的作用下，扇形流道末端的稳压流道中，熔体料流的横向流速已经几乎能够达到一致。此外，再通过调节阻流调节块对料流流量进行微调后，熔体流速与压力就能够达到挤出片/板材的均匀性要求。最后，通过调节上模唇，即可挤出多种厚度规格的片/板材。口模上、下模唇的内表面均须通过镀铬，使其有较低的粗糙度，以提高片/板材制品的表面光泽度和平整度。衣架式片材机头所采用的衣架形的斜形流道，弥补了挤出片材中间和两端厚度不均匀的缺陷。由于衣架式机头的设计运用了流变学的理论，这方面的研究比较成熟，所以衣架式机头应用广泛，但其缺点是型腔结构复杂，价格较贵。

　　片材机头装配前，应使上模唇的调节螺钉处于松弛状态，口模自然开放，同时仔细检查型腔内表面和上、下模唇是否有碰伤、划痕等。机头装配时，应按要求将机头上、下模体装配在一起，螺栓的螺纹处涂以高温油脂，将筛板安放在机头法兰之间，并调整机头水平位置。此外，为保证片/板材产品的质量，需要对其厚度进行严格控制。挤出片/板材厚度的控制，主要通过调整机头口模的模唇间隙实现，片材机头狭缝口模的模唇间隙宽度通常要略大于挤出片材的厚度。现今，先进的PP片/板材挤出生产线均安装有带测厚系统的自动口模。自动口模的宽度方向配置有若干热膨胀螺栓等动作器件，测厚系统的输出信号可以通过加热等方式控制这些动作器件的运动，使其长度等发生变化，从而改变口模狭缝的宽度；而口模狭缝宽度的变化又会导致动作器件产生压电效应，引发的激励信号即可反馈回测厚系统参与控制。然而，动作器件的自动调整系统仅能对口模狭缝宽度进行小范围的改变，因此生产前必须对狭缝口模的宽度进行手动设置。

PP片坯从机头挤出成型后要立即进入三辊压光机（简称压光机）进行冷却定型。三辊压光机一般由竖直排列的上辊、中辊和下辊组成，辊筒具有高的表面光洁度，并带有冷却系统。由衣架式片材机头挤出的熔体片坯温度较高，不能定型，因而要通过三辊压光机进行压光定型，并逐渐冷却。同时，压光机还起到牵引片材，以及调节片坯各点速度分布的均匀性，保证片/板材厚度均匀、形状平直的作用。然而，三辊压光机的结构没有压延机牢固，因而板材厚度的控制主要靠挤出机头口模狭缝的宽度，而不能依靠压光机将片坯的厚度压薄，否则压辊会变形损坏。

三辊压光机操作时，要先根据制品规格调整压光机压辊的间距，之后将挤出片坯缓慢引入压辊之间，并使之随冷却导辊和牵引辊前进。三辊压光机与片材挤出机头的距离应尽可能靠近，一般为50~100mm，距离太大，挤出片坯易下垂发皱，破坏制品的表面光洁度，同时易散热冷却。PP挤出片材在离开第一个冷却辊时，其整个厚度上结晶均比较完全，因而第二个冷却辊主要是去除多余的热量。片材通过冷却压辊牵引输送时，有时会采用风扇来加强冷却。之后，通过一个厚度测量装置后，片材就可以剪裁、堆叠和缠绕。对熔体和压辊温度进行精确控制是生产高质量片/板材的关键因素。压光机的辊温要依据片材在压光机中的运行线路而设置，如果挤出片坯由上辊和中辊的间隙进入，紧贴中辊缠绕半圈，之后由中辊和下辊的间隙穿出，再经下辊缠绕半圈而导出，此时中辊温度要设置为最高，约为80℃；上辊温度设置稍低，约比中辊低15~20℃；而下辊的温度则设置为最低，约比上辊低10℃。这样的辊温设置，能够使PP熔体片坯在压光辊间运行时，其上、下表面具有相近的冷却速率，保证片/板材制品的透明性，避免因表面结晶速率不一致，而使片/板材呈现出白色结晶。然而，若压光辊温度过低，由于片/板材一般厚度较大，且导热不佳，因此易造成制品表面和内部的温差过大，同样出现结晶度升高，球晶尺寸变大，出现白色结晶，降低制品的透明性，并导致制品发生翘曲。

PP挤出片/板材生产线的运行速度，主要受到片/板材制品厚度及生产设备加工能力的影响，一般能够达到每分钟几米到几十米。压光机的牵引速度应略高于片坯从机头口模中的挤出速度，但牵引速度要根据口模狭缝宽度和片坯厚度来考虑。聚丙烯熔体的流动性能较好，因此牵引速度不可太快，要使PP熔体料坯在上、中压光辊之间有适量的堆积，以防止缺料现象的发生，从而保证挤出成型 PP 片/板材制品的厚度具有良好的均匀性。由压光机出来的片/板材的芯层温度以接近高弹态温度为原则。牵引机使板材保持一定的张力，若张力过大，板材芯层存在内应力，使用过程会发生翘曲或在二次成型加热时，也会产生较大收缩或开裂；若张力过小，板材会发生变形。

4.3.3 电线/电缆的加工

聚丙烯树脂用于电线/电缆的挤出成型，主要是作为金属导电线芯的绝缘包覆层，还有少量应用作为多孔壁或厚壁的结构材料。PP 挤出电线/电缆包覆层的生产线，主要包括带组合过滤网的螺杆挤出机、丁字形包覆机头、线芯预热装置、电线/电缆供料装置、冷却水槽、水清除装置、包覆层质量电信号检测装置、收集装置和缠绕设备等。其中，根据挤出包覆的速率，电线/电缆的输送和收集可以采用在线牵引，也可以采用前后旋转轴牵引，以及采用单个卷纱机。高速操作时往往采用自动化的旋转轴输送，即时的旋转轴转换和自动化的旋转轴拆卸，而对于低速操作很少采用自动化技术。

PP 挤出电线/电缆包覆层主要采用丁字形包覆机头。可以分为倾斜结构（Y型）机头和垂直结构（T型）机头两种，如图 4-40 所示。

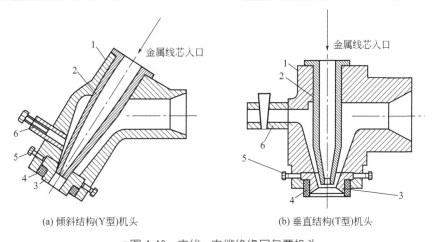

(a) 倾斜结构(Y型)机头　　　(b) 垂直结构(T型)机头

■图 4-40　电线、电缆绝缘层包覆机头
1—机头；2—导向芯棒；3—口模；4—压紧螺母；5—调节螺钉；6—溢流孔

丁字形包覆机头的主要特点是用于输送线芯的导向芯棒位于机头型腔的中央，包覆层物料由机头入口进入型腔内，其流动受到导向芯棒的阻力，在芯棒的隔挡下，物料被分流成两股料流，而料流绕过导向芯棒后，在机头入口的另一侧又再次汇合，并迅速改变流动方向，从而沿芯棒和口模形成的环形流道继续向前输送。由于一部分物料在机头型腔中需要绕过导向芯棒，并

改变流动方向，于是这部分料流的流动距离对于由机头入口直接进入环形流道的料流来说是不相等的。在靠近机头入口一侧，物料的流动距离短，且熔体压力较大，易于迫使芯棒向另一侧偏移，因而会影响包覆层壁厚的均匀性。而相对应的另外一侧，由于物料的流动距离大、阻力大，故其流动速度较慢，易于出现挂胶的现象。挂胶现象会造成物料在线缆周向上各点的流动速度不一致，同样会影响包覆层壁厚的均匀性。因此，在用于输送被包覆线芯，且具有导向功能的芯棒上往往设置有能够调节物料分配的机头结构。该物料分配调节结构是由具有不同流径长度的环绕向外悬伸的芯棒所组成，从而能够引导熔体料流的流动，并使各处物料到挤出口模的流动距离相等，而其实质就是调节物料在机头型腔内所受到的阻力，并使各处阻力尽量达到均衡一致，从而保证 PP 熔体在线芯外圆周上的挤出速率和挤出量相同。此外，为避免积存物料在机头中阻塞和焦烧，还可以在机头上合适的位置开设溢流孔，以便对物料的流动状态进行调整。PP 挤出包覆层的厚度可以通过改变挤出速率、导向芯棒的位置、环隙口模的宽度，以及被包覆线芯的输送速度予以调节。此外，为了保证线缆包覆层的厚度均匀，需要调节口模与芯棒严格同心。通常是通过调节螺钉来调整口模的位置，调节螺钉的多少，一般要根据口模尺寸的大小来设置。

在 PP 电线/电缆的挤出包覆过程中，PP 熔体由机头入口进入包覆机头中，熔体沿机头中的周线流道环绕着导向芯棒流动，金属线芯穿过芯棒中央的导线孔，以一定的速度向前输送，从而由挤出物料进行包覆。为保证 PP 挤出包覆层的质量，还可采用真空系统辅助包覆层与线芯之间更好地黏合。通常，为使 PP 绝缘包覆层在平滑度与延展性之间得到平衡，口模直径要比制品绝缘外层的直径大 5%～20%，且为控制 PP 包覆层的延展性和回缩性，金属线芯需预热至 120～150℃。由于 PP 属于结晶型聚合物，收缩率较大，因此对挤出包覆线缆进行及时冷却，能够使得 PP 包覆层无须黏结剂即可与线芯紧实配合。

PP 挤出电线/电缆制品性能稳定，耐热性好，能够保证金属线芯不被氧化、不易污染。PP 电线/电缆的挤出包覆，通常要求所采用的 PP 原料具有良好的低温韧性、高速剪切下的优异流动性，且 MFR 一般为 0.5～3g/10min。在挤出成型过程中，PP 原料的熔体温度应设定在 200～270℃，也可用化学发泡剂在低温下进行发泡，制备发泡包覆层。对于大直径电缆的挤出包覆，其生产线挤出速率可达 30m/min，而对于电话线绝缘层的挤出速率可达到 2100m/min。在低速挤出的情况下，可采用长度在 6m 左右的冷却水槽，对电话线的高速加工过程，则应使用长度为 25m 的水槽。

4.3.4 异型材和木塑复合材料的加工

异型材是指横截面为非标准形状的塑料型材，可广泛应用于塑料门窗、建筑构件等方面。聚丙烯挤出异型材,特别是PP木塑复合异型材,具有优异的力学性能、良好的加工性、较高的耐热性、丰富的原料来源,并且无毒环保,因而得到了较快的发展。

PP异型材的挤出成型,主要采用螺杆挤出机、异型材机头、冷却定型装置、牵引切割装置等。其中,异型材的形状直接决定了挤出机头及冷却定型装置的结构,以及牵引装置的选择。在PP异型材的挤出加工中,异型材机头结构复杂,是生产的关键部件。机头的设计难度较大,特别是对于具有高结晶度和高收缩率的PP材料,在流道设计、口模设计、加热器安放和调节机构位置等方面,均需依据型材的结构和材料性能进行反复修正。图4-41是异型材挤出机头的结构,PP熔体通过挤出机头和口模被分布到整个异型材截面的流道上,从而形成设计的异型材形状。异型材机头中流道的设计应能够保证熔体在流道截面各点上的流速一致,熔体在机头中的停留时间较短,并且异型材形状变化较小。此外,熔体料流从机头辅助装置稳定流出前,应达到充分平行流动,以提高型材表面质量,并且挤出成型PP异型材时,应采用高熔体强度的PP原料,机头温度一般低于200℃。

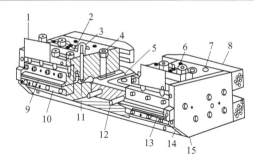

■图4-41　异型材挤出机头结构

1—防护板；2—阻流棒测量销；3—阻流棒调节线圈；4—模体螺栓；5—主流道入口；
6—螺栓孔；7—销钉；8—电线笼；9—上模唇；10—下模唇；11—阻流棒；
12—加热器；13—调幅支架分接孔；14—衬垫；15—末端板

另一方面,PP挤出异型材的冷却定型至关重要。作为结晶型聚合物,PP异型材的冷却速率不宜太慢,为了提高挤出速率,必须要提高异型材的冷却定型效率。异型材的冷却定型可分为干式真空定型和干湿结合定型,而无论哪种冷却定型方法都需延长定型模的总长度。此外,还经常配有喷淋冷却水槽、水冷循环装置等。

干式真空定型装置的特点是生产过程中的安全性和质量稳定性较好,因而适合于高速挤出。例如,Schwarz公司设计的干式定型装置由许多互相连接的真空定型块组成,定型块采用铜锌合金制造,具有极好的导热性。采用干式真空定型装置时,定型块通过真空负压与挤出型材的表面接触,并带走热量，从而在对异型材冷却的同时起到定型的作用。定型块之间的空气段能够平衡型材截面的温度，降低材料热张力。定型块使用时按设计尺寸安装在基板上，其长度取决于挤出速率、型材断面几何形状、型材内外壁厚度、PP原料流变性能以及摩擦阻力限制等因素，总接触长度为 4～5m 的定型系统，能满足 4m/min 的生产线速度要求。干式真空定型的缺点是冷却水不直接接触型材，热传导效率低，而型材与定型套内表面接触，增加了摩擦阻力，降低了冷却效率。

干湿结合定型装置由干燥部分、真空部分、定型部分和水槽组成，其中定型块安装在水槽内，定型块中通有真空系统。例如，奥地利 Greiner 公司研制的干-湿式混合定型设备，改变了一般真空定型块只能冷却型材外表面，而无法冷却型材内腔的情况，从而提高了冷却效率。采用干湿结合定型装置时，PP 挤出异型材从喷淋水槽中穿过，水槽前部设置有若干真空定型块，型材经由定型块进行定型，以保证其尺寸的精确性。与干式定型相比，该装置通过使冷却水直接和型材表面接触，增强了冷却效果，并且冷却水的润滑作用，大大降低了型材和定型块之间的摩擦阻力，而定型块设置的多少主要依据挤出速率与异型材的几何形状而定。

然而，由于 PP 属于结晶型聚合物，熔体强度较低，因此挤出异型材时，在型材结构、壁厚方面都受到较大限制。而 PP 木塑复合材料因其力学性能优异、加工性能良好、环保经济性显著，特别是熔体流动性适宜，因此被广泛用于异型材的挤出成型。木塑复合材料是指采用木纤维或其他植物纤维来填充及增强改性热塑性塑料而制备的一类复合材料。木塑复合技术是近些年来发展起来的一项新型加工技术，其技术特点是把两大类差别较大的不同材料相互混合在一起，即木材、塑料合二为一。木塑复合技术的问世以其新颖的观念、新颖的设计、新颖的产品，极大地推进了新材料的发展。作为一种介于木材与塑料之间的新型材料，木塑复合材料一方面具有木材的木质外观和良好的二次加工性能，而其尺寸稳定性好、吸水性小、不怕虫蛀、不会像木材那样产生裂缝和翘曲变形；另一方面，木塑复合材料具有热塑性塑料的热加工性能，而其硬度要比塑料高，耐磨性、耐老化性得到改善。此外，各种助剂的加入可以赋予木塑复合材料更多特殊性能，如耐腐蚀性、阻燃性、耐强酸强碱性等，加入着色剂、覆膜或复合表层可制成具有各种色彩和花纹的制品。尤为值得一提的是，木塑复合材料可利用木材下脚料以及农业生产中的麦秆、稻壳等，从而节约木材、保护资源，也可大量回收利用废旧塑料、治理白色污染、保护环境、节约能源。木塑复合技术现已发展为一种全新的材料——挤出成型木材，为国家大量回收利用废旧材料开辟了新途径。

在 PP 木塑复合材料的挤出加工过程中，首先，采用粒度 10～200 目，且经干燥处理后含水量控制在 13% 左右的木纤维/木粉为原料。其次，为了解决木塑复合材料挤出加工困难的问题，生产出具有良好性能的木塑复合材料，通常需要在挤出过程中加入相应的助剂，例如，改善木塑界面相容性的偶联剂或相容剂，为减小材料密度得到微泡孔结构复合材料所需要的发泡剂、助发泡剂及成核剂，改善熔体流动性的增塑剂、润滑剂，有助于木粉在塑料基体均匀分布的分散剂，增强材料力学性能的抗冲击改性剂，赋予木塑复合材料其他性能的紫外线稳定剂、交联剂、阻燃剂、防菌剂、着色剂等。

4.4 纺丝

纺丝类产品也是聚丙烯（PP）的一类重要的应用领域。PP 的纺丝产品主要有 PP 长纤维、PP 短纤维、PP 纤维非织造布（无纺布）等。其中，PP 长纤维的主要品种包括细旦长丝、中粗旦长丝、膨体长丝、工业用丝及弹力丝等；PP 短纤维的主要品种包括常规短纤维和烟用丝束等；PP 纤维非织造布（无纺布）的主要品种包括纺黏非织造布和熔喷非织造布等。聚丙烯纤维（polypropylene fiber），简称丙纶，是 20 世纪 60 年代才开始工业化生产的纤维品种。PP 纤维具有无毒、强度高、化学稳定性好、耐水性和耐化学腐蚀性好的优点，作为装饰材料、工业过滤材料、包装材料以及服装衣料等得到了广泛的应用。由于 PP 纤维原料来源丰富、生产过程简单、成本低、应用广泛，使其在 20 世纪 70 年代后发展迅速，2005 年全球 PP 纤维生产量就已达到了 650 万吨。尽管 PP 的纺丝类产品种类繁多，但其加工原理和加工方法都具有一定的相似性，即无论是 PP 单丝纤维，还是纤维非织造布，其纺丝都是通过熔融纺丝—加热拉伸—固化定型，这一基本的加工工艺来实现的。

4.4.1 长纤维的加工

丙纶长丝的生产一般采用常规的"熔体纺丝"的方法。熔体纺丝（melt-spinning）是通过螺杆挤出机熔融挤出的方法制备 PP 纺丝熔体，使 PP 熔体经由纺丝箱的喷丝板压出形成熔体细流，在空气或水的冷却作用下，固化成型纤维的方法。熔体纺丝的过程是一个聚合物原料随着传热过程而产生的物态变化的过程，即固态聚合物在高温和剪切力的作用下转变为流动的黏流体，并在纺丝压力下挤出喷丝孔，在喷丝板到卷取装置之间，充分冷却固化而成为固态纤维的过程。

熔体纺丝法纺丝速度高、成本低，并可通过改变喷丝孔的形状，从而改变纤维的截面形态和纤维性能。然而，PP 原料经过熔体纺丝后得到的仅是取向度较低、结构性能不稳定的初生纤维。初生纤维虽然已经形成丝状，但其物理机械性能较差（强度低、伸长大、尺寸稳定性差、沸水收缩率高），纤维硬而脆，不能直接用于纺织加工，尚没有使用价值。为了完善纤维结构，提高纤维性能，熔体纺丝制备的初生纤维必须经过一系列的后处理工艺，才能生产出性能优良的纺织用丙纶长丝。丙纶长丝初生纤维的后处理步骤主要包括后拉伸取向、热定型、卷曲和加捻等。其中，后拉伸取向处理可以增大纤维中大分子和结晶区的取向，改变初生纤维的内部结构，提高纤维的断裂强度和耐磨性，减小纤维的伸长率；热定型处理可以调节纺丝过程中高聚物内部分子间的作用力，提高纤维的稳定性和物理机械性能；卷曲和加捻处理可以改善纤维的加工性，并使纤维蓬松、有弹性，增加纤维间的抱合力，提高复丝的强度，从而满足不同织物的要求。丙纶长丝熔体纺丝法的生产工艺流程如图 4-42 所示，丙纶长丝熔体纺丝法的生产装置如图 4-43 所示。

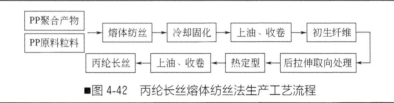

■图 4-42　丙纶长丝熔体纺丝法生产工艺流程

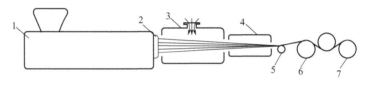

■图 4-43　丙纶长丝熔体纺丝法生产装置
1—螺杆挤出机；2—喷丝板；3—冷却吹风系统；
4—纺丝甬道；5—给油辊；6—导丝辊；7—收卷辊

　　熔体纺丝法生产 PP 长丝纤维的主要设备包括螺杆挤出机、熔体计量泵、纺丝箱、喷丝板、纺丝筒、冷却吹风系统、受丝筒，以及集束架、导丝架、拉伸箱、热定型机、上油辊、卷取辊等。熔体纺丝法的主要工艺流程为：PP 原料经螺杆挤出机塑化、熔融后，进入纺丝箱体中。为保证挤出纤维纤度相同，PP 熔体在纺丝箱体内须经过熔体过滤，并经由熔体分配流道，均匀地分配到喷丝板各处，之后由喷丝板各处的喷丝孔中以相同流量压出，形成熔体细流；离开喷丝板的熔体细流，经冷却吹风系统冷却固化后，成型丙纶初生纤维，并收集到受丝筒中。冷却吹风的具体形式可以为侧向吹风、环形吹风或纵向吹风；熔体纺丝得到的初生纤维，从受丝筒中引出，经由集束架、张力调节器和导丝架使各丝束的张力均匀一致，以便进行后续的拉伸处理工序；初生纤维进入拉伸箱，经加热介质加热到一定温度后，开始后拉伸处理，以便得到高强度的纤维产品。后拉伸处理可以一步进行，也可分步进行；经后拉伸处理的纤维内应力较大，且尺寸不稳定，遇热收缩，因此需采用热定型工艺消除纤维内部的拉伸应力，并加快纤维结晶，稳定纤维结构和性能。热定型工艺可以分为张紧热定型和松弛热定型；为防止纤维在之后的加工过程中因摩擦产生较大静电，纤维表面需经过上油辊上油；最后，经卷取装置收卷后，即得到合格的丙纶长丝产品。在熔体纺丝法生产丙纶长丝的工艺中，最重要的步骤是熔体纺丝成型初生纤维，以及初生纤维的后拉伸和热定型。

熔体纺丝法成型丙纶初生纤维的生产过程中，PP 原料通过螺杆挤出机熔融，并经由喷丝板挤出。其中，喷丝板（图 4-44）是初生纤维成型的关键设备，其结构与纺丝状态及纺丝产量有关。喷丝板上开有若干喷丝孔，喷丝孔的流道直径应逐渐缩小，以便产生压力将熔体压实。

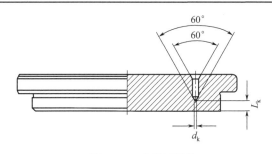

■图 4-44 喷丝板结构

熔体纺丝法纤维成型，首先要求将纺丝熔体通过喷丝孔中挤出，并使之形成细流，因此熔体细流的形态对初生纤维的生产影响较大。依据纺丝熔体黏弹性和挤出条件的不同，挤出熔体细流的类型大致可以分为图 4-45 中的四种类型，即液滴型、漫流型、胀大型和破裂型。其中，只有胀大型属于正常的纺丝熔体细流，只要胀大比 B_0（细流最大直径与喷丝孔直径之比）控制在适当范围内，细流就能够实现连续、稳定地挤出。一般纺丝流体的 B_0 约在 1~2.5 范围内。B_0 过大，不利于提高纺丝速度和丝条成型稳定性，因此实际纺丝生产过程中希望 B_0 接近于 1。喷丝孔挤出胀大的根源在于纺丝流体的弹性，自由挤出细流的胀大比随孔口处的法向应力差的增加而增大。而延长松弛时间，减小喷丝孔长径比 L/R_0，以及增加纺丝流体在喷丝孔道中的切变速率均能使法向应力差增大，从而导致挤出胀大比增加。

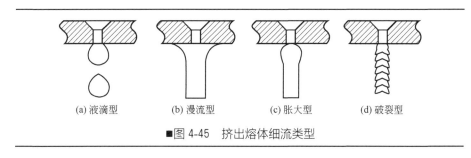

■图 4-45 挤出熔体细流类型

聚丙烯熔体细流在喷丝孔中的流动,以及压出喷丝孔后的固化成型历程,基本上可分为入口区、孔流区、膨化区、形变区和稳定区。

① 入口区　PP 熔体在进入喷丝孔直径较大的入口处时称为入口区,此时会产生明显的"入口效应",即熔体流速迅速升高,并将一部分能量转化,使柔顺的 PP 分子链以高弹形变的方式改变分子构象,并将弹性能储存在熔体内。

② 孔流区　PP 熔体在喷丝孔的毛细孔中流动的区域称为孔流区。此时,熔体流速不同,孔中心流速较高,在毛细孔的径向产生了速度梯度。此外,由于熔体流经孔道的时间仅为 $10^{-8}\sim10^{-4}$ s,与 PP 大分子的松弛时间相差较大,因而熔体细流在入口区产生的弹性内应力不能够得到有效松弛,弹性形变仍较高。

③ 膨化区　PP 熔体经喷丝孔喷出后,熔体细流直径迅速膨胀变大的一段区域称为膨化区。发生挤出膨化的主要原因是熔体细流在离开喷丝孔后,剪切应力迅速减小,PP 大分子在喷丝孔内发生的构象变化,出现自动回复成卷曲状态的趋势,并释放出储存的弹性能和分子间应力,使得熔体的高弹性形变迅速回复,并且伴随熔体速度场的变化及熔体表面张力的作用,从而导致熔体细流在喷丝孔出口处产生径向胀大。熔体细流直径的膨化程度与分子量、纺丝温度、喷丝孔长径比有关。但是,在熔体纺丝时膨化比过大时易导致纤维纤度不均匀、熔体破裂、熔体和喷丝板剥离困难等现象的发生。

④ 形变区　PP 熔体细流发生冷凝固化的区域称为形变区。这一区段是熔体细流形成初生纤维的过渡区,以及发生拉伸流动和形成纤维最初结构的区域,因此是熔体纺丝成型过程中的重要区域。形变区一般在离开喷丝板约 $10\sim80$ cm 范围内。熔体细流在膨化区后仍具有较好的流动性,在卷取力的作用下,被迅速拉长变细,同时受到冷吹风的冷却作用,温度降低,开始冷凝并固化形成初生纤维,工业上称为喷丝头拉伸,其拉伸倍数为卷绕速度与熔体喷出速度之比。

⑤ 稳定区　PP 熔体细流发生固化,并成型初生纤维后的区域称为稳定区。此时,由喷丝板挤出的熔体细流已经冷却固化,成型丙纶初生纤维,因而不再有明显的流动和形变发生,纤维结构进一步稳定,不再受外界条件的影响,纤维直径和速度保持恒定。

通过对 PP 熔体在喷丝板及喷丝孔中的流动情况,及其形态变化的了解,能够进一步对熔体纺丝法生产丙纶长丝纤维的生产流程和生产工艺进行深入的认识,并指导工艺流程和参数的改进。聚丙烯的熔体纺丝成型初生纤维过程中加工工艺的控制和加工工艺条件的设置,主要考虑挤出纺丝、喷丝头拉伸和冷却成型三个方面。

① 挤出纺丝　PP 熔体纺丝通常采用单螺杆挤出机制备 PP 熔体,螺杆为等螺距、单头螺纹结构。其中,挤出机的固体输送段要求最小的压缩比为 2.8,以改善熔体的流动;熔融段要求长度较短,避免 PP 熔体停留时间过

长,因而螺杆的长径比 L/D 约为 20~26。生产丙纶长丝时,挤出机料筒的设定温度应该比 PP 原料的熔融温度高 50~130℃,才能使熔体具有较好的流动性。PP 熔体纺丝时,挤出机各段温度可设置为固体输送段 200~250℃、熔融段 250~280℃、熔体输送段 280~300℃、喷丝板温度 300~310℃,随纺丝温度的升高,纤维拉伸倍率变大,喷丝板更换周期缩短,纤维的可纺性先变好后变坏。纺丝温度较高时,熔体黏度过低,挤出流量稳定性变差,使得纤维的纤度均匀性降低,且熔体细流会黏附在喷丝板上,产生毛丝、断头污染喷丝板。纺丝温度较低时,纺丝过程会出现"硬头丝",有漏料现象的发生,且熔体黏度过高易造成熔体破裂,纤维可纺性变差。因此,PP 纤维的纺丝温度应控制适宜,以保证 PP 熔体具有适当的黏度和较好的流动性。

② 喷丝头拉伸 喷丝头拉伸发生在 PP 熔体由喷丝孔挤出之后,由于熔体细流仍具有较大流动性,在卷取力的作用下,发生一定的拉伸现象。喷丝头拉伸使得纤维变细,并对初生纤维的后拉伸操作及纤维结构有较大的影响。若喷丝头拉伸过大,则会导致初生纤维的分子链有序度较高,并产生稳定的单斜晶体结构,使得后拉伸工序对纤维结构的破坏较大,拉伸纤维的结构缺陷增大,不利于后拉伸的进行。PP 熔体纺丝时,喷丝头拉伸的倍数优化为 60 倍,此时纤维较易进行后拉伸操作。喷丝头拉伸对丙纶初生纤维性能的影响见表 4-13。

■表 4-13 喷丝头拉伸对丙纶初生纤维性能的影响

喷丝头拉伸倍数	屈服应力/(cN/dtex)	强度/(cN/dtex)	伸长率/%	双折射$(\Delta n) \times 10^3$
12.7	0.4	0.54	1140	715
54	0.49	0.86	980	13.5
116	0.55	1.11	791	15.5
373	0.64	1.39	580	17.5

③ 冷却成型 由喷丝板挤出的熔体细流,在冷却吹风的作用下固化成型初生纤维。其中,冷却速率对最终丙纶长丝产品的质量有很大影响。冷却速率快,得到的初生纤维中主要是不稳定的碟状液晶结构,有利于后续拉伸工序的开展;若冷却速率缓慢,则得到的是具有稳定单斜晶体结构的初生纤维。此外,冷却成型条件还显著影响初生纤维内晶区的大小,当成型温度较低时,结晶成核速度增大,晶核数目增加,晶区尺寸减小。在实际生产中,侧吹风温度越低越好,特别是对于纺丝温度较高的情况下,较低的冷吹风温度对初生纤维起到了淬冷的效果,能够提高后拉伸处理中纤维的拉伸比及强度。采用侧向吹风时风温可设置为 35~40℃,环形吹风时风温可设置为 30~40℃,纵向吹风时风温可设置为 25℃。冷吹风的风速对初生纤维的形成也有一定的影响,冷吹风的风速越高,淬冷效果越明显,从而能够提高后拉伸工艺的拉伸比,通常风速设置为 0.4~1.3m/s。

熔体纺丝成型的 PP 初生纤维,虽然已经具有纤维的形态和结构,但是其结晶度和取向度仍然较低，熔体纺丝法生产的 PP 初生纤维的结晶度约为 33%～40%，且结晶结构尚不稳定，纤维结构致密度低。因而，初生纤维的强度和模量较低，物理机械性能较差，断裂伸长率较高，且纤维易变形，尺寸稳定性差。为了满足纺织制品的要求，生产出高质量的纤维产品，需要对丙纶初生纤维进行拉伸取向和热定型等后处理工序。

初生纤维进行后拉伸取向的过程是纤维大分子结构发生取向和结晶结构重排的过程。由于聚丙烯属于结晶型高聚物，因而 PP 纤维的后拉伸处理过程比较复杂，在大分子取向的同时，还伴随着复杂的分子聚集态结构的变化，而其实质是球晶的形变过程。后拉伸过程中，在拉伸力的作用下，纤维直径变小，纤维中卷曲的大分子发生舒展，并取向、重排，拉伸作用也能够诱导结晶结构的形成。初始拉伸时，拉伸倍率较低，球晶处于弹性形变阶段，球晶被拉伸成椭圆状，继续拉伸至不可逆形变阶段，球晶的片晶之间发生晶面滑移和破裂，片晶之间的大分子链拉伸成直链，原有结晶结构被破坏，形成由片晶和沿纤维轴向取向贯穿于片晶之间的大分子链段组成的新的聚集态结构。此外，对于 PP 原料，拉伸过程增加了分子的热运动、与拉伸介质的热交换和形变能的转换，因而导致纤维温度升高，诱导结晶度显著上升。

经过后拉伸取向的处理，PP 初生纤维中非晶区的大分子沿纤维轴向的取向度大大提高，同时纤维的致密性增加、结晶度上升、密度升高。由于纤维内大分子的取向和有序度增加，形成了大量的氢键、偶极矩以及其他类型的分子间力，因而使得纤维分子间距离减小，纤维结构更加致密，且增加了纤维承受外加张力的分子链数目，从而大大提高了纤维的断裂强度，降低了纤维的断裂伸长率，提高了纤维的耐磨性、抗形变性和疲劳强度。初生纤维的后拉伸处理，可以一次完成，也可分段拉伸，纤维的总拉伸倍数为各段拉伸倍数的乘积，通常熔体纺丝纤维的总拉伸倍率为 3～7 倍。按照纤维的拉伸介质分类，初生纤维的后拉伸处理方式有干拉伸、蒸汽拉伸和湿拉伸三种。其中，干拉伸是以空气作为传热介质，以空气带走纤维拉伸时产生的热量，或者用热空气对纤维进行加热，以便拉伸顺利进行；蒸汽拉伸是以饱和或过饱和蒸汽作为传热介质，并在热量和水分的增塑作用下，显著降低纤维的拉伸应力；湿法拉伸是以水或油等液体作为传热介质进行拉伸处理，也可分为液浴法和喷淋法。

后拉伸处理的目的主要是为了在拉伸过程中使纤维中的 PP 大分子链、链段和晶体结构沿纤维的拉伸方向高度取向。因此，PP 初生纤维的后拉伸过程对温度比较敏感，为此要求拉伸过程中升高拉伸温度，以提高纤维中结构单元的热运动能力。通常，后拉伸温度 T 应满足 $T_g < T < T_m$，当拉伸温度 $T > T_g$ 时，才能保证纤维结构单元的充分热运动，从而使大分子链沿纤维轴向排列，提高其取向度。若拉伸温度过低，则机械拉力作用较大，导致纤维内应力大大提高，纤维易断丝。而拉伸温度过高，又会使得分子热运动加剧，纤维结构单元的拉伸取向很快回复，从而削弱了后拉伸效率，降低了纤维强度。因而，PP 纤维的后拉伸温度通常优选为 120~130℃，此温度下纤维的后拉伸性能较好，结晶速率快。此外，PP 大分子链的取向运动需要有一定的弛豫时间，而拉伸速率升高，分子链取向时间缩短，会相应降低纤维结构单元的取向度，并提高纤维拉伸的内应力。因此，纤维的拉伸速率一般以偏低为好，以防止高速拉伸使纤维应力过大，增加纤维内的空洞缺陷，并导致断头频繁。

纤维的热定型处理是在热板或热辊上将纤维再次加热，并使纤维收缩至预定的长度。初生纤维经拉伸取向后，纤维内部的分子结构排列整齐规整，分子间的相互作用力增加，因此纤维性能得到了改善和提高。但当外力作用时，分子链间的相互作用力是不平衡的，导致分子链的形变并不相同，有些分子链的取向和结晶度高，变形与作用力相适应，达到了平衡或稳定状态，而有些分子链的链段在发生变形的同时，分子链间作用力并未达到平衡，分子链或链段间存在内应力，从而使得纤维结构不稳定。因此，后拉伸处理后纤维易变形，尺寸和性能尚不稳定。为了使纤维内部转变为稳定度较高的结构，PP 大分子链必经过一定程度的热运动，使原有聚集态结构松弛，并适当重建。纤维的纺丝成型和后拉伸处理过程一般只有几秒，而大分子的链段运动需要一定的松弛时间，因而应当采用相对较长的热定型时间，热定型时间需要与大分子链段的松弛时间有相同的数量级。通常，纤维热定型要进行数分钟才能够使纤维中较弱的分子间键得以拆散，应力集中的分子链和链段得以松弛，过高的内应力得以消除，使纤维内部结构得以重建，最终得到稳定的纤维结构，改善纤维质量。因此，通过热定型步骤可以达到以下目的：消除纤维在拉伸过程中产生的内应力，使大分子链产生一定的松弛，提高纤维的尺寸稳定性（可用沸水收缩率衡量），以便纤维制品在后期的染色和洗涤等应用中，遇湿热处理仍能保持尺寸稳定；进一步改善纤维的物理机械性能，提高纤维结晶度、弹性、强度和耐磨性等；改善纤维染色性能；去除纤维中含有的水分，使纤维达到合格产品所需的湿度要求，并可避免纤维长期存放变黄情况的发生。

对纤维的热定型可在松弛状态下进行，也可在张力作用下进行。松弛热定型是在自由状态下进行，可消除卷曲时纤维产生的内应力，并固定纤维的卷曲度；而张力热定型是在张力作用下进行，使 PP 大分子结构被迫固定，因此分子链不易发生松弛，纤维成品仍可保持较高的取向度，从而提高纤维的强度和模量，降低伸长率。热定型温度是纤维热处理效果的主要因素，热定型温度过低，则纤维应力松弛时间较长，热处理效果不明显；热定型温度过高，分子链热运动剧烈，在消除纤维内应力的同时使纤维结构发生较大变化，导致纤维物理机械性能下降。工业生产中，热定型工艺的温度是在 PP 原料的玻璃化转变温度与熔点之间的区域，一般应高于纤维及其织物的最高使用温度，以保证制品在使用条件下的稳定性。

4.4.2 短纤维的加工

4.4.2.1 丙纶短纤维的加工

丙纶短纤维的生产，目前大多数采用短程纺丝工艺（图 4-46）。短纤维的短程纺丝工艺与丙纶长丝生产工艺基本相同，但是短程纺丝工艺得到初生纤维后，不经过受丝筒进行收集，而是将初生纤维直接引入拉伸机上进行后拉伸处理。因而，丙纶短程纺丝技术与常规熔体纺丝工艺技术相比，具有工艺流程短、喷丝孔数量多、纺丝速度适当降低、纺丝工序与拉伸处理工序直接相连的特点。

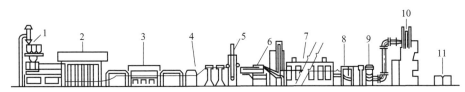

■图 4-46　丙纶短纤维生产的短程纺丝工艺
1—料斗；2—纺丝箱体；3—牵引机；4—导丝机；5—张力调整架；
6—卷曲机；7—烘干定型机；8—J形箱；9—切断机；10—打包机；11—成品

丙纶短纤维的短程纺丝生产过程中，PP 纤维原料及添加剂经计量加入螺杆挤出机中，经熔融、塑化后，熔体被压送到纺丝箱体中，之后由喷丝板上的喷丝孔中挤出成熔体细流；熔体细流经冷却吹风固化成型后得到初生纤维；初生纤维不必经过卷曲和储存步骤，而经丝束合并后直接引入拉伸和热定型设备上，进行后拉伸和热定型处理；处理后的纤维丝束经切断后打包得到丙纶短纤维产品。短程纺丝工艺的特点是不需要大量的集丝筒，节省空间，生产厂房可由多层压缩到一层，减小了厂房面积，缩减了投资成本。并且从 PP 原料共混到纤维切断得到短纤维成品，实现了连续化生产，大大提高了丝线密度，可生产单丝线密度 1～200dtex 的短纤维，特别是对于丙纶必须采用的原液染色工艺，短程纺丝能够满足频繁地改变颜色的需要。

丙纶短纤维的短程纺丝拉伸工艺中，一般第一段拉伸温度为 60～65℃，拉伸倍率为 3.9～4.4 倍；第二段拉伸温度为 135～145℃，拉伸倍率为 1.1～1.2 倍，总拉伸倍率为棉型 4.6～4.8 倍，毛型 5.0～5.5 倍。拉伸系统由慢牵辊、快牵辊和拉伸加热箱组成。慢牵辊一般由一组五辊组成，采用热导油进行加热，加热温度 120℃，并且慢牵辊由一台五辊机驱动，转速 6～60m/min；快牵辊一般由一组七个镀铬光辊组成，各辊均设有刮丝器，防止丝束缠辊，并且快牵辊由一台七辊机驱动，转速 12～120m/min；拉伸箱具有带隔热层的夹套结构，箱内通入一定量的热蒸汽，丝束由拉伸箱的上下导热板之间穿过，由下板调节间隙。此外，PP 短纤维丝束同样需要在定型箱中进行热定型，定型箱可分为三个区段，由热风循环风机加热并驱动。丝束运行出定型箱后迅速由风机冷却，以利于后切断工序。短纤维丝束的切断采用卧式切断机，刀盘间距通常为 20mm、25mm 的整数倍，可以切出长度 20～150mm 的短纤维，最高运行速度 120m/min。由于短程纺丝工艺就是把熔融纺丝与后处理工序连接在一起的一种工艺，即纺丝速度要降低到原来集束的速度，因此生产设备中采用了多孔喷丝板，从而以增加喷丝数来补偿纺丝速度降低而损失的产量；另外，由于纺丝速度降低，大大缩短了纤维的冷却距离，因此可以取消纺丝甬道，但同时需要适当提高冷吹风风速，以保证冷却效果。

4.4.2.2 烟用丝束的加工

丙纶烟用丝束主要安放在香烟的尾部，用于对香烟燃烧过程中产生的烟气等有害物质进行过滤。因此，要求这一用途的短纤维丝束在满足耐热性的同时，具有良好的过滤性和透气性。丙纶烟用丝束的生产，早期一般采用常规的熔体纺丝生产工艺，而现有生产技术多采用短程纺丝的一步法工艺。由于烟用丝束对过滤性和透气性的特殊要求，因而其加工工艺与普通短纤维加工不同的是要进行卷曲加捻工序，从而使得丝束在更加蓬松的同时又不至于纤维松散。丙纶烟用丝束的生产工艺流程如图 4-47 所示。

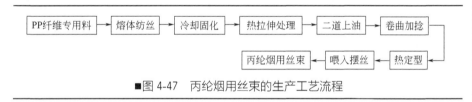

■图 4-47　丙纶烟用丝束的生产工艺流程

丙纶烟用丝束的生产加工过程中，通过对经后拉伸处理的纤维丝束进行卷曲加捻，使得纤维的卷曲数能够达到 28tex/25mm 以上，从而增强了丝束的抱合力，使其更加易于纺丝加工。短纤维丝束经卷曲加捻处理后，丝束在不使用黏合剂的情况下，丝束纤维间能够保持足够的抱合力，防止纤维被人体吸入，此外还能在保证丝束良好透气性的同时，增加烟气在丝束中的流动距离，提高烟气通行阻力，以起到对烟气进行过滤的作用。

4.4.3 纤维非织造布（无纺布）的加工

聚丙烯纤维非织造布（无纺布）是 PP 纺丝成型的又一大类制品。PP 非织造布是指将纺丝成型的 PP 纤维排布或喷射到基底上，经不同形式的固化成型后得到的一种有序或无序的纤维非织造材料。非织造布是纺织行业中新兴的具有广阔发展前景的新技术，具有成本低、用途广泛的优点，因而发展迅速，2005 年全球非织造布的产量达到了 470×10^4 t。PP 纤维非织造布的成型方法主要包括纺黏法（spinning fusion）和熔喷法（melt-blowing），此外随着加工技术的发展，目前还开发出了纺黏/熔喷复合法（SMS）等。

4.4.3.1 纺黏法非织造布的加工

纺黏法非织造布的生产技术是 20 世纪 50 年代由美国杜邦公司开发，并实现了工业化生产。世界各国在 20 世纪 60 年代末开始广泛从事纺黏非织造布相关应用工业技术的开发，而我国则是在 20 世纪 80 年代中期以技术引进为起点开始发展。2007 年底，我国共有纺黏法 PP 非织造布生产线 406 条，产量约 61 万吨。纺黏法在工艺技术、产品性能和生产效率等方面具有明显优势。纺黏法工艺是采用连续长丝纤维成型，生产线速度高，且纺黏非织造布产品强度较高、尺寸稳定性好，但产品的蓬松度低、成网的均匀性和表面覆盖性稍差。纺黏法 PP 非织造布的生产工艺流程如图 4-48 所示，其生产设备示意图如图 4-49 所示。

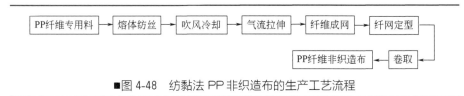

■图 4-48 纺黏法 PP 非织造布的生产工艺流程

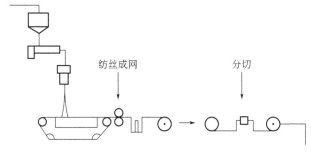

■图 4-49 纺黏法 PP 非织造布的生产设备示意图

纺黏法是利用了熔体纺丝的原理，将纤维纺丝技术和非织造布成型技术相结合的工艺。生产过程中，PP 原料经挤出机熔融混炼后，由纺丝机头的喷丝板挤出，形成熔体细流。之后，采用高速骤冷空气对挤出的熔体细流进行冷却，同时使 PP 纤维在冷却过程中受到拉伸气流的拉伸作用，形成强度较高、性能稳定的连续长丝。PP 长丝经分丝工序，形成分布均匀的单丝结构后，被铺放在带有负压的凝网帘上形成非织造 PP 纤网。PP 纤网再经过后续的加固装置，进行热轧加固、针刺加固或水刺加固定型后，经卷取装置收卷得到纺黏法 PP 纤维非织造布。其中，熔体纺丝、初生纤维气流拉伸、纤维成网和纤网定型是纺黏法非织造布成型加工的关键步骤。

（1）熔体纺丝 PP 原料需预先经干燥处理，以避免高温加热熔融时降解，特别是避免水分在高温下汽化形成"气泡丝"，从而造成毛丝或断头，影响产品质量和正常生产。PP 熔体纺丝时,挤出机固体输送段温度设定在 200~210℃,熔融段温度设定在 225~235℃,熔体输送段温度设定在 222~232℃,法兰区和弯头区温度设定在 222~232℃。纺丝温度的设定与 PP 原料的分子量、熔点和结晶度有关,要达到塑化均匀避免出现未熔融晶点,减少断丝的发生。螺杆挤出机的出口压力应保证使熔体在纺丝计量泵前的压力为 3~5MPa,且波动范围不大于±0.5MPa,以便提高计量泵熔体挤出量的准确性和缩小纤维线密度的偏差及减小纤维直径的波动。

纺黏法成型无纺布的工艺特点是高速纺丝、一步成型。PP 非织造布的纺丝速度为 3000~4500m/min,从而得到全拉伸长丝,使得无纺布具有伸长率低、强度高、尺寸稳定、不易变形的优点。对用于制备无纺布的 PP 纤维,其纺丝工艺的控制,主要从以下几个方面进行。

① 纺丝温度的控制。主要是控制喷丝板等纺丝组件的温度。纺丝温度直接影响纺丝生产的正常进行及纤维质量。适宜的纺丝温度应使 PP 熔体保持足够的流动性,保证喷丝顺畅,且熔体的均匀性和可纺性高,从而使后续的气流拉伸工序可以顺利进行,且纤维取向度高。纺丝温度控制在 PP 熔点和分解温度之间,适当提高纺丝温度,可改善其熔体流动性。

② 纺丝熔体压力的控制。主要是控制熔体在纺丝箱体内的压力。若熔体压力太低,熔体流量在喷丝板上分配不均匀,挤出熔体细流直径不均匀。若熔体压力过高,则易造成喷丝孔挤出熔体破裂。非织造布 PP 纤维纺丝时,熔体压力一般控制在 6~10MPa。

③ 纺丝速度的控制。纺丝速度影响纤维线密度的大小和均匀性,以及非织造布的质量。纺丝速度过低,挤出熔体细流冷却过快,导致拉伸易断丝。而纺丝速度过高,熔体细流不能及时冷却,导致出现并丝,影响非织造布质量。

(2) 初生纤维气流拉伸 为了提高 PP 非织造布的性能,同样需要对初生纤维进行拉伸取向,以提高纤维的取向度和结晶度,从而提高纤维的物理机械性能。在纺黏法非织造布的生产中,由于纺丝、拉伸、分丝、铺网、加固等后续工艺是连续高速进行,对纤维的拉伸是在很短的时间内完成,并且还要对纤维提供理想的冷却效果,因此纺黏法非织造布的生产多采用气流拉伸工艺。

气流拉伸工艺的原理是:丝条由喷丝孔挤出,并经侧吹风冷却后,直接被吸入气流拉伸设备的吸丝口内。在拉伸设备的气流风道内,拉伸气流由纤维侧向吹入,纤维在高速、高压拉伸气流的夹持作用下迅速加速,并通过拉伸喷口实现拉伸。气流拉伸设备主要有管式牵伸机、窄狭缝式牵伸机和宽狭缝式牵伸机。其中,PP 无纺布的制备主要采用牵伸速度较高的管式牵伸机。管式牵伸机由空压机、高压空气分配缸和牵伸管等构成,牵伸管的结构如图 4-50 所示。制备 PP 无纺布时,管式牵伸机的拉伸风压为 0.05~0.2MPa,风速为 5000~7000m/min。PP 初生纤维进入管式牵伸机后,由吸丝口引入

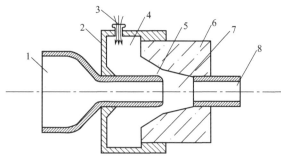

■图 4-50 纺黏法 PP 非织造布的气流拉伸牵伸管结构
1—吸丝嘴；2—气腔；3—高压空气入口；4—气室；
5—环形切口；6—管接头；7—长丝甬道；8—喷嘴

拉伸管中，在高速气流的夹持作用下被迅速拉伸，纤维直径一般由 0.3～0.6mm，突降到 0.015～0.02mm，纤维的拉伸速度可以达到 3000～5000m/min。

目前，纺黏法 PP 非织造布的生产过程中，采用的纤维气流拉伸工艺主要有 Cerex 法、Docan 法、Freudenberg 法、Reicofil 法、Rhone-Poulenc 法、NWT 法等。其中，对气流拉伸过程的控制，主要通过以下工艺因素，包括牵伸机结构（在定风量情况下，牵伸喷口和风道越小，牵伸速度越高，纤维强度越高）、牵伸风的风温（风温一般不超过 50℃）、牵伸风的风压和风速（风速一般为纤维运行速度的 2 倍，提高拉伸气流气压提高纤维的拉伸效果）、冷却条件（由风速、风温、风湿控制一般在 20℃ 左右）。此外，为了得到高质量的无纺织物，由于高速气流牵伸，因此还要对 PP 原料的分子量和分子量分布、灰分、杂质、塑化效果以及喷丝板的清洗质量等进行严格的要求。

(3) 纤维成网 在纺黏法 PP 纤维无纺布的生产技术中，纤维成网就是将经熔体纺丝和气流拉伸后成型的 PP 连续长丝，进行分丝处理，使单丝均匀分散开之后，铺置到成网帘上，形成均匀纤网的过程。对于纺黏法非织造布成型工艺，由于采用连续长丝成网，分丝、铺网时间较短，且高速拉伸气流的扰动剧烈，因而很难控制纤维长丝的运动，影响纤维成网的均匀性，因此使得纺黏法工艺不能成型薄型的 PP 非织造布。

纤维的成网工艺，首先需要对经过气流拉伸的纤维长丝进行分丝处理，其目的是将丝束分离成单根长丝，以防止在铺网时纤维粘连，影响纤网的均匀性。分丝方法主要有静电分丝法、机械分丝法、气流分丝法等。经分丝处理后的纤维长丝，采用不同的工艺均匀地铺放在成网帘上，形成无纺纤网。铺网工序需要控制纤维长丝按设定的轨迹运动，从而保证形成的纤网牢固、均匀。对纤维运动的控制可以采用机械式和气流式，因而铺网的方法主要有排笔式铺网、打散式铺网、喷射式铺网和流道式铺网等。在铺网的过程中，为了使纤网的结构迅速固定,并避免外界因素的影响,铺网过程中,均是采用负压铺网的方式,即在成网帘下方的空间,采用真空抽吸的方式,使成网帘上表面产生负压,从而促进对纤维长丝的收集和固定。负压铺网的方式一方面对纤维具有一定的拉伸效果,另一方面可以消散管式牵伸机喷出的高速气流,防止剧烈的气流扰动使纤维飞散。因此,在铺网过程中,对纤维铺网帘的要求较高。铺网帘往往要求具有良好的透气性、较高的抗张强度、足够的网帘幅宽和良好的抗静电性能,并且还要配备网帘密封装置,从而满足托架、输送纤网和分离气流的要求。目前,成网帘主要由高强度、低拉伸的PU、PA纤维或金属丝编织而成,结构为平纹编织或斜纹编织结构,目数为30~40目。

(4) **纤网定型** 分丝和铺网工序成型的无纺纤网,纤维长丝之间仅仅是简单的物理缠结,结构尚不牢固,因而需要进行加固和定型处理,才能最终生产出高强度、低延伸的PP纤维非织造布。现有的加固定型方法有热轧加固法、针刺加固法和水刺加固法等。

① 热轧加固法 主要适用于PP等热塑性高分子材料的纤网,原理是使PP纤维在热轧机中受热熔融,并在压力作用下,在热轧点/面熔合成一体,从而显著提高纤网的强度,实现非织造布的加固定型。热轧机由加热钢辊和弹性辊组成,可以有点黏合和面黏合等黏合方式,点黏合时采用带有不同轧点形状的刻花辊,面黏合时采用抛光钢辊。输送速度为5~300m/min,PP非织造布的热轧温度为135~165℃,适合加工10~150g/m²的纤网。

② 针刺加固法 是采用成排的具有三角形截面(或其他截面),且棱边带有倒钩的刺针对纤网进行反复穿刺。刺针穿刺过程中,将纤网表面层纤维强迫带入纤网内部,并形成缠结结构,不再恢复。在纤维间的摩擦和缠结作用下,蓬松的纤网被压缩,并经多次反复穿刺后形成众多的缠结点,最终将纤网加固定型。针刺法加固工艺主要有预刺、主刺、花纹针刺、环式针刺和管式针刺等。刺针的运动方向通常垂直于纤网,但也有向上或向下的斜刺方向。斜刺可提高针刺深度,如60°斜刺比垂直针刺深度提高13%,使产品强度有较大提高,并可改善产品的尺寸稳定性。图4-51为直刺和斜刺的纤网

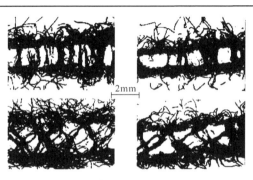

■图 4-51 直刺和斜刺的纤网结构

结构，常用的倾斜角度有 45°、60°、75°。针刺加固法通常用于加工 80～2000g/m² 的中厚型纤网。针刺法 PP 非织造布的纤维之间为柔性缠结，因而具有较好的尺寸稳定性和弹性，良好的通透性和过滤性，并且手感丰满，主要用于地毯、褥垫、鞋帽用呢、涂层底布、过滤材料、土工织物、隔声隔热材料以及车用装饰材料等。

③ 水刺加固法　是采用若干极细的高压水流，高速喷射到铺放好的纤网上，水流刺穿纤网后打在底层的输送网上，反弹回的水流再次穿透纤网，在水刺的反复穿透和复杂的湍流水流的作用下，纤网中的纤维产生不同形式的缠结结构和大量的缠结点，从而使纤网加固定型。水刺加固工艺采用水刺为直径 100～180μm 的水流，在 2～20MPa 的压力下，能够加工 10～400g/m² 的纤网。水刺加固法可提高纺黏无纺布的单线生产速度，该方法水刺缠结点多，不损伤纤维，生产的无纺布强度较高、手感柔软，并且无黏合剂，适用于医疗、卫生用 PP 纺黏法非织造布的加工。

4.4.3.2　熔喷法非织造布的加工

熔喷法开发于 20 世纪 50 年代，最早由美国海军研究所采用气流喷射纺丝法，纺得了直径在 5μm 以下的极细纤维，并制成非织造材料。20 世纪 70 年代美国 Akerson 公司将熔喷法转化为民用，并成为 PP 非织造布的第二大生产工艺。相对来说，我国对熔喷法无纺布成型技术的研究起步也较早，20 世纪 50 年代末，中国核工业部第二研究院、北京化工研究院等就开展了相关工作。20 世纪 90 年代初，北京化工研究院、中国纺织大学、北京超纶公司等单位设计出的间歇式熔喷设备，在国内陆续投产了近百台。2007 年我国熔喷法非织造布总生产能力达到 38000t。熔喷法工艺是采用超细短纤维成型，生产线速度低，但工艺流程短，投资较少。熔喷法非织造布产品比表面积大、蓬松度高、过滤阻力小、过滤效率高、表面覆盖性和屏蔽性好，但强度略低、尺寸稳定性和耐磨性不佳。熔喷法 PP 非织造布的生产工艺流程如图 4-52 所示，其生产设备示意图如图 4-53 所示。

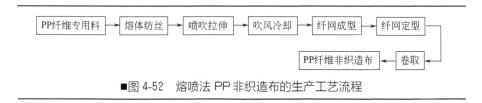

■图 4-52　熔喷法 PP 非织造布的生产工艺流程

熔喷法是非织造布直接成型的一种工艺，PP 非织造布的加工同样采用了熔体纺丝的方法，即由喷丝孔挤出熔体细流成型纤维。但与纺黏法不同之处在于，熔喷法采用的喷丝机头在其喷丝孔两侧具有特殊设计的风道（气缝），加热的高压空气从风道中吹出，对熔体细流进行高速拉伸，从而喷吹成超细的短纤维。超细短纤维经喷丝机头下方的冷吹风冷却后，以很高的速度喷射到带有负压的纤维收集装置（主要是凝网帘或辊筒）形成纤网。最

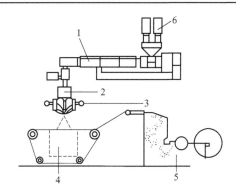

■图 4-53 熔喷法 PP 非织造布的生产设备示意图
1—挤出机；2—熔体泵；3—熔喷机头；4—收集网；5—收卷装置；6—加料装置

后，通过自黏合或热黏合等方法加固定型后，成型熔喷法 PP 非织造布。该方法可制成薄型片材，也可制成较厚的毡状材料。

尽管熔喷法 PP 非织造布的生产流程较纺黏法有所缩短，但其工艺过程更为复杂，影响因素较多，其中原料熔体性能、熔体挤出量、喷吹气流流速和温度、纤维收集距离、加固方式等参数对产品性能影响较大。

(1) 熔体纺丝 熔喷法纺丝过程中，纺丝纤维细、加工量大、牵伸速度快，因而对于挤出喷丝的 PP 熔体具有较高的要求。目前，大多数企业仍选用单螺杆挤出机，但为了满足产品质量的更高要求，要求挤出 PP 熔体压力稳定，熔体细流均匀，PP 原料塑化完全，因此应选用一些性能更好的新型螺杆，以提高挤出机的物料输送效率及混炼效果，减少挤出时熔体的压力、温度和挤出量的波动，目前出现的新型螺杆有分离型螺杆、分流型螺杆、屏蔽型螺杆等。

此外，在生产过程中，为避免熔体中的杂质过多堵塞喷丝头，影响喷丝的连续性，熔体在进入熔喷模头之前需经过过滤装置，常采用双活塞过滤装置，可以保证在生产过程中在线更换滤网。螺杆挤出机的挤出量和挤出温度对熔喷法非织造布产品的性能有较大影响。挤出机挤出量增大，非织造布上的纤维密度增加，黏合点的黏合强度增大，因此无纺布产品的拉伸强度、顶破强度和伸长率等力学性能均明显提高；挤出机挤出温度的设定要满足，形成均匀 PP 熔体且熔体黏度适当的要求。挤出机三段结构的温度设定一般为：固体输送段 165～180℃，熔融段 260～280℃，熔体输送段 270～290℃。

(2) 喷吹拉伸 PP 非织造布的熔喷工艺中，PP 超细短纤维的成型，主要是靠特殊设计的喷丝机头实现。熔喷法喷丝机头的结构如图 4-54 所示，主要由衣架型熔体分配系统、喷丝孔、拉伸热空气风道和加热系统构成。其中，机头上喷丝孔呈单排或双排排列，孔径为 0.2～0.4mm，长径比约为10，孔距为 0.6～1mm；紧邻喷丝孔的两侧设计有拉伸热空气风道，风道与喷丝孔的夹角通常为 30°、60°、90°。生产过程中，加热的高压空气从拉伸风道中以很高的速度吹出，对由喷丝孔挤出的熔体细流进行高速拉伸从而喷吹成超细的 PP 短纤维，因此，拉伸气流的速度和温度对熔喷短纤维的成型和拉伸有较大影响。拉伸气流速度越高，喷吹出的短纤维直径越细，但流速过高会影响纤维的收集，因而一般气流速度为 400～600m/s，成型的 PP 超细短纤维纤度为 1～5μm。拉伸热空气的温度不可太低，要能够使熔体细流保持黏流状态，通常为 110～130℃。

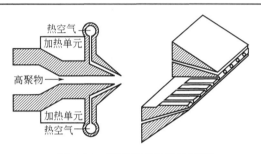

■图 4-54　熔喷法喷丝机头结构

（3）纤网成型　热空气喷吹拉伸得到的超细 PP 短纤维，经吹风冷却后，被吹向凝网帘或带有网孔的辊筒等收集装置上，凝网帘下部或多孔辊筒内部由真空抽吸装置形成负压，纤维被收集在凝网帘或多孔辊筒上，依靠自身黏合或加热黏合成型 PP 纤维非织造布。从机头喷丝孔出口到凝网帘或多孔辊筒表面的垂直距离称为纤网的接收距离。纤网接收距离对非织造布产品的透气性、强度等性能有较大影响，并且还影响短纤维的拉伸比以及纤网的铺置范围。纤网接收距离增大，喷吹出的短纤维到达收集装置表面的时间延长，同一位置上收集到的纤维数量减少，纤网结构更加蓬松，因而非织造布的孔径和孔隙率均变大，透气性变好，过滤效果提高，手感蓬松，但非织造布的拉伸强度和顶破强度均有所下降。接收距离减小，纤维冷却效果差，纤维之间易黏合，并成为卷曲团聚状态，因而使纤网蓬松度降低。此外，根据接收距离对纤网结构的影响，纤网成型过程中如果采用连续改变接收距离的工艺，可生产出具有密度梯度的 PP 非织造布，可用于分级过滤的滤芯材料等。

最后，切边、卷取是熔喷法纤维非织造布生产的最后一道工序，纤网经切边卷取后才能成为产品。在通常的情况下，将切下的边料直接喂入回收装置，进行适当的处理后与合格切片一起喂入挤出机再加工，也有的直接将其作为半成品原料加工成最终产品。

4.4.3.3　复合法非织造布

20 世纪 90 年代初，美国 Kimberlley 公司开发出了由两台或多台熔喷机和纺黏机组成的熔喷法和纺黏法非织造布叠层的复合法非织造布生产工艺，即由两层纺黏（Spunbond）布和一层熔喷（Meltblown）布构成的 SMS 复合纤维非织造布生产工艺。

SMS（Spunbond/Meltblown/Spunbond）复合法非织造布的生产工艺流程如图 4-55 所示。其基本原理是：在两台纺黏法非织造布成型机之间加入一台熔喷法非织造布成型机组成复合生产线，即采用三喷头使得纺黏法非织造布和熔喷法非织造布在没有完全冷却前就通过自黏合或热轧达到复合加固的目的，用以生产纺黏纤网和熔喷纤网互相叠层的 PP 非织造布。生产过程中，在同一条生产线上，同时具有两个纺黏喷丝头及一个熔喷模头，先由第一个纺黏喷丝头喷出长丝形成第一层纤网，为连续长纤维纤网，主要为复合非织造布提供强度和刚性，因而通过控制纺黏纤网的量，能够调节复合非织造布的强度、柔软性和手感；再经过熔喷模头在上面形成第二层纤网，为熔喷超细短纤维纤网，控制喷出量可以控制复合非织造布的透气性能和过滤性能。这三层纤网经过热轧机黏合或自黏合成型 SMS 非织造布。

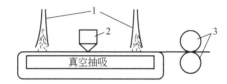

■图 4-55　SMS 复合法非织造布生产工艺流程
1—纺黏生产线；2—熔喷生产线；3—热压辊

对于现有的纺黏法和熔喷法非织造布成型工艺来说，纺黏法非织造布第一层纤网中纤维为连续长丝，与同克重的其他非织造布产品相比，强度高，纵横向性能接近，但其成网均匀度和表面覆盖性较差。熔喷法非织造布为超细纤维结构，纤维直径细，布面比表面积大，孔隙率小，过滤阻力小，过滤效率高，表面覆盖性及屏蔽性均很好；而其缺点是强度低、耐磨性较差。将这两者结合，所形成的复合体则恰好弥补了彼此的弱点，具有强度高、耐磨性好的特点，同时又具有优异的屏蔽性。

SMS 复合无纺布中，纺黏层的连续长纤维提高了产品的纵、横向力学性能和耐磨性，而熔喷层的超细纤维又显著提高了产品的外观均匀性、过滤性和防护性，弥补了纺黏布均匀性较差、熔喷布强度较低等不足，在应用于即用即弃产品方面开发了更广泛的应用领域。复合法非织造布生产工艺结合了两种不同的成网技术，生产工艺具有许多优点和灵活性，可以根据产品的性能要求，随意调整纺黏层和熔喷层的比例，产品具有良好的透气性，可生产低克重的产品，产品的过滤性能和抗静水压能力较好。然而，由于熔喷生产效率低，要保证 SMS 产品的质量和性能就必须牺牲纺黏线速度，为了解决这一问题，已开发出 SMMS、SMMMS、SSS、SMSMS 等多熔喷模头生产线，通过增加熔喷模头数量以提高生产率。但是，SMS 非织造布在线复合生产线仍存在投资成本大、建设周期长、生产技术难度大、开机损耗大等缺点，因此不适应小订单生产。

4.5 取向薄膜

聚丙烯取向薄膜是指在成型过程中，通过对 PP 薄膜在纵向和横向两个方向上进行拉伸，使得 PP 大分子链及其结晶结构与薄膜表面平行取向，并经热处理定型，从而制备的一类取向薄膜。经拉伸取向后，PP 薄膜的性能得到了显著改善，如薄膜的拉伸强度提高，弹性模量增加，断裂伸长率降低，表面光泽度提高，雾度降低，阻隔性改善等。聚丙烯双轴取向（biaxially oriented PP，BOPP）薄膜的加工成型方法主要有拉幅双轴取向工艺和管状双轴取向工艺。

4.5.1 拉幅双轴取向薄膜的加工

薄膜拉幅双轴取向工艺，也称平面铸片法，是在 PP 的熔点以下、玻璃化转变温度以上的温度范围内，对挤出流延方法制备的未拉伸 PP 厚铸片，以一定的速率和倍率进行横向和纵向的拉伸，从而制备取向薄膜的工艺。拉幅双轴取向 PP（BOPP）薄膜的制备，可以分为同步双向拉伸工艺和异步双向拉伸工艺。所谓同步双向拉伸工艺是指成型过程中对薄膜的拉伸采用纵向（MD）拉伸和横向（TD）拉伸同时进行的拉伸工艺；异步双向拉伸工艺是指成型过程中对薄膜的拉伸采用先进行纵向（MD）拉伸，后进行横向（TD）拉伸的拉伸工艺。在 BOPP 薄膜的工业化生产过程中，由于同步拉伸工艺设备复杂、投资大，生产效率低下，因而很少采用。而工业生产中更多采用的是异步双向拉伸工艺生产 BOPP 薄膜，其生产线速度极高，可以达到 500m/min。图 4-56 为 BOPP 薄膜异步双向拉伸基本工艺，图 4-57 为 BOPP 薄膜异步双向拉伸生产线示意图。其中，生产线的主要设备包括螺杆挤出机、铸片狭缝机头、冷却转鼓、冷却水浴、纵向（MD）预热辊、纵向（MD）拉伸辊、横向（TD）预热空气炉、横向（TD）拉伸机、卷取辊等。异步双向拉伸工艺的主要步骤包括挤出铸片、铸片纵向（MD）拉伸和铸片横向（TD）拉伸三步。

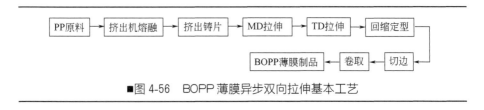

■图 4-56　BOPP 薄膜异步双向拉伸基本工艺

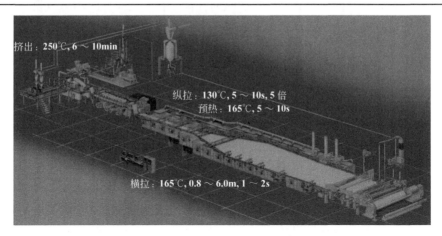

■图 4-57　BOPP 薄膜异步双向拉伸生产线示意图

(1) 挤出铸片　挤出铸片过程中，PP 原料经螺杆挤出机和狭缝机头挤出成熔体片材，熔体片材通过冷却转鼓及冷却水槽进行快速冷却成型厚铸片，冷却转鼓和机头之间安装有高压风刀、压边气枪和真空箱等附片装置，用于使熔体片材贴紧冷鼓，通常双向拉伸 BOPP 薄膜的挤出铸片的厚度为 0.8~1mm。

挤出铸片工序的目的，一方面是制备具有一定厚度的 PP 铸片作为膜坯，用于后续的双向拉伸工序成型 BOPP 薄膜；另一方面是通过对挤出铸片进行快速冷却，降低铸片结晶度，细化晶体尺寸。这主要是由于 PP 为结晶型聚合物，结晶速率较快，结晶度较高，容易导致拉伸成膜时的拉伸应力过大，薄膜厚度均匀性下降。然而，由于 PP 铸片厚度较大，且导热性不佳，为了提高冷却效果，除采用风刀和压边气枪使熔体铸片紧贴冷鼓表面进行冷却，还采用了水槽进行水浴冷却，工业生产中冷鼓温度和水浴温度通常低于 35℃。冷鼓温度除影响 PP 铸片的结晶外，也对挤出铸片的质量有较大影响。冷鼓温度过低，铸片收缩率高，易发生翘曲，特别是边部，导致铸片的预热效果降低，影响后续的薄膜拉伸。适当提高冷鼓温度有利于铸片贴鼓，以及排出铸片和冷鼓之间的气体，提高铸片表面质量。而冷鼓温度过高，铸片结晶度升高，球晶尺寸变大，导致薄膜制品的雾度、透光率和光泽度等光学性能下降。但在某些情况下也需要采用较高的冷鼓温度，例如 BOPP 电容膜的生产时，要求薄膜表面具有较高的粗糙度，因此需要适当地提高冷鼓温度（达到 90℃），使 PP 铸片中尽量多地生成体积较大的 β 型晶体，从而在拉伸成膜时使 β 型晶体向密度更大的 α 型晶体转化，在晶体间形成微小沟槽，提高薄膜表面粗糙度。除此以外，PP 熔体铸片从狭缝机头挤出后，经冷却转鼓的牵伸，还起到了预取向的作用。挤出铸片适当的预取向，有利于消除可逆弹性应变，减小挤出胀大比，细化晶粒及生成准结晶结构，从而使铸片具有一定的纵向韧性，在双向拉伸时不易破膜。铸片预取向的程度取决于熔体挤出速度和冷鼓转动线速度之比，也和熔体黏度、冷鼓表面温度和冷却速度有关。

此外，为了提高薄膜质量，改善薄膜的成膜性，减少"条纹"、"晶点"、"鱼眼"等缺陷的出现，挤出铸片过程必须要保证铸片的厚度均匀、表面平整，因此挤出机后多配备有熔体计量泵，以确保机头中的熔体压力足够高且稳定，并且挤出熔体必须经过仔细过滤，以去除杂质。BOPP薄膜生产线还需要配备在线测厚设备，从而根据薄膜厚度及厚度分布数据的反馈，通过实时调节挤出机头口模的狭缝宽度，来调节铸片不同位置的厚度。而狭缝口模的调节，通常采用的方法是通过加热或冷却分布在模唇不同位置上的调节螺栓，通过螺栓的膨胀或收缩，实现对口模不同位置的狭缝宽度的调节。

最后，在挤出铸片的过程中，往往要加入各种添加剂，以满足BOPP薄膜的使用要求。常用添加剂包括抗粘连剂、抗静电剂、爽滑剂及复合母料等。除此之外，也会在铸片过程中对PP原料进行改性，赋予BOPP薄膜特殊的功能或结构。例如：BOPP微孔薄膜的生产过程中，往往添加一定含量的碳酸钙等无机粒子，从而在后续的双向拉伸工序中形成大量微孔；BOPP烟用包装膜的生产过程中，为了提高薄膜的热封性能，常采用无规共聚PP多层共挤铸片，从而在薄膜上下表面覆盖热封层；并且，为了增加烟膜的挺度和收缩率，往往在PP原料中添加石油树脂（PR）共混铸片。表4-14为几种典型牌号的BOPP专用料双向拉伸薄膜的性能和添加石油树脂后双向拉伸薄膜的性能。

■表4-14 典型牌号的BOPP专用料双向拉伸薄膜的性能和添加石油树脂后双向拉伸薄膜的性能

牌号	厚度/μm	透光率/%	光泽度20°/UD	雾度/%	模量/MPa		拉伸强度/MPa	
					MD	TD	MD	TD
样1	21	93.3	131	0.65	2100	3400	142	212
样2	21	93.4	130	0.78	2550	4622	158	307
样3	21	93.5	115	1.53	2316	3750	147	245
样1+10%PR	21	93.3	131	0.44	2200	3900	153	243
样2+10%PR	21	93.5	91	1.07	3123	5241	159	267
样3+10%PR	21	93.8	112	1.05	2721	4708	145	257

(2) 薄膜纵向（MD）拉伸　　BOPP异步拉伸工艺中，挤出铸片通常先进行纵向（MD）拉伸，再进行横向（TD）拉伸。MD拉伸装置是由若干组可加热/冷却的高精度金属辊筒构成的。经冷却定型后的铸片直接引入MD拉伸装置中，并逐个穿绕过平行排列或交错排列的辊筒。铸片通过辊筒的加热软化，并在辊筒间速度梯度的作用下被迅速拉伸。薄膜的MD拉伸可以分为三个区，即预热区、拉伸区和定型区。

① 预热区　　PP是结晶型聚合物，其拉伸温度应在原料树脂的T_g温度以上，因此铸片在进行MD拉伸之前要先在预热区的辊筒上预热软化。预

热区由 2~3 个循环加热系统组成，每个加热系统包含 2~3 个金属预热辊筒。通过预热区，挤出铸片被逐步加热到拉伸温度。预热过程中，为了消除铸片热膨胀引起的松弛，保证铸片始终贴紧预热辊表面，提高传热效率，达到均匀预热的目的，预热区各辊筒之间的线速度要有微小的递增。而为了保证薄膜制品具有良好的表面性能，要求预热辊的表面粗糙度 R_a 为 $1\mu m$，并且对于较厚铸片的预热，往往还需要采用红外线辅助加热设备。此外，在预热区的后半段，铸片已经受热软化，而对于带有共聚 PP 热封层的铸片来说，表面熔融温度较低，为了避免粘辊，预热区的后半段的加热辊往往采用表面喷涂特氟隆的防粘辊筒。

② 拉伸区　薄膜 MD 拉伸的拉伸方式有单点拉伸、两点拉伸和多点拉伸。预热铸片在两组不同速度、不同温度的辊筒之间，一次性完成拉伸的方式称为单点拉伸法；预热铸片在三组不同速度、不同温度的辊筒之间，分两次完成拉伸的方法称为两点拉伸法；预热铸片在速度逐渐递增的多组辊筒之间，分多次完成拉伸的方法称为多点拉伸法。其中，两点拉伸法操作灵活，能够满足高速生产的要求，因而被大多数年产万吨的 BOPP 薄膜生产线所采用。MD 拉伸区包括拉伸起始辊和拉伸终止辊，起始辊和终止辊的排列方式有平行排列和纵向排列，拉伸辊的表面粗糙度 $R_a \leq 0.5\mu m$。起始辊和终止辊上都配有可升降的耐高温硅橡胶压辊，拉伸时压住薄膜，防止薄膜打滑，保证薄膜具有恒定的拉伸比。硅橡胶压辊表面要求无缺陷，且硬度达到 60。拉伸起始辊为慢速辊，拉伸终止辊则为快速辊，起始辊速度应略高于预热辊的速度。铸片的拉伸是在两个拉伸辊之间的间隙处进行，拉伸间隙较小，且拉伸后立即进行定型处理，因而薄膜的颈缩较小。此外，对于薄膜高速拉伸和带有热封层铸片的拉伸，拉伸辊的温度比较高，为防止粘辊，拉伸辊也要采用喷涂特氟隆的防粘辊筒。并且，热封型铸片在进入拉伸辊之前，铸片必须经过两个小直径的冷却辊，使铸片表面能够快速冷却，而铸片芯层仍能保持足够的拉伸温度，从而使得 PP 均聚物的铸片芯层和 PP 共聚物的表层都得到最佳的拉伸。

MD 拉伸过程中，主要控制的工艺条件包括拉伸温度、拉伸倍率和拉伸速率等。其中，MD 拉伸温度是影响薄膜拉伸取向和结晶的关键因素，为了避免拉伸过程中 PP 急剧结晶，拉伸温度应避免 PP 最大结晶速率时的温度，因而通常选在 T_m 以下 25℃左右。实践表明，采用比较低的拉伸温度及拉伸后立即进行冷却是提高薄膜取向度（提高薄膜纵向力学性能）、减小结晶度的有利条件。拉伸温度过高，链段易于解取向，会引起热封性面层材料粘辊。此外，拉伸区横向温度的均匀性，也影响薄膜横向厚度均匀性及力学性能的均匀性。BOPP 薄膜的生产过程中，PP 树脂的高速拉伸会有较大的放热，因此拉伸辊温度要比预热辊温度略低。MD 拉伸倍率为拉伸终止辊与拉伸起始辊线速度的比值，其大小主要影响 BOPP 薄膜的力学性能。通常，拉伸比越大，薄膜中分子取向度越大，薄膜的力学性能提高，模量增大，断裂伸长率减小，冲击强度和耐折性增大，光泽度变好。但是，MD 拉伸比过高，也会增加 TD 拉伸时的破膜概率。MD 拉伸速率的大小与薄膜的产量、产品规格、拉伸速度等因素有关。拉伸速率提高，薄膜的拉伸强度也会随之增大，而当拉伸速率达到某一数值后，再继续提高拉伸速度则强度反而下降。

③ 定型区　铸片经 MD 拉伸后需要在一定的温度下进行热处理，从而使薄膜的内应力均匀化，改变薄膜结晶状况，提高薄膜的尺寸稳定性。定型的内部结构与预热辊结构相同，但其循环加热系统则与预热区有所区别，定型辊必须同时安装有加热系统与冷却系统，而经 MD 拉伸后，薄膜所需要的热量较小，因此定型区循环系统中的加热功率可以较小。

BOPP 薄膜纵向（MD）拉伸的常用拉伸工艺见表 4-15。

■表 4-15　BOPP 薄膜纵向（MD）拉伸的常用拉伸工艺

项目	预热区	拉伸区	定型区
工艺温度/℃	120～145	100～130	120～145
拉伸倍率	—	4.5～5.5	—
定型回缩/%	—	—	1.5～5

(3) 薄膜横向（TD）拉伸　薄膜横向（TD）拉伸装置是由若干组空气炉以及可变幅宽导轨、铸片夹具和回转链条构成的，其结构如图 4-58 所示。经 MD 拉伸处理后的铸片直接引入 TD 拉伸装置中，通过链条上的夹具连续夹持。铸片在链条的运行和夹具的夹持下被输送到 TD 拉伸装置的空气炉中，并被加热软化。通过链条和夹具运行轨迹的扩张，铸片被横向拉伸，并由夹具固定定型，得到拉幅 BOPP 薄膜。

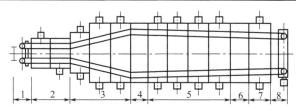

■图 4-58　薄膜横向（TD）拉伸装置
1—进口区；2—预热区；3—拉伸区；4,6—缓冲区；
5—定型区；7—冷却区；8—出口区

薄膜的 TD 拉伸也可以分为三个区，即预热区、拉伸区和定型区。

① 预热区　预热区为 TD 拉伸装置中导轨入口端较窄的一段。预热区的主要作用，一方面是对经 MD 拉伸的薄膜铸片进行预热软化，以便进行 TD 拉伸；另一方面是通过高温预热对薄膜中已经在纵向上取向的 PP 大分子链和链段给予一定的松弛，并改善结晶结构，使得 TD 拉伸时 PP 分子链能够顺利取向，避免破膜。TD 拉伸装置中对膜片的加热往往采用空气炉，

进行循环热空气加热。空气炉在膜片的上、下面均有安装。空气炉主要由电机、风扇、加热器、控温器、风管和过滤器等部件组成，其优点在于加热均匀，并可对薄膜起到一定的撑托作用。此外，链条、夹具是拉幅机最主要的部件之一，它们的对称性、运行的平稳性、夹持力的大小、夹具开闭功能的好坏等，都与塑料薄膜的成膜性密切相关。链条-夹具包括左右对称的两组链条。在每个链条的相邻两链节上，都固定着一个易于拆卸的夹具。链条、夹具支靠在固定的导轨上，被拉幅机出口的链轮驱动。夹具可以分为全滚动式、半滚动半滑动式、滑动式三种形式。夹具可以高速开启和闭合，并具有很高的夹持力。夹具的节距一般不大于 60mm，夹壁边缘为圆滑导角，避免拉伸时破膜，并且易于清理夹壁内的废膜。

② 拉伸区　拉伸区为 TD 拉伸装置中导轨间距呈衣架式扩张的一段，其幅宽可达 10m。进行 TD 拉伸时，回转链条上的夹具紧紧夹住 PP 铸片的两个边缘，在链条的带动下，夹具沿扩张的导轨运行，导轨上每组相对夹具的夹面距离不断变大，从而将铸片在横向上拉伸开。TD 拉伸过程中，主要控制的工艺参数包括拉伸温度和拉伸倍率。其中，拉伸温度主要影响 BOPP 薄膜的拉伸成膜性、力学性能和厚度分布。通常，降低拉伸温度有利于提高薄膜的力学性能，改善薄膜的光学性能，增大薄膜的热收缩。但是，拉伸温度过低则会使脱夹和破膜的概率升高，而拉伸温度过高则会使薄膜的厚度均匀性变差，薄膜的雾度和光泽度等光学性能下降，严重时也会出现拉伸破膜现象。此外，薄膜铸片在进行 TD 拉伸之前经过了 MD 拉伸，薄膜中的大分子聚集态结构形成了纵向取向，因此在进行 TD 拉伸时，薄膜的 TD 拉伸温度应比 MD 拉伸温度提高 15～25℃。BOPP 薄膜的 TD 拉伸温度应取在 PP 的近熔融温度，此时薄膜中的晶体结构更加完善而形成理想的构型，无定形区张力降低则体系更加稳定，因而拉伸成膜效果较好。拉伸倍率则主要影响 BOPP 薄膜的力学性能和拉膜生产的稳定性。由于 PP 原料的结晶倾向较大，在拉伸成膜时存在"阶梯拉伸"和"固有拉伸比"的问题，即在 TD 拉伸过程中薄膜的拉伸方向上会出现若干个突然被拉伸到最大倍数的"阶梯"点，随着拉伸过程的进行"阶梯"逐渐向薄膜两侧扩展，直至在整个幅面上全部被拉伸开。因此，在 BOPP 薄膜拉伸成型时，其拉伸倍率就必须达到"固有拉伸比"，如果 TD 拉伸比不足，拉伸后薄膜的两个边部就会出现纵向的"厚条道"。拉伸比越大，薄膜中分子链的取向程度越高，从而使得薄膜的力学性能提高、模量增大、断裂伸长率减小、冲击强度升高、透气性和光泽度变好。然而，拉伸比过大，则会导致破膜情况的发生。

③ 定型区　定型区为拉伸区后导轨间距略有收窄的一段，定型区的主要作用是对经 TD 拉伸后的 BOPP 薄膜进行回缩热定型。对于非热收缩型 BOPP 薄膜，热定型的目的是使薄膜在拉伸过程中产生的应力适当松弛，并加速薄膜的二次结晶、完善晶体结构、提高结晶度、使分子链取向转变为结晶取向，从而降低薄膜内应力，减小薄膜后收缩，改善薄膜的尺寸稳定性。

通常，热定型温度应低于 PP 最大结晶速率时的温度，而定型区温度与薄膜回缩幅宽则主要根据生产的产品类型来确定。例如，生产热收缩型薄膜时，薄膜拉伸成型之后需要保持分子链的高度取向，并尽量降低薄膜的结晶度，因而经拉伸之后往往不需要进行回缩定型步骤。而用于印刷、烫金、涂覆等应用的薄膜产品则与之相反，拉伸过程中定型区就需要保持较高的热定型温度以及足够的定型时间。

BOPP 薄膜横向（TD）拉伸的拉伸工艺见表 4-16。

■表 4-16 BOPP 薄膜横向（TD）拉伸的拉伸工艺

项目	预热区	拉伸区	定型区
工艺温度/℃	175~180	155~165	165~175
拉伸倍率	—	7.5~9	—
定型回缩/%	—	—	5~10

最后，通过纵向（MD）拉伸和横向（TD）拉伸制得的 PP 薄膜，经冷却定型、切边、测厚、电晕处理和收卷等工序得到 BOPP 薄膜产品。其中，切边产生的废料经收集、切碎后可以一定比例掺混到新料中继续使用。

BOPP 薄膜不仅具有 PP 树脂原有的密度低、耐腐蚀性、耐热性好的优点，而且薄膜光学性能好、机械强度高、原料来源丰富，此外，还可以用于制备电工膜、微孔膜等高附加值的功能性产品，因此 BOPP 薄膜的发展前景广阔。然而，目前 BOPP 新产品的开发过程中存在实验成本较高、实验周期较长的问题，主要是由于在工业生产线上进行实验，不仅原材料消耗巨大、工艺条件改变困难，而且操作复杂、占用正常生产时间。为此，已经有不少公司开发了小型的薄膜双向拉伸试验机，如中国石化北京化工研究院于 2009 年引进了一台德国布鲁克纳（Bruckner）的 KARO Ⅳ 型薄膜双向拉伸试验机，在 BOPP 等双向拉伸薄膜的研究中在国内具有领先水平。

4.5.2 管状双轴取向薄膜的加工

管状双轴取向工艺（管膜法）是另一种主要的 BOPP 薄膜生产加工方法，早期的双轴取向 PP 薄膜多为管膜法制备。该方法生产工艺简单，设备投资少，可生产膜厚为 8~40μm 的 BOPP 薄膜，生产线产量通常为 100~550kg/h。

管状双轴取向 PP 薄膜的加工工艺如图 4-59 所示，主要的工艺步骤如下：首先，PP 原料经挤出机环形口模挤出后，以较低的气压进行一次吹胀，制备出壁厚较大的厚壁管膜。厚壁管膜在水冷槽中冷却定型后，由牵引辊引入加热箱中，并在若干加热辊和热吹风的作用下将 PP 厚壁管膜加热软化。软化状态的管膜在一组慢速辊的夹持和牵引下进行二次吹胀，即采用较高的气压对管膜进行高倍率吹胀，从而进行横向拉伸。而二次吹胀的管膜又由下方的一组快速辊夹持和牵引，通过快速辊与慢速辊的速度差，从而实现对管

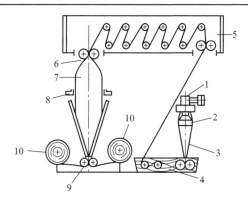

■图 4-59　管状双轴取向 PP 薄膜的加工工艺

1—环形挤出口模；2—定径芯轴；3—未取向的厚壁管；4—水冷槽；5—加热箱；
6—慢速辊；7—取向吹膜；8—空气冷却环；9—快速辊；10—缠绕机

膜的纵向拉伸。最后经吹胀拉伸的管膜，经空气冷却环冷却和人字板收集后得到取向的 BOPP 薄膜。

薄膜管状双轴拉伸工艺，又可以称为二次吹膜工艺，其原理是通过管膜的吹胀对薄膜进行拉伸取向。首先，PP 薄膜原料经挤出机熔融混炼后，通过机头的环形狭缝口模挤出成管状，并以较低的气压对熔体管坯进行低倍率的吹胀，称为第一次"吹膜"，吹胀过程中要保持管膜的平整，避免让拉平的管壁起皱。经一次吹胀后得到管壁具有一定厚度的厚壁管膜，厚壁管膜的壁厚在 0.3～1.5mm 范围内，通常为最终产品厚度的 30～40 倍。由于冷却速率直接影响 PP 薄膜的结晶度，从而影响薄膜的拉伸成膜性和薄膜制品的光学性能，因而对于一次吹胀的厚壁管膜需进行迅速冷却，以降低结晶度。管膜法工艺中，厚壁管膜的冷却是通过通有水冷的定径芯轴和冷却水槽实现，以使管膜两面同时骤冷，减轻薄膜结晶。之后，为薄膜二次吹胀拉伸的进行，需要对管膜预热软化。经急冷的厚壁管膜由牵引辊输送入加热箱内，并绕经多组加热辊运行。加热箱可以采用热风烘箱或红外线加热，加热温度在 PP 原料的熔点以下、玻璃化转变温度以上，通常为 150～170℃。预热软化的厚壁管膜经由一组慢速辊夹持和牵引，并采用高压气流对管膜进行高倍率吹胀，称为第二次"吹膜"，管径膨大 6～7 倍实现横向拉伸。而吹胀管膜的另一端由一组快速辊夹持和牵引，通过快速辊与慢速辊的速度差实现对管膜的纵向拉伸，拉伸倍率为 5～8 倍。管膜纵向拉伸过程中，拉伸结晶的显著增加会导致薄膜发生应变硬化现象，从而有利于提高薄膜厚度的均一性。

薄膜吹胀拉伸后，为控制薄膜的收缩率通常采用以下两种方法：一是将薄膜拉平后通过烘箱进行热定型；二是将单层薄膜通过多组加热辊，并要求每个辊的转速要稍微低于其前一个辊，从而既可以控制薄膜的纵向收缩，也可以控制薄膜的横向收缩。最后，为了满足取向 PP 薄膜的可印刷性，需要对薄膜进行电晕处理。薄膜的电晕处理可以在热定型过程中进行，也可以在二次吹膜结束时进行。电晕处理可以改善薄膜的印刷性和层压黏结性，但热封层的表面不适宜电晕处理，否则会导致热封强度降低。在进行电晕处理时，薄膜和辊筒之间不能留存有气泡，以避免薄膜的背面被无意地处理，因此常采用风刀等装置消除气泡。均聚 PP 薄膜的电晕处理效果会随时间而衰减，并且衰减在后续几个月中还会继续，但薄膜可以通过重新电晕来恢复其表面浸润性。而共聚 PP 薄膜的电晕处理则更容易进行，且处理效果也更持久。管膜法 BOPP 薄膜的生产线设置通常有两种设备排布方式。一种排布方式是下吹膜工艺设备排布，即将挤出机升高，而管膜垂直向下吹出。这种排布下，管膜二次吹膜前使用红外线加热进行预热，而为了将一次吹膜中的管膜挤出和冷却，与二次吹膜中的管膜预热及吹胀取向相隔开，生产中常使用可伸展的芯轴改善对温度和薄膜厚度的控制，并且通过控制芯轴中的气体流量来控制管膜的吹膜直径。而另一种排布方式是上吹膜工艺设备排布，即将挤出机放置在地面，而管膜垂直向上吹出，这种排布方式也要使用内部加热设备。

此外，与分步拉幅法拉伸工艺相比，薄膜管状双轴取向工艺能够实现双向同步拉伸，薄膜制品的性能各向均衡，且能够生产大幅宽的拉伸取向薄膜。然而，由于管状双轴取向工艺中，PP 挤出管膜是通过吹胀进行拉伸的，而受到气体压力和生产设备的限制，薄膜大分子的取向程度较低，因此该工艺的拉伸效果和拉伸速率均无法达到拉幅双轴取向工艺的水平。此外，管膜在吹胀拉伸时，膜泡处于悬空状态下，膜泡的内压、拉伸力和温度均处在不稳定的状态下，较难控制，导致薄膜壁厚的均匀度不佳，且由于管膜冷却速率的限制，管膜法难以进行高速生产。表 4-17 为 BOPP 薄膜管状双轴取向法与拉幅双轴取向法的比较。

■表 4-17　BOPP 薄膜管状双轴取向法与拉幅双轴取向法的比较

管状双轴取向法	拉幅双轴取向法
设备费用低，投资小	设备昂贵，投资较大
设备占地面积小，投产迅速	设备占地面积大，安装复杂
适宜多品种、小批量生产，生产灵活	适宜大批量连续生产，产品切换复杂
薄膜生产稳定性高	薄膜生产稳定性低，易破膜
可生产高收缩薄膜	不适合生产高收缩薄膜
没有废边，节省原料	废边较多，需切割、收集设备
薄膜制品性能各向均衡	薄膜制品性能各向差异较大
对原料选择性小	需专用 BOPP 原料
无法高速拉伸，生产效率低，生产成本高	可高速拉伸，生产效率高，生产成本低
薄膜平整度和光学性能略差	薄膜平整度和光学性能好
生产中管膜内表面易粘连	生产中无薄膜粘连问题
拉伸倍率可变范围窄	拉伸倍率变化灵活
薄膜厚度均匀性差	薄膜厚度均匀性好
薄膜制品厚度 $8 \sim 40 \mu m$，不适于生产厚膜和超薄膜	薄膜制品厚度 $4 \sim 60 \mu m$，制品厚度范围宽

4.6 非取向薄膜

4.6.1 流延膜的加工

聚丙烯流延（CPP）薄膜是通过挤出流延工艺生产的聚丙烯薄膜，如图4-60所示。该类薄膜与BOPP薄膜不同，属于非取向薄膜。CPP薄膜具有透明性好、光泽度高、挺度好、阻湿性好、耐热性优良、易于热封合等特点，大量用于服装和针织品包装袋、文件和相册薄膜、食品包装及用于阻隔包装和装饰的金属化薄膜等。CPP薄膜工业产品的厚度通常在 $25\sim100\mu m$ 之间，宽度在 $4\sim4.5m$ 之间，单线年生产能力 $5000\sim6000t$。CPP薄膜的生产线装置如图4-60所示。

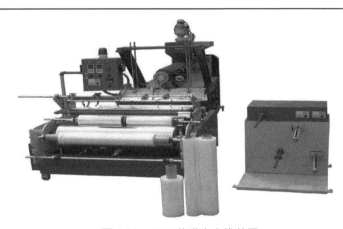

■图4-60　CPP薄膜生产线装置

流延薄膜加工法是在薄膜工业中使用最广泛的方法之一，它是制造薄膜的一种高速生产方法。用此加工工艺，薄膜从扁平模头挤出，通过"骤冷"的流延辊，沿机器方向被迅速拉伸并冷却定型。PP流延膜加工的基本工艺如图4-61所示。

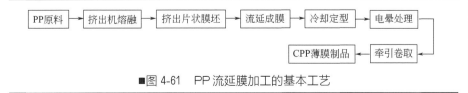

■图4-61　PP流延膜加工的基本工艺

CPP薄膜的生产中，首先将配好的物料经螺杆挤出机熔融、塑化，之后由T形机头的狭缝口模挤出成熔体膜坯,从而进行流延成型。熔体膜坯由口模挤出后迅速牵引到低温的流延辊上进行骤冷定型。为了保证冷却效果,避免CPP薄膜在冷却过程中,由于较大的收缩率而发生翘曲和褶皱,需要安装风道和压边风枪,靠气刀和风枪喷出的高压空气把流延膜紧紧吹贴到流延辊表面,使其平整地延展在辊面上形成薄膜。再经后续的冷却辊进一步冷却,然后进行电晕处理,分切边料,由收卷辊展平卷取,产品经验收包装入库。冷却辊流延膜的表面处理可以使它具有对印刷、涂覆或者层压的浸润性。

CPP薄膜的加工过程中,熔体温度、流延速度、骤冷温度、模唇间隙及对薄膜施加的张力等工艺条件对薄膜性能(伸长率、冲击强度、透明性、模量、鱼眼、爽滑性和厚度)有很大影响。图4-62为CPP薄膜生产线结构示意图。

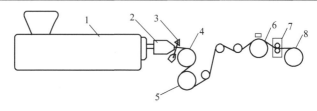

■图4-62 CPP薄膜生产线结构示意图
1—螺杆挤出机;2—T形机头;3—风刀及真空室;4—流延辊;
5—冷却辊;6—电晕处理辊;7—切边装置;8—收卷辊

CPP薄膜的两个主要加工工序包括机头挤出和流延成膜。

(1) 机头挤出 在PP熔体通过螺杆挤出机进行挤出流延的过程中,T形狭缝机头是生产的关键设备。机头设计应使物料沿整个模唇宽度均匀地流出,具有均匀的温度分布等。口模间隙和薄膜厚度之间没有精确的关系,通常厚度增大,口模间隙也要相应增大。机头总有很多加热段,为了保证温度变化和薄膜质量波动最小,机头宽度方向上的温差应该严格控制在1℃以内。为避免薄膜产生缺陷和瑕疵,机头内表面和上/下模唇表面都必须精密抛光。轻微的表面凹凸不平都会使薄膜厚度发生变化,产生口模条纹(纵向的平行纹)。

由于CPP原料可以包括PP均聚物、二元共聚物或三元共聚物,因而流延加工的工艺条件较宽,加工工艺灵活性较大。其中,PP均聚物结晶度大、熔点高、刚性高,因而挤出加工温度较高,PP二元共聚物和三元共聚物熔点低、软化点低、韧性好,而挤出加工温度略低。聚合物加工温度越高,其薄膜透明性就越好,但温度很高对其力学性能有负面影响。薄膜骤冷加快,其透明性会有所改善,力学性能变得近似各向同性。此外,冲击强度提高,但拉伸强度和伸长率下降。引出速度会影响薄膜取向,速度越高导致机器方向和横向的取向程度不同，而且冲击强度下降。T形机头流延薄膜生产中的加工因素对薄膜的力学性能影响极小，但对薄膜的热封合温度、光学性能、静摩擦系数有些影响。

工业生产中，挤出机直径一般为 90～150mm，产量可达 600kg/h，熔体温度一般在 230～275℃ 之间，狭缝口模宽度通常设为 0.4～0.65mm，越薄的膜需要的狭缝越窄，膜的背压通常在 10～17MPa 之间。以机头宽度为 1.3m，螺杆直径为 120mm 的挤出流延膜生产线为例，挤出机料筒温度见表 4-18。此外，机头温度一般为 230～250℃，连接器温度为 230～250℃，过滤器温度为 240～260℃，模唇温度为 240～250℃，加工均聚 PP 的机头温度略高于共聚 PP。

■表 4-18　CPP 薄膜的挤出加工温度

料筒区段	1 区	2 区	3 区	4 区	5 区	6 区	7 区
温度设置/℃	180～200	200～220	220～240	230～240	210～220	230～240	240～260

(2) 流延成膜　由机头挤出的熔体膜坯应立即牵引到流延辊上进行流延成膜。流延辊表面一般须经过精密抛光，但也可以刻有花纹，用于生产花纹流延膜，其直径通常在 450～900mm 之间。流延辊内部通有冷却水，并设有挡板式双层壳体结构，以实现螺旋式冷却水流，提高冷却效率，保持辊温均匀。流延辊入口水温控制在 10～30℃，并通入足够的冷却水使流延辊的温度波动限制在 3℃ 以内，可以生产出具有高光泽度和透明度的 CPP 薄膜产品。对于结晶性的 PP 原料而言，流延辊的辊温是影响薄膜性能的关键因素，过冷或过热对薄膜的力学性能、透明性和雾度均有很大影响。流延辊的辊温低于露点时会导致空气中的水凝结在辊面上，并在流延膜的表面产生气泡，影响薄膜质量。而辊温在 30℃ 以上时会导致 PP 的结晶度和晶体尺寸变大，薄膜雾度升高，且一些树脂添加剂会黏附在流延辊上并转移到 CPP 薄膜上，形成白色斑点，影响薄膜质量。机头温度与流延辊的温差是决定结晶度的重要参数，增加温差可以降低薄膜的结晶度，提高透明性、韧性和热封性能，但拉伸强度有所下降。而流延辊的温度越高，PP 结晶度越高，薄膜的光学性能受损，并且结晶使薄膜的表面粗糙度不均匀，薄膜的摩擦系数会升高，但同时随着结晶度的提高薄膜模量也会增高。此外，PP 熔体温度的提高也能够改善薄膜的光学性能，因为提高熔体温度会使机头口模作用在聚合物熔体上的剪切应力减小，从狭缝口模挤出的熔体膜坯会得到较大的松弛，降低结晶度。但反过来又会因为结晶度降低导致薄膜的冲击强度提高、模量下降。

另一方面，高温的熔体膜坯拉伸到流延辊时，由于骤冷可能会产生"缩幅"现象，卷取缩幅的薄膜时，膜卷会在中间处下垂，平整度降低，难以用于以后的包装或制袋生产，因此，CPP 流延成膜过程中要避免"缩幅"的产生。而流延薄膜的另一个与骤冷有关的问题是"起皱"，即薄膜表面产生规律性间隔出现的小突起。生产时提高流延辊温度可以减少起皱，但如果流延辊温度过低，薄膜在仓储时就会膨胀，膜卷变松，而如果熔体的流动性较好，则不会产生严重的起皱现象。对于熔体膜坯离开口模时出现的"缩幅"现象，应当在熔体膜坯接触到流延辊时，使膜坯的厚度小于挤出口模的狭缝宽度，因此可以通过减小膜坯和流延辊之间的空气间隙，以及缩短口模边缘与流延辊之间的距离来减轻缩幅现象的发生。为了使熔体膜坯能够更好地贴附于流延辊上，在机头口模和流延辊之间安装有风刀和真空箱等贴辊装置。风刀通过高压气流将熔体膜坯推压到稍高于流延辊切点的地方，使膜坯与流延辊接触严密，从而有效减少二者间的空气间隙，提高冷却效率。风刀的另一个作用是将爽滑剂等低分子挥发物抽出，防止其堆积在冷却辊上，更好地保障薄膜的外观质量。风刀与流延辊的距离一般为 2.5～3mm，距离增加，膜坯的贴辊效果变差、冷却效率降低，导致薄膜的雾度升高、光泽度下降。风刀还在薄膜与流延辊表面形成一层薄薄的空气层，使薄膜均匀冷却，从而提高了流延生产线的速度。而风刀风量的调节必须适当，风量过大或角度不当都会影响贴辊效果，使 CPP 薄膜制品的厚度不稳定或造成褶皱和花纹，影响产品外观质量。此外，也可以采用真空箱来辅助贴辊效果，提高熔体膜坯与流延辊之间的严密接触。真空箱一般设置于膜坯与辊筒接触点的内侧，从而采用轻微的真空就可以将熔体膜坯吸附到流延辊上。真空箱的另一个优势就是可以将膜坯挥发的污染物吸走，它也可以和风刀联合使用。而不管采用什么方法将熔体膜坯贴紧到流延辊上，膜坯的边缘都需要额外的压紧，因此常采用压缩空气喷嘴压紧膜坯边缘来控制成颈和边缘起皱。最后，由于 CPP 薄膜厚度较薄，且比较柔软，在收卷时就必须要根据薄膜的厚度、生产线速度等工艺条件调整好收卷装置的压力和张力，否则会产生波纹，影响膜卷的平整性。收卷张力的选择要根据 CPP 产品的拉伸强度而定，通常收卷张力越大，卷取后的膜卷越不易出现松弛和跑偏现象，但在卷取时薄膜易出现波纹而不平整；而卷取张力越小，初始收卷效果越好，但易出现膜卷松弛、跑偏的现象。因此，收卷装置要控制张力大小应适中及张力恒定。

4.6.2 吹膜的加工

吹膜成型是又一种常用的聚丙烯薄膜成型方法。吹塑薄膜的基本原理是将聚合物挤出成型管状膜坯，然后在较好的熔体流动状态下通过高压空气将管膜吹胀到所要求的厚度，经冷却定型后成为薄膜。吹膜法与其他方法相比具有以下优点：设备简单，投资少，产品见效快；薄膜经吹胀拉伸后，力学性能提高；无边料，废料少；薄膜产品呈圆筒状，制袋工艺简单；能够生产大幅宽薄膜。由于吹膜法的优点显著，应用范围广，因而在 PP 薄膜的生产和制品领域中占有很重要的地位。但吹塑薄膜方法成型的薄膜厚度均匀性差，且受到冷却条件的限制无法高速生产。PP 挤出吹膜加工的基本工艺流程如图 4-63 所示。

吹膜成型 PP 薄膜的生产过程中，PP 原料经挤出机塑化、熔融，并由

```
PP原料 → 挤出机熔融 → 挤出管状膜坯 → 充气吹胀 → 冷却定型 → 牵引卷取 → PP吹膜制品
```

■图 4-63　PP 挤出吹膜加工的基本工艺流程

挤出机前端带有环形狭缝口模的管膜机头挤出，成型管状膜坯。管状膜坯由牵引设备的夹辊夹持和牵引，并通过夹辊将膜坯端面封闭。夹辊的喂辊过程中为避免膜坯壁发生粘连，膜坯内应吹入少量低压空气。膜坯经夹辊封闭并牵引后，形成密闭的膜泡，此时高压空气由口模芯棒中心的气孔连续吹入，从而使膜坯拉伸、膨胀成型薄壁管膜。管膜经吹胀后，需采用喷吹冷空气、喷淋冷水浴或其他冷却方法使熔体管膜冷却固化，并通过控制口模间隙、吹风风量、冷却条件和牵引速度等工艺条件来调节管膜的厚度及厚度均匀性。最后，管膜通过人字板进行收集，以及夹辊折叠和卷取得到 PP 吹塑薄膜。

目前，吹塑薄膜的加工成型工艺主要有平挤下吹膜工艺和平挤上吹膜工艺。其中，平挤下吹膜工艺中挤出机头的环形口模垂直向下挤出管膜，进行吹胀，并采用冷却水环喷淋水冷的方式对管膜进行冷却定型，因而又称水冷吹膜（WQBF）工艺；平挤上吹膜工艺中挤出机头的环形口模垂直向上挤出管膜，进行吹胀，并采用风环吹风气冷的方式对管膜进行冷却定型，因而又称气冷吹膜（AQBF）工艺。对于 PP 原料，由于其属于结晶型聚合物，熔体强度较低，无法采用上吹膜工艺；并且，其结晶度较大，结晶速率快，为了保证薄膜产品具有良好的光学性能，需采用水冷的方式进行急冷，因而 PP 吹塑薄膜的生产只能采用平挤下吹膜工艺。

平挤下吹膜工艺的生产线设置如图 4-64 所示，螺杆挤出机需要安置在

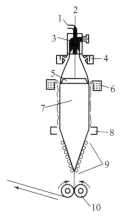

■图 4-64　平挤下吹膜工艺的生产线设置

1—空气入口；2—冷却芯轴入水口；3—环形口模；4—空气冷却环；
5—内部冷却芯轴；6—冷却水环；7—吹出管；
8—除水装置；9—折叠架；10—夹辊

高位，并采用直角吹塑管膜机头，机头环形口模的出口向下。挤出的管状膜坯经垂直向下牵引，穿过水环式冷却定型装置，并由牵引夹辊夹持和牵引。平挤下吹膜工艺依靠重力引膜，引膜方便，生产线速度较高；并且，管膜的牵引方向与机头产生的热气流方向相反，有利于管膜的冷却，同时采用水环喷淋水冷的方式对管膜进行冷却，大大提高了冷却效率。因而，下吹膜工艺适用于熔体黏度较低的 PP 原料，并且采用冷却水环急冷，可以生产出透明度较高的 PP 吹膜制品。

平挤下吹膜工艺中，管状膜坯挤出和水冷定型是生产的关键步骤，对薄膜制品有较大影响。

管状膜坯的挤出成型主要是通过管膜机头实现的，吹塑管膜挤出机头主要有螺旋式机头、芯棒式机头、十字形机头以及多层共挤复合机头等。其中，PP 树脂挤出管状膜坯的制备，广泛采用直角中心供料式螺旋管膜机头。螺旋式管膜机头结构如图 4-65 所示。

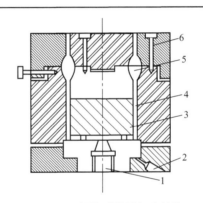

■图 4-65　螺旋式管膜机头结构

1—熔体入口；2—进气孔；3—旋转芯棒；4—流道；5—缓冲槽；6—调节螺钉

螺旋式管膜机头的芯棒可以转动，转动的芯棒使得流道中的熔体压力和流速的位置不断变化，从而起到均匀薄膜厚度的作用，使得薄膜收卷平整。除芯棒旋转式机头以外，还有口模旋转式和内外一起相向旋转式机头，旋转速度通常为每分钟一转至几转。螺旋式管膜机头的设计和使用时需要考虑的结构参数主要包括吹胀比、牵引比、口模缝隙宽度、定型部分的长度、调节螺钉个数等。

① 吹胀比。吹塑薄膜的吹胀比 α 是指经吹胀后管泡的直径 D_p 与机头口模直径 D 之比，这是吹塑薄膜一个重要的工艺参数，它将薄膜的规格和机头的大小联系起来，在生产过程中压缩空气必须保持稳定，以保证有恒定的吹胀比。薄膜厚度的不均匀性随吹胀比的增大而增大；吹胀比太大，易造成管泡不稳定。薄膜易出现褶皱现象。吹胀比不仅决定了薄膜的折径，而且决定薄膜各项物理机械性能。薄膜制品的力学性能之一是纵横强度，而吹胀比

的大小直接影响横向强度，同时也对厚度产生一定作用。吹胀的物理作用是横向拉伸或取向。大的吹胀比可使薄膜减薄，当然，压缩空气与充气量对吹胀比也有直接的影响。

② 牵引比。吹塑薄膜的牵引比是指牵引速度 V_D 与挤出速度 V_q 之比，牵引速度 V_D 是指牵引辊的表现线速度，而挤出速度 V_q 则是指熔体离开口模的线速度。

③ 口模缝隙宽度。口模缝隙宽度一般为 0.4～1.2mm，口模缝隙宽度过小，则料流阻力大，影响挤出产量；若口模缝隙宽度过大，如果要得到较小厚度薄膜时，就必须加大吹胀比和牵引比，然而，吹胀比和牵引比过大时，在生产中薄膜不稳定，容易起皱和折断，厚度也较难控制。

④ 定型部分的长度。为了消除熔接缝，使物料压力稳定，物料能均匀地挤出，口模、芯模定型部分的长度，通常为口模缝隙宽度的 15 倍以上。物料从分流的汇合点到口模的垂直距离应不小于分流处芯棒直径的 2 倍。

⑤ 调节螺钉个数。为了适应加工、安装等方面的误差，防止芯模出现"偏中"现象，无论何种形式的机头，口模四周都要设置调节螺钉，且其数目不少于 6 个。

PP吹膜生产过程中，为提高薄膜制品的透明性，降低雾度，吹膜成型的管膜需进行急冷冷却。PP吹膜的冷却定型主要采用水冷方式，如冷却水环喷淋水冷、冷却水套间接水冷、直接挤出入水槽（仅限于特殊领域）等，其中水环冷却装置应用最为普遍。挤出吹胀的管膜离开机头口模时，先经风环冷却使膜泡稳定，之后立即进入水环中进行冷却定型。水环冷却定型的原理是在管膜外层形成水膜喷淋水冷。冷却水环结构如图4-66所示，冷却水环是内径带有定径套的夹套结构，夹套内通入冷却水，冷却水由夹套上部的环形孔中溢出，并沿管膜外壁喷淋而下，起到迅速冷却管膜的作用，而管膜表面的水珠通过包布导辊的吸附除去。水环冷却的冷却速率快、冷却效果好，可以降低PP薄膜中的球晶尺寸，从而提高吹膜制品的透明性，但薄膜上冷却水的去除困难，并且水冷定型设备结构固定，薄膜制品的宽度改变困难。

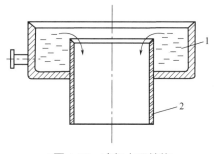

■图4-66　冷却水环结构

1—冷却水槽；2—定型管

平挤下吹膜工艺生产 PP 吹塑薄膜时，能够得到透明性较好、强度较高的 PP 非取向薄膜，但生产过程中需要控制的工艺因素较多，包括塑化温度（一般为 180～220℃）、机头温度（一般为 202～215℃）、水环冷却水温度（一般为 15～20℃）、口模间隙（一般为 0.8～1.2mm）、管膜牵引比（一般为 2～3）和管膜吹胀比（一般为 1～2）。表 4-19 为 PP 吹塑薄膜口模直径、折径、吹胀比的对应关系。

■表 4-19　PP 吹塑薄膜口模直径、折径、吹胀比的对应关系

项目	尺寸大小				
折径/mm	120～200	200～320	240～400	300～500	600～800
口模直径/mm	80	100	150	200	300～350
吹胀比	0.96～1.6	1.3～2.0	1.0～1.7	0.96～1.6	1.1～1.5

4.6.3　涂覆膜的加工

涂覆薄膜是将熔融的 PP 薄膜在通过轧光辊之前挤出到基膜上而成型的一种复合薄膜材料，其中基膜可以是其他聚合物薄膜、金属箔或纸，另外也可在基膜的内外两侧同时进行挤出涂覆生产多层复合膜，或是几层挤出涂覆膜组合成多层结构材料。由于薄膜共挤出工艺只能用于对原料性能和加工条件近似的聚合物进行多层共挤，而当加工条件不同，尤其是基材与聚合物不能熔融共挤时，如金属箔和纸，挤出涂覆就是唯一的选择，因此挤出涂覆工艺是一种用于制备 PP 非取向多层复合薄膜的理想方法。通过在不同基材上采用涂覆的方法复合 PP 薄膜，能够提高复合薄膜制品的防腐蚀性、防水性、表面光泽度、强度、耐磨性和可印刷性，如压敏标签、耐液体涂布等，其中在光滑纸片上的 PP 覆膜能薄至 15μm（通常约为 25μm），而在其他基材，如布或棉麻织物上，PP 覆膜则要更厚一些。

PP 薄膜涂覆工艺也可以分为预涂覆膜和即涂覆膜两种。预涂覆膜是将黏合剂预先涂布在基材薄膜上，烘干收卷之后，在无黏合剂的情况下经过热压便可完成对基材的覆膜；而即涂覆膜则是在覆膜时要同时使用黏合剂，实现覆膜的黏结。PP 涂覆膜的典型加工工艺如图 4-67 所示。

PP 薄膜挤出涂覆过程中，为了提高 PP 覆膜与基膜的黏结性能，挤出涂覆时往往采用较高的熔融温度，通常达到 260℃以上。采用过高的熔融温度的目的是为了使 PP 熔体在口模和压力辊之间的间隙产生氧化降解，从而改善薄膜的黏结性能，而减小两者之间的间隙能够减少温度降，使薄膜涂覆黏结处维持尽可能高的温度。然而，高温加热会使暴露在空气中的 PP 熔体产生显著的发烟现象，特别是在 290℃以上时，因此必须使用发烟控制装置，另外，必须采取预防熔体过热和燃烧的措施。在纸张涂覆操作中，口模狭缝的宽度一般在 0.4～0.5mm 之间，挤出的 PP 熔体直接引入橡胶压力辊和冷却辊之间的粘接点，并通过较高的压力与基膜进行黏结，因此有时必须

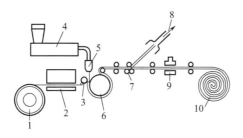

■图 4-67　PP 涂覆膜的典型加工工艺

1—基底喂料；2—基底预热炉；3—橡胶压力辊；4—挤出机；5—狭缝口模；
6—冷却辊；7—修边机；8—真空边料吸取器；9—测厚仪；10—缠绕装置

使用高硬度的橡胶压辊。此外，在进入压力粘接点之前，往往会使用高压风刀以确保熔体贴附上基材。挤出涂覆生产中常使用熔体流动速率达 30g/10min 以上的 PP 原料，在涂覆生产线速度超过 100m/min 时，传统的 PP 原料会产生收缩失稳等现象，而通过使用高熔体强度 PP 原料可以消除这些问题，并且可以将涂布生产线速度提高到 350m/min 以上。此外，在熔体黏度和表面张力的变化、挤出涂覆模具的设计、涂覆过程中熔体压力的分布、涂覆温度、冷却辊温度、涂覆速率等工艺因素的影响下会使 PP 涂覆薄膜制品出现连续性的缺陷，如田垄状条纹、肋状构架、条痕、颤痕、褶皱、振纹、波纹等，以及非连续性的缺陷，如气泡、针孔、斑点、斑纹、杂质等。其中，田垄状条纹缺陷是由于涂覆过程中熔体压力分布不均匀而造成，且与挤出狭缝口模的设计有关；颤痕缺陷是由于涂覆环境或涂覆设备稳定性不佳，涂覆过程中发生振动而导致薄膜内出现具有不同涂层的均匀条或带；褶皱缺陷的形成主要是由于熔体表面张力，以及涂覆速率的改变。此外，气泡是最容易发生的缺陷之一，在涂覆过程中，各个阶段都极易有空气进入涂覆系统，而最经常产生气泡缺陷的阶段是涂覆阶段，主要是由于基膜未干燥、基膜表面有杂质或橡胶辊未压实引起。总之，以上这些涂覆缺陷都会严重影响制品的性能，因此必须加以避免。

4.7 吹塑

吹塑主要指中空吹塑成型。它是指将注塑成型或挤出成型得到的半熔融态的管状型坯放入所需制品形状的模具中，向该管状型坯中通入压缩空气使坯体膨胀，并紧贴于模具型腔内壁，再经冷却脱模等后得到所需制品。该成型方法可生产瓶、壶、桶等中空容器。中空成型主要分为挤出吹塑成型、注塑吹塑成型和拉伸吹塑成型以及在这些成型方法的基础上发展而来的注塑-

拉伸-吹塑成型（ISBM）、挤出-拉伸-吹塑成型等。

4.7.1 挤出吹塑成型

挤出吹塑是目前产量最大且经济性良好的一种中空吹塑成型方法。它具有生产效率高、设备成本低、模具和机械的选择范围广的优点。但是同时具有废品率较高、废料的回收和利用差、制品的厚度控制和原料的分散性受限制、成型后必须进行修边操作等缺点。

该成型方法是利用挤出机将聚合物熔融塑化后，通过机头挤出管状型坯。当型坯达到预定长度后，闭合吹塑模具，将型坯夹持在吹塑模具间，向型坯内注入压缩空气，使型坯膨胀并紧贴在模具型腔内成型为制品，最后冷却脱模。其主要用来成型容器类制品，可成型最小容积为 1mL 的容器，最大容积为 10000L 的容器。主要包括各种饮料瓶、洗涤剂及化妆品瓶、各种桶类容器，例如化学试剂桶、饮料桶、矿泉水桶以及各种容器及储槽等。

挤出吹塑成型工艺流程为：聚合物树脂→挤出机中熔融塑化→通过机头挤出管状型坯→在吹塑型腔中进行吹胀→制品冷却→脱模→后处理→制品，如图 4-68 所示。

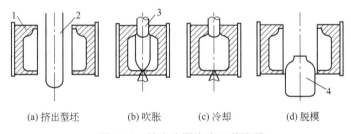

■图 4-68　挤出吹塑生产工艺流程
1—吹塑模具；2—型坯；3—压缩空气入口；4—制品

4.7.1.1 挤出型坯

吹塑成型的型坯质量直接影响制品的成型过程、性能以及外观。型坯质量主要指型坯塑化情况以及管状型坯的壁厚是否均匀。型坯壁厚受到物料挤出后的型坯离模膨胀和型坯熔垂的影响。在通常情况下，型坯的温度控制得较低，温度低使得熔融物料的黏度大，从而提高型坯的熔体强度，减小由于型坯自重引起的熔垂，同时也有利于缩短型坯的定型和冷却时间，提高生产效率。但如果熔融物料的温度过低，容易造成型坯的熔体破裂及离模膨胀比增大，从而导致型坯表面粗糙以及降低夹坯缝的黏结强度等。因此，控制熔融物料的温度以及型坯温度十分重要。由于通用级别的聚丙烯（又称 PP）熔体强度较低，高熔体强度聚丙烯（又称 HMSPP）的开发对提高 PP 在这一成型方法中的应用十分重要。

物料的熔融、型坯的挤出是由挤出机完成的。挤出机温度和机头的温度、挤出机的螺杆转速以及物料的分子量及分子量分布都会影响熔融物料的黏度和管状型坯的壁厚以及型坯的温度。适当提高挤出机的温度，可以降低熔体的黏度，提高熔体的流动性，降低挤出机的功率消耗；提高螺杆转速，可以增大剪切，提高共混效果。若挤出机的温度过高或者转速过快，则有可能造成熔体黏度减小，挤出的管状型坯熔体强度低，熔垂增大，冷却时间延长，甚至出现物料降解等现象。挤出机的温度一般与聚合物的聚集状态相对应。加料段温度应低于所用物料的软化温度，压缩段温度应高于加料段但低于熔融温度，均化段温度应高于熔融温度5~10℃。等规聚丙烯的挤出工艺参数见表4-20。

■表4-20 三种树脂中空制品成型参考温度

温度		聚乙烯	聚丙烯	透明聚氯乙烯
料筒温度/℃	1区	110~120	170~180	155~165
	2区	130~140	200~210	175~185
	3区	140~150	200~215	185~195
机头温度/℃		—	145~150	190~200
储料缸温度/℃		—	170~180	—
模具温度/℃		20~60	20~60	20~60

4.7.1.2 型坯的吹胀

当挤出的型坯达到预定长度后，就将其切断，再将其夹持住送入成型模具中进行吹胀。通常将压缩空气通入型坯中，使吹胀的管状型坯紧贴在模腔内壁，定型成花纹清晰的制品。吹胀过程中的主要工艺参数包括吹胀比、吹胀气压、吹胀时间、吹胀速率。

(1) **吹胀比** 吹胀比为吹塑模腔横向最大直径与管状型坯外径之比，是型坯吹胀的倍数。型坯的尺寸、吹胀比的大小决定了中空制品的尺寸。当吹胀比过大时，制品壁厚变薄，制品的强度和刚度下降，同时易出现型坯破裂现象，令吹胀过程难以稳定控制。吹胀比过小，制品冷却时间延长，成本升高。通常吹胀比为2~4。对于聚丙烯材料，吹胀比常常控制在1.5~3。

(2) **吹胀气压** 型坯吹胀是借助压缩空气对型坯施加气体压力而使闭合在模具内的热型坯吹胀，紧贴型腔内壁。可以通过控制注入型坯内压缩空气的压力，来控制制品的外观质量、壁厚、料把脱离时的难易程度等。压缩空气在吹胀的同时，也起到了冷却作用。若吹胀气压过低，型坯不能紧贴型腔内壁，制品表面无法呈现出清晰的花纹，同时还会降低冷却效率；若吹胀气压过高，则极易吹破型坯。吹胀气压通常为0.2~1.0MPa。成型聚丙烯瓶制品用压缩空气的压力常为0.3~0.6MPa，吹胀大型聚丙烯工业制件时的吹胀压力常为0.6~0.8MPa。

(3) **吹胀时间** 管状型坯在一定的压力下，保持一定的吹胀时间后，才能充分地冷却、定型。吹胀时间一般占成型周期时间的1/2~2/3。延长吹胀时间，可以制得外观平整光滑、花纹清晰、制品收缩率小的吹塑容器，但会使得制品难以脱模，延长成型周期，降低制品生产效率。

(4) 吹胀速率 相同的吹胀压力及吹胀时间下，压缩空气的气流线速度也会影响型坯的吹胀成型。当吹胀速率过大时，易造成型坯内陷或者是容易将型坯在口模处冲断。当吹胀速率稍低时，将大量空气注入型坯，则有利于型坯均匀、快速地吹胀。

4.7.1.3 制品的冷却

制品的冷却除可以通过对模具进行冷却外，还可以向制品内通入冷却介质进行内冷却。此外，还可以将初步冷却定型的制品取出，放在模具外的冷却装置中进行冷却，该方法称为模外冷却。

从挤出机机头挤出的管状型坯进入吹胀模具后进行吹胀和冷却的过程中，模具温度直接影响制品的冷却。首先，需要保证模具温度均匀，才能够保证制品的冷却均匀。其次，模具温度要适宜，过高的模具温度使得冷却速率较慢，此时需要更长的冷却时间，因此生产周期会延长。但此时聚合物分子链或链段能较为充分地松弛，内应力减小，制品后收缩较小。而过低的模具温度会使型坯快速冷却，造成型坯形变困难、难以吹胀的现象。此外，模具温度对于聚丙烯这种部分结晶型树脂的影响比对非晶型树脂的影响要更大、更复杂。聚丙烯吹塑成型瓶用模具温度约为 20～60℃。

冷却时间能够控制制品的外观质量、性能和生产效率。延长冷却时间，模具内的物料得以充分固化，脱模出来的制品尺寸与模腔尺寸接近，型坯不易因弹性回复而发生形变，从而得到外观规整、花纹清晰的制品。但延长冷却时间的同时会增加制品的结晶度，从而降低聚丙烯制品的韧性及透明度。缩短冷却时间会产生应力集中导致缺陷产生。影响冷却时间的因素有原材料的热扩散系数、熔融物料的温度、容器的壁厚及形状、模具材料的导热性、排气系统、冷却流体的流量及流动状态、吹胀空气的流动状态等。在相同的工艺条件下，应当充分考虑不同塑料的热导率（表 4-21）。对比不同塑料的热导率可以发现，在制品各参数相同的情况下，聚丙烯的冷却时间要稍长。

■表 4-21 不同塑料的热导率

性能	高密度聚乙烯	低密度聚乙烯	聚丙烯
密度/（g/cm³）	0.98	0.92	0.91
热导率/[W/(m·K)]	0.29	0.28	0.19

挤出吹塑成型中，制品的内壁与吹胀空气接触，制品的外壁与模具型腔接触，这种内外冷却速率上的差异势必会导致制品冷却时间的延长，产生翘曲、变形现象。随着挤出吹塑技术的发展，已开发出了一些新型的内冷却技术。例如，奥地利塑料加工辅助公司 Fasti 公司开发出的 DryWater 技术。该技术可降低 10%～30%（取决于制品几何形状）的挤出吹塑时间。

模外冷却技术是将初步冷却定型的制品取出，放在模具外的冷却装置中继续冷却。这种方法可以减少制品在模具内的停留时间，缩短成型周期，提高生产效率。该方法主要用于大型制品的吹塑成型。使用该方法时，要注意脱模时对制品表面的保护及防止骤冷带来的模收缩。

4.7.1.4 制品的脱模与后加工

型坯经过吹胀成型为制品后，再经冷却定型，即可开启模具，取出制品。影响制品脱模的因素主要有以下几点。

① 模具温度过低时，制品易抱紧模具，从而造成难以脱模。此时应适当提高模具温度。

② 制品冷却过度时，制品刚性增加，造成脱模困难。此时应缩短冷却时间。

③ 设计模具时必须考虑制品与脱模方向平行的表面应有足够的脱模斜度，以防止制品抱住模具型芯或型腔中的凸起部分。通常硬质塑料比软质塑料的脱模斜度稍大，形状越复杂，脱模斜度也应越大。聚丙烯、聚乙烯、软质聚氯乙烯等软质材料的脱模斜度约为 $30'\sim1°$。此外，模具型腔表面应稍有些粗糙度。如果没有粗糙面，吹胀时的气泡会陷入型腔中不能排出，形成局部热绝缘体，使容器表面出现"橘皮"状。粗糙的表面可储存一部分空气，有利于容器的脱模，从而避免空吸现象，同时有利于实现脱模自动化。

4.7.2 注塑吹塑成型

注塑吹塑成型是由注塑与吹塑成型组合而成的吹塑成型方法。首先，利用注塑机注塑管状封底型坯，之后对该型坯进行吹胀。该成型方法具有自动化程度及生产效率高、成型制品无拼缝线的优点。注塑吹塑和挤出吹塑的根本不同之处在于，注塑出的管状型坯是有底部的，因此它所生产的制品密封性好、口部端面内表面和螺纹部分的精度高。此外，由于型坯壁厚容易控制，制品具有壁厚均匀、重量误差小、容积比较稳定、制品无拼缝线、底部无切口、不易开裂、强度高、无废边、不需要进行再修饰、原材料消耗低、生产效率高等优点。其中制品的件重可控制在 $\pm 0.1\text{g}$，螺纹的精度可为 $\pm 100\mu\text{m}$。但是由于该工艺生产一种制品时需要两副模具，因此生产成本较高。除此之外，该方法对注塑型坯的模具要求较高，例如，模具温度应能够准确控制、加工精度应较高等。另外，型芯的机械强度对较长型坯有较大影响，对于口颈较细而又较深的容器利用该方法难以成型。因此，该方法适合生产批量大的小型精致容器和广口容器，不适合生产大型工业塑料件。该成型方法主要用于生产化妆品、日用品、医药和食品的包装容器。

注塑吹塑成型工艺流程为：聚合物树脂→注塑机中熔融塑化→注塑成封底管坯→转移至吹塑模具中→在吹塑型腔中进行吹胀→制品冷却→脱模→后处理→制品。

具体工艺过程为：将聚合物树脂投入注塑机中，在温度和螺杆输送挤压下，聚合物熔融塑化经由机头上的注塑装置注塑到型坯模具中，形成一个封底的管状坯体，管坯冷却后收缩在型芯上，便形成了具有黏弹性的吹塑型坯。将带有型坯的型芯转移至吹塑模具内，闭合吹塑模具，将压缩空气由型芯上的气孔通入。型坯受力后从型芯中脱离、膨胀，直至紧贴到吹塑型腔内壁上，经冷却后脱模（图 4-69）。

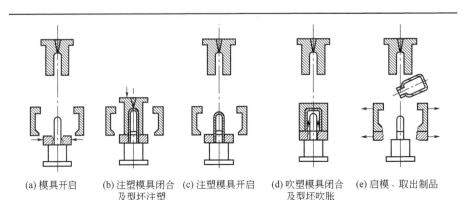

■图 4-69　注塑吹塑成型的工艺流程

4.7.2.1 注塑封底管坯

注塑封底管坯是注塑工艺中的关键部分。物料经由料斗进入注塑机筒中，单螺杆将物料向前输送并压实，在加热和螺杆的剪切、摩擦、混合作用下，物料熔融塑化、混合均匀。一般注塑的温度应高于熔点 20℃而低于热降解温度 20℃。注塑时，聚丙烯的熔体温度一般控制在 200~225℃。熔融的物料需要在较高的注塑压力下才能注入型坯模腔内，通常聚丙烯的注塑压力为 4~6MPa。

熔融物料被注入型腔中以后，由于模具温度较低，从而会引起物料体积的收缩，为了保证物料的致密和尺寸精确，需要对模腔内的熔体持续保持压力，补充物料，直到模具浇口处的熔体凝结为止。适宜的模具温度不仅能够缩短成型周期，同时还可以减少型坯的废品和制品成型时的废品。提高颈部和瓶身的模具温度，会避免型坯成型时易出现缺口的现象，但可能出现型芯黏附芯模的现象。为了避免型坯粘模现象，可在型坯凹模及型芯上喷涂脱模剂，或在聚合物树脂中混入少量脱模剂、润滑剂等。型坯底部温度则不宜过高，过高的温度易使型坯吹胀时出现漏底或破裂。

注塑模具内设有型芯，型芯随型坯一同转移进吹胀模具。型芯的温度对于保持型坯的温度至关重要。为实现型坯的各部位同步吹胀，要求同一部位的型芯和模腔温度不能相差过多。若型芯温度过高，熔体容易在该部位黏附芯模。此外，型芯的长度和直径之比（L/D）对吹胀过程也有重大影响。一般 $L:D$ 不超过 10:1。若型芯的长径比过大，在高压注塑封底管坯时，管坯容易产生弯曲变形，造成型坯壁厚分布不均匀。

4.7.2.2 型坯的吹胀

与挤出吹塑工艺不同，注塑吹塑工艺中，由于型坯是包裹在型芯上的，二者将一同转移进型腔，因此压缩空气是由型芯中流出，使型芯外的聚合物从型芯壁上分离、膨胀，直至紧贴到吹塑成型的型腔壁内。通常型芯上的吹气口设于制品的肩部、尾部和头部。

吹胀压力对制品成型有着重要影响。吹胀压力是指在吹塑模具内，将型坯吹胀成制品的压缩空气的压力。该压力一般控制在 0.8～1.0MPa。增加吹胀压力，可以使型坯充分吹胀，避免肩部变形、瓶身凹陷等缺陷，但压力过大会将型坯吹破。压力过小则容易造成型坯不能紧贴模壁，制品表面无法呈现出清晰的文字、图案等现象，还会造成制品冷却效率降低。

4.7.2.3 制品的冷却与脱模

型坯在吹胀模具内成型后，带有吹胀制品的型芯被转移至脱模工位进行脱模。制品的脱模可以借助于脱模板、吹气、脱模板和吹气组合、机械手等手段。此外，提高脱模压力、在混配料中加入润滑剂、改善模具设计等方法均有助于脱模。

4.7.3 拉伸吹塑成型

拉伸吹塑又称双轴取向吹塑。这种方法是通过挤出或者注塑制备出管状型坯或封底管坯，再通过红外线或者电加热的方式，将型坯温度精确地调整到最适宜的拉伸温度，之后放入吹塑模具中，借助于拉伸棒将型坯进行轴向拉伸，最后进行吹胀成型。

拉伸吹塑成型聚丙烯的特点在于经过拉伸后，基体树脂发生了取向，因此可以改善聚丙烯的某些物理性能。经过双向拉伸后，聚丙烯制品的透明性、光泽性、抗冲击性、表面粗糙度和阻隔性等性能均可得到明显改善，特别是可以大幅度改善低温抗冲击性能，聚丙烯的脆化温度从 5℃ 左右可以降到 －20℃ 左右，同时制品壁厚可以进一步减薄。

拉伸吹塑又分为挤出拉伸吹塑（又称挤拉吹）和注塑拉伸吹塑（又称注拉吹）。由于注拉吹制品的透明度、冲击强度、表面硬度和刚度等都较挤拉吹制品的好，因此注拉吹工艺正得到广泛应用。注拉吹成型主要用于生产 0.2～2L，形状为圆形或椭圆形的容器，例如矿泉水瓶、饮料瓶等。注拉吹设备的生产效率高，制品稳定性好。本节主要介绍注拉吹工艺。

注拉吹成型工艺是在注塑吹塑成型工艺的基础上发展而来的。首先通过注塑封底型坯，获得型坯后，可以冷却至高弹态（一步法）或冷却至室温，而后加热至高弹态（两步法），再通过温度控制系统稳定在拉伸的最佳温度，之后将型坯放入吹塑工位后，在内部的拉伸芯模或外部夹具机械的作用下，进行纵向拉伸，同时或者稍后经压缩空气吹胀进行径向拉伸，待制品成型后冷却脱模取出制品。这是吹塑成型中可以成型制品的壁厚最薄的一种工艺。

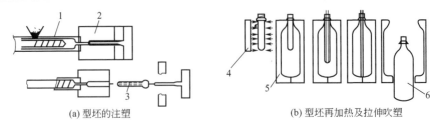

(a) 型坯的注塑　　　　　　　　(b) 型坯再加热及拉伸吹塑

■图 4-70　两步法注塑拉伸吹塑工艺过程
1—注塑机；2—型坯模具；3—型坯；4—型坯加热装置；
5—拉伸吹塑模具；6—制品

其工艺如图 4-70 所示。

均聚 PP 或共聚 PP 均可以用于注拉吹工艺，近年来，各大化学公司还推出了一些注拉吹专用 PP 牌号。一般选用熔体指数为 10～12g/10min 的 PP，且多选用两步法成型。在两步法中，型坯的二次加热时间对成型周期有重要影响。

塑化完全的型坯冷却后，再次加热到适宜的拉伸温度进行拉伸（两步法）。型坯的再加热一般采用红外线辐射进行加热。红外线加热无须中间媒介，加热速度快，能量损失少。此外，红外线具有一定的穿透能力，可以使物体在一定深度的内部和外部同时加热，因此避免了由于热膨胀程度不同而产生的型坯形变和质变，能够使得材料均匀受热。

型坯的拉伸吹胀是注拉吹工艺中最主要的部分。拉伸温度需要精确控制，温度相差 1℃，结晶速率可能相差若干倍。较低的拉伸温度可以使制品有较好的透明度与抗冲击性能，但型坯的收缩率较大。较高的拉伸温度则会影响制品的透明度。拉伸温度不宜设置在最大结晶速率温度附近。这是因为型坯内出现结晶形态后，大分子链段间作用力增强，不容易再被拉伸。聚丙烯的获得最大结晶速率时的温度为 120～125℃，其拉伸温度一般为 135～150℃。模具的温度一般为 35～50℃。

采用两步法时，拉伸比通常比 PET 瓶的拉伸比要大，以便获得高的透明度。当 PP 型坯的轴向拉伸比为 5:1，径向拉伸比为 3:1 时，总拉伸比为 15:1，此时制品的刚性、透明度、光泽度都较高。拉伸的同时或者拉伸之后经压缩空气吹胀，即可得到中空制品。

注拉吹聚丙烯中空制品以其较低的价格，优异的耐热温度，良好的成型性，现已成为 PET 瓶的有力竞争者。特别是在热灌装包装领域，PP 具有极大的发展潜力。

4.8　发泡

聚苯乙烯（又称 PS）、聚氨酯（又称 PU）、聚乙烯（又称 PE）泡沫塑料曾是世界三大主要发泡材料。但是由于环保问题，联合国环保组织决定自 2005 年起在全世界范围内停止生产和使用发泡 PS，而 PE 的耐热温度仅为 70～80℃，使用领域也受到一定限制。聚丙烯具有较高的耐热性及刚性，较小的密度，因此它成为继聚苯乙烯、聚氨酯、聚乙烯泡沫塑料之后更具应用价值和市场潜力的新型泡沫材料，现已成为研究热点。自 1982 年 JSP 公司首先开发成功聚丙烯泡沫塑料以来，目前在世界范围内已有 JSP、BASF、GEFINEX 等公司的多家工厂生产聚丙烯泡沫塑料。新近开发的高熔体强度聚丙烯更适合生产发泡聚丙烯。

4.8.1 发泡过程

发泡塑料按照所使用的发泡剂来分，可以分为物理发泡与化学发泡。按照发泡工艺来分，可以分为微孔发泡、珠粒模压发泡、注塑发泡、挤出发泡。

无论使用哪种发泡方式，聚合物材料的发泡都包括以下几个过程。

① 发泡剂的溶解。通过将气体或者低沸点液体或者固体发泡剂与树脂基体的充分混合，使气体、低沸点液体或固体发泡剂均匀溶入树脂基体。

② 成核过程。气体或低沸点液体与树脂基体溶液分离的过程，此时气体或者低沸点液体在树脂基体溶液中开始形成分散相，这些初始的分散气相被称为气泡核。

③ 气泡长大过程。以气泡核为基础，树脂基体中的气体分子扩散进入气泡核，气泡长大。

④ 气泡固定过程。将形成气泡的树脂通过降温或者化学反应，使气泡固定，形成发泡塑料。

气泡核的形成对成型泡体的质量起着关键性的作用。在熔体中同时出现大量均匀分布的气泡核，有利于得到泡孔细密均匀的优质泡体。在熔体中只出现少量气泡核，则最终形成的泡体少而不均匀，泡体质量较差。比较成熟的气泡核形成机理主要有以下几种。

① 分子架理论。该理论认为在高聚物的分子结构中存在压力为零的自由空间，有些聚合物的自由空间较大，因此某些发泡剂可以渗入。不同的聚合物具有不同大小及数量的自由空间，因此这种成核方法不是每种聚合物和每种低沸点液体都能配合发挥作用的，它是具有选择性的。如果聚合物的分子架内的自由空间太小，发泡剂则难以进入，只能在分子架外围聚集，容易造成发泡剂的挥发，因此形成的泡孔大而少，泡孔质量不高。R. N. Hacoard 等提供了分子架理论的依据。他们从聚苯乙烯的可压缩性推断出其分子架中存在自由空间，当温度低于玻璃化转变温度时，自由空间约占 13%，戊烷进入这些空间的最大量为 6.5%～8.5%。

② 热点成核机理。该机理认为：当熔体中出现热点时，热点处熔体的

温度上升，使熔体的黏度、表面张力、气体在熔体中的溶解度等参数发生变化，此时熔体中过饱和气体分子易向热点聚集，从而形成气泡核。当成核剂加入聚合物中，与聚合物一起受热，由于熔体在挤出时的出口膨胀，聚合物熔体因膨胀而造成温度下降，但添加剂并不会膨胀，从而仍旧保持较高温度，形成热点。

③ 其他成核理论。气体在聚合物熔体中呈高度过饱和状态时是不稳定的，容易成核，特别是加入成核剂以后，进一步促进了气泡核的形成。R. H. Hansen 和 W. M. Martin 指出，均匀分布在熔体中的粒子，如金属粒子、硅酸铝钠、气相二氧化硅和三氧化二铁等，均可作为成核剂使用。

成核剂含量与制品密度的关系如图 4-71 所示。

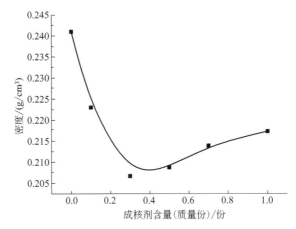

■图 4-71　成核剂含量与制品密度的关系
（基体树脂为聚丙烯，含有 3 份化学发泡剂）

随着成核剂的加入，发泡体系的泡孔会变得更为均匀，制品密度随之下降，但是当成核剂添加到一定数量时，过多的成核剂有可能出现团聚，不能有效成核，因此需要对成核剂的种类及用量进行筛选。要制备出泡孔均匀且细密的泡体，在发泡成型的初始阶段必须同时形成大量均匀分布的气泡核。为此，可以用加入成核剂、表面活性剂以提高气体在熔体中的过饱和度等方法来强化成核过程，同时应尽量使熔体中的气泡分布均匀。

气泡的形成过程实际上是相分离过程，即发泡剂从聚合物熔体中分离出来。影响气泡膨胀的因素很多，第一是材料性质，如基体树脂的熔体强度、黏弹性等，发泡剂的用量、气体的扩散系数等；第二是加工工艺参数，如压力、温度、剪切速率等。

在气泡膨胀初期，熔体黏度对气泡膨胀影响明显。黏度越大，气泡膨胀速度越低，泡径较小；在气泡膨胀后期，扩散速度则成为主要影响因素，黏度对膨胀速度的影响减弱。发泡剂在发泡过程中主要消耗在三个方面：使气泡膨胀、扩散损失、残留在塑料中。提高气体的扩散系数可以加速气泡的膨

■表 4-22　不同气体在聚丙烯基体树脂中的扩散系数

聚合物	气　体	$D\times10^5/(cm^2/s)$
PP	N_2	3.51
	CO_2	4.25
	ClF_3C	4.02

胀，但同时也会增加扩散损失。不同气体在聚丙烯基体树脂中的扩散系数见表 4-22。

当气泡内的压力大于熔体压力以及表面张力的合力时，气泡将开始膨胀，气泡内的压力也随之降低。气体不断扩散，从熔体中向气泡内扩散。直到熔体逐渐冷却达到固化定型，气泡被固态聚合物固定，无法再继续膨胀，气泡的膨胀过程结束，最终泡孔结构形成。

气液相共存的体系多数都是不稳定的，已经形成的气泡内的气体可以通过泡壁向外逃逸，也可能出现大小泡孔连通，以及由于泡壁强度不足所引起的泡孔破裂与坍塌现象，这些都会影响最终泡体的性能。通用聚丙烯随加工温度的升高，熔体强度迅速下降，适宜的加工温度窗口仅有 4℃。形成的泡壁较为薄弱，难以承受住发泡过程中的气体膨胀，因而容易造成气泡的破壁、泡孔的连通、泡孔的塌陷。

① 气体逃逸。当发泡剂的分子尺寸过小，且扩散速度较快时，基体树脂/气体体系倾向于生成两个完全分离的相，因此气体趋向于扩散到大气中去。

② 泡孔连通。邻近的泡孔有相互连通的趋势，这是因为连通后泡孔表面积减少，体系总自由能下降。此外，在加工成型过程中，剪切及拉伸作用会使泡孔变形，加速泡壁薄弱区域的破坏，从而加速泡孔的连通。熔体中泡孔大小差异越大，气泡越不稳定。这是因为小泡中的压力比大泡中的压力大，小泡中的气体易于向大泡孔内扩散。此时可以通过加入表面活性剂的方法来降低泡孔的表面张力，从而减缓气泡间的合并。

③ 泡孔破裂与坍塌。聚丙烯树脂的熔体强度随温度上升而急剧下降，形成的泡壁较为薄弱，难以承受气体膨胀时的膨胀力，从而易于出现泡孔坍塌与破裂的现象。增加熔体的黏弹性可以有效改善这种情况。

4.8.2 微孔发泡

微孔泡沫塑料是指泡沫的泡孔尺寸为 $0.1\sim10\mu m$，泡孔密度为 $10^9\sim10^{15}$ 孔$/cm^3$。微孔泡沫塑料的泡孔密度大，泡孔均匀细密，具有许多优异的力学性能。当泡沫塑料中泡孔的尺寸小于泡孔内部材料的裂纹时，泡孔会使材料原来存在的裂纹尖端钝化，有利于阻止裂纹在应力作用下的扩展，从而使材料的性能得到提高。它表现出高的抗冲击性能、高刚度、高硬度、长疲劳寿命、高热稳定性、低介电常数、低热导率。微孔泡沫塑料可用作包装材料、隔声材料等，适合制作 1~2mm 厚的发泡制品，微孔泡沫塑料避免了普通发泡方法中容易引起泡孔坍塌的现象。由于微孔发泡成型的泡孔尺寸非常小、泡孔密度大，因此对气泡成核、气泡膨胀以及气泡稳定三个阶段的工艺要求更高。

4.8.2.1 生产工艺

该工艺是将聚合物在挤出机中熔融，同时使用高压泵向机筒内注入适量的惰性气体发泡剂，通过螺杆的剪切混合作用，形成均匀的聚合物/气体共混体系。之后通过快速降低压力，同时升高温度，引发热力学不稳定性，形成大量泡核。最后通过控制冷却时间来控制泡孔长大以及成型。

(1) **聚合物/气体均相体系** 聚合物/气体均相体系的形成是在聚合物成型过程中的熔融段注入定量的可溶气体（气体含量约占到整个质量分数的 3%~20%），形成两相体系。经过螺杆的剪切以及气体的扩散作用，大气泡分裂成很多小气泡，直至形成聚合物/气体均相体系。通常采用超临界二氧化碳（CO_2）流体注入聚合物熔体来形成均相体系。超临界 CO_2 流体可以缩短饱和时间，增加成核密度，控制泡孔尺寸，并且 CO_2 对聚合物熔体有很好的增塑作用，能降低熔体的黏度，提高其在熔体中的扩散速率；CO_2 取自空气，对环境友好。因此采用超临界 CO_2 流体制作微孔发泡塑料成为微孔发泡塑料成型中的研究热点。

(2) **气泡成核及膨胀** 泡孔成核是微孔发泡塑料成型的一个关键技术，该过程将影响泡孔密度及形态。该过程主要依靠控制温度或压力来突然降低熔体的溶解度，使气体在聚合物中的溶解度急剧下降，形成高的过饱和度，气体不断向气泡核聚集，从而形成稳定的气泡核。由于气泡成核与气泡膨胀存在竞争关系，当成核过程的时间较长时，聚合物溶液中的气体分子会容易向已经存在的泡核扩散，而不会形成新的泡核，从而减小泡孔密度，增大泡孔尺寸。此外，若体系中存在添加剂颗粒、污染物等，会出现非均相成核，从而造成成核不均匀。因此在成核过程中，要保证压力、温度的急剧变化，并尽量减少体系中的杂质。

(3) **气泡稳定** 当体系中形成致密的泡孔后，通过降温使熔体的黏度及强度迅速增大，熔体固化，从而使泡孔定型。

4.8.2.2 成型方法

微孔发泡材料可以采用多种成型方法，例如相分离法、单体聚合法、超临界流体沉析法、超饱和气体法等。其中超饱和气体法是目前最常用的方法，使用的物理发泡剂多为惰性气体，例如 CO_2 或 N_2。超饱和气体法可以分为间歇成型法和连续成型法。

(1) **间歇成型法** 分为两步，第一步是在室温和等静压条件下，将聚合物试件"浸泡"在 CO_2 或 N_2 等惰性气体中，经过一段时间后形成过饱和状态；第二步是将聚合物试样从压力容器中取出以后，立即放在温度接近玻璃化转变温度的热甘油浴池中加热，控制加热温度和加热时间，制品经液态

N_2 冷却后，就可以得到所需的微孔发泡塑料。间歇法最大的缺点是生产周期长、产量低，限制了微孔发泡塑料的商业应用。但间歇法为微孔发泡塑料发泡成型的理论研究提供了一种有用的方法。

(2) 连续成型法 包括挤出微孔发泡成型和注塑微孔发泡成型（图 4-72、图 4-73）。这两种方法与普通挤出注塑工艺较为相似，但也有明显区别。

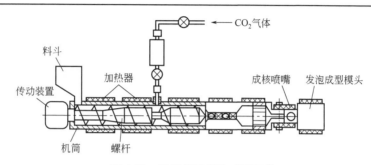

■图 4-72 挤出微孔发泡成型工艺

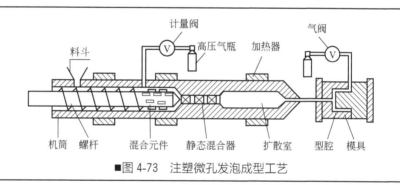

■图 4-73 注塑微孔发泡成型工艺

挤出微孔发泡成型与普通挤出发泡的不同点主要表现在以下三个方面：①微孔发泡过程中聚合物/气体体系中气体含量高，约为普通挤出发泡中气体含量的 10 倍，这是为了使气体在聚合物中呈饱和状态；②微孔发泡成核数较普通挤出发泡的成核数高 3 个数量级，由于泡孔成核和长大存在竞争关系，因此必须迅速改变聚合物/气体均相体系的热力学状态，以诱导体系尽可能多地形成气泡核；③微孔发泡的泡孔尺寸是普通挤出发泡的 1/100，这对控制泡孔长大技术提出了很高要求，因此常常需要对现有设备进行改造。

以 MuCell™ 工艺为代表的微孔注塑发泡成型技术生产的制品可用于汽车、医药、电子、食品包装等领域。其工艺过程为：物料由料斗中加入注塑机筒，经过螺杆、机筒的加热剪切作用后熔融塑化。将高压气体经计量泵经由安装在机筒上的注塑器注入聚合物熔体中，通过螺杆头部安装的混合元件将发泡剂搅拌混合，使其分散均匀。发泡剂与聚合物熔体一同进入静态混合器进行进一步混合，形成聚合物/气体均一体系。快速加热，使共混体系温度急剧升高，此时发泡剂在熔体中的溶解度下降，造成热力学不稳定状态，气体从熔体中析出，形成大量的气泡核。此时，机筒需要保持高压，防止气泡核长大。在熔体进入型腔前，需要向型腔中充入压缩空气，形成背压，防止熔体充模过程中由于压力降低造成过早发泡。充模过程结束后，逐渐释放型腔内压力，此时气体膨胀，同时模具对聚合物起到冷却作用，气泡固化定型。

微孔发泡注塑与普通注塑的区别在于：①由于气体填充了聚合物分子间隙，因此能有效降低熔体黏度与玻璃化转变温度，从而使注塑压力和成型温度降低；②微孔发泡注塑的制品比普通注塑的制品翘曲变形和体积收缩要小。这是由于较低的注塑压力下，制品的残余应力减小。此外，均匀分布气泡压力可使模腔内熔体与模壁贴合紧密，因此能有效减少缩痕和翘曲变形，进一步提高制品尺寸精度。

4.8.3 珠粒发泡

由于聚烯烃的预发泡粒子在膨胀倍率上具有较小的波动性（发泡倍率稳定），从而使预发泡粒子适宜用于制作模塑成型的发泡制品。利用这种成型方法可以成型高发泡倍率的塑料。可以生产出大面积、厚壁或多层的泡沫塑料。制品广泛应用于建筑、包装、日用品、工业用品等领域。可发性聚丙烯（又称 EPP）珠粒凭借优异的热稳定性、耐化学品腐蚀性、耐环境应力开裂性等性能正逐渐成为研究热点。目前聚苯乙烯和聚乙烯的珠粒发泡操作工艺发展得较为成熟，而聚丙烯珠粒发泡由于还处于研究阶段，相关的报道比较少。国际上 Japan Styrene Paper 公司、钟渊化学公司，美国的陶氏化学公司等拥有许多聚丙烯珠粒发泡的专利。提供商业化的聚丙烯珠粒厂商有 JSP 公司、BASF 公司、GEFINEX 化工有限公司等。EPP 珠粒的常规生产方法为浸渍法，此外还有挤出法。

4.8.3.1 浸渍法

将基体树脂、分散介质、分散剂和发泡剂一起放入密闭容器中，加热混合体系到基体粒子软化但并不熔融的状态，同时提高压力，充分搅拌。维持压力一定时间，以确保发泡剂充分浸润基体粒子后，在维持压力的状态下打开阀门，将粒子置于常温、常压下。这时，由于压力和温度的瞬间变化，会引起热力学不稳定性，从而引发粒子迅速膨胀，得到尺寸均一的预发泡珠粒。再将发泡珠粒填入模具，合模，并通入高温蒸汽，使粒子二次膨胀并相互黏结进行模塑，就可以得到所需形状的发泡制品。通常的分散介质为水、乙二醇、甘油、甲醇、乙醇或其混合物。为了防止聚丙烯树脂粒子相互黏结或附着在高压釜内壁，需要向分散介质中添加分散剂，使得分散剂附着在聚丙烯树脂粒子的表面。分散剂的添加量应适宜，如果分散剂过多，则在发泡粒子成型时，有可能影响发泡珠粒间的相互黏结，造成力学性能下降等问题，因此应通过试验确定最佳分散剂的用量。

浸润过程中，浸润温度应该稍低于聚合物熔点，过高的温度易使聚合物熔融黏结；过低的温度需要延长浸润时间，从而延长生产周期，降低生产效率。利用浸渍法制备聚丙烯发泡珠粒时，需将树脂切割成 1~1.5mm 的粒子。如果树脂粒子过大，发泡剂难以渗入树脂中，即使增大压力、温度等，发泡剂也难以充分渗入树脂颗粒内部；而过小的粒子难以制备，并且吸收的发泡剂有限，而且在膨胀过程中，容易形成内部连通的大泡孔。制备适宜大小的树脂粒子需要有特殊的设备，可以利用水下切粒设备等进行制备。在聚丙烯珠粒发泡工艺中，通常选用乙丙无规共聚物和亲水性高聚物的共混物作为基体树脂。

日本 JSP 公司的 EPP 性能见表 4-23，由 EPP 珠粒制得的泡沫塑料性能见表 4-24。

■表 4-23　日本 JSP 公司的 EPP 性能

性　　能		测试值
密度/(g/L)		20~200
拉伸强度/kPa		270~1930
压缩强度/kPa	25%形变	80~2000
	50%形变	150~3000
	75%形变	350~9300
压缩形变（22h,23℃）/%		13.5~105

■表 4-24　超低密度聚丙烯制品

性　　能		标　　准	测试值
密度/(g/L)		ASTM D 3575	16.0
拉伸强度/psi		ASTM D 3575	35.3
压缩强度/psi	25%形变		11.2
	50%形变		19.1
	75%形变		41.3
热导率/[Btu·in/(ft^2·h·℉)]		ASTM C 177	0.24

注：1psi=6894.76Pa；1Btu·in/(ft^2·h·℉)=0.144228W/(m·K)。

4.8.3.2　挤出法

将聚丙烯基体树脂及各种助剂放入挤出机中进行熔融塑化，在机筒中部安装注塑口，将发泡剂（烷烃或 CO_2）注入聚合物熔体中，机头安装套管式口模和模面切粒机，控制口模压力，使物料在切粒后膨胀，再经冷却、干燥得到可发性珠粒。采用挤出法生产的 EPP 比浸渍法生产的 EPP 珠粒成型周期提高 30%~50%。

4.8.3.3　发泡珠粒模压熔结成型

聚丙烯发泡珠粒与聚苯乙烯发泡珠粒一样，可在蒸汽加热的模压机中成型。将 EPP 珠粒填入模具中，闭合模具，压入气体，之后通入高温蒸汽，使聚丙烯珠粒熔融，二次膨胀并相互黏结形成制品。

4.8.4 挤出发泡

挤出成型具有连续性，一般的异型材、板材、管材、膜片、电缆绝缘层等发泡制品都采用挤出发泡成型方法。挤出发泡是指将含有发泡剂（可以为化学发泡剂或物理发泡剂）的聚合物树脂经过双螺杆（或单螺杆或串联挤出机）塑化混合均匀，再经由机头挤出。由于经机头挤出时体系压力突然降低，聚合物树脂中的发泡剂会膨胀而完成发泡。聚丙烯的挤出发泡具有工艺相对简单、效率高的特点。

4.8.4.1 挤出设备

（1）单螺杆挤出机　使用单螺杆挤出机进行挤出时，螺杆的长径比要大，一般为25～30。为了提高混合质量，可以在螺杆计量段的过渡处增加混炼元件。为了防止泡孔的早期生长，避免形成粗大的泡孔结构，使用的过滤网应粗一些，以防止过滤时压力降过大，泡孔早期生长。此外，为了抑制过高温度下气体膨胀速度快而导致气泡塌陷，在熔体到达机头之前，需要使溶解有发泡剂的熔体充分冷却到适宜温度。可以在发泡机头之前增加静态混合器。根据使用的发泡剂种类不同，发泡剂的加入位置也不同。化学发泡剂采用与基体树脂共混后经由料斗加入的方式，而物理发泡剂则采用中间注入式。

（2）双阶串联式单螺杆挤出机　如图4-74所示，聚丙烯基体树脂及助剂在主挤出机中进行熔融混合，液体发泡剂在主挤出机注入，溶有发泡剂的熔体通过连接块被转移至辅挤出机的加料段。通常主挤出机的螺杆剪切混合能力强，使得聚合物基体树脂能够充分塑化混合均匀；而辅挤出机的剪切稍弱，螺杆计量段长，螺槽深，以实现稳定的低温挤出。当熔融物料进入辅挤出机后，聚合物树脂与发泡剂进一步混合均匀，并获得低温挤出物，从而抑制泡孔的坍塌。双阶串联式单螺杆挤出机对工艺参数的控制精确，可以实现

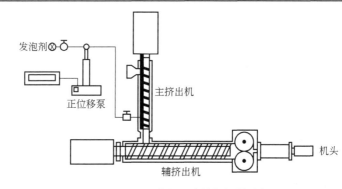

图4-74　双阶串联式单螺杆挤出机

低密度聚丙烯发泡材料的连续挤出发泡。

KraussMaffei Berstorff 公司的 Schaumtandex KE/KE 是双阶串联式单螺杆挤出机，如图 4-74 所示。首先是单螺杆挤出机用来熔融共混，第二台单螺杆挤出机用来冷却；Schaumtandex KE/KE 系列挤出机参数见表 4-25～表 4-27。

■表 4-25　挤出机尺寸　　　　　　　　　　　　　　　　　单位：mm

挤出机Ⅰ	90	120	150
挤出机Ⅱ	120	150	250

■表 4-26　最大长径比（L/D）

挤出机Ⅰ	29∶1	32∶1	32∶1
挤出机Ⅱ	30∶1	30∶1	30∶1

■表 4-27　螺杆转速　　　　　　　　　　　　　　　　　　单位：r/min

挤出机Ⅰ	120	91	87
挤出机Ⅱ	30	19	11

而 Schaumtandex ZE/KE 则是一台双螺杆挤出机用来共混，再使用单螺杆挤出机进行冷却，如图 4-75 所示，系列挤出机参数见表 4-28～表 4-30。

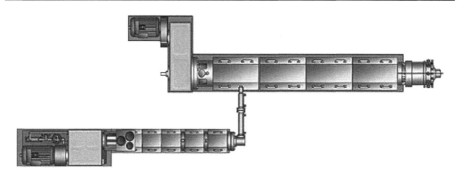

■图 4-75　KraussMaffei Berstorff 公司 Schaumtandex ZE/KE 挤出发泡机

■表 4-28　挤出机尺寸　　　　　　　　　　　　　　　　　单位：mm

挤出机Ⅰ	50	60	75	90	110
挤出机Ⅱ	120	150	250	400	400

■表 4-29　最大长径比（L/D）

挤出机Ⅰ	30∶1	30∶1	30∶1	31∶1	31∶1
挤出机Ⅱ	30∶1	30∶1	30∶1	16∶1	22∶1

■表 4-30　螺杆转速　　　　　　　　　　　　　　　　　　单位：r/min

挤出机Ⅰ	350	275	273	211	200
挤出机Ⅱ	30	19	11	7	7

(3) 双螺杆挤出机 随着双螺杆挤出机的发展，其稳定的固体喂料、良好的分散混合和分布混合、均匀的熔体温度分布等性能越来越凸显，从而在聚丙烯挤出发泡中得到了一定应用。采用双螺杆挤出机时应当注意维持适宜的机筒压力，阻止发泡剂的逃逸。

4.8.4.2 成型工艺

螺杆转速对发泡剂在聚合物基体树脂中的溶解分散有重要影响。一般而言，较高的螺杆转速有利于提高混合效果，加快扩散速度，但是过高的螺杆转速会导致挤出发泡时出现波动。试验表明，在进行聚丙烯的挤出发泡时，在较低的螺杆转速时得到的发泡材料泡孔尺寸大，分布不均匀，制品的表面比较粗糙。增加螺杆转速会使得熔体流动速率提高，气泡的成核数量随之增加，得到的发泡材料中泡孔细密均匀，材料韧性较高，表面较为光滑。这主要是由于增加螺杆转速后，熔体的流动速率加快，发泡剂逃逸的机会减少，溶解到聚丙烯熔体中的气体数量更多。

加工温度的设定受到化学发泡剂的分解温度、所需的泡孔尺寸等因素的影响。加料段的温度应低于化学发泡剂的分解温度，以防止过早产生气体。螺杆最后 1/4 处的熔体温度应低于发泡剂的分解温度，以防止产生的气体向后排出。挤出温度也会对发泡质量产生重要影响。由于发泡剂在高温下的扩散系数非常高，因此当机头温度过高时，气体容易从机头逃逸。此外，随着气泡增长，泡壁变薄，高温下的聚丙烯更难以维持住气泡，因此容易造成泡孔壁破裂及泡孔的合并，最终导致发泡倍率的下降。

挤出压力增加，发泡体的泡孔尺寸变小，泡孔数量增大，发泡体密度降低。P. Spitael 通过合理的机头设计，在 CO_2 用量为 5.2%，压力降分别为 15.9 MPa、13.8 MPa 时，得到的聚丙烯发泡材料密度为 0.13 g/cm^3、0.21 g/cm^3；泡孔尺寸为 37μm、62μm，泡孔密度为 5.45×10^7 个/cm^3、1.07×10^7 个/cm^3。C. B. Park 等通过机头设计，在 CO_2 作为发泡剂时，压力降分别为 8.27 MPa、13.8 MPa 和 27.6 MPa 时得到的聚丙烯发泡材料泡孔密度分别为 3×10^6 个/cm^3、3×10^7 个/cm^3 和 4×10^7个/cm^3。

4.8.5 注塑发泡

4.8.5.1 注塑工艺

注塑工艺过程是首先将物料投入注塑机，通过机筒加热、螺杆剪切等作用，使物料熔融塑化并混合均匀，之后将物料注塑到模具中，闭合模具进行发泡成型，待制品成型后冷却定型，开模并顶出制品。注塑过程中的主要参数为压力、温度和时间等。

4.8.5.2 压力

由于熔体所受的压力影响气体在熔体中的溶解度，因此压力对气泡的形成和稳定有直接影响。只有熔体中有过饱和气体存在时，气泡才能膨胀。当熔体所受外界压力增加时，气体在熔体中的溶解度将会增加，熔体中的过饱和气体量将会减小，此时气泡难以膨胀。因此，可以用控制压力来调节发泡过程。在注塑发泡过程中，模腔压力直接影响泡孔的分布和发泡倍率。模腔压力较低时，称为低压发泡注塑（模腔压力约为 2～7MPa）。此法可以生产大型厚壁制品，制品表面致密但粗糙。当模腔压力较高时，称为高压发泡注塑（模腔压力约为 7～15MPa）。由于模腔压力高，需要增加二次合模保压装置，得到的制品表面平整，可以再现模腔内的花纹。但高压发泡注塑对模具的制造精度要求高，费用高，二次锁模保压要求高。

为了制取具有较好表面质量的发泡制品，也可以采用反压法。反压是指当塑料熔体高速注入模具型腔时，因注塑速度大、模具排气能力差而在模腔中形成的反向阻止物料进入的压力。也可以在注塑之前用高压气体（如空气或惰性气体）将模具型腔充满，当注塑时形成模腔反压。由于反压的存在，物料进入型腔后难以立即发泡膨胀，从而得到致密的表层。采用欠注法，即注塑一定的熔料后把型腔内的气体排出，使物料发泡膨胀而充满整个型腔，可以制得均匀致密的制品。

4.8.5.3 温度

聚合物树脂进入料筒后，受到机筒的外加热以及螺杆的剪切作用而熔融塑化。料筒外部装有分段加热装置，其温度设置应使得机筒内物料能够尽快熔融塑化，同时保证化学发泡剂达到分解温度。聚合物熔体温度不宜过高，过高的熔体温度会使聚丙烯的熔体强度及黏度下降，表面张力下降，致使泡孔破裂，气体逃逸，发泡倍率下降。

模具温度影响制品的成型、冷却定型过程。当熔体进入模腔后，熔体与冷模壁接触时，熔体表面的温度迅速下降，黏度迅速上升，阻止了气泡的形成和膨胀，因此形成了较厚的表皮层。当模具的温度较高时，制品的表面光洁度高、表层较薄，可以获得较高发泡倍率的制品，但是需要冷却的时间长，生产周期变长。为了提高制品的质量，要求动模、定模对制品的冷却尽可能一致，否则容易造成制品的翘曲。

4.8.5.4 注塑速度

注塑速度是指聚合物熔体注入模腔的速度。选择适宜的注塑速度对形成均匀的泡孔很重要。注塑速度过慢，沿模腔壁流动的熔融物料提前固化，增加了流动阻力和消耗，使得制品的表皮层较厚，同时易产生大小不均匀的泡孔。当注塑速度过高时，熔融物料与模腔会发生强烈的剪切作用，从而影响表面的粗糙度。

4.9 热成型

热成型技术是指将聚合物板材或片材剪裁成一定形状和尺寸的型坯后，

加热到适宜的成型温度，再放入模具中，对型坯施加压力成型，之后经过冷却定型，脱模修整，得到制品的一种成型方法。

热成型的优点有：成型方法适应性强，制件面积可以为几十平方米，也可以为几平方毫米，壁厚可以大于 20mm，也可以小于 0.1mm；生产设备造价低，热成型所需压力不高，同时模具造价较低；材料适用性强，基本上任何一种热塑性材料或者具有相似性能的材料都可以采用热成型工艺。但是，热成型工艺只适合于生产结构较为简单的半壳形制品，并且难以制得壁厚相差过大的塑料制品；制品的深度有一定限制，在一般情况下，制品的深度直径比（H/D）不宜超过 1；制品成型精度稍差，有时模具上的细节不能很好地体现到制品上等。近年来使用热成型的产品越来越多，例如杯、盘、碟、玩具、头盔、汽车零部件等。用于热成型的材料有聚烯烃、聚苯乙烯、聚氯乙烯、聚丙烯酸酯类等，ABS、聚碳酸酯等工程塑料也可使用该方法成型。适宜聚丙烯材料的热成型工艺主要有阳模成型、阴模成型、对模成型以及特殊成型工艺等。

4.9.1 阳模成型

阳模成型是利用阳模（模具的形状是凸型的）对塑料片材或板材进行热成型。阳模成型时，制品的内表面与成型模具相接触，因此制件的内尺寸是精确的。其工艺流程如图 4-76 所示。

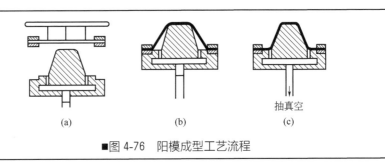

■图 4-76　阳模成型工艺流程

片材或者板材首先需要加热至软化。在加热过程中，要求材料表面的温度分布均匀。物料在成型温度下，应当有最大的断裂伸长率和最低的拉伸强度。最高成型温度以片材不发生降解和不会在夹具上出现过分下垂为宜，最低成型温度应保证在最大的拉伸区域内制品不发白或不出现明显缺陷为准。聚丙烯成型温度以 160～165℃ 为宜。目前普遍使用的加热方法为辐射加热、接触加热、对流加热。聚丙烯的热导率及热扩散率较低（表 4-31），因此更适宜使用辐射加热。辐射加热包括热辐射、红外线辐射以及微波辐射等。由于聚合物对红外线有强烈的吸收带，能引起强烈的分子共振，远红外线具有传播速度快、能量损失少、穿透能力强、加热时间短

■表 4-31　不同塑料的热导率及热扩散率

材料名称	密度 ρ/(g/cm³)	热导率 λ/[10^{-2}W/(m·K)]	热扩散率 α/(10^{-4}cm²/s)
聚丙烯	0.911	13.8	8
高密度聚乙烯	0.962	48.1	18.5
低密度聚乙烯	0.923	33.5	16
聚甲基丙烯酸甲酯	1.19	29.3	—

的特点，可以使得材料均匀受热且升温速率快，因此热成型中常选用红外线辐射加热。采用红外线加热技术相比于接触加热等，生产效率会提高20%～30%，节电为30%～50%。

在阳模成型过程中，可以通过对模具抽真空或者使用压缩空气把受热软化的塑料向下拉伸覆盖在模具上成型。由于阳模顶部的物料受到的拉伸最小，因此制品壁厚的最大部位在阳模顶部，而侧面拉伸较多，最薄部位出现在阳模侧面与底面交界处。在阳模的侧面，由于片材贴合模具表面有先后之分，先接触的部分先冷却，冷却部分在后续的牵伸中受到制约，因此这部分先冷却的物料容易出现拉伸条纹。对成型的主要影响因素有成型温度、成型速度和成型比以及模具温度等。

① 成型温度　聚丙烯的热成型温度以160～165℃为宜，透明均聚聚丙烯热成型时片材温度在154～158℃之间较为理想，无规共聚聚丙烯的加工温度和乙烯含量有很大关系，对于乙烯含量为3%的无规共聚物，138～141℃的片材温度是较好的成型温度。如果片材温度太高，制品的透明度将会比较差；而温度太低，则制品壁厚分布不均匀。

② 成型速度　成型速度是指片材的牵伸速率。对较薄的片材，成型深度较浅的制品，可以采用较快的成型速度。但是过大的牵伸速率存在制品偏凹或偏凸的位置壁厚过薄，甚至有拉伸破裂的危险。在成型深度较深、壁厚较厚的制品时则需要采用较慢的成型速度。但过小的牵伸速率会导致制品冷却时间差异加大，从而更容易产生拉伸应力发白及拉伸条纹的现象。

③ 成型比　制品的最大抽拔深度与成型面直径之比为成型比。成型时材料各部分所受牵伸不同，因此会产生制品薄厚不均匀的现象。为了改善这种薄厚不均匀的现象，同时增大制品成型比，可以增加预拉伸工序。预拉伸是指在成型前通过抽真空或者吹气的方式使片材膨胀成泡体，之后再继续牵伸。阳模成型时，应将泡体高度控制在阳模高度的1/2～3/4。

④ 模具温度　模具的温度同样会影响制品壁厚的均匀性。通常，片材拉伸时最先接触到模具的部位最先冷却，因此该部位厚度较大，其相邻的部分拉伸较大，壁厚较薄。因此模具温度稍高时，可以改善制品的厚度均匀性，同时提高制品表面光泽度，减少拉伸条纹的出现，以及减少制品内应力，减少脱模后翘曲变形，但会延长成型周期。对于通用聚丙烯，模具温度一般控制在60℃左右。

⑤ 成型压力　片材拉伸变形是通过压力来实现的。但材料有抵抗形变

的能力,其弹性模量随温度升高而降低。可以通过抽真空的方法来产生压力,最大的真空成型压力为0.1MPa。当片材较厚或制件形状复杂时,这个压力就略显不足,难以准确呈现出模具上的花纹。因此,还可以采用压缩空气来产生成型压力,压缩泵可以产生高达0.7MPa的压力,从而易于成型出复杂的花纹及厚壁制品。对于阳模成型,大面积制品的成型压力约为0.2~0.3MPa;小面积制品的成型压力约为0.7MPa。

⑥ 制品脱模　由于塑料导热性差,随着型坯厚度的增加,冷却时间也应相应增长,可以采用人工冷却的方式来缩短成型周期。将制品冷却到变形温度以下后即可进行脱模。对于阳模成型,制品成型冷却后,会由于收缩而紧贴在模具上。因此,为了便于脱模,模具侧面必须有一定的倾斜度。单阳模的脱模斜度一般为$\alpha = 3°\sim5°$。对于脱模斜度小的或有凹模的模具,可以使用脱模机施行强制脱模,有时也可在模具上涂覆脱模剂帮助脱模,脱模剂的用量不得过多,以免影响制品的粗糙度和透明度。

大部分热成型制品需要进行后期修整,修整内容主要包括除毛刺、黏结、焊接、密封、硬化、表面处理等,可以根据对最终制品的要求进行各种修整。

4.9.2 阴模成型

阴模成型是指利用阴模(模具的形状是凹形的)对塑料片材或板材进行热成型。与阳模成型不同,在进行阴模成型时,制品的外表面与成型模具相接触,因此制件的外尺寸是精确的。其工艺流程如图4-77所示。

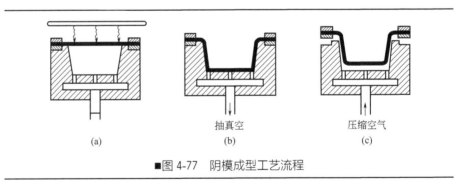

■图4-77　阴模成型工艺流程

在阴模成型时,同样需要首先对片材或者板材进行加热,待物料软化可以成型时,进行拉伸成型。阴模成型时,制品的最厚部分在靠近夹具处,而侧壁与底部的交界处为壁厚最薄处,制品的底部也较薄。因此制备深度较大的制品时,容易出现壁厚过薄和破膜的现象。

为了得到壁厚均匀的制品,可以使用机械预拉伸来辅助阴模成型。特别是阴模成型比$H:D \geqslant 1:3$时,机械预拉伸是非常必要的。首先将预热的片材紧压到阴模顶面上，之后利用机械力推动辅助柱塞下移，拉伸预热的片材直至柱塞底板与阴模顶面上的片材紧密接触，使片材两侧成为密闭空间。若通过柱塞内的通气孔向片材充入压缩空气，使片材完成成型过程，称为"柱塞辅助气压成型"，若自阴模中抽真空完成成型过程，称为"柱塞辅助真空成型"。预拉伸不宜太大，太大则会引起片材陷入阴模时在辅助柱塞边缘周围膨胀，从而造成模具不闭合、型坯泡体破裂、制品表面出现裂纹等现象。柱塞拉伸片材的速度在不受其他因素制约下应越快越好，柱塞尺寸通常约为模腔体积的 70%～90%。金属材质的柱塞应在预热后再对片材进行拉伸，温度应略低于片材温度，以避免拉伸时片材温度下降。

为了进一步控制壁厚的均匀性，可以同时使用吹胀与辅助柱塞，又称气胀柱塞辅助成型，如图 4-78 所示。利用压缩空气将预热的片材吹胀成泡状，辅助柱塞下降，推动片材进行拉伸，其后采用阴模真空成型或自柱塞中向片材通入压缩空气成型。气胀柱塞辅助成型是较为精密的一种成型方法，可以使得制件的壁厚更加均匀。在这种成型方法中，影响制品厚度的因素有片材温度、片材吹胀程度、柱塞温度、下降速度，成型时的真空度或压缩空气压力等。

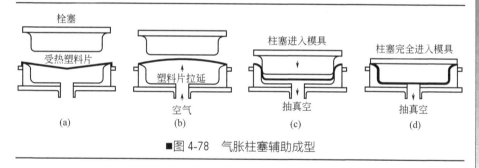

■图 4-78　气胀柱塞辅助成型

对于阴模成型，制品收缩后易于脱模。需要注意的是，在阴模成型时，侧面与底面的交叉角不宜设计为锐角。若为锐角，则侧面和底面之间容易产生褶皱、坯料吸不到位以及厚度不均匀等。由于阴模成型时底部厚度较薄，因此许多制品都会在制品底部设计加强筋。

4.9.3　对模成型

对模成型又称模压成型，成型中的压力是由彼此相扣的阴模和阳模在合模时所产生的机械压力。所用模具为一对彼此扣合的阴阳模。对模成型中的压力为机械力，因此可以大于压缩气体和真空压力。对模成型制件可以较为复杂，制品表面可呈现出较为精细的花纹。对模成型制品的尺寸精确度较好，其壁厚均匀性主要依赖于制品本身结构。对模成型制品存在有严重的模具痕迹，适用于拉伸强度高、不透明的塑料板材的加工，可以用来制造小型盒子或类似的其他容器。

该工艺的过程为加热型坯，移开加热器并合拢阴阳模，加压，同时通过模具上的排气孔将气体排出，待制品成型后冷却脱模，即可得到制品，工艺流程如图 4-79 所示。

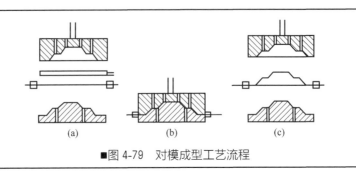

■图 4-79　对模成型工艺流程

4.9.4　其他热成型方法

(1) **锻造成型**　这是一种类似于金属锻造的成型方法，将聚合物填充在模具中，在压力下进行加工。这种加工方法可以避免拉伸应力下的塑料应力发白或细颈现象。其主要特点是可以提高制品的强度。聚丙烯进行锻造热成型时，坯料首先预热至 150~165℃，同时施加 47~78MPa 的压力。

(2) **弹性隔膜成型**　一般热成型所能施加的作用力是有限的，如果成型压力过大且分布不均匀，容易导致制品局部材料破裂。弹性隔膜成型可以在成型厚壁制品时，允许使用更大的成型压力，从而获得更高的制品精度以及呈现出更清晰的花纹。弹性隔膜成型是借助于弹性隔膜接受空气压力而使介于刚性模具和弹性隔膜之间的型坯均匀受压而成为制件。该成型工艺的优点是可以有效缓冲并均匀分散传递成型压力，适宜于生产形状不复杂的小批量制品。但是一般以橡胶作为弹性隔膜材料，其耐热性差，易老化失去弹性，是成型中的耗材。

(3) **固相压力成型**　是近年来发展起来的一种成型方法。是在聚合物为固态时，对其进行加工的一种方法。将片材或者板材加热但不超过树脂熔点，使坯料保持固体状态，通过对材料加压使得其成型为最终制品。这是适合聚丙烯加工的一种热成型方法。许多大型聚丙烯制造公司已开发了专用聚丙烯树脂，用以固相压力成型。

(4) **挤出热成型**　是使用聚合物粒料或粉料，通过挤出机挤出片材或板材，将挤出的片材在尚未完全冷却的状态下进行热成型。该成型方法可以降低加热型坯这道工序中的能耗；由于减少了聚合物加工的次数，因此有利于保持材料性能；在热成型过程中产生的废弃边角料可以再次挤出型坯。该工艺对聚丙烯热成型有较重要的意义。它兼具固相热成型和普通熔相热成型的优点，既具有容易定向、挺度好、有光泽等固相热成型的优点，又具有翘曲低、深径比（H/D）大等熔相热成型的优点。

随着机械设备的不断发展，热成型工艺的适用范围也越来越广。德国一家公司采用热成型技术加工饮料瓶，外观上这种饮料瓶与吹塑瓶并无差异。据介绍，热成型瓶比吹塑瓶轻 50% 左右，且壁厚均匀。美国一家公司采用热成型技术可以生产医用矫形器产品。聚合物材料可以给制品提供更好的弹性、拉伸强度和韧性，因此可以减少传统金属材料给患者带来的不适。高精密热成型加工工艺为制备精密零部件提供了可能。工业化热成型加工循环周期短、制模成本低，因此更具有竞争力。可以通过热成型制备出具有圆弧造型和流线型线条等形状的板材。意大利阿穆特公司生产的聚丙烯杯（单层透明型或三层不透明型，中间层为回收料），生产能力约为 60000 只/h（杯容量为 200mL）。此外，还可以生产各种 PP 罐及碗（圆形或方形乳制品容器，深度达 120mm，边缘整洁，适合于自动包装流程）。RTM 公司的全电动化热成型机可实行全自动连续循环生产。使用聚丙烯材料时，制品厚度为 0.3～1.8mm。特别适合于生产食品包装、容器、泡罩及家用冰箱门等产品。德国 Reifenhauser 公司的高速热成型机 MIREX-S 系列适用于 PP、GPPS/HIPS 以及 PET 塑料，工作幅宽为 900～1600mm，厚度范围为 0.2～2.0mm。该系列成型机适用于熔融稳定性差的体系，成型片材的表面没有由于口模边缘导致的纵向条纹。MIREX-TS 适用于生产透明度高、抛光的薄壁或厚壁 PP 板材。美国 MAAC 机械公司新近推出一种五轴 CNC router——ROYCE router R55T5A，与传统的 CNC router 相比，ROYCE router 结合了最新的技术后，成型速度可以提高 400%，也是最快的一种热成型设备。美国 BROWN 公司的连续热成型机 SR 系列、SRS 系列、C 系列、CS 系列等都具有高速、准确成型的特点。适宜热成型聚丙烯包装材料、汽车零部件用品等。

随着塑料工业的发展，塑料包装材料发展迅猛。特别是聚丙烯树脂具有优异的力学性能、热学性能、有利的价格竞争优势等特点，其应用领域正逐步扩大。结合到热成型工艺的适应性强、设备造价低、成型周期短等特点上，热成型聚丙烯制品必将在包装领域、汽车领域等相关领域内有更广阔的前景。此外，聚丙烯热成型制品在农业生产中也得到了大力推广，如育秧杯、育种杯、培养容器等，均可以使用聚丙烯热成型制品。

参 考 文 献

[1] Karger-Kocsis J. Polypropylene—An A-Z Reference. Dordrecht，Boston，London：Kluwer Academic Publishers，1999.
[2] Clive Maier，Theresa Haber. Polypropylene：The Definitive User's Guide and Databook. William Andrew Publishing，1999.
[3] 洪定一．聚丙烯——原理、工艺与技术．北京：中国石化出版社，2007.
[4] Devesh Tripathi. Practical Guide to Polypropylene. UK：Rapra Technology Limited，2002.

[5] James L White, David D Choi. Polyolefins Processing, Structure Development and Properties. Carl Hanser Verlag, 2005.

[6] Charles A Harper. Handbook of Plastic Processes. New Jersey: John Wiley & Sons, Inc., 2006.

[7] 苗迎春, 况敬业, 张成海, 德文, 吕初旭, 李忠新, 杨军忠. 医用聚丙烯专用料的研制. 中国塑料, 1999, 13 (8): 28-34.

[8] 姜向新, 吴智华, 刘志民. 聚烯烃医用塑料应用及加工技术进展. 塑料工业, 2003, 21 (10): 9-11.

[9] 乔金樑, 高建明, 洪萱, 张凤茹, 张晓红, 刘轶群. 成核剂对聚丙烯辐照交联行为的影响. 合成树脂及塑料, 2001, 18 (4): 42.

[10] [德] 多米尼克 V 罗萨托, 安德鲁 V 罗萨托, 戴维 P 迪马蒂亚编著. 吹塑成型手册. 原著第二版. 卢秀萍, 王克俭等译. 北京: 化学工业出版社, 2007.

[11] 张玉龙. 塑料品种与性能手册. 北京: 化学工业出版社, 2007.

[12] 张玉龙, 齐贵亮. 塑料吹塑成型. 北京: 化学工业出版社, 2009.

[13] 于丽霞, 张海河. 塑料中空吹塑成型. 北京: 化学工业出版社, 2006.

[14] 张玉龙, 张子钦. 塑料吹塑制品配方设计与加工实例. 北京: 国防工业出版社, 2006.

[15] Daniel Klempner, Kurt C Frisch. Handbook of Polymeric Foams Technology. New York: Hanser Publishers, 2004.

[16] Potente H, Morizer E, Obermann C H. Foam formation in gas-assisted injection molded parts: Theoretical and experimental. Polymer Engineering and Science, 1996, 36 (16): 2163.

[17] Arefmanesh A, Advani S G. Nonisothermal bubble growth in polymeric foams. Polymer Engineering and Science, 1995, 36 (3): 252.

[18] [美] 凯尔文 T 奥卡莫特. 微孔塑料成型技术. 张玉霞译. 北京: 化学工业出版社, 2004.

[19] 何继敏. 新型聚合物发泡材料及技术. 北京: 化学工业出版社, 2009.

[20] [英] 大卫·伊夫斯主编. 塑料泡沫手册. 周南桥等译. 北京: 化学工业出版社, 2006.

[21] Hani E Nguib, Chul B Park, Reichlt N. Fundamental foaming mechanisms governing the volume expansion of extruded polypropylene foams. Journal of Applied Polymer Science, 2004, 91: 2661.

[22] Haugib H E, Park C B. Strategies for achieving ultran low-density polypropylene foams. Polymer Engineering and Science, 2002, 42 (7): 1481.

[23] Xu Zhijuan, Xue Ping, Zhu Fuhua, et al. Effects of formulations and processing parameters on foam morphologies in the direct extrusion foaming of polypropylene using a single-screw extruder. Journal of Cellular Plastics, 2005, 41 (2): 169-185.

[24] Kentaro Taki, Tatsunori Yanagimoto. Visual obserbation of CO_2 foaming of polypropylene-clay nanocomposites. Polymer Engineering and Science, 2004, 44 (6): 1004.

[25] 王喜顺, 梁碧珊. 聚丙烯发泡体系的挤出胀大和泡孔平均直径预测模型. 中国塑料, 2006, 20 (2): 65-68.

[26] Xinghua Zhang, et al. Exploration on expandable polypropylene. Consortium for Cellular and Micro-Cellular Plastics, 2004, 12: 20-22.

[27] 信春玲, 何亚东, 李庆春等. 影响聚丙烯发泡倍率和泡孔结构的主要工艺参数研究. 塑料, 2008, 37 (2): 1-7.

[28] Wang J F, Wang Z G, Yang Y L. Nucleation in binary polymer blends: Effects of foreign microscopic spherical particles. Journal of Chemical Physics, 2004, 121 (1): 105-113.

[29] 李泽青. 塑料热成型. 北京: 化学工业出版社, 2005.

[30] [德] 伊利希. 热成型实用指南. 张丽叶, 彭响方译. 北京: 化学工业出版社, 2007.

[31] 黄锐. 塑料热成型和二次加工——塑料工业手册. 北京: 化学工业出版社, 2005.

[32] 梁红英. 工程材料与热成型工艺. 北京：北京大学出版社，2005.

[33] 王洪江，刘海军，耿忠德. 热成型容器及在包装中的应用. 包装工程，2008，29（9）：221-224.

[34] Blomenhofer M，Ganzleben S，Hanft D，et al. Design nucleating agent for polypropylene. Macromolecules，2005，38（9）：3688-3695.

[35] 王静波，窦强，李怀栋. 聚丙烯透明成核剂研究进展. 中国塑料，2006，20（6）：8-13.

[36] Takemoto M，Matsumoto H. Manufacture of Methyldehy Droabietic Acid Compositions，Crystal Nucleating Agents Containing Them，and Crystalline Thermoplastic Resin Compositions：JP，2004231584. 2004-08-19.

[37] 邱建成. 大型工业塑料件吹塑技术. 北京：机械工业出版社，2009.

[38] 吴舜英，徐敬一. 泡沫塑料成型. 北京：化学工业出版社，1988.

[39] 孙逊. 聚烯烃管道. 北京：化学工业出版社，2002.

[40] 董纪震，孙桐，古大治等. 合成纤维生产工艺学. 北京：纺织工业出版社，1981.

[41] 沈丹彤. 对香烟滤嘴用丙纶丝束卷曲问题的探讨. 辽宁纺织科技，1989，2：17-18.

[42] 袁健鹰，李治. 聚酯纺黏法非织造布的发展及应用领域. 非织造布，2002，10（4）：14-16.

[43] 2007年中国纺丝成网非织造布工业生产统计公报. 中国产业用纺织品行业协会纺黏法非织造布分会. 2008.

[44] 刘玉军，侯幕毅，肖小雄. 熔喷法非织造布技术进展及熔喷布的用途. 纺织导报，2006，（8）：79-81.

[45] 袁传刚，张勇. 熔喷法聚丙烯过滤材料加工工艺参数对其性能的影响. 产业用纺织品，2008，（1）：16-18.

[46] 郑伟，刘亚. SMS非织造布的生产工艺和应用. 合成纤维，2007，（4）：29-31.

[47] 汪建萍. 流延聚丙烯薄膜的加工与应用. 塑料包装，2000，10（4）.

[48] 于庆顺. 聚丙烯流延膜的加工与应用. 工程塑料应用，2002，30（11）.

[49] ［日］Toshitaka Kanai，［美］Gregory A Campbll. 塑料薄膜加工技术. 王建伟，孙小青，左秀琴译. 北京：化学工业出版社，2003.

[50] 竹内健，赤泽清豪，丸山丰太郎等. 管状树脂薄膜的制造装置和制造方法：中国专利，CN200380108811.3. 2003.

[51] 吉田真吾，赤泽清豪，丸山丰太郎等. 管状树脂薄膜的制造装置：中国专利，CN200380108812.8. 2003.

第 5 章 聚丙烯塑料制品及其对原料树脂的要求

聚丙烯的密度较低，比水还要小，只有 0.9g/cm³ 左右。即使和结构相近的聚乙烯相比，聚丙烯的密度也更低，在对材料密度需求较小的地方有突出优势，可以有效减小制品的质量。聚丙烯的弯曲模量和熔点都比较高，这两个性能使聚丙烯可以制造盛装热水的瓶子或应用在微波加热环境。聚丙烯具有良好的耐化学品腐蚀性能，其惰性使其不仅可以暴露于恶劣环境中，还能满足 FDA 的要求，如食品包装盒、医药输送系统。现在由于对人体健康的考虑，聚丙烯在食品容器方面相较聚碳酸酯有了突出优点，正在逐步取代风靡一时的聚碳酸酯容器。通过对聚丙烯等规度、分子量、分子量分布宽度、共聚单体以及合金化的调整，可以使聚丙烯具有不同的特性，满足用户的各种特殊需求。经过时间的证明，聚丙烯比其他树脂能带来更好的经济效应或更高的性能。

不同的应用场合或者加工工艺对聚丙烯提出了不同的性能要求，例如家用小电器往往对聚丙烯的模量以及耐热性能提出较高的要求，而汽车保险杠要求聚丙烯具有较高的抗冲击性能，尤其是低温抗冲击性能。管材挤出时需要聚丙烯具有较高的分子量，而注塑过程往往注重聚丙烯的流动性以顺利充模。食品容器越来越关注聚丙烯的透明性，而作为外饰面的聚丙烯材料被要求有较好的耐划伤性能。这些繁多的要求既从一个侧面表明聚丙烯的使用范围广泛，也对聚丙烯的开发、生产以及选材提出了种种要求。本章对主要的聚丙烯制品进行一个粗略的介绍，同时也为其对原料树脂的要求加以简单说明，以帮助客户在使用中正确选择聚丙烯材料。

5.1 注塑制品

5.1.1 聚丙烯注塑制品应用领域

聚丙烯注塑制品广泛应用于汽车、家用电器、医疗器械、日用品和工业用品等各个方面，并且增长速度很快，引起了广泛关注。

5.1.1.1 汽车部件

轻量化、安全化、舒适化和环保是世界汽车工业发展的主要趋势。塑料及其复合材料是重要的汽车用材料，采用塑料不仅可减小零部件约40%的质量，而且可使采购成本降低40%左右。近年来，塑料在汽车中的用量迅速上升，平均每辆汽车的塑料用量已达105 kg，约占汽车总质量的8%～12%。而在车用塑料中，聚丙烯以密度低，性价比高，具有优异的耐热性、刚性、耐化学品腐蚀性，易于加工成型和回收等特性在汽车上得到广泛的应用，成为车用塑料中用量最大、发展速度最快的品种。

近年来，世界汽车工业竞争日趋激烈，各国对发展车用聚丙烯塑料十分重视，车用聚丙烯的使用量稳步增长。日本聚丙烯在车用塑料中的比例达到37%，为世界首位。聚丙烯也是美国车用塑料中消费量最大（约占20%）的品种。美国每辆车用聚丙烯为24 kg，并以15%的速度增长。欧洲汽车用聚丙烯占车用塑料总量的28.1%，并以每年10%的速度增长。目前，中国汽车工业开始步入了一个高速增长的发展时期，塑料在汽车上也得到广泛应用。

汽车上以聚丙烯为材料的零部件数量依车型不同而有所差异，涉及品种达六七十种。聚丙烯在汽车上主要应用于：①外饰件，包括汽车保险杠、挡泥板（轮罩壳）、侧护板、后导流板、灯壳等；②内饰件，包括仪表板、门内板、杂物箱盖、门手柄、车顶棚基材等；③功能件，包括转向盘、空气过滤器外壳、风扇叶片等。为便于回收，汽车内饰和外装材料正在向聚丙烯化方向发展。聚丙烯在汽车部件上的应用如图5-1所示。

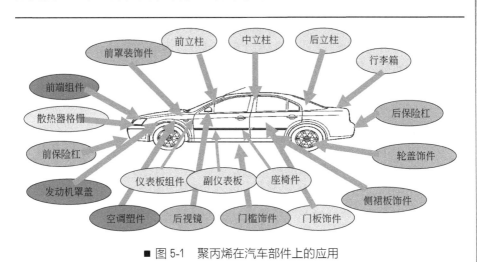

■ 图5-1 聚丙烯在汽车部件上的应用

5.1.1.2 家电部件制品

在全球塑料消费中，家电业仅次于汽车业。聚丙烯已应用于电视机、洗衣机、吸尘器、音响、视听设备、电扇、控制盒以及工业配件等方面。

5.1.1.3 耐辐照医用制品

聚丙烯已广泛应用在医用制品中，如注塑器、样品杯、药物缓释系统、无纺布、药品包装等。如一次性使用塑料注射器等医疗制品，由于包装简单、使用方便、价格便宜、不易破损，易加工成型，并能避免医源性交叉感染，在国内外得到迅速发展。

5.1.2 注塑用聚丙烯树脂

5.1.2.1 汽车部件用聚丙烯

汽车保险杠是表面积大、形状复杂的薄壁结构部件。美国汽车安全标准中规定，在汽车以时速50km正面碰撞时，汽车保险杠应不被损坏。我国规定，在时速40km冲撞时，应不被损坏。这就要求所用材料具有优异的高、低温抗冲击韧性、刚性以及良好的耐老化性能。20世纪90年代以来，日本和欧洲国家约80%以上保险杠是采用共混改性聚丙烯注塑的。目前，国内以改性聚丙烯为原料的保险杠也越来越普遍。部分轻卡已用改性聚丙烯保险杠替代原来的玻璃纤维增强热固性塑料保险杠。国内大部分引进车型如一汽大众、奥迪、神龙富康、上海桑塔纳、帕萨特、天津夏利、北京切诺基、索纳塔、广州本田、沈阳海狮、重庆长安以及微型车、经济型轿车等都是采用改性聚丙烯生产保险杠。

汽车保险杠要求聚丙烯原料具有刚性、韧性和流动性的平衡，并能满足表面涂装的要求。保险杠专用料可以是：①聚丙烯/增韧剂共混料或聚丙烯/增韧剂/无机填料共混料，其中聚丙烯以抗冲共聚物为主，增韧剂包括二元乙丙橡胶（EPR）、三元乙丙橡胶（EPDM）、热塑性弹性体（POE）等，无机填料以滑石粉为主。②橡胶相含量较高的聚丙烯/EPR反应器共混料。虽然增韧剂对聚丙烯有良好的增韧效果，但增韧剂价格高，流动性也不太理想，另外，由于在制备过程中多了一次造粒过程，多了一次热历史，致使分子量及分子量分布有变化，质量控制较难。近几年，中国石化在反应器直接生产抗冲共聚物的技术方面取得了重要的进展，可以直接聚合生产汽车保险杠专用树脂。在中国石化股份有限公司扬子石化和北京化工研究院的共同努力下，并且采用具有自主知识产权的纳米化复合成核剂，在扬子石化气相聚丙烯装置上利用国产催化剂直接生产出了汽车保险杠专用树脂K9015。该专用料已经通过了德国大众汽车公司的质量认证。在成功开发K9015的基础上，北京化工研究院和扬子石化还开发了一系列汽车保险杠专用树脂K9010、YPJ-1215C，可以满足不同加工条件、不同车型的需求。另外，北京化工研究院和茂名石化共同开发的HHP8也能满足汽车保险杠的性能要求。

汽车保险杠专用树脂属于聚丙烯合金，是含有聚丙烯和橡胶相的多相体系，从应用方面考虑，有效地控制聚丙烯合金的组成和各组分的结构以及相

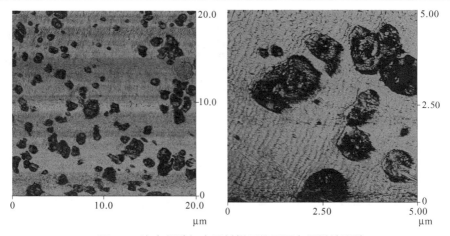

■ 图 5-2　汽车保险杠专用料样品的原子力显微镜照片

的形态和分布，建立刚性和韧性之间的平衡关系是非常重要的。图 5-2 是利用原子力显微镜对汽车保险杠专用料样品进行观察的结果。图中深色部分和浅色部分分别为橡胶软相和均聚聚丙烯硬相。

可以通过添加成核剂的方法提高汽车保险杠专用树脂的刚性和耐热性。VP101B 是由中国石化北京化工研究院开发的一种新型可高度分散的复合成核剂，具有易分散、添加量少、成本低等特点，在聚丙烯树脂中加入少量 VP101B 即可显著提高基础树脂的多项物理机械性能，特别是弯曲模量和热变形温度。还可提高结晶温度，极大地缩短加工周期，提高生产效率，并且可有效地改善制品的尺寸稳定性及抗热氧老化性。

图 5-3 是未添加 VP101B 和添加量为 1%（质量分数）的样品偏光显微镜照片。可以看到，未添加助剂前，材料的球晶尺寸很大；但加入 1% 的 VP101B 后，聚丙烯的球晶变得细密，说明 VP101B 起到了很好的成核作用，同时可以看到，加入 1% 的 VP101B 后，结晶完成的温度由 110.2℃ 提高到 126.7℃，结晶速率显著提高。

汽车仪表板分为硬质、软质仪表板两种。硬质仪表板是整体一次注塑。所用材料有改性聚苯醚、苯乙烯-马来酸酐共聚物和增韧增强改性聚丙烯专用料。增韧增强改性聚丙烯专用料常用的增韧剂有 EPDM 和 POE，无机填料或增强材料有滑石粉、云母和玻璃纤维等。软质仪表板由表皮、骨架、缓冲材料等构成，通常采用金属或改性聚丙烯、ABS 等塑料注塑件作为骨架，采用发泡 PU 或发泡聚丙烯作为缓冲材料，PVC 或热塑性聚烯烃弹性体作为软质表皮。为有利于材料的回收，目前正在探索表皮、骨架、缓冲材料均采用聚丙烯的可能性。硬质仪表板主要应用在轻、小型货车和微型客车、普通轿车上，高档汽车普遍使用软质仪表板。

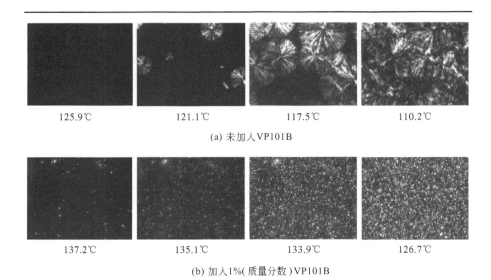

■ 图5-3 复合助剂VP101B改性聚丙烯的偏光显微镜照片

塑料蓄电池槽具有质轻、成型加工简单、环境污染小和外形美观等特点。目前，85%以上的蓄电池使用塑料槽。用于汽车上的多是启动型铅酸蓄电池，绝大多数的蓄电池槽采用聚丙烯为原料注塑。20世纪80年代，我国主要使用共混改性聚丙烯生产塑料蓄电池槽。近几年，随着国产共聚聚丙烯产品性能的提高和产量的增加，国产共聚聚丙烯逐步占领了这一市场，国产料约占80%。

高结晶聚丙烯（HCPP）较常规聚丙烯具有更好的刚韧平衡性，且耐热、表面硬度高、抗划痕、高光泽、耐污染，已成为家电、汽车领域和改性用基础树脂的新一代聚丙烯材料，在汽车领域主要应用在汽车装饰件、发动机罩下的功能性部件的生产。

北京化工研究院和茂名石化开发了高结晶聚丙烯HC9012M、HC9006M、HC9006BM等，这些专用树脂在汽车部件上已得到了广泛的应用。

5.1.2.2 家电部件制品

洗衣机桶用聚丙烯树脂必须具备以下条件：0℃时有足够的韧性；90℃时有足够的刚度；在高温条件下，也耐洗涤液；至少保证10年的使用期限。此外，洗衣机桶用聚丙烯专用树脂必须具备高流动性以满足加工需要。普通双桶洗衣机桶要求聚丙烯的熔体流动速率在15g/10min左右，大容量双桶和全自动套桶洗衣机桶要求聚丙烯的熔体流动速率在20～32g/10min之间；23℃时缺口冲击强度为6～9kJ/m²，-20℃时则为3～4kJ/m²。为了达到这些目的，一般采用高流动性抗冲共聚聚丙烯树脂。非填充聚丙烯已在波轮洗衣机桶方面有很好的应用，其允许旋转速度为600r/min。

对于家电壳体来说，具有高强度（平衡的刚性-韧性性能）以及吸引人的外观非常重要。该用途的聚丙烯专用树脂多为高模量、高冲击强度及高流动性的品种，并且必须阻燃。厨房小家电包括洗碗机、电风扇、电咖啡壶等，该用途的聚丙烯专用树脂需满足安全、质轻、高光泽、耐磨、耐果汁、耐洗涤液、易着色及成本低等要求。对于电水壶、咖啡机来说，还需耐高温、与热水接触后不掉色。聚丙烯专用树脂在这个领域上与工程塑料如 ABS、PC 和聚酰胺等可分庭抗礼。

北京化工研究院和茂名石化共同开发的 HC9012、HC9006、HC9006BM 等高结晶聚丙烯系列产品具有等规度高、流动性好、热变形温度高的特点。其中 HC9012、HC9006 为 α 晶型产品，模量和耐热温度高；HC9006BM 为 β 晶型产品，兼顾了产品的耐热性、抗冲击性和刚性的平衡。在电水壶等产品中得到了广泛的应用。

5.1.2.3 耐辐照医用制品

用于辐射消毒的医用聚丙烯树脂应满足高纯度、无毒害、无刺激性、化学稳定性好、不降解、不引起炎症、无过敏反应、生物相容性好、不致癌、不引起溶血和凝血等要求，并能经受住辐射消毒处理。北京化工研究院研究了不同催化剂体系以及助剂体系对聚丙烯的耐辐照性能影响，开发出了具有较高透明性、较强耐辐照性的医用聚丙烯牌号，适用于一次性注射器等医疗制品的生产。

5.1.2.4 其他制品

由于透明容器能让消费者清楚地看到包容物，透明塑料包装及容器越来越受到消费者的青睐，透明容器的需求也越来越广。制造透明塑料制品的原料有多种，聚丙烯是其中的一种。要达到非常透明并具有高度光泽性，必须使用无规共聚聚丙烯树脂并加入高性能增透成核剂。用茂金属催化剂生产的聚丙烯树脂更适合生产高透明聚丙烯树脂。

5.2 挤出制品

5.2.1 挤出制品及其应用

5.2.1.1 管材制品及其应用

聚丙烯管材是以 PP 树脂为原料，通过连续挤出的方法成型的塑料管材。根据原材料类型的不同，PP 挤出管材的品种主要有均聚聚丙烯（缩写为 PP-H）管、嵌段共聚聚丙烯（缩写为 PP-B）管和无规共聚聚丙烯（缩写为 PP-R）管。其中，PP-H 管刚性大、强度高、常温抗冲击性能优良，但其低温抗冲击性能稍差，5℃左右即出现较大脆性；PP-B 管的抗冲击性能明显提高，特别是低温抗冲击性能，在 -30℃ 仍表现出良好的抗冲击性，其拉伸强度介于 PP-H 管和 PP-R 管之间，但 PP-B 原料来源困难，价格较高；PP-R 管的耐热、耐寒、耐压性能最好，可在 -15~95℃ 下长期使用，最高使用温度可达 120℃，耐压试验压力达到 5MPa，并且其低温抗冲击性能突出，脆化温度可降至 -15℃。

PP-R 管材由于其优异的综合性能，作为一种冷、热介质输送用管材新产品，在国内外得到了广泛的应用，普遍用作建筑冷热水输送管道、采暖管道、饮料管道、化学物质和腐蚀性液体输送管道、太阳能加热设施、空调制冷管道等。PP-R 管的安装使用通常采用同质熔接技术，因而其技术性能和经济指标远优于其他同类产品。尤其是 PP-R 管具有卓越的卫生、环保性，在原料生产、成型加工、日常使用及废弃过程中都不会对人体及环境造成有害影响，因此被誉为"绿色环保管材"。与其他管材相比，PP-R 管还具有以下优点：①重量轻，比强度高，其密度仅为镀锌管的 1/8，从而大大降低了运输费用和安装施工强度；②抗冲击性能好，与 PP-B 管和 PP-H 管相比具有更好的冲击韧性；③保温节能性好，其热导率小［20℃时的热导率为 $0.23~0.24W/(m·℃)$］，能够减少热量损失，起到了保温节能的作用；④耐老化性和化学稳定性好，可耐 pH 值 1~14 的高浓度酸和碱，且在使用温度 60℃、工作压力 12MPa 的条件下，连续使用寿命可达 50 年以上；⑤耐热性好，其长期使用温度可达 100℃，短期使用温度可达 120℃；⑥流体阻力小，其管壁摩擦系数仅为 0.007，远远低于其他管材；⑦卫生、无毒，不易结垢、生锈，不会污染水质，且符合食品卫生规定；⑧防振、隔声，能够显著减小由流体流动引起的振动和噪声；⑨可回收利用、无污染。正是由于 PP-R 管材具有以上这些优异的性能，国家建设部已确定今后将 PP-R 管材作为三大新型管材（交联 PE 管、铝塑复合管和 PP-R 管）中的首推产品。表 5-1 为聚丙烯管材的标准尺寸规格。

■表 5-1 聚丙烯管材的标准尺寸规格 (ISO/DIS 15874-2—1999)

公称外径 d_n/mm	最小平均外径 $D_{em,min}$/mm	最大平均外径 $D_{em,max}$/mm	最小壁厚 e_{min}/mm S 系列			
			5	3.15	2.5	2
12	12	12.3	1.8	1.8	2.0	2.4
16	16	16.3	1.8	2.2	2.7	3.2
20	20	20.3	1.9	2.8	3.4	4.0
25	25	25	2.3	3.5	4.2	5.0
32	32	32.3	2.9	4.4	5.4	6.4
40	40	40.4	3.7	5.5	6.7	8.0
50	50	50.5	4.6	6.9	8.3	10.0
63	63	63.6	5.8	8.6	10.5	12.6

续表

公称外径 d_n/mm	最小平均外径 $D_{cm,min}$/mm	最大平均外径 $D_{cm,max}$/mm	最小壁厚 e_{min}/mm S系列			
			5	3.15	2.5	2
75	75	75.7	6.8	10.3	12.5	15.0
90	90	90.9	8.2	12.3	15.0	18.0
110	110	110.0	10.0	15.1	18.3	22.0
125	125	126.2	11.4	17.1	20.8	25.0
140	140	141.3	12.7	19.2	23.3	28.0
160	160	161.5	14.6	21.9	26.6	32.0

5.2.1.2 片/板材制品及其应用

聚丙烯挤出片/板材具有耐热温度高、耐化学品腐蚀性强、抗蠕变性及弯曲疲劳性好、刚性和韧性平衡以及透明度好的优点，因而得到了广泛的应用。PP 片/板材的应用中，除一部分作为片/板材直接使用外，更大量用于通过二次成型的方法生产制品。其中，PP 片/板材制品的二次成型方法主要包括热成型和固相压力成型。热成型是以 PP 片/板材为料坯，通过加热使料坯软化、熔融，并处于黏弹状态，之后采用真空负压、高压空气或机械冲压的方式将料坯在模具中成型成所需形状，经冷却定型后得到制品，聚丙烯热成型的最佳温度为 149~202℃。固相压力成型通过高压（约 0.5MPa）使 PP 片/板材在熔点以下进行成型，从而避免了 PP 片/板材在热成型加工中出现的熔垂问题，并且能够提高制品的刚性、拉伸强度和透明度，减小制品厚度，但固相压力成型要求 PP 片/板材具有较高的韧性和抗冲击性。PP 挤出片/板材及其二次成型制品在以下领域得到了广泛的应用。

① 包装材料。PP 片/板材及成型制品主要用于食品包装，因其刚性好、耐油性强、透明度高，可用于包装速冻食品、代替 HIPS 用于食品托盘和包装托架，也可大量用于制造饭盒、水杯等食品容器。

② 大型容器。PP 片/板材能够代替金属板材，用于制造各种大型的储罐、浴缸以及家用电器的内胆或外壳等。

③ 汽车部件。PP 片/板材真空吸塑制品能够代替注塑制件，用于成型汽车的内饰件及外装件，如顶棚、仪表板、支架、座椅等。

④ 防腐器材。PP 片/板材可通过热黏合、化学黏合或铺层的方法与其他基材进行复合，用于化工容器或建筑材料的防腐衬里，以及制造电镀槽、电解槽和酸洗槽等。

5.2.1.3 异型材和木塑复合材料制品及其应用

聚丙烯的力学性能优良、经济性突出，并且通过共混改性、填充改性等手段即能够满足作为结构制件的性能要求，因而 PP 异型材及其木塑复合材料被广泛用于制造塑料门窗和建筑结构件，得到了较快的发展。表 5-2 列出了窗用 PP 异型材性能与窗用 PVC 异型材性能标准的比较，通过对比可以看出，PP 异型材的性能已经完全可以达到塑料门窗用异型材的性能标准。

■表 5-2　窗用 PP 异型材性能与窗用 PVC 异型材性能标准的对比

性能测试项目	测试标准	窗用 PP 异型材性能	窗用 PVC 异型材性能
外观		颜色均匀、无凹陷、裂纹、气泡和其他缺陷	颜色均匀、无凹陷、裂纹、气泡和其他缺陷	颜色均匀、无凹陷、裂纹、气泡和其他缺陷
密度	DIN 53479	$1.04g/cm^3$	$1.42g/cm^3$
维卡软化温度	DIN EN ISO 306	83℃	>75℃
受热后尺寸变化	DIN EN 479,100℃,1h	0.43%	≤0.2%
受热后外观	DIN EN 478,150℃,30min	无裂纹、气泡和褪色	无裂纹、气泡和褪色
缺口冲击强度	RAL CZ 716/J 双面 V 形缺口(0.1cm)	$39.43kJ/m^2$	平均值≥$41kJ/m^2$ 最小值
焊接因子		0.74	0.8
耐性	DIN EN 513（8000MJ 辐照量）	色差 2.1（4000MJ 辐照量）	按照 ISO 105 A034 级
拉伸弹性模量	DIN EN 527	2000MPa	>2000MPa

　　另一方面，PP 木塑复合材料是以 PP 树脂为基体，采用木纤维、木粉或其他植物纤维来填充及增强改性的一种塑料复合材料。木塑复合材料作为一种介于木材与塑料之间的新型材料，具有一系列优于木材和塑料的特殊性能，如木质的外观、类似木材的二次加工性、良好的尺寸稳定性、塑料的热加工性能，以及高于塑料的硬度、耐磨性、耐老化性和耐腐蚀性等。尤为值得一提的是，木塑复合材料的原材料、废弃物、回收物均可重复利用，环保意义显著。因而，PP 木塑复合材料具有广阔的市场预期和发展前景，目前世界各国均在竞相研究和开发。PP 木塑复合材料用于门窗、家具和建筑模板等制品具有以下优点：①原料来源广，综合成本低；②耐热性、耐候性优良；③力学性能好，尺寸稳定；④可涂装，易连接，对螺钉的保持力强；⑤通过表面处理，可形成天然木质表面。表 5-3 为现在市场上常见的各类建筑模板与 PP 木塑复合材料建筑模板的性能比较。

■表 5-3　市场上常见的各类建筑模板与 PP 木塑复合材料建筑模板的性能比较

性能	竹质建筑模板	铁质建筑模板	木塑建筑模板
每次使用费用	低	较低	最低
强度	高	高	高
结构尺寸稳定性	好	好	好
重复使用率	有限	高	高
吸水性	高	不吸水	不吸水
被污染性	无	无	无
废品处理	不可回收	可回收	可回收
安全性	高	低	高
制品组装灵活性	容易	不容易	容易

5.2.2 挤出制品对原料树脂的要求

5.2.2.1 管材制品对原料树脂的要求

PP管材要求原料树脂具有适宜的分子量和分子量分布。其中，在分子量方面，大分子部分有利于提高管材的强度，小分子部分则有利于提高管材的加工性能；在分子量分布方面，分子量分布过窄会使PP管材挤出成型困难，管材制品表面粗糙，影响产品质量，而分子量分布过宽则会使管材的强度降低，影响管材使用寿命。此外，PP管材的挤出加工要求原料树脂具有较低的熔体黏度，以利于熔体挤出，提高挤出速率，降低生产能耗，同时又要求PP原料具有较高的熔体强度，以利于管材成型。PP管材原料的熔体指数（MI）一般选取为0.5～3g/10min，原料分子量越大，熔体指数越小，成型管材的抗冲击性、耐压性和强度越好，但原料分子量过高，会使管材挤出加工困难。因此，采用加宽PP分子量分布的方法，不仅能够提高原料的熔体强度，同时在高剪切速率的情况下，使原料具有较低的熔体黏度和较高的熔体流动性，从而能够改善原料的挤出加工性能。为保证管材质量要求PP原料在熔融挤出时具有稳定的熔体流动速率，因此通常选用熔体指数稳定的原料树脂，并在挤出加工过程中加入稳定剂、抗氧剂等加工助剂。

目前，PP管材的原料树脂主要有均聚聚丙烯（PP-H）、嵌段共聚聚丙烯（PP-B）和无规共聚聚丙烯（PP-R）三种，PP原料的选择往往根据管材的不同用途而进行。表5-4为PP-H、PP-B和PP-R原料物理性能的比较。

■表5-4 PP-H、PP-B和PP-R原料物理性能的比较

原料	刚性	冲击强度	柔韧性
PP-H	高	低	低
PP-B	中	高	中
PP-R	低	中	高

PP-H管材专用料结晶度较高，管材耐热性好、刚性强。以某通用PP-H原料为例，其熔体指数（MI）为0.4g/10min，数均分子量（M_n）为8×10^4，重均分子量（M_w）为42×10^4，Z均分子量为96×10^4。此外，为改善PP-H管材的耐低温性、耐老化性，提高管材的韧性和抗冲击性，PP-H原料也常被用于与LDPE、丁二烯橡胶、乙丙橡胶、热塑性弹性体等材料进行共混增韧改性；PP-B管材专用料中乙烯含量在9%左右。PP-B原料多用于波纹管的生产，管材的抗冲击性优异，特别适用于低温下使用；PP-R管材专用料中乙烯含量在3%左右。以某通用PP-R原料为例，其熔体指数（MI）为0.19g/10min，数均分子量（M_n）为10×10^4，重均分子量（M_w）为52×10^4，Z均分子量为132×10^4。目前，国内PP-B管材专用料的生产厂家有盘锦石化，PP-R管材专用料的生产厂家有燕山石化、扬子石化和齐

■表 5-5　典型 PP-B 和 PP-R 管材专用料的主要性能指标（测试标准 ASTM）

管材	弯曲模量 /GPa	硬度 (R)	维卡软化点 /℃	悬臂梁冲击强度 /(kJ/m²) 23℃	悬臂梁冲击强度 /(kJ/m²) −30℃	拉伸强度 /MPa 屈服	拉伸强度 /MPa 断裂	断裂伸长率/%
PP-B 管	1.1	80	150	0.7	NB	27	21	630
PP-R 管	0.81	72	138	0.66	B	24	19	>500

鲁石化等。表 5-5 为典型 PP-B 和 PP-R 管材专用料的主要性能指标。

5.2.2.2　片/板材制品对原料树脂的要求

　　PP 片/板材的挤出加工要求原料树脂具有适宜的熔体指数、良好的熔体流动性及稳定的熔体流动速率，以保证片/板材制品的厚度均匀性和表面光洁度；并且，还要求原料具有较高的热稳定性，以提供最佳的熔体均一性，以及高比例地（可达 40%~50%）回收利用热成型加工中的切边废料。PP 片/板材原料的选取同样由最终制品的用途决定，通常在对制品的冲击强度和低温性能要求不高时采用熔体指数为 0.5~1.5g/10min 的均聚聚丙烯树脂，而在对制品的冲击强度或低温性能有较高要求时采用共聚聚丙烯树脂。此外，在工业应用中往往通过填充改性或添加改性剂的方法，进一步提高片/板材原料的热成型加工性、耐热性及透明性等性能，以满足各种使用要求。例如：微波炉用容器用 PP 薄板，通常采用滑石粉含量为 30% 的填充改性 PP 原料以大幅度提高其耐热性能，热成型的容器制品可耐 140℃ 高温，是优质的微波炉用容器；而为了生产高透明度的 PP 片/板材及其热成型制品，一般通过在原料中加入成核剂，使片/板材在挤出成型时生成大量的微小结晶，大大降低晶体尺寸，从而提高其透明性。

5.2.2.3　异型材和木塑复合材料制品对原料树脂的要求

　　PP 异型材和木塑复合材料的挤出加工要求原料树脂具有良好的热稳定性，以及较高的熔体强度，且熔体指数（MI）一般小于 1g/10min。表 5-6 列出了一种 PP 异型材原料的基本性能指标。

■表 5-6　一种 PP 异型材原料的基本性能指标

性　　能		数　　值
密度（23℃）/（g/cm³）		1.02
熔体指数（230℃，2.16kg）/（g/10min）		0.50
屈服应力/MPa		34
屈服应变/%		6.5
拉伸弹性模量/MPa		2400
缺口冲击强度/（kJ/m²）	23℃	34
	−23℃	2.5
维卡软化温度/℃		85
热变形温度/℃		112
球压痕硬度/MPa		72
邵尔硬度(D)		69

此外，对于 PP 木塑复合材料的挤出加工，通常要在加工过程中添加一些加工助剂，包括：改善木塑界面相容性的偶联剂或相容剂，为减小材料密度得到微泡孔结构复合材料所需的发泡剂、助发泡剂及成核剂，改善熔体流动性的增塑剂、润滑剂，有助于木粉在塑料基体均匀分布的分散剂，增强材料力学性能的抗冲击改性剂，赋予木塑复合材料其他性能的紫外线稳定剂、交联剂、阻燃剂、防菌剂、着色剂等。如 A. K. Bledzki 等采用马来酸酐接枝 PP 作为偶联剂，分别加入含量为 30%、40%、50% 和 60%（质量分数）的木质纤维成型 PP 木塑复合材料，使得复合材料的密度最高可降低 24%。

5.3 纺丝制品

5.3.1 纺丝制品及其应用

5.3.1.1 纤维制品及其应用

聚丙烯纤维（丙纶）是以高等规度 PP 树脂为原料，通过在纺丝过程中对纤维的 PP 大分子及结晶结构进行取向，从而制备出的一类合成纤维产品。因此，PP 纤维在保留了 PP 树脂原有优良性能的同时，其综合性能得到了显著的提高。PP 纤维作为合成纤维中密度最小的品种，具有强度高、回弹性好、抗微生物、无毒、防蛀，以及耐磨性、耐腐蚀性和耐化学品性突出的优点，且其电绝缘性和保暖性均优于其他纤维产品。PP 纤维的断裂强度随温度的升高而减小，断裂伸长率则随温度的升高而增大，常温下 PP 鬃丝和复丝的强度达到 3.1~4.5 dN/tex，工业丝的强度达到 5~7 dN/tex，断裂伸长率达到 15%~20%，伸长率为 1% 时纤维的弹性模量达到 61.6~79.2 dN/tex。PP 纤维的回弹性介于聚酰胺纤维和聚酯纤维之间，当伸长率为 55% 时，PP 长丝的回弹率达到 88%~98%，短纤维达到 85%~95%。此外，PP 纤维的耐磨性较好、吸湿性较低，其回潮率仅为 0.03%，并且通过施加油剂等方法可进一步改善 PP 纤维与金属及其他纤维之间的表面摩擦性能。然而，由于 PP 大分子中不带有极性基团或反应性官能团，且纤维结构中缺乏容纳染料分子的空隙，因此 PP 纤维染色困难，一般只能通过对纤维原料进行纺前着色的方法解决。并且，PP 纤维的耐光性比较差，特别是对于波长为 300~360nm 的紫外线，因此通常采用在纤维原料中添加有机紫外线吸收剂等助剂来提高纤维的抗紫外线性能。

PP 纤维产品根据其长度的不同可以分为长丝纤维和短纤维。其中，长丝纤维是指长度以千米计量的纤维产品，又可分为单丝、复丝和帘线丝；短纤维是指切断成几厘米至十几厘米的纤维产品，又可分为棉型、毛型和中长型短纤维。PP纤维性能突出、优点众多、来源充足、成本低廉，是21世纪合成纤维发展较快的一个品种，在各个产业和领域中均有着广泛的应用，包括以下几个方面。

① 服装、装饰。PP纤维密度小（仅为聚酯纤维的65%）、覆盖力强、保暖性好、易清洗，并且具有显著的"芯吸"效应，透气、导湿性能好，因而特别适合于制成织物，用作服装原料和装饰织物。

② 农业、园艺。PP纤维原料来源丰富、价格便宜，可制成抗紫外线织物或多孔网，用于农业的地被、地网等，还可以制成绒面人造草坪等人造景观。

③ 涂层织物。通过在PP纤维织物上熔融涂覆聚乙烯薄膜或增塑聚氯乙烯等，可用于制作防护布、防风布、矿井排气管等；涂覆焦油或沥青，可用于制作池塘衬底、水池防水层等；而涂覆其他涂层可用于制作苫布、遮雨布等。

④ 渔具。PP纤维强度高、耐化学品性好、吸湿性低，可用于制作渔网、渔线、缆绳等渔具用品，并有逐渐替代其他合成纤维品种的趋势。

⑤ 香烟。PP纤维耐热温度高，使得PP短纤维丝束能够替代醋酯纤维作为香烟的过滤嘴材料，并已经广泛应用在中、低档香烟之中。

然而，尽管聚丙烯纤维具有许多优异性能，但也存在蜡感强、手感偏硬、难以染色、易积聚静电等缺点。因此，现代工业生产中对PP纤维的各方面均进行了相应改性，开发出了许多新型的改性PP纤维产品，例如：①阻燃纤维，该产品主要通过织物阻燃覆层和共混阻燃改性两种方法提高PP纤维及其织物的阻燃性能，织物阻燃覆层是在PP纤维织物上固化一层含碳-碳双键或羟甲基等反应性基团的阻燃剂与带有相似反应性基团的交联剂的共聚物，共混阻燃改性是在纤维纺丝过程中PP原料中共混入溴系、磷系或含氮阻燃剂的母粒；②可染纤维，该产品主要通过接枝共聚或共混纺丝的方法改善PP纤维的可染性，其中共混纺丝法在纺丝过程中混入含有亲染料基团的聚合物，使染料能够进入纤维内部并与亲染料基团结合，因而是制备可染PP纤维较实用的方法；③多孔纤维，该产品具有孔隙率高、孔径小、比表面积大、吸附能力强的优点，因而显著提高了PP纤维的过滤功能；④变形纤维，该产品是将PP长丝纤维经过变形加工使纤维卷曲、螺旋、环绕，从而表现出蓬松性和伸缩性等；⑤超细旦纤维，该产品是指直径小于$5\mu m$的PP纤维，主要通过离心纺丝、熔喷纺丝、闪蒸纺丝或不相容混合物纺丝等方法成型，可以用作悬浮物过滤介质、卷烟滤嘴、工业滤网、离子交换树脂载体及电绝缘材料等；⑥高强纤维，该产品具有优异的力学性能，可用作工业缝纫线、工业吊带、安全带、建筑安全网、土工布、高压水管等。

5.3.1.2 纤维非织造布（无纺布）制品及其应用

PP纤维非织造布（无纺布）可以作为承托材料、吸收材料、过滤材料、包装材料、包裹材料等得到广泛的应用。根据其用途，PP纤维非织造布产品往往被分为医疗卫生用品、农业用品、清洁用品、保暖用品、土工布等方面，而根据产品的使用特征也可分为即用即弃用品和耐久性用品两大类。PP 纤维非织造布的主要应用如下。

① 医疗卫生用品。PP 纤维非织造布吸湿性好、清洁卫生、轻薄舒适，且对人体皮肤刺激性小，作为医疗卫生材料可用于制作手术衣、床单、盖布、口罩、婴儿尿布、妇女卫生巾、成人尿失禁用品等。

② 农业用品。PP 纤维非织造布来源丰富、价格便宜，在果园、茶叶、烟草的种植方面可用于制作果实"套袋"，起到避免病虫害、调节温湿度的作用。

③ 清洁用品。PP 熔喷非织造布去污力强、手感柔软、可反复使用，并具有多孔性和疏水性，作为清洁材料可用于制作擦布和吸油布，能够保护被擦拭表面，且其吸油量可达自重的 20～50 倍，吸油速度快，水油置换性能好。

④ 保暖用品。PP 熔喷非织造布比表面积大、孔隙率高，材料中的微细孔隙可储藏大量空气，有效阻止热量扩散，因此具有很好的保温效果，作为保温材料可用于制作保温布、服装服饰、保温衬里等。

⑤ 土工布。PP 纺黏非织造布强度较高，在工程建设领域可用于制作土工布，作为一种岩土工程用透水性织物。

⑥ 其他即用即弃用品。PP 纤维非织造布的即用即弃产品中，除大量医疗卫生用品外，还包括过滤材料、防护服和织物用品等。过滤材料主要是 PP 熔喷非织造布制品，具有孔隙小、分布均匀、滤尘效率高的优点，通常用于空气过滤和液体过滤；工业防护服主要是 PP 纺黏非织造布制品，以及部分 SMS 复合非织造布制品，具有透气性好、穿着舒适、耐揉搓的优点，通常用于化工、矿产等行业中的环境隔离和人体保护；织物用品主要包括柔软织物、包装材料、外套、垫布等，可以用于替代编织类织物。

⑦ 其他耐久性用品。PP 纤维非织造布的耐久性产品主要采用纺黏非织造布，包括家具用布、电子工业用布、革制品用基布、地板覆盖布以及涂覆、层压基布等。其中，家具用布通常作为隔离布盖布、床罩底布、室内软分割等，电子工业用布通常作为电池隔离布、绝缘材料等。

5.3.2 纺丝制品对原料树脂的要求

5.3.2.1 纤维制品对原料树脂的要求

聚丙烯纤维的纺丝生产要求采用纤维级的 PP 专用料，并且对于原料树脂的熔体指数、分子量、分子量分布、结晶度、灰分等性能指标有着较为严格的要求。此外，根据纤维品种和成纤方法的不同，对原料的性能要求也有所不同。对 PP 纤维专用料的性能要求主要包括以下几个方面。

① 熔体指数。PP 长丝纤维的制备要求原料树脂的熔体指数＞30g/

10min，PP 短纤维的制备要求原料树脂的熔体指数为 14～20g/10min。

② 分子量。为制得性能良好的纤维产品，要求 PP 原料具有较高的分子量、化学纯度和立构规整性。纤维的拉伸强度随 PP 分子量的增加而增大，但分子量过高会导致原料的熔体黏度过大，纤维可纺性下降。纤维级 PP 原料的数均分子量（M_n）为 1.8×10^4～3.6×10^4。

③ 分子量分布宽度。分子量分布宽度是评价 PP 原料可纺性的重要指标，并对 PP 纤维的纤维结构、加工性能和产品质量产生重要影响。PP 纤维专用料要求其分子量分布越窄越好，通常纺制短纤维时所用 PP 原料的分子量分布宽度在 6 左右，纺制长丝纤维时所用 PP 原料的分子量分布宽度在 3 左右。

④ 灰分。PP 纤维专用料要求其灰分含量控制在 100mg/kg 以下，灰分含量过高则会降低 PP 原料的可纺性及纺丝生产的稳定性，并会缩短喷丝机头等纺丝部件的清洗周期。

5.3.2.2 纤维非织造布（无纺布）制品对原料树脂的要求

PP 树脂密度小、易加工、冲击强度高、抗挠曲性能好，在纤维非织造材料产业中占有重要地位，其中 2007 年全球 PP 纤维非织造材料的产量达到了 200 万吨。PP 纤维非织造布多采用等规聚丙烯为原料，为保证 PP 原料在非织造布生产过程中具有较好的可纺性，对原料的各项性能均有着严格的要求，并且随非织造布成型方法的不同，对原料树脂的要求也有所不同。

纺黏法纤维非织造布要求 PP 原料的熔体指数（MI）在 25～35g/10min 之间，且成纤用等规 PP 树脂的分子量应保证原料具有适宜的熔体黏度，以使纤维纺丝过程稳定进行。典型的纺黏法纤维非织造布用 PP 原料的性能指标见表 5-7。

■表 5-7　典型的纺黏法纤维非织造布用 PP 原料的性能指标

项目	性能指标	项目	性能指标
熔点/℃	164	等规度/%	>96
密度/（g/cm³）	0.91	杂质/%	<0.025
熔体指数/（g/10min）	35	含水率/%	<0.05
分子量分布指数	<4		

熔喷法纤维非织造布的生产过程中，纤维纺丝采用高压热空气喷吹牵伸，为增大非织造布孔隙率、提高产量、降低能耗，要求选取纺丝温度低、熔体流动性能好的 PP 原料，因此通常采用熔体指数（MI）在 200～1000g/10min 之间的高熔体指数 PP 原料；另外，要求 PP 原料的分子量分布较窄，以便能够生产出所需线密度的超细纤维；而为了防止在高速气流的强烈剪切作用下发生熔体破裂，要求 PP 原料的熔体黏度在 50～300Pa·s 之间。此外，由于熔喷法要求 PP 原料具有较高的熔体流动速率，从而使得纺丝设备的加热温度往往较高，因此为避免原料高温降解需要在其中添加抗氧剂等助剂，或在挤出时采用过氧化物提高原料的熔体流动速率，以降低设备的加热温度。熔喷法非织造布生产时，PP 原料的熔体指数与纤维产出量的关系如图 5-4 所示。

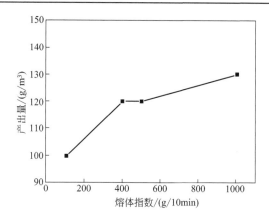

■ 图 5-4　熔喷法中 PP 原料的熔体指数与纤维产出量的关系

5.4 取向薄膜制品

5.4.1 BOPP 薄膜制品及其应用

双向拉伸聚丙烯（biaxially oriented polypropylene，BOPP）薄膜是一类非常重要的塑料薄膜材料。BOPP 薄膜的成型加工过程中，薄膜经纵向（MD）和横向（TD）两个方向的拉伸处理后，PP 的大分子链和结晶结构发生高度取向，从而显著提高了薄膜的拉伸强度和拉伸模量，降低了断裂伸长率，并且双向拉伸过程中的拉伸结晶作用降低了薄膜中的晶粒尺寸，从而使得薄膜的雾度更低，透明性更好，光泽度更高。但同时，BOPP 薄膜也是各类塑料薄膜中技术含量较高、生产加工难度较大的一类产品。BOPP 薄膜的成型方法中，拉幅法分步拉伸工艺具有拉伸比大（可达 8～10）、薄膜厚度均匀性好、技术设备成熟、生产线运行速度高、生产效率高、生产成本低、适于大批量生产的优点，采用该工艺成型的 BOPP 薄膜产品的厚度最薄可达 $0.5\mu m$，最厚可达 $356\mu m$，薄膜的最大幅宽超过 10m，生产 $21\mu m$ 烟膜时最高生产线速度可达 450m/min。因而，拉幅法分步拉伸工艺在目前 BOPP 薄膜的工业生产中应用最为广泛。拉幅法成型的 BOPP 薄膜属于结晶型材料，薄膜的模量较高，且拉伸还提高了薄膜的硬度和低温抗冲击性能，使得薄膜能够满足高速包装生产对包装材料高挺度的要求，因此 BOPP 薄膜不仅有望取代传统的纸质包装，而且在许多领域已经能够替代 PE、PET、PVC 等普通包装薄膜材料。表 5-8 列出了 PP 树脂、BOPP 薄膜和 PVC 薄膜典型性能的对比。

■表 5-8　PP 树脂、BOPP 薄膜和 PVC 薄膜的典型性能

性　　能	PP	BOPP	PVC
T_g/℃	−10	−10	75~105
T_m/℃	160~175	160~175	212
热变形温度（455kPa）/℃	107~121	—	57~82
密度/(g/cm³)	0.89~0.91	0.89~0.91	1.35~1.41
拉伸模量/GPa	1.1~1.5	1.7~2.4	4.1
拉伸强度/MPa	31~43	120~240	10~55
伸长率/%	500~650	30~150	14~450
WVTR(37.8℃，90%RH)/[g·μm/(m²·d)]	100~300	100~125	—
氧气透过率(25℃)/[10³cm³·μm/(m²·d·atm)]	50~94	37~58	—

　　BOPP 薄膜具有优异的力学性能和光学性能，以及质轻、无毒、无臭、防潮、价格低廉等优点，作为包装材料和功能性薄膜材料，在服装食品、医药卫生、石油化工、电子电气、航空航天、生物科技等领域均得到了广泛的应用，特别是用于食品包装膜、香烟包装膜、电工膜、胶带膜、镀铝及激光压印膜等产品时，拥有较为固定的市场，需求量年增长率可达 10% 以上。除此以外，随着 BOPP 薄膜产业的不断发展，对于 BOPP 薄膜新产品的开发则主要致力于普通薄膜向多功能薄膜、超薄型薄膜等具有特殊适用性和装饰性的特种薄膜发展，如超爽滑膜、高收缩膜、抗静电膜、高透明膜、高阻隔膜、易印刷膜、易撕开膜、易封口膜、防雾膜、透气膜、粗化膜等。目前，市场上的 BOPP 薄膜产品主要包括以下几大类。

　　① 平膜。BOPP 平膜是指以 PP 树脂为主体原料，经拉伸成型的仅具有单层结构的薄膜产品。BOPP 平膜的厚度通常为 16~60μm，能够被广泛用于各种食品、物品的包装以及印刷制品、纸张复合等用途。其中，胶带膜在平膜产品中占据有相当大的份额，而 15μm 厚度的平膜则主要用于书本等方面与纸张进行复合。BOPP 平膜还可分为高挺度膜、高透明膜（雾度≤0.3%）、耐磨花膜、低静电膜、长效电晕膜等。

　　② 热封膜。BOPP 热封膜是指通过多层共挤的方法，在芯层薄膜的表面复合以由低熔融温度共聚 PP 原料构成的表面热封层，从而成型具有加热封合功能的薄膜产品。BOPP 热封膜主要用于药物、食品以及电子、电气元件等产品的热封合包装，可以进行单面热封包装或双面热封包装。BOPP 热封膜还可分为高热封强度热封膜（5~12N/15mm）、超低温热封膜（80~135℃）、高挺度热封膜、低静电热封膜、吸管专用热封膜等。

　　③ 烟用包装膜。BOPP 烟膜是指具有高挺度、高光泽、可热封特点的专门用于烟草制品包装的薄膜产品。由于烟草行业产能的限制，BOPP 烟膜的需求总量虽然不大，但产品技术含量较高、利润较大。BOPP 烟膜的厚度通常为 21~23μm，要求香烟经包装后外形美观、图案清晰，因此对烟膜性能有较高的要求，通常要求烟膜的雾度≤0.8%，光泽度≥102%，弹性模量≥2.5MPa，摩擦系数≤0.15。此外，专用烟膜还要保证香烟包装机的高速

运行（约 800 包/min），因此还要求烟膜具有高挺度、低热封温度、低静电、耐磨划、厚度均匀等优异性能。

④ 电工膜。BOPP 电工膜是指表面经粗化处理的用于电容器绝缘层的薄膜产品。BOPP 电工膜的厚度通常为 20~30μm，要求薄膜具有绝缘性能好、介电强度高、表面粗糙度大、杂质含量低、无瑕疵点、可卷绕、厚度均匀等特点。此外，随电子元器件的小型化、高性能化，对薄膜厚度还有进一步减薄的要求。BOPP 电工膜是生产难度较高、资金投入较大的薄膜品种，对于生产工艺、技术设备以及操作人员均有很高的要求，要生产出电性能稳定的合格 BOPP 电工膜产品，具有较大的技术风险和市场风险。

⑤ 消光（亚光）膜。BOPP 消光膜是指通过多层共挤的方法，在表层使用消光母料，从而成型的具有高雾度、低光泽、呈漫反射消光效果的薄膜产品。BOPP 消光膜的厚度通常在 20μm 左右，具有外观与纸质相似、瑕疵点少、印刷色彩逼真、镀铝附着力强、上色镀铝具有丝绸质感、烫金加工性能好、手感舒适、易于复合加工等优点。BOPP 消光膜一方面主要用于与书本、期刊、封面、卡片、纸张包装等纸质基材进行复合，另一方面也可以与聚乙烯薄膜、流延 PP 薄膜、其他 BOPP 薄膜等进行复合用作包装材料。

随着我国国民经济的高速发展，国内 BOPP 薄膜的需求量多年来均呈现出不断增长的态势。然而，由于 BOPP 薄膜产品的高利润，刺激了国内企业的集中发展，其中年产量在 2 万吨以上的大型 BOPP 薄膜生产企业就多达几十家，仅仅不到 30 年的时间，我国 BOPP 薄膜的年生产能力就由最初的 4000t 上升到了 200 万吨以上，特别是在 1996~1997 年和 2001~2004 年出现了两次对 BOPP 薄膜生产线的大规模引进，导致目前国内 BOPP 薄膜产业出现明显产能过剩的局面，产品供需严重失衡。但是，与巨大产能形成反差的是，国内多数 BOPP 薄膜厂家只能生产通用型的低端产品，仅靠大产量和低价格维持生存。面对有限的市场容量，薄膜生产企业及相关科研机构必须要加快技术创新，开发新型高性能 BOPP 薄膜产品，填补国内空白，寻求海外市场，满足市场对高端产品的需求，避免低价恶性竞争，并引领 BOPP 薄膜行业向高性能、高附加值的方向健康发展。

5.4.2 BOPP 薄膜制品对原料树脂的要求

BOPP 薄膜原料除了要满足薄膜制品在使用过程中对拉伸强度、耐热性、挺度、透明性和阻隔性等性能的要求之外，还要满足薄膜拉伸成型过程中加工工艺和加工设备的要求。对 BOPP 薄膜专用料的性能要求主要有以下几个方面。

① 熔体指数。PP 原料的熔体指数（MI）与其分子量相对应，并与其熔体黏度成反比，而原料的熔体指数又对 BOPP 薄膜成型过程中的原料共混、挤出铸片等工序产生重要影响，BOPP 薄膜原料的熔体指数通常为 2~

4g/10min。

② 熔体强度。通用 PP 为结晶型聚合物，其聚集态结构中不存在类似橡胶弹性的区域，且其分子链为线型结构，分子链间作用力小，因而通用 PP 的熔体强度较低，不能在较宽的温度范围内进行热成型加工。而对于 BOPP 薄膜的双向拉伸成型工艺，要求所采用的 PP 原料具有较高的熔体强度，才能保证生产过程中原料拉伸成膜性好、拉膜生产过程稳定、薄膜制品厚度分布均匀。目前，提高 PP 原料熔体强度的方法主要有提高分子量及分子量分布宽度、引入长支链结构、原料共混以及茂金属催化剂聚合等方法。其中，提高 PP 分子量及分子量分布宽度的方法，通过引入高分子量部分能够显著提高 PP 原料的熔体强度，而通过引入低分子量部分能够保证 PP 原料具有良好的拉伸成膜性。因此，该方法在提高原料熔体强度的同时，改善了原料加工性能，使得原料的拉膜性能稳定，可满足高速拉伸；并且，该方法在现有 PP 聚合装置上即可实现，实际应用性强，且不会对原料的其他性能产生负面影响，是开发高熔体强度 BOPP 薄膜专用料的理想方法。

③ 等规度。PP 原料中的等规结构部分对 BOPP 薄膜性能具有显著的影响，一方面，原料的等规度越高，其结晶速率越快、结晶度越大，从而使得薄膜的拉伸强度增大、耐热温度升高、挺度和表面硬度提高。而另一方面，尽管原料的等规度降低会使薄膜的力学性能下降，但无规结构部分在原料中起到内部增塑剂的作用，提高了 PP 大分子链的运动能力，有利于等规部分取向，从而有助于改善薄膜的光学性能和厚度均匀性。因此，BOPP 薄膜原料中等规结构的占比通常为 95%～97%，无规结构的占比通常为 3%～5%。

④ 分子量及分子量分布。PP 原料的分子量增大，使得 BOPP 薄膜的拉伸强度、断裂伸长率和冲击强度升高，而薄膜的透明度、光泽度和表面硬度则有所下降，BOPP 薄膜原料的数均分子量（M_n）通常为 3×10^4～5.5×10^4。分子量分布宽度为原料重均分子量（M_w）与数均分子量（M_n）的比值。PP 原料的分子量分布越窄，薄膜的拉伸强度越高，加工工艺条件则更为严格。而适当地加宽原料分子量分布，增大小分子量组分的含量，可以改善原料的熔体流动性，提高原料的拉伸成膜性，因此 BOPP 薄膜原料的分子量分布宽度通常为 5～14。

⑤ 共聚物。为使 BOPP 薄膜产品具有良好的热封性能和高的热封强度，通常采用共挤出的方法在薄膜表层复合一层以共聚 PP 为原料的表面热封层。热封层共聚 PP 原料是具有较低熔点的二元共聚物或三元共聚物，共聚组分一般为乙烯或丁烯，如 BOPP 薄膜热封层用乙丙二元共聚物原料的乙烯含量通常为 3%～5%，熔体指数通常为 4～7g/10min，熔点通常为 135～138℃。

⑥ 添加助剂。为了进一步改善 BOPP 薄膜性能，并赋予薄膜产品一定的功能性，薄膜生产时往往要在原料中添加抗氧剂、热稳定剂、爽滑剂、抗静电剂、珠光粉、石油树脂等助剂。

5.5 非取向薄膜制品

5.5.1 非取向薄膜制品及其应用

5.5.1.1 流延膜制品及其应用

聚丙烯流延薄膜（缩写为 CPP 薄膜）具有挺度高、透明性好、光泽度高、阻湿性好、耐热性优良、易于热封合，以及耐酸、耐碱、耐油脂等优点，因此得到了广泛的应用。根据其用途，CPP 薄膜产品主要有以下几大类。

① 包装膜。CPP 薄膜挺度高、可印刷，能够满足高速印刷包装的生产要求，因而可以作为带印刷图案的内、外包装材料，用于电子产品包装、卫生用品包装、食品包装、鲜花包装、药品包装和柔性制品包装等。CPP 包装膜要求薄膜产品具有透明度高、表面印刷性能好、耐磨性好，以及抗静电、耐溶剂、爽滑、抗刺穿、手感柔软等特性。

② 镀铝膜。CPP 薄膜可以作为镀铝用基材薄膜，经镀铝后薄膜的遮光性、装饰性及阻隔性显著提升，并能够适应印刷、复合等后加工工艺，可广泛用于食品包装、服装、装饰等领域。CPP 镀铝膜要求薄膜产品具有挺度高、不能添加爽滑剂、瑕疵点少、镀层质量好、镀层附着力强、易热封、耐热性好等特性。

③ 热封膜。采用热封原料制备的 CPP 薄膜具有较低的热封温度、较好的热封合性能，可与印刷后的 BOPP 薄膜或 BOPET 薄膜进行复合，用于服装包装、食品包装、玩具包装、制袋等各种需封合的用途。CPP 热封复合膜的厚度通常为 $25\sim50\mu m$，根据其热封温度（0.18MPa，1s，$\geqslant$1N/15mm）可分为普通复合膜、低温热封复合膜和超低温热封复合膜。

④ 保护膜。CPP 薄膜透明性好、成本低、环保、耐撕裂，可替代 PET 薄膜和 BOPP 薄膜，用于音像制品的包装，相册、文件夹、名片夹等的窗口膜，以及喷绘广告、冷裱制品等的保护膜。CPP 保护膜要求薄膜产品具有光泽度高、挺度高、耐磨花、易于模切等特性。

⑤ 蒸煮膜。CPP 薄膜可与 PET、PA、铝箔等阻隔性薄膜复合，用于包装肉制品、调料、浆汁、农产品、医疗用品等需要高温蒸煮消毒的产品。CPP 蒸煮级薄膜的厚度一般在 $60\sim80\mu m$ 之间，根据耐热温度可分为普通蒸煮膜、中温蒸煮膜和高温蒸煮膜。CPP 蒸煮膜要求薄膜产品具有热封强度高、无气味或气味极低、耐油性和气密性好、耐热温度高等特性。

⑥ 保鲜膜。CPP 薄膜透气、阻湿性能好，单层使用可以作为透气保鲜膜和防雾保鲜膜，用于水果、蔬菜、熟食、冷鲜食品、肉类等的包装。CPP

保鲜膜要求薄膜产品具有防雾效果好、热封强度高、低温韧性好、抗菌、无味等特性。

⑦ 扭结膜。CPP 薄膜密度小、卫生环保，并且可进行印刷、镀铝、热封合等后加工处理，因而可以替代 PVC 薄膜、PET 薄膜及 PS 薄膜等，用于糖果、巧克力等小颗粒食品的扭结包装。CPP 扭结膜要求薄膜产品具有挺度高、扭结性好、透明度和光泽度高等特性。

⑧ 高阻隔复合膜。CPP 薄膜阻水性好，通过与阻氧性高的 PA、EVOH 等材料采用多层共挤的方法进行复合，可以生产高阻隔性复合薄膜，用于冷鲜肉类、酒类等的密封包装，药物、血液等的无菌包装，以及食用油、方便食品、五金制品等的耐油包装。CPP 高阻隔复合膜要求薄膜产品具有阻隔性高、低温韧性好等特性。

此外，CPP 薄膜还可作为易剥离膜、抗静电膜、不干胶膜、消光膜、生物降解膜等。尽管 CPP 薄膜的品种繁多、用途广泛，但其在 PP 薄膜制品中所占的比例仍然有限。然而，随着 CPP 薄膜原料性能的提高、加工设备的改进以及生产能力的提升，CPP 薄膜与 BOPP 薄膜等其他 PP 薄膜种类在性能和应用领域方面的差距将不断缩小，从而必将促使 CPP 薄膜得到更加广泛的应用和发展。

5.5.1.2 吹膜制品及其应用

聚丙烯吹塑薄膜主要作为包装材料和铺盖材料使用。通过对 PP 原料和相应加工工艺的选取，可以使得 PP 吹膜产品满足不同用途对薄膜的强度、透明度、柔韧度、印刷性、阻隔性、收缩性等性能的要求。根据其用途，PP 吹塑薄膜可以分为一般包装膜、重包装膜和农业用膜等。

① 一般包装膜。PP 吹膜作为一般包装膜可以用于食品、轻工业制品、纺织品、化学品等产品的包装，并可制成各种类型的包装袋和方便提袋等。

② 重包装膜。PP 吹膜作为重包装膜主要用于对工业生产中体积大、质量大、运输过程周转多的大型物品进行包装，因而要求 PP 吹膜产品具有较高的强度和断裂伸长率以及较大的薄膜厚度。

③ 农业用膜。PP 吹膜作为农业用膜主要用于地面覆盖（地膜）、温室覆盖（大棚膜）等用途，因而要求 PP 吹膜产品具有一定的强度以及良好的抗老化、抗紫外线性能。

5.5.2 非取向薄膜制品对原料树脂的要求

5.5.2.1 流延膜制品对原料树脂的要求

对于聚丙烯流延膜（缩写为 CPP 膜）用 PP 原料而言，均聚聚丙烯、无规共聚聚丙烯和多相共聚聚丙烯均有采用。而 CPP 薄膜原料的选取，通常根据薄膜的用途而决定。其中，均聚 PP 原料主要用于生产普通包装级 CPP 薄膜，并具有热变形温度高、薄膜挺度高的优点，但薄膜的韧性稍差，因此均聚 PP 原料通常只用于单层 CPP 薄膜或多层复合 CPP 薄膜的芯层；无规共聚 PP 原料包括二元共聚和三元共聚两种类型，共聚原料除可用于生产单层 CPP 薄膜外，二元共聚 PP 原料的薄膜制品具有良好的热封性能以及优异的韧性、透明度和冲击强度。二元共聚物中乙烯的含量通常为 4%～9%，原料的热封温度较高（133～140℃），原料通常用于三层共挤 CPP 薄膜的热封层，但不适合用于高速包装生产线。而三元共聚 PP 原料的熔点较低，因而其薄膜制品的热封温度低（125～130℃）、热封强度高，并很少出现起霜和发雾现象；多相共聚 PP 原料则主要用于生产耐热 140℃ 以上的高温蒸煮级 CPP 薄膜。此外，影响 CPP 薄膜性能的因素还包括原料的分子量及分子量分布、熔点、等规度、共聚单体种类以及低分子物含量等。

近些年，随着我国 CPP 薄膜产业的快速发展，以及 CPP 薄膜制品应用领域的不断扩大，国内主要的聚烯烃原料生产厂家也陆续开发出了许多 CPP 薄膜专用料，如上海石化股份公司生产的 F800E（二元无规共聚聚丙烯）、F800EPS（三元无规共聚聚丙烯）、F800EDF（二元无规共聚聚丙烯）、FC801（均聚聚丙烯）、FC801M（均聚聚丙烯供镀铝），北京燕山石化股份公司生产的 C1608（均聚聚丙烯）、C4608（二元无规共聚聚丙烯），南京扬子石化股份公司生产的 F680（均聚聚丙烯）等。

5.5.2.2 吹膜制品对原料树脂的要求

PP 吹膜产品对于原料树脂的要求主要由其具体用途决定。其中，一般包装膜通常选取熔体指数较大的 PP 原料，以提高吹膜生产速度，降低薄膜厚度；重包装膜通常选取熔体指数较小的 PP 原料，以增大吹塑薄膜厚度，提高薄膜强度。

而农业用膜 PP 原料的熔体指数通常为 0.3～7g/10min，并且对 PP 原料的耐老化性能要求较高，一般需要添加抗氧剂和紫外线吸收剂等助剂，以延长薄膜的使用寿命，也可加入其他助剂生产防雾滴膜、除草膜等功能性农膜。

另外，分子量分布较宽的 PP 原料，其熔体强度较高，使得薄膜吹塑成型过程中膜泡的稳定性较好；而分子量分布窄的 PP 原料，其熔体强度较低，吹膜过程中膜泡的稳定性较差，但薄膜的机械强度较好。

5.6 吹塑制品

长期以来，在饮料瓶及包装瓶领域内，主要使用聚对苯二甲酸乙二醇酯（又称 PET）作为原料，使用注塑拉伸吹塑工艺成型。而近年来，透明聚丙烯得到了较快发展，其具有优良的透明性和光泽度、较高的热变形温度。此外，聚丙烯（又称 PP）具有较宽的加工条件，其成型方法多样，可以使用注塑拉伸吹塑（又称注拉吹）及挤出拉伸吹塑（又称挤拉吹）等成型方法。因此聚丙烯成为在吹塑瓶领域内 PET 瓶强有力的竞争者。PP 与 PET 性能对比见表 5-9。

■ 表 5-9　PP 与 PET 性能对比

比较项目	PP	PET
密度/(g/cm³)	0.91	1.35
制品耐热温度/℃	>100	60~70
抗冲击性能	韧性好	较脆
湿气渗透性	好	稍差
透明度	通用聚丙烯的透明度差，专用树脂的较好	好

随着各种专用料、各种助剂与共混技术的不断研究开发，聚丙烯凭借其低廉的成本、更优异的性能将成为吹塑成型领域最具发展潜力的通用树脂之一。

5.6.1　聚丙烯吹塑制品

聚丙烯具有优异的化学稳定性，除能够被浓硫酸、浓硝酸侵蚀外，对其他各种化学试剂都比较稳定，同时它的化学稳定性随结晶度的增加还有所提高，因此广泛用于食品、药品、化妆品、化学试剂包装等领域。优秀的耐热性以及透明性使得吹塑聚丙烯可以用作热灌装饮料瓶、输液瓶等。此外，聚丙烯还可以用来吹塑双层中空制件、带铰链的工具箱、箱包、耐热容器以及大型体育馆的座椅等工业制品。

5.6.2　吹塑用聚丙烯树脂

吹塑用聚丙烯主要有吹塑用聚丙烯专用树脂以及共混改性聚丙烯树脂两类。用于中空容器的聚丙烯原料可为均聚聚丙烯或共聚聚丙烯。均聚聚丙烯的刚性及强度较高，其吹塑制品也具有较高刚性及强度。共聚聚丙烯的抗冲击性能较好，因此其制品的低温韧性较好。挤出吹塑法可选用熔体流动速率为 0.5~1.5g/10min 的聚丙烯，注塑吹塑可选用熔体流动速率为 2~4g/10min 的聚丙烯。一些国外公司的吹塑用聚丙烯树脂主要牌号见表 5-10。

■ 表 5-10　吹塑用聚丙烯树脂的主要牌号

公司	牌号	类型	适用范围	特性	应用
INEOS	100-GA01 100-GA02 150-GA02	均聚聚丙烯	吹塑成型	高刚性、高热稳定性	中空容器
DOW	InsPire137	抗冲共聚物	吹塑成型	具有较高的机械强度	清洁剂用、食品用包装
DOW	R7050-02N	无规共聚物	吹塑成型	高透明性	
DOW	C7061-01 C113-01 C123-01	高抗冲共聚物	吹塑成型	高刚、高韧、添加了成核剂，因此具有较高结晶度、高熔体强度	各种容器

续表

公司	牌号	类型	适用范围	特性	应用
Basell	Clyrell RC124H Clyrell" RC1314	无规共聚聚丙烯	挤出吹塑	光学性能好	
	Moplen"EP310D Moplen EP440G	Heterophasic 共聚物		易于加工、力学性能好，耐蠕变和变形性好	清洁剂的容器、食品包装
	Moplen HP400H Moplen HP409G	均聚聚丙烯		加工性好、刚韧平衡性好	热成型浴盆、容器；小型挤出吹塑瓶
	Moplen RP241HUV Moplen RP200H	无规共聚聚丙烯		高透明性、较好的抗冲击性	食品包装
	Hifax SD 613	共混物		高熔体强度、耐熔垂性	多层发泡片材
	Purell RP270G	无规共聚物	挤出吹塑、注塑吹塑	耐化学品性好、良好的透明性和较好的冲击强度	卫生保健用品，食品包装
	Clyrell RC514L	unique clear polyolifinic resin	注塑吹塑	高透明性、高刚性、高光泽	新鲜食品包装、肉类盛放盘、饮料杯
	Mople RP248M	无规共聚物		透明性高	
	Moplen RP348N RP441N	无规共聚物		高透明性、耐化学性、好的刚韧平衡性	食品容器、家用器皿等
	Stretchene RP1685	无规共聚物	注拉吹	优良的加工性、高化学稳定性、高刚性、高透明性	食品容器
	Stretchene"RP1903	无规共聚物		高透明性、高光泽	洗涤剂、化妆品包装、其他包装瓶

注拉吹用透明 PP 专用料可以是共聚聚丙烯树脂或者添加了成核剂的聚丙烯，这类聚丙烯具有较高的透明度，适合于生产饮料瓶、矿泉水瓶、化妆品容器等。例如，Phillips 公司的 Marlex 聚丙烯树脂为注拉吹专用树脂，该公司的 HHX-007、RCZ-020、RGX-020D 等树脂也适宜生产挤出吹塑用果汁瓶、非碳酸饮料瓶、医药营养用品包装等。注塑吹塑专用料则有 HGM-020、RLC-020、RMN-020-01 等。

由茂金属催化剂合成的聚丙烯具有透明度高、力学性能优异、刚韧平衡性好等特点，是另一类适宜于注拉吹用 PP 的树脂。一些公司推出的牌号见表 5-11。

■表 5-11 茂金属吹塑用聚丙烯树脂的主要牌号

所属公司	牌号	类型	适用范围	特性
Lyondell Basell	Metocene RM2231	茂金属无规共聚聚丙烯	挤出吹塑、注塑吹塑	极好的透明度以及刚韧平衡性、低翘曲、高尺寸稳定性
	Metocene RM2231	茂金属无规共聚聚丙烯	挤出吹塑、注塑吹塑	透明性好，刚韧平衡性好

5.7 发泡制品

发泡聚丙烯制品具有良好的热稳定性、优异的抗冲击性能、能量吸收性能以及高的形变后回复率、优异的耐化学品性、耐油性、较高的强度和刚度。发泡聚丙烯可以进行回收后的多次加工，是一种环保型发泡制品材料，广泛应用在包装、汽车、建筑等各个领域。

5.7.1 聚丙烯发泡制品应用领域

发泡聚丙烯具有良好的抗冲击性能和能量吸收性能，可以广泛应用于汽车领域，例如，可以用作汽车保险杠中的减震块，汽车车门的防震内芯，豪华轿车后置发动机分隔间，仪表板，方向盘等。良好的减震性能使得发泡聚丙烯在包装领域里发挥着重要的作用，例如，用作高级医疗器具、精密仪器、各种家电等用品的防震缓冲包装、液晶玻璃搬运箱等。发泡聚丙烯的热导率低，耐热温度高，具有较好的隔热性能，可以应用于食品工业，例如食品周转箱、饮料柜、微波炉用容器等。此外，发泡聚丙烯材料可以经受住高温蒸汽消毒，用其制备的包装容器可反复蒸煮。

较高的隔热性和能量吸收性以及较高的强度和刚度使得发泡聚丙烯可以用作建筑保温材料、隔声材料以及结构材料件，例如保温的屋面衬垫材料、蒸汽管保温用材、热水管、暖房和石油化工管道的绝热材料、塑料野营房的门板和简易行军床等。发泡聚丙烯还可以作为一次性包装材料使用，例如食品包装托盘、一次性容器等。

5.7.2 发泡用聚丙烯树脂

通用聚丙烯树脂在温度未达到熔点以前，几乎不流动，而一旦达到结晶熔融温度后，体系的黏度和熔体强度迅速下降，较低的熔体强度难以承受住气体膨胀时的压力，因此不易保持住气体，从而造成气泡壁的破裂坍塌、气泡的合并以及气体的逃逸。此外，聚丙烯树脂热容较大，从熔融状态转变到结晶态放热量大，冷却时间长；聚丙烯树脂的气体透过率大，在冷却过程中，气体容易逃逸。传统聚丙烯树脂进行发泡只能在结晶熔点附近约4℃的温度范围内进行，发泡工艺难以控制，因此难以获得具有独立泡孔结构的细密均匀、质量优良的泡沫塑料。改善聚丙烯发泡性能的主要方法为：①制备高熔体强度聚丙烯；②与具有可发泡性聚合物进行共混；③将聚丙烯树脂进行交联。

5.7.2.1 高熔体强度聚丙烯

熔体强度是表示熔体对拉伸变形的抵抗能力。高熔体强度聚丙烯（又称

HMSPP)的熔体强度通常是普通聚丙烯的 1.5～15 倍。提高聚丙烯熔体强度的方法有增大分子量、加宽分子量分布及在分子链上引入长支链的支化结构。高熔体强度聚丙烯还可表现出在熔体拉伸时的应变硬化行为。一些商业化的高熔体强度聚丙烯树脂主要牌号见表 5-12。

■表 5-12 高熔体强度聚丙烯树脂主要牌号

所属公司	牌　　号	适用范围
Lyondell Basell	Higran RS1684	发泡片材、热成型等
Borealis	Daploy WB140HMS Daploy WB130HMS Daploy WB135HMS	发泡板材、片材等
DOW	INSPIRE 114	重包装薄膜等

工业生产高熔体强度聚丙烯的方法主要有以下几种。

(1) **直接聚合制备 HMSPP**　直接聚合制备 HMSPP 是获得高熔体强度聚丙烯的较为经济、产品性能较稳定的一种方法。Lyondell Basell 公司采用多区反应器工艺加宽聚丙烯的分子量分布，得到了如 Higran RS1684 等牌号的具有高熔体强度的聚丙烯；中国石化北京化工研究院的非对称给电子体技术可用于生产极宽分子量分布的高熔体强度的均聚和共聚聚丙烯，可用于发泡、热成型及涂覆等加工领域；DOW 化学公司采用限制几何构型催化剂（constrained geometry catalyst）及相应的工艺，开发了带有长支链结构的聚烯烃的弹性体及聚丙烯树脂，可用于吹塑薄膜、挤出型材及热成型制品等。

(2) **辐射接枝**　长链支化聚丙烯商业化最早的生产技术是电子束辐射支化技术，由美国 Montell 公司开发。在几乎无氧的环境中，通过控制电子束辐照剂量及时间、反应温度等达到使聚丙烯分子链断裂再重新结合形成长支链结构。这种方法也可加入带有反应功能基团的第三单体促进长支链的形成。辐射接枝法由于生产成本高，目前装置已经停产。

(3) **反应挤出支化**　使用过氧化物及带有反应功能基团的助剂等，通过螺杆反应挤出机在聚丙烯分子链上引入长支链结构，是生产高熔体强度聚丙烯的又一个有效的方法。Borealis 公司采用此方法推出了 Daploy 系列产品。

自 20 世纪 90 年代 HMSPP 实现工业化生产以来，发展极为迅速。2002 年全球 HMSPP 的总需求量约为 10 万吨，2005 年增加到约 20 万吨，全球 HMSPP 的需求量约以年均 15% 的速度增长，预计 2010 年后需求量将超过 40 万吨/年。

5.7.2.2　共混改性聚丙烯

通过将聚丙烯与其他易发泡树脂进行共混，以提高聚丙烯的熔体强度是改善聚丙烯发泡性的一种简便有效方法。一般将聚丙烯与聚乙烯进行共混，温度升高时，聚乙烯熔点低先熔化，聚丙烯后熔化，从而使共混物的熔程变宽；此外，低密度聚乙烯（LDPE）分子链中带有长支链，其熔体强度高于聚丙烯，因而添加 LDPE 可以改善聚丙烯的熔体强度。采用 LDPE 改性聚丙烯，制备的泡沫材料的泡孔密度有所增加，且泡孔更加均匀，体系的拉伸强度以及冲击强度都有所提高。聚丙烯与 EPDM 共混体系的泡孔密度高，泡孔尺寸小，泡孔分布均匀。此外，还可以通过将聚丙烯树脂与其他橡胶，如聚异丁烯等共混来改善聚丙烯的发泡性能。

在利用浸渍法制备聚丙烯发泡珠粒时，为了提高基体树脂与水的浸润性，还可以将乙丙无规共聚物与亲水性高聚物进行共混。例如：含有羧酸基团的乙烯、丙烯酸和顺丁烯二酸酐的三元共聚物（吸水率 0.5%~0.7%）；含有氨基的聚酰胺 6（吸水率 1.3%~1.9%）和聚酰胺 66（吸水率 1.1%~1.5%）；离子交换树脂等。

聚丙烯和 PS 的共混树脂的挤出发泡片材可以用于结构材料和热绝缘材料，如墙体和地板。Kaneka 公司研制了以聚丙烯树脂、PS 树脂和部分氢化苯乙烯-异戊二烯-苯乙烯（SEPS）为主要成分制成的泡沫板材。他们将 PP 树脂、PS 树脂、SEPS、少量云母（成核剂）喂入挤出机，塑化的同时注入异丁烷作为发泡剂，从口模挤出发泡密度为 $10 \sim 50 kg/m^3$ 的泡沫制品。

当使用共混改性时，有时为了获得适宜的熔体强度，所需添加的其他树脂含量过高，这样会劣化材料的性能，有必要综合考虑体系的发泡性能与力学性能的平衡。

5.7.2.3 交联聚丙烯

聚丙烯经过适当交联后，分子链间会相互连接形成三维网状结构，熔体强度会显著提高。交联可以使得聚丙烯的熔体强度提高，同时降低聚丙烯熔融黏度对温度的敏感性，从而使得聚丙烯的发泡温度区间拓宽，同时能够更好地维持住泡孔。交联的方法有辐射交联和化学交联两种。

(1) 辐射交联 是指在高能射线的作用下引发聚合物分子交联。高能射线通常是电子辐射或 γ 射线辐射。辐射交联发泡的工艺为：将聚丙烯树脂、异相成核剂、发泡剂、辐照敏化剂经过高速搅拌机混合后，投入双螺杆挤出机，进行熔融塑化，将熔体温度控制在发泡剂发泡温度之下，挤出片材。将挤出的片材经过辐射使聚丙烯交联，最后再进行发泡。

体系的凝胶含量较高时，聚丙烯体系形成了致密的三维网状结构，发泡行为较为理想，可以得到密度约为 $0.1 g/cm^3$ 的发泡体，且泡孔密度均匀。而体系凝胶含量较低时，交联聚丙烯体系与未交联聚丙烯体系发泡行为相似，泡孔易坍塌合并。在交联过程中，辐照剂量以及体系中的敏化剂含量都会影响凝胶含量，此外，在氮气保护下进行交联，可以提高交联效率，减少辐照降解的发生。

(2) 化学交联 是指采用化学自由基引发剂（通常为过氧化物），在一定温度下，引发聚丙烯大分子间发生化学反应，在分子链间形成化学键，从而形成三维网状结构的过程。化学交联发泡的工艺为：将聚丙烯基体树脂与化学发泡剂以及交联剂进行高速搅拌后，投入挤出机中熔融塑化，挤出成型后，通过加热使交联剂引发聚丙烯交联，再次加热到发泡剂发泡温度，形成泡沫材料。常用的化学交联剂为过氧化二异丙苯（DCP）、二叔丁基过氧化物（DTBP）等。

5.8 热成型制品

5.8.1 热成型聚丙烯制品

热成型容器在包装领域应用广泛，涉及医药包装、化工包装和食品包装等。由于聚丙烯具有较高的耐热温度，因此非常适宜用作微波加热用托盘及食品包装材料、快餐盒等。聚丙烯具有优异的化学稳定性，可以用作酸奶杯、冰激凌杯、果冻杯等。发泡聚丙烯材料可以通过热成型制得缓冲衬垫。这类缓冲衬垫壁薄质轻，价格低廉，能起到很好的固定所包装的产品以及缓冲保护的作用。例如手机、MP3等小型电子产品的缓冲包装、医药针剂、口服液衬垫等。豆腐盒用聚丙烯容器近年来得到广泛应用，由于聚丙烯盒易封口、无臭无味，卫生安全性高，废弃材料可降解，特别是由于聚丙烯具有较高的耐热温度，可以经受住100℃以上的反复高温蒸煮及消毒等工艺，可满足豆腐加工过程中的需要。

大型聚丙烯热成型部件可以用作汽车部件、游艇部件、运动用品等。热成型也可制备轻型货运托盘，从而取代传统的注塑用大型托盘。热成型增强聚丙烯芯复合板可以制备建筑面板、豪华宾馆用、船艇用、有轨车用、飞机用部件。经阻燃处理后的聚丙烯可以热成型为汽车内装饰材料。随着机械设备与专用料的不断开发，热成型工艺有望在饮料瓶及食品包装瓶领域与吹塑工艺一争高下。德国 Illig Maschincnbau 公司推出的 BF70 轧辊进给式压力成型机在成型聚丙烯瓶时，产量可达 30000 个/h，这些瓶子可以用于盛装布丁、奶酪和饮料等。

5.8.2 热成型用聚丙烯树脂

通用聚丙烯片材的热成型比较困难。这是由于聚丙烯的软化点与熔点较为接近，且通用聚丙烯熔体强度低，熔融时会产生较大熔垂，冷却后制品表面容易形成褶皱。因此需要开发适合热成型的专用聚丙烯树脂。

5.8.2.1 热成型用聚丙烯树脂

热成型加工要求聚丙烯具有较高的熔体强度，以克服熔垂现象，避免由熔垂产生的褶皱，因此高熔体强度聚丙烯在热成型中应用广泛。高熔体强度聚丙烯表现出的应变硬化使得在热成型拉伸时，变形较为均匀，可以成型为薄壁制品，且制品壁厚均匀。此外，高熔体强度聚丙烯的加工温度范围较通用聚丙烯宽，热成型制品可以在较高温度下脱模，成型周期可以缩短。此外，聚丙烯无规共聚物结晶度低，熔融范围宽，同样适用于热成型加工。

此外，还可以通过共混改性的方法改善聚丙烯热成型适用性。在聚丙烯中掺混20%~30%的低密度聚乙烯，就可以明显改善均聚聚丙烯熔融范围窄、熔垂现象严重的问题。

通过向聚丙烯体系中加入无机填料，如滑石粉、碳酸钙、硅灰石等，可以提高聚丙烯片材的弯曲强度、弯曲模量、热变形温度等。添加了滑石粉的聚丙烯片材可成型为微波炉用容器制品。另外，还可通过在分子链中引入强极性基团或交联结构限制分子链的相互滑移，提高材料的热成型加工性能。

5.8.2.2 多层复合聚丙烯片材

热成型聚丙烯片材大部分用于食品包装，轻量、高刚、耐热、气体阻隔好的各种片材的需求正不断增加。聚丙烯对蒸汽的阻隔性很好，对氧气的阻隔性差，因此，可以将聚丙烯与聚酰胺、EVOH、PVDC等气体阻隔性佳的树脂进行多层复合，以满足不同需要。不同聚合物对氧气、二氧化碳、水蒸气的阻隔性能见表5-13。

■表5-13 不同聚合物对氧气、二氧化碳、水蒸气的阻隔性能

聚合物种类	透氧率 /[$cm^3 \cdot mm$/($m^2 \cdot 24h \cdot 0.1MPa$)]	透CO_2率 /[$cm^3 \cdot mm$/($m^2 \cdot 24h \cdot 0.1MPa$)]	透水蒸气率 /[$cm^3 \cdot mm$/($m^2 \cdot 24h \cdot 0.1MPa$)]
EVOH	0.2~0.7	1.2	5.5~21.3
PVDC	0.2~3.5	1.2	0.4~0.8
PA	10	47	63~79
取向PA	8.3	—	40
PET	19~35	80	7~12
取向PET	10	47	4.7
HDPE	600	1200	1.2~1.6
MDPE	1000	—	2.8
LDPE	1650	—	4~6
PP	600	1800	1~2.8

5层PP/EVOH/PP（聚丙烯/乙烯-乙烯醇/聚丙烯）片材可用于热成型食物容器，这种板材较传统的透明聚丙烯雾度更低，而且可以延长食品等的储存时间。将PVDC与聚丙烯树脂共挤热成型，可以用于奶制品、果酱等的真空包装。这种复合膜内，聚丙烯为主要受力层，PVDC为阻隔层。还可以根据需要加入易热封的树脂（例如HDPE、LDPE等）作为热封层。

对于一些需要避光储存的物品，可以采用将中间层做成含有炭黑的黑色层，以利于遮蔽可见光、阻挡紫外线；外层及内层做成聚丙烯层或聚丙烯复合阻隔层，这样的制品既具有高度的遮光性，又具有良好的外观及安全性和卫生性。

参 考 文 献

[1] Yang Shujing, Song Guojun, Zhao Yunguo, et al. Mechanism of a one-step method for preparing silane grafting and crosslinking polypropylene. Polymer Engineering and Science, 2007, 57 (7): 1004-1008.

[2] 杨淑静,宋国军,佘希林,谷正,杨超. 高熔体强度聚丙烯的发泡性能研究. 工程塑料应用, 2007, 25 (12): 33-37.

[3] Liu N C, Yao G P, Huang H. Influences of grafting formulations and processing conditions on properties of silane grafted moisture crosslinked polypropylenes. Polymer, 2000, 41 (12): 4537-4542.

[4] 许红飞,黄汉雄,王建康. 聚丙烯/聚苯乙烯共混物超临界流体微孔发泡的研究. 塑料, 2008, 37 (2): 14-18.

[5] Rachtanapun P, Elke S E M, Matuana L M. Relationship between cell morphology and impact strength of microcellular foamed high-density polyethylene/polypropylene blends. Polymer Engineering and Science, 2004, 44 (8): 1551-1560.

[6] Song Guojun, Yang Shujing, Yang Chao, et al. Foaming polypropylene prepared by a novel one-step silane-grafting and crosslinking method. Journal of Porous Materials, 2006, 13 (3): 297-301.

[7] Zheng W G, Lee Y H, Park C B. Effect of nano particles on foaming behaviors of PP. SPE-ANTEC, 2006, 5: 2715-2720.

[8] 何继敏. 新型聚合物发泡材料及技术. 北京: 化学工业出版社, 2009.

[9] Hani E Naguib, Jerry X Xu, Chul B Park. Effects of blending of branched and linear polypropylene materials on the foamability. SPE Technical Conference, 2007, 47: 1623-1630.

[10] Song S J, Wu P Y, Ye M X, et al. Effect of small amount of ultra high molecular weight component on the crystallization behaviors of bimodal high density polyethylene. Polymer, 2008, 49 (2): 964-2973.

[11] Mogami Kenji, et al. Water-containing polypropylene resin composition and pre-expanded particles made thereof: USP 6214896. 2001.

[12] Senda Kenichi, Munakata Yasumitsu. Prefoamed particles of polypropylene resin and process for producing the same: EP 0790275. 1997.

[13] Iwamoto Tononori, et al. Polyproplyene resin pre-expanded particle and in mold expanded article thereof: USP 6797734. 2004.

[14] Sawai Minoru. Foamed article: USP 6906111. 2005.

[15] Kennedy R. Effect of foaming configuration on expansion. Journal of Materials Science, 2004, 39 (6): 1143-1145.

[16] 李春艳,何继敏. 提高发泡聚丙烯熔体强度的研究进展. 工程塑料应用, 2008, 36 (2): 76-79.

[17] 庞君,田正昕,王小涓. 热成型用透明 PP 的工业开发. 合成树脂及塑料, 2009, 26 (5): 17-20.

[18] 黄泽雄. 新款热成型加工设备. 国外塑料, 2007, 25 (3): 50-51.

[19] 蔡韵宜,赵岩峰编译. 热成型包装. 塑料包装, 2009, 19 (4): 57-60.

[20] Gui Quande, Xin Zhong, Zhu Weiping, et al. Effect of a organic phosphorus nucleating agent oil crystallization behaviors and mechanical properties of polypropylene. J. Appl. Polym. Sci., 2003, 88: 297-301.

[21] Supaphol P, Charoenphol P, Junkasem J. Effect of nuclearing agent on crystallization behavior

and mechanical properties of nucleated syndiotactic polypropylene. Macromol. Mater. Eng.,2004,289：818- 827.
[22] Andrzej K Bledzki，Omar Faruk. Influence of processing temperature on microcellular injection-moulded wood-polypropylene composites. Macromolecular Materials and Engineering，2006，291（10）：1226-1232.
[23] 刘伟时. 熔喷非织造布技术发展概况及应用. 化纤与纺织技术，2007,（4）：33-37.
[24] 余木. 熔喷非织造布产品的开发和应用. 纺织服装周刊，2007,（22）：14.
[25] 郭合信，何锡辉，赵耀明. 纺黏法非织造布. 北京：中国纺织出版社，2003.
[26] 马良海. 聚丙烯在熔喷非织造布中的应用. 现代塑料加工应用，2007,19（4）：59-61.
[27] 董震. 我国流延聚丙烯膜（CPP）及其专用料的开发进展. 中国高新技术企业，2009,10：7-8.

第6章 聚丙烯树脂生产和使用的安全与环保

现代化工生产具有规模超大、能量密集、产物多样的特点,历来都是安全生产的重中之重。随着我国经济的飞速发展,对各类聚丙烯树脂的需求日益增长,装置规模不断扩大,其中相当一部分生产过程,是在高温高压的条件下处理大流量的易燃、易爆物料。人们已认识到提高聚丙烯化工生产过程安全的重要性和紧迫性。

聚丙烯树脂作为最重要的高分子材料之一,其制品在电子产品、医疗器械、食品容器、包装材料、食品工业用器具及设备等领域得到广泛应用。随着国家对食品包装材料专用树脂、电子电气专用树脂和其他与人体密切接触的产品的安全、卫生与环保要求的逐步提高,标准的快速更新,加工应用水平的提高,也要求我们对聚丙烯及其制品的毒性、使用安全、卫生和环保更加重视。

6.1 聚丙烯树脂的毒性及使用安全

(1) **卫生理化性能** 对聚丙烯的水浸出物进行理化性能检验表明,聚合物对水的臭和味的感官鉴别的质量指标没有大的影响。理化分析仅发现有少量的可溴化物、氯化物、氧化物、甲醛(60℃,0.052~0.425mg/L)和甲醇(0.01~0.11mg/L)迁移出。研究表明,聚丙烯中迁移出的可溴化物和有机物的迁移程度与熔体指数和聚合物中无规立构组分含量成反比关系。在20℃下有机物迁移量为1.8mg/L(碘酸盐可氧化性),异丙醇的迁移量为0.5mg/L,可溴化物的迁移量为1.2mg Br/L。在60℃下异丙醇的迁移量达4.5mg/L,甲醇迁移量为0.21mg/L,甲醛迁移量为0.013mg/L。

(2) **急性中毒** 用 ^{14}C 示踪的聚丙烯喂养大白鼠后,在其体内没有发现同位素痕迹。大白鼠摄入5g/kg剂量,没有引起死亡;但小白鼠摄入2周后,发现肝、肾和心肌有病理形态学变化。小白鼠摄入没有增塑剂的聚丙烯

8g/kg 剂量，没有引起死亡，也没有发生中毒症状或内脏组织物结构变化。小白鼠摄入 10~15g/kg 剂量时，也获得同样的结果。

(3) **亚急性中毒** 小白鼠摄入不含稳定剂的聚丙烯树脂粉末（灰分 0.03% 和 0.1%）15 次，对其状态和体重增长未发生大的影响。组织学方面也没有发现与聚丙烯作用有关的任何变化。

(4) **慢性中毒** 用不含稳定剂的聚丙烯水浸出物（20℃和60℃，各240h）对小白鼠和大鼠进行了 15 个月的毒性试验。结果表明，小白鼠的体重增长和条件反射活动以及大鼠肝脏的重量系数变化都很小，但大鼠的抗体增长能力下降。

6.2 聚丙烯树脂安全数据信息

(1) **英文名称** POLYPROPYLENE。

(2) **标识** CAS：9003-07-0；9010-79-1。RTECS（化学物质毒性数据库）号：UD1842000。

(3) **化学品特性** 能缓慢燃烧的可燃晶状固体，白色，无臭。在水中漂浮。

(4) **安全卫生信息** 聚丙烯为丙烯的聚合物，本身并无毒性。动物长期吸入其粉尘，引起白细胞轻度增高；吸入聚丙烯热解产物出现上呼吸道黏膜刺激症状。如生产现场通风良好和注意个人防护，可不产生症状。实验动物可引起气管炎，可通过摄入或其他途径产生毒性，人类影响资料不充分，操作仍要谨慎。

(5) **接触限值** TWA（TWA 限制是在通常的一个 8 小时工作日和 40 小时工作周内一种在空气中的化学制品的时间加权平均浓度，在这个限制下这种化学制品几乎不会对天天接触它的工作人员产生有害影响）。OSHA（职业安全与卫生条例要求）：15mg/m³（总量）；5mg/m³（吸入性部分）。

(6) **呼吸器选择建议** 高于 NIOSH REL 浓度或尚未建立 REL，任何可检测浓度下：自携式正压全面罩呼吸器、供气式正压全面罩呼吸器辅之以辅助自携式正压呼吸器。逃生时采用装有机蒸气滤毒盒的空气净化式全面罩呼吸器（防毒面具）、自携式逃生呼吸器。

(7) **化学活性** 与强酸、氯及其他强氧化剂、高锰酸钾、异丙基油类不能配伍。

(8) **火险信息** 如果该物质或被污染的流体进入水路，通知被潜在水体污染的下游用户，通知地方卫生、消防和环保部门。使用干粉、抗醇化学泡沫、二氧化碳灭火。在安全防爆距离以外，使用雾状水冷却的容器。

(9) **NFPA**（美国防火协会标准）**危险分类** 未列出。闪点：可燃固体。

(10) **急救** 将患者移至空气新鲜处就医。如果患者停止呼吸，给予人工呼吸。如果呼吸困难，给予吸氧。脱去并隔离被污染的衣服和鞋。如果皮肤或眼睛接触该物质，应立即用清水冲洗至少 20min，用肥皂和清水清洗皮肤。注意给患者保暖并且保持安静。确保医护人员了解该物质相关的个体防护知识，注意自身防护。

6.3 聚丙烯树脂生产和加工中的安全与防护

聚丙烯的生产过程是将易燃、易爆的丙烯、乙烯和氢气等原料在催化剂的作用下，聚合成聚丙烯粉料。未反应的单体经过气化分离循环使用。整个生产过程所用的原料及制得的产品均属易燃、易爆物品，这些烯烃类原料和氢气一旦发生泄漏而造成爆炸或火灾是灾难性的事故，因此掌握聚丙烯的安全生产技术，提高安全生产意识，做好安全防护工作是十分重要的。

6.3.1 反应物料的安全特性及防护措施

(1) 丙烯是无色、有甜味、爆炸极限宽的可燃气体。空气中爆炸极限为 2.0%～11.1%（体积分数），高浓度丙烯可以使人窒息。丙烯的输送和储存要在密闭系统内进行，而且要远离电源、火源，管道安装要做好静电接地。丙烯比空气密度低，能留存在装置的下水道和低洼处，当有过量丙烯外泄时有可能引起着火。从防火的角度考虑，建议丙烯在空气中的允许浓度为 0.4%。

(2) 共聚单体乙烯是一种无色、略带特殊甜味的气体，密度比空气稍低，在空气中的爆炸极限为 2.75%～36%（体积分数），最大允许浓度为 0.55%。

(3) 氢气是无色、无味、无毒，极易着火的爆炸性气体，具有窒息作用，在空气中的爆炸极限为 4.0%～75.6%（体积分数）。

(4) 助催化剂三乙基铝或一氯二乙基铝，与空气接触着火，遇水时将发生强烈燃烧，在使用、运输过程中必须在完全的氮气保护下进行，绝对不允许接触空气和水。若以液态烃稀释至 15% 或更低的浓度可以安全使用，此时液体表面呈现白色烟雾，但接触空气时已不会自燃，而人体接触会导致严重烧伤，因此操作时要按规定穿戴防护用具。存放助催化剂要与主要生产厂房保持 30m 以上的安全距离，储存室及催化剂储罐附近要安装火焰检测器和联锁系统。一旦发生因助催化剂泄漏引起的火灾，联锁系统可以自动切断所有进入装置的三乙基铝阀门，并开启氮气阀门。该系统停车检修时要先用油将三乙基铝管线、阀门冲洗干净。扑救三乙基铝引起的火灾绝对不能用水、泡沫和四氯化碳灭火器，要采用硅石、干砂、二氧化碳和干化学品灭火器。消防人员要穿戴石棉耐热服、面罩和隔离式防毒面具，防止三乙基铝燃烧时产生的刺激性气体对人的肺、气管的刺激。

(5) 给电子体是一种有机硅化合物，如二苯基二甲氧基硅烷、苯基三乙氧基硅烷（DPMS、PES），其外观状态为淡黄色或透明液体，性质与一般液体相同，无严重危险性。暴露于空气中时，与空气中的水发生水解反应，在常温下逐渐生成甲醇，影响催化剂活性，通常要保存在氮封下，防止接触潮气。

表6-1是聚丙烯生产常用危险物质的性质一览表。表6-2与表6-3是物质火灾危险性分类的标准。以上提到的几种催化剂在生产及使用过程中，虽然没有发生过重大恶性事故，但局部火灾，操作人员面部、胸部、四肢皮肤灼伤，甚至烧伤导致死亡事故却时有发生。因此在具体操作中要遵守各项有关规定，并采取必要的防范措施。

■表6-1 聚丙烯生产常用危险物质的性质一览表

物料名称	氢气	丙烯	一氧化碳	三乙基铝	乙烯
常温状态	气体	气体	气体	液体	气体
相对分子质量	2.02	42.08	28.01	114.2	28.06
沸点/℃	−252.8	−47.7	−191.5	194	−103.9
熔点/℃	−259.2	−185	−205	−46.8	−169.4
闪点/℃	—	−108	<−50.5	−52.5	−136
自燃点/℃	510	455	610	—	425
爆炸范围（体积分数）/%	4.1~74.2	2~11.1	12.5~74.2	—	2.7~36
火灾危险类别	甲	甲	乙	甲	甲
毒物危害程度分级	—	低毒	高毒	—	低毒
最大允许浓度	F	F	30mg/m^3	—	—

■表6-2 可燃气体的火灾危险性分类（GB 50160—92）

类别	可燃气体与空气混合物的爆炸极限
甲	<10%（体积分数）
乙	≥10%（体积分数）

■表6-3 液化烃、可燃液体的火灾危险性分类（GB 50160—92）

类别		名称	特征
甲	A	液化烃	15℃时的蒸气压力>0.1MPa的烃类液体及其他类似的液体
甲	B	可燃液体	甲A类以外，闪点<28℃
乙	A	可燃液体	闪点≥28℃至≤45℃
乙	B	可燃液体	闪点>45℃至<60℃
丙	A	可燃液体	闪点≥60℃至≤120℃
丙	B	可燃液体	闪点>120℃

6.3.2 静电导致的危害及防范措施

6.3.2.1 静电危害

静电是由物质表面所产生的电荷造成的。具有很高电阻的液体、固体颗粒及粉末等物质，在经受剧烈的机械运动时，例如物料高速流过管线、对反应釜进行搅拌、向容器中喷洒或注入物料等生产过程，都会产生静电。另外，物料从管道设备的裂缝中喷出时也会产生静电。液态烃的电阻率一般大于 $10^8\Omega\cdot m$，因而电导率很低，积累的静电荷不易释放，其电势将产生足够电能，使电弧足以点燃可燃气体混合物。

在聚丙烯的实际生产过程中，最容易产生静电并造成火灾或爆炸事故是在聚丙烯的成品粉料或粒料的流动输送过程。由于固体颗粒输送时速度很快，摩擦剧烈，因而产生大量的静电荷。前些年因为防静电措施不太完善，小的聚丙烯装置的静电问题较为突出。聚丙烯在闪蒸装置中喷料时，其速度约为 12～15m/s，加之在闪蒸装置内受到搅拌的摩擦使聚丙烯粉料带有极高的静电荷，测其电压可高达 3.0 万～3.5 万伏。在干燥环境中，包装粉料时工人会有受到电击的麻木感。夜间经常能够看到有微小的电火花产生。此时，如果闪蒸不完全，有残留丙烯放出，或者包装厂房周围有较高浓度的可燃气体放出，将会导致恶性火灾或爆炸事故发生。

6.3.2.2 静电防范措施

(1) 静电接地。聚丙烯浆液管线及丙烯等液态烃类物料的输送管线都应有很好的接地措施。法兰、阀门之间要按跨接线，地上管网系统要每隔一段距离（80～100m）与接地干线或专设的接地体相连接，防爆区的设备、储罐及非防爆区的关键设备要设有静电接地保护。对接地电阻要建立定期测量制度，接地电阻要不大于 10Ω，接地线要保持良好的导电性能，接地棒要整个表面埋设在泥土中。

(2) 增加空气湿度，预防静电聚集。增大空气湿度有利于静电的导出，从而能够提高爆炸混合物的最小点火能量。可以采用空气湿度调节装置控制或者用向空间喷洒蒸汽等办法来增加空气湿度。操作厂房内保持以 50%～70% 的相对湿度为佳。

(3) 尽量降低物料的流动速度，在条件允许的运输段，将流体流动速度控制在 1m/s 以内，可在很大程度上降低静电的产生。

(4) 小的聚丙烯闪蒸装置系统排料过程预防静电危害可采取的综合措施如下：①增设气动阀和球阀之间短管的置换管线；②出料口处安装防静电布袋；③保证各部位跨接线的完好；④完善各聚集电荷部位的静电导出设施。

6.3.2.3 聚合装置、储罐、容器的清理及安检

进入聚合装置、储罐、容器内进行清理和检修是一项技术性较强的工作，稍有疏忽就会导致人员伤亡或设备损坏事故，因此要在严密的组织、周密的布置下进行。

(1) 将要检修或清理的聚合装置、储罐、容器倒空，退出物料，泄压放空不能退出的固体物料要进行吹扫、置换。

(2) 切断与聚合装置、储罐、容器等检修设备相连的所有管线，最好拆开法兰，不能拆开法兰的要加好盲板编号登记。

(3) 按规定时间吹扫、置换后,测其设备内的可燃物含量,确认合格后,拆开大盖或人孔使其降温。

(4) 向设备内通入空气并配备供应新鲜空气的措施。

(5) 切断与该设备有联系的进、出口物料泵的电源,切断搅拌电机的电源。

(6) 禁止一切可能发生的物料排放和可能的火源。

6.3.3 聚丙烯安全生产重点环节

6.3.3.1 聚合装置

由于聚合反应复杂,原料、催化剂和活化剂的质量不易控制,极易发生着火和很难处理的"爆聚"结块事故。为保证生产安全需要做到以下几点。

(1) 经常注意检查操作参数,聚合釜的反应温度、压力是否符合工艺控制的要求。

(2) 聚合釜在清理时,必须有清理方案,用盲板与系统隔开,可燃气体用氮气置换后再用空气置换。对物料表面和作业表面进行喷水处理,以便清除静电火花和使活化剂失活。

(3) 当更换催化剂批号和原料之前,应在配比模拟实验以后,再行正式投入生产,以确保聚合反应安全进行。

(4) 系统开车前,必须用氮气吹扫,在氮封条件下方可投料运行。

(5) 聚合系统严防泄漏,检查密封油系统必须处在正常运行状态下。

(6) 在事故状态下,必须及时采取放空泄压、迅速降温等措施,必要时可提示注入一氧化碳阻聚剂。

6.3.3.2 丙烯精制

丙烯精制是将原料丙烯加热气化后用铜系催化剂除去易使催化剂中毒的有害杂质一氧化碳和硫氧化碳。气态丙烯极易泄漏而导致着火爆炸事故。物料已烷极易着火,绝对不容许泄漏。催化剂配制区绝对禁止用泡沫、水灭火。配备的特殊自动喷雾消防设施,要保证在事故状态下能覆盖整个危险区。

6.3.3.3 催化剂配制

聚丙烯生产过程中使用三种催化剂:一种是钛基催化剂,用作主催化剂;其余两种为助催化剂,即三乙基铝和有机化学品。催化剂配制过程中,钛基催化剂对水和氧高度敏感,会使其失去活性,暴露于空气中会产生刺激性的盐酸味道;三乙基铝遇空气即燃烧,遇水则猛烈爆炸,是极易发生火灾的危险品。配制时,三乙基铝催化剂的装卸与操作必须在氮封条件下进行,绝对与水隔离,装置区内储备不得超过安全储备。盛装三乙基铝的特殊容器上，要覆盖一定量的膨胀珍珠岩作为特殊防火措施。

6.3.3.4 其他环节

（1）聚合工序所使用的物料大部分为非导电性的可燃物料，必须防止静电危害，在压料、泄料、取样时必须控制流速。尤其在闪蒸釜出料时，当残余丙烯含量达到爆炸范围，就可能因产生电火花而引发火灾。

（2）对钛基催化剂操作时，操作人员应戴好橡皮手套和面罩，处理烧碱时要穿防酸服，戴护目镜，清理造粒模头时要戴石棉手套。

（3）熔融聚合物温度在200℃左右，为了确保人身安全，在挤压机拉条时必须使用特制的专用工具。易燃、易爆区必须使用无火花铜质工具。

6.4 聚丙烯树脂的卫生环保检测认证及方法

随着现代科学技术的发展，塑料在国民经济和现代科学技术中的作用日益扩展，广泛地应用在众多领域中。据相关资料显示，塑料用于食品包装的销量占塑料总产量的25%左右。相对于玻璃与金属材料，塑料由于其材质轻、运输销售方便、化学稳定性好、易加工、装饰效果好以及良好的食品保护作用等优点，在食品包装工业上被广泛使用。其主要用来阻止光的照射，氧气、水蒸气、二氧化碳的渗透，微生物和其他化学物质的腐蚀，保护食品质量和卫生，不损失原始成分和营养，方便储运，促进销售，提高货架期和商品价值。

长期以来人们普遍以为，食品质量安全问题主要在于食品本身，而往往忽略了食品包装的安全性，实际上与食品直接接触的各类包装材料的质量有时恰恰是食品质量事件的罪魁祸首。劣质的食品包装材料虽然不像感染病毒、细菌那样对消费者的身体造成立竿见影的危害，但这些产品在长期反复使用的情况下，有毒有害物质会迁移到食物中，通过食用积累导致慢性中毒，对儿童和青少年的成长发育尤其不利。

为了排除由于塑料包装材料化学物迁移引发的危害消费者健康的可能性，自20世纪60年代开始，欧美国家的研究人员做了一系列的研究工作。由于食品成分的复杂性和化学物的迁移量甚微，通常借助于食品模拟物而不是真实的食品来开展迁移试验的研究。所谓食品模拟物是指能够模拟真实食品在真实条件下与包装接触过程中所表现的迁移特性的物质，可以是一种溶剂或几种溶剂的混合物。合理准确地选用食品模拟物对迁移试验结果的准确性和可靠性有着直接的影响。蒸馏水、乙酸、乙醇溶液常可以很好地模拟水性、酸性、酒精类食品的迁移特性。

6.4.1 食品包装用聚丙烯材料

我国对食品及其包装材料已有法律法规和相应的卫生标准，其中的法律法规有两部：《中华人民共和国食品卫生法》和《食品用塑料制品及原材料管理办法》。食品卫生法是国务院颁布的，而管理办法是卫生部颁布的。这二者都是强制性的法律。食品卫生法涵盖的内容比管理办法要宽广得多，是综合性的法律，而后者是专业性的，仅指塑料制品及原材料，管理范围限制在接触食品的各种塑料食具、容器、生产管道、输送带和塑料做成的包装材料及其所使用的合成树脂和助剂。

包装材料的溶出物，有些是原材料树脂合成时产生的，有些是后期成型加工时为了增加薄膜材料的功能特性而添加的一些助剂，对它们的危害国内外都有很深入的研究，并制定了相应的规定。国内有卫生部颁布的原材料标准 GB 9693—88《食品用聚丙烯树脂的卫生标准》、成型品卫生标准 GB 9688—88《食品包装用聚丙烯成型品卫生标准》和 GB 9683—88《复合食品包装袋卫生标准》。这些标准中均有蒸发残渣（乙酸、乙醇、正己烷）、高锰酸钾消耗量、重金属含量、脱色试验。其中蒸发残渣是反映食品包装袋在使用过程中遇食醋、酒、油等液体时析出残渣、重金属的可能性。高锰酸钾消耗量就是残渣中能被氧化变质的量。此外，GB 9683—88《复合食品包装袋卫生标准》中还增加了二氨基甲苯的含量指标，二氨基甲苯是致癌物质，它主要是由复合加工时采用的胶黏剂产生的。此外，包装材料生产过程中残留在内的过量溶剂如甲苯类、乙酸乙酯、乙醇等，也作为包装材料的溶出物在影响食品的安全卫生。它们产生的异味既破坏食品原有的风味，又会不同程度地造成一定的危害，尤其是苯类有毒溶剂的残留析出，造成的影响会更大。

除了上述的卫生标准项目和指标外，我国的复合包装材料标准中，还有一项残留溶剂不得大于 $10mg/m^3$ 和甲苯的残留量不得大于 $3mg/m^3$ 的规定，例如 GB 10004 和 GB 10005。这是与近年来对包装材料的异味和潜在毒性要求越来越严格有关，所以随之而来的就发展了水性油墨和胶黏剂、醇溶性油墨和胶黏剂以及无溶剂胶黏剂等新产品，目的是保障复合材料具有更高的纯净、卫生和安全性能。在助剂的卫生标准中，我国有 GB 9685—2009《食品容器、包装材料用助剂使用卫生标准》，它规定了 959 种添加剂的具体名称、最大使用量、最大残留量和特定迁移量，类似于 FDA 21CFR 175.105 和日本接着剂"自主规定"，列出可以用在食品包装领域中的辅助材料名称清单及其最高用量。

食品安全法第二十九条规定：国家对食品生产经营实行许可制度。从事食品生产、食品流通、餐饮服务经营，应当依法取得食品生产许可、食品流通许可、餐饮服务许可。其中涉及食品用聚丙烯的包装容器、工具等制品的生产许可，范围包括包装类、容器类和工具类，见表 6-4。

■表6-4　食品用聚丙烯生产许可产品

产品分类	产品单元	产品品种
包装类	1. 非复合膜	1. 商品零售包装袋（仅对食品用塑料包装袋）
		2. 双向拉伸聚丙烯珠光薄膜
		3. 聚丙烯吹塑薄膜
		4. 热封型双向拉伸聚丙烯薄膜
		5. 未拉伸聚乙烯、聚丙烯薄膜
		6. 夹链自封袋
		7. 包装用镀铝膜
		8. 耐蒸煮复合膜、袋
	2. 复合膜袋	9. 双向拉伸聚丙烯（BOPP）/低密度聚乙烯（LDPE）复合膜、袋
		10. 榨菜包装用复合膜、袋
		11. 液体食品包装用塑料复合膜、袋
		12. 液体食品无菌包装用复合袋
		13. 多层复合食品包装膜、袋
	3. 片材	14. 聚丙烯（PP）挤出片材
	4. 编织袋	15. 塑料编织袋
		16. 复合塑料编织袋
容器类	5. 容器	17. 软塑折叠包装容器
		18. 包装容器塑料防盗瓶盖
		19. 塑料奶瓶、塑料饮水杯（壶）、塑料瓶坯
工具类	6. 食品用工具	20. 塑料菜板
		21. 一次性塑料餐饮具

6.4.1.1 聚丙烯食品包装材料用树脂

按 GB 9693—88 技术要求，内容如下。

(1) **感官指标**　白色颗粒，不得有异味、异臭、异物。

(2) **理化指标**　聚丙烯食品包装材料用树脂的理化指标见表6-5。

■表6-5　聚丙烯食品包装材料用树脂的理化指标

项　　目		指　　标
正己烷提取物/%	≤	2

6.4.1.2 食品包装用聚丙烯成型品

按 GB 9688—88 技术要求，内容如下。

(1) **感官指标**　色泽正常，无异味、异臭、异物。

(2) **理化指标**　聚丙烯食品包装用聚丙烯成型品理化指标见表6-6。

■表6-6　聚丙烯食品包装用聚丙烯成型品理化指标

项　　目		指　　标
蒸发残渣/(mg/L)		
4%乙酸（60℃，2h）	≤	30
正己烷（20℃，2h）	≤	30
高锰酸钾消耗量（水，60℃，2h）/(mg/L)	≤	10

6.4 聚丙烯树脂的卫生环保检测认证及方法

续表

项　　目	指　　标
重金属（以 Pb 计,4%乙酸,60℃,2h)/(mg/L)　≤	1
脱色试验 　冷餐油或用无色油脂 　乙醇 　浸泡液	阴性 阴性 阴性

6.4.1.3 食品容器、包装材料用聚丙烯添加剂

为了改良塑料食品包装材料，人们在制作包装材料中常常会采用大量的添加剂，如增塑剂、稳定剂、润滑剂、抗氧剂、开口剂和着色剂等。这些添加剂也存在不同程度的向食品迁移溶出的问题，其中某些添加剂或者添加剂降解物对人体具有一定毒性。

按 GB 9685—2008《食品容器、包装材料用助剂使用卫生标准》，修订后的新标准参考了美国联邦法规（Code of Federal Regulations）第 21 章第 170~189 部分、美国食品和药物管理局食品接触物通报（Food Contact Notification）列表以及欧盟 2002/72/EC "关于与食品接触的塑料材料和制品的指令"（Commission directive relating to plastic materials and articles intended to come into contact with food-stuffs）等相关法规，并增加了术语、定义及添加剂的使用原则，批准使用添加剂的品种由原标准中的几十种扩充到 959 种。其中涉及聚丙烯专用料常用添加剂的最大使用量、最大残留量及特定迁移量规定见表 6-7。

■表 6-7　聚丙烯专用料的常用添加剂的最大使用量、最大残留量及特定迁移量

序号	样品名称	在聚丙烯中的最大使用量/%	特定迁移量/最大残留量/(mg/kg)
1	硬脂酸钙	5	—
2	抗氧剂 1010	0.50；与脂肪、醇类接触的制品，最大使用量为 0.1	—
3	抗氧剂 168	0.25	
4	抗氧剂 1330	0.50	
5	硬脂酸锌	3.0	—
6	抗氧剂 BHT	0.50	3（SML）
7	抗氧剂 1076	0.50	6（SML）
8	亚磷酸盐抗氧剂（ULTRANOX 627A）	0.10	0.6（SML）

除此之外，新修订的 GB 9685 标准明确强调，未在列表中规定的物质不得用于加工食品用容器、包装材料。目前，市场上用于食品容器、包装材料的添加剂种类繁多，即使新修订的《食品容器、包装材料用添加剂使用卫生标准》已从原有的 58 种添加剂增至 959 种，但与实际相比，仍显不足。针对没有列入国家标准中的添加剂及用于食品容器、包装材料的相关物质，卫生部组织起草了《食品相关产品新品种行政许可管理规定》，该规定明确

了食品相关产品新品种的许可范围、申报与受理程序、需要提交的资料及审批与公布等内容。

6.4.2 管材用聚丙烯材料

近年来,随着国民经济的快速发展,人们的生活水平不断提高,卫生保健及健康意识逐渐增强。尤其是20世纪90年代以来,人们对饮用水不仅仅停留在维持生命及解渴等需求上,而是希望从水中饮出健康。因此,各种旨在改善、保护水质的产品,例如各类水质处理剂、水质处理器、新型输配水管材(件)、水箱和涂料等大量涌入市场。为确保水质、防止水质污染,国家建设部、卫生部联合颁布了《生活饮用水卫生监督管理办法》,国家质检总局和卫生部联合发布了GB/T 17219—1998《生活饮用水输配水设备及防护材料的安全性评价标准》及《生活饮用水输配水设备及防护材料卫生安全评价规范》(2001),上述标准规范了生活饮用水输配水设备及防护材料的卫生安全性评价及检测。按GB/T 17219—1998"生活饮用水输配水设备及防护材料的安全性评价标准",管材专用料卫生性能技术要求见表6-8。

■表6-8　管材专用料卫生性能技术要求

序号	项目	技术要求
1	色度/度	不增加色度
2	浑浊度/NTU	增加量≤0.5
3	臭和味	无异臭、异味
4	肉眼可见物	不产生任何肉眼可见的碎片杂物等
5	pH	不改变pH
6	铁/(mg/L)	≤0.03
7	锰/(mg/L)	≤0.01
8	铜/(mg/L)	≤0.1
9	锌/(mg/L)	≤0.1
10	挥发酚类(以苯酚计)/(mg/L)	≤0.002
11	砷/(mg/L)	≤0.005
12	汞/(mg/L)	≤0.001
13	铬(六价)/(mg/L)	≤0.005
14	镉/(mg/L)	≤0.001
15	铅/(mg/L)	≤0.005
16	银/(mg/L)	≤0.005
17	氟化物/(mg/L)	≤0.1
18	硝酸盐(以氮计)/(mg/L)	≤2
19	蒸发残渣/(mg/L)	增加量≤10
20	高锰酸钾消耗量(以O_2计)/(mg/L)	增加量≤2
21	氯仿/(μg/L)	≤6
22	四氯化碳/(μg/L)	≤0.3

除此之外,聚丙烯管材的浸泡水尚需按该标准附录C的方法进行下列毒理学实验:急性经口毒性实验,LD_{50}不得小于10mg/kg体重。还要进行

基因突变实验和哺乳动物细胞染色体畸变实验，两项实验均需为阴性。

饮用水输配水设备和防护材料应使用食品级聚丙烯原料。按照 2001 年 6 月卫生部颁布的《生活饮用水输配水设备及防护材料卫生安全评价规范》(2001) 进行检测，见表 6-9。

■表 6-9　浸泡试验基本项目的卫生要求（15 项）

项　目	卫　生　要　求
色度	增加量≤5 度
浑浊度	增加量≤0.2NTU
臭和味	浸泡后水无异臭、异味
肉眼可见物	浸泡后水不产生任何肉眼可见的碎片杂物等
pH	改变量≤0.5
溶解性总固体	增加量≤10mg/L
耗氧量	增加量≤1mg/L（以 O_2 计）
砷	增加量≤0.005 mg/L
镉	增加量≤0.0005 mg/L
铬	增加量≤0.005 mg/L
铝	增加量≤0.02 mg/L
铅	增加量≤0.001 mg/L
汞	增加量≤0.0002 mg/L
三氯甲烷	增加量≤0.006 mg/L
挥发酚类	增加量≤0.002 mg/L

《安全评价规范》规定，对于聚乙烯、聚丙烯、聚苯乙烯、聚碳酸酯、聚酰胺、聚氯乙烯等塑料类管材还需要加测下列检测项目（表 6-10）。

■表 6-10　浸泡试验增测项目的卫生要求（6 项）

项　目	卫　生　要　求
钡	增加量≤0.05mg/L
锑	增加量≤0.0005mg/L
四氯化碳	增加量≤0.0002mg/L
锡	增加量≤0.002mg/L
总有机碳（TOC）	增加量≤1 mg/L
聚合物单体和添加剂	—

上述卫生要求，如果超标会对人体造成不同程度的危害，如金属、重金属铁、锰、铜、砷、汞、镉、铅、银等超标，溶入水中，人摄入体内富集，将造成人体慢性中毒；挥发性酚类、苯并 [a] 芘等有机物超标，对人体有致癌、致畸、致突变的作用。在聚丙烯管材卫生检测中，溶解性总固体和金属钡是两项容易超限的指标。在聚丙烯管材的生产过程中一定要选取质量有保证的原材料，并注意按照合理的比例加入防老剂等各种助剂。

6.4.3 医用聚丙烯材料

塑料作为一种十分重要的材料，在医学领域得到了广泛的应用。从药品、药剂的包装，到一次性医疗器械（如点滴瓶、注射器等）和非一次性医疗设备（如计量器、外科仪器等）的应用，都有塑料的踪影。并且医用塑料领域将成为塑料工业最具发展潜力的市场之一。

其中，聚丙烯的用量占到16%。随着科技的发展，医疗器材和医学装备对医用塑料的性能要求越来越高，特别是其理化性能指标和生物相容性必须达到相关国际标准（如FDA等）。国内目前医用聚丙烯卫生性能方面的评价主要是按照YY/T 0242—2007《医用输液、输血、注射器具用聚丙烯专用料》进行检测。该标准除规定了医用聚丙烯的物理机械性能，还规定了其化学性能及耐辐射的技术指标，见表6-11。

■表6-11 医用聚丙烯化学性能及耐辐射技术指标

性　　能	项　　目	指　　标
化学性能	酸碱度（与空白对照液之差）	≤1.0
	重金属含量/（$\mu g/mL$）	≤1.0
	镉含量/（$\mu g/mL$）	≤0.1
	紫外吸光度	≤0.08
辐射后（25kGy）的黄色指数		≤20

生物学性能则按照GB/T 16886.1《医疗器械生物学评价 第1部分：评价与试验》进行生物学评价，评价结果应表明无毒性。此外，国家药监局还颁布了一系列医用聚丙烯相关的标准，包括YBB 0008—2002《口服液体药用聚丙烯瓶》、YBB 0013—2005《药用聚酯/铝/聚丙烯封口垫片》、YBB 0019—2002《双向拉伸聚丙烯/低密度聚乙烯药品包装用复合膜、袋》、YBB 0025—2005《药用聚丙烯/铝/聚乙烯复合软膏管》等国家标准。这些标准对医用聚丙烯的密封性、阻隔性、氧气透过量、乙醇透过量、透油性、溶出物、重金属、紫外吸光度、离子含量、不挥发物、易氧化量等项目做出了规定。

从医药卫生角度对用作输液包装材料的树脂要求是相当严格的。很多医药公司的原料检测采取日本药局的检测标准（高于我国的相关规定）。检测内容包括：物理化学实验、生物学实验、微粒子实验及溶出物实验。与生产工艺过程有关的直接卫生项目包括：物化实验中的灼烧残渣、重金属，溶出物实验中的氯化物、硫酸盐、磷酸盐、铵盐、蒸发残留物和紫外线吸收光谱。而生物学实验和微粒子实验都属于间接卫生项目。工艺技术方案的选择，特别是催化剂与添加剂的种类及用量的确定必须充分考虑到上述卫生指标的要求。

合成聚丙烯所用催化体系由三部分组成：主催化剂（主要成分为

$TiCl_4$，载体为 $MgCl_2$）、助催化剂（主要成分为烷基铝等）及第三组分（硅烷类）。催化剂种类及用量对医用树脂卫生指标影响很大，包括灼烧残留百分比、金属含量（Ti、Mg、Al）和溶出物中氯化物含量。微粒子实验和生物学实验也是重要的指标。

催化剂的活性主要来自主催化剂、助催化剂相互作用生成的不溶性配合物。催化剂活性越高，其单耗越少，对产品的卫生指标越有利。应防止催化剂活性低引起单耗上升，对最终产品卫生性能造成损害。必须注意催化剂的氮封和储藏条件，防止在运输、储存及配制过程中活性降低。在实际生产中，还要考虑丙烯杂质含量尤其是 CO、COS、H_2O 等杂质不能超标，因为这些杂质会对聚合釜中的催化剂活性产生影响，在切换不同来源的丙烯原料时，要特别注意此问题。

医用聚丙烯产品，大多采用高温或射线灭菌方式，也需要制品有一定的抗老化性能，因而在加工成制品前必须加入稳定剂。普通聚丙烯牌号的添加剂一般包括主抗氧剂、辅助抗氧剂和卤素吸收剂。在医用输液瓶专用树脂的工业开发过程中，添加剂的选择及用量必须考虑到医用卫生指标的要求。抗氧剂 264 与 1010 虽然都具有无污染性质，但前者较后者具有高挥发性和易泛黄等缺点。因此，主抗氧剂应首选 1010。1010 的添加量应在保证此专用树脂具有一定抗老化性能的前提下尽量降低。另外，按照对医用树脂溶出物实验的要求，磷酸盐含量在 $0.15\mu g$ 以下，生产中应禁止添加亚磷酸酯类辅助抗氧剂。理论上，卤素吸收剂的加入可防止树脂加工过程中的设备腐蚀及制品应用性能的下降；但随着高效催化剂的应用，系统中残留氯大大降低，卤素吸收剂的添加量越来越少。

总之，为满足医用卫生指标，催化剂、添加剂均需要予以特殊考虑，此外其他可能导致卫生性能下降的因素也要给予充分重视。例如，干燥单元最后一级干燥要用高纯度氮气而不是循环风作干燥介质；生产前后，添加剂加料系统要彻底清理；掺和风送系统要定期更换过滤布等。

6.4.4 聚丙烯的 FDA 检测与认证

FDA 是美国食品和药物管理局（Food and Drug Administration）的简称，是美国政府在健康与人类服务部（DHHS）和公共卫生部（PHS）中设立的执行机构之一。作为一家科学管理机构，FDA 的职责是确保美国本国生产或进口的食品、化妆品、药物、生物制剂、医疗设备和放射产品的安全。它是最早以保护消费者为主要职能的联邦机构之一。该机构与每一位美国公民的生活都息息相关。在国际上，FDA 被公认为是世界上最大的食品与药物管理机构之一。许多国家都通过寻求和接受 FDA 的帮助来促进并监控其本国产品的安全。

美国各地、各州及国家拥有涵盖了食品生产包装和配送领域的严密管理和监测体系。按照国家和各地、各州法律规定的职责,经过食品/包装检验人员、微生物学家、包装专家和食品科学家的共同努力,由公众健康机构、各联邦部门和机构对食品安全进行了连续的管理和监控,确保了包装食品的安全卫生。其中美国食品和药物管理局(FDA)在这一过程中起了很关键的作用。该机构成功的记录包括很多里程碑式的案例,例如改善婴儿用品配方成分、消除罐装食品中的肉毒杆菌以及在产品上贴标注明可能的食品过敏原等。

依据美国《联邦规章典集》(Code of Federal Regulations,CFR)第 21 条 "食品与药品"(Title 21—Food and Drugs)中 CFR 177 "间接食品添加剂:聚合物"条例的规定,以下与食品接触或直接入口的塑料类材料,主要包括尼龙、ABS、ACRY、PU、PE、PC、PVC、PP、PR、PET、PO、PS、PSU、POM、PPS、EVA、SAN、SMM、EVA、BS、MEL、COPP、KRAT、ACRY 等树脂,需要做相应的检测,并符合条款的技术指标。

聚丙烯材料最基本的一些测试项目见表 6-12,如果该类材料有更多领域的应用,如耐 120℃ 以上高温,较长时间的耐油性等,需要加测有针对性的特殊项目。举例来说,对于需要高温加工的油性食品来说,是很难做出一种完全符合 FDA 要求的包装制品的。如果所使用的材料和加工方法已经在 CFR 第 21 章 177.1390 节中列明,那么包装厂商必须严格按照执行。由于热力学原因,温度的升高会促进包装成分的迁移。所以,这些高性能的多层复合包装必须经过严格的迁移测试,在加热时也要异常小心。

■表 6-12 聚烯烃材料 FDA 基础测试项目

材料	联邦测试条款	测试项目	技术指标
烯烃聚合物(PP/PE/PO)	21 CFR 177.1520	密度	产品按配方及用途细分,具体指标详见 21 CFR 177.1520
		熔点	
		正己烷提取物	
		二甲苯提取物	

迁移测试要耗费 10 天的时间,应采用食品模拟的方法表现出含有不同结构的食品类型,液体状的食品模拟物可以是 10% 的乙醇和 90% 的水混合配制而成,而脂肪类的模拟食品则可以是 95% 的乙醇和 5% 的水。食品组织构造和模拟物都加热到特定的温度,并持续不同的时间段。举例来说,孔隙相对较多的 LDPE 要加热到 100℃ 并持续 1h,然后再在 40℃ 温度下一直放置到测试结束。10 天的测试过程完成后,应检测食品模拟物中有多少从黏合剂迁移来的化学成分。这项工作花费相当昂贵,使用了很多最先进的精密测试仪器,比如液相色谱-质谱联合检测、碳 13 核磁共振等。这些高性能仪器是必备的,因为需要在食品模拟物中检测到的化学成分按照 FDA 颁布的安全计量标准是极微量的。例如,甲苯二胺的安全剂量约是正常人食量的数十亿分之一。

6.4.5 RoHS 检测与认证

电子电气行业在给人类带来方便的同时也带来了大量的电子垃圾。仅在 1998 年欧盟境内回收处理的电子电气废料就达 600 多万吨。这些电子产品经常包含有各种有害的金属,例如汞和铅,也包含有毒的化学品。这些物质一旦泄漏出来,会造成土壤、水源和大气等的污染,严重威胁人类的生命安全及其赖以生存的环境。

欧盟国家(包括荷兰、丹麦、瑞典、比利时、意大利、芬兰及德国)于 2002 年 11 月 8 日公布了电气及电子设备废弃物处理法,并于 2003 年 1 月 27 日正式公布了《报废电子电气设备指令》(WEEE-2002/96/EC)和《关于在电子电气设备中禁止使用某些有害物质指令》(RoHS-2002/95/EC),其主要目的是减少电气及电子设备的废弃物并建立回收及再利用系统,从而降低这些物质在废弃、掩埋及焚烧时对人体及环境所可能造成的危害及冲击。自 2006 年 7 月 1 日起,所有 WEEE 指令中所规定的电子电气产品在进入欧洲市场时,不能够含有 RoHS 指令中所提到的有害物质(铅、汞、镉、六价铬、多溴联苯及多溴联苯醚)。这两条指令对电子通信产品提出更高的环保要求,对出口到欧盟国家的电气及电子产品产生巨大影响。RoHS 针对所有生产过程中以及原材料中可能含有上述六种有害物质的电子电气产品,主要包括:电冰箱、洗衣机、微波炉、空调、吸尘器和热水器等白色家电;音频产品、视频产品、DVD、CD、电视接收机、IT 产品、数码产品、通信产品等黑色家电;电动工具、电动电子玩具和医疗电气设备。

为了规避风险,绝大多数电子电气产品生产企业都会把风险分摊到供应商处,要求供应商签订一个保证书,然后让他们逐级去做检测,从生产源头开始控制上述有害物质。这就要求树脂原材料及零部件的生产企业提供 RoHS 检测报告,并签署一个产品符合 RoHS 要求的声明,如果不符合限值要求,则需承担相应的责任。RoHS 检测技术要求见表 6-13。

可能含有受限制有害物质的制件及材料见表 6-14。其毒性叙述如下。

■表 6-13 RoHS 指令六种有害物质的限值

限制物质	铅	镉	汞	六价铬	多溴联苯	多溴联苯醚
化学符号	Pb	Cd	Hg	Cr^{6+}	PBB	PBDE
依据法令	2002/95/EC	2002/95/EC	2002/95/EC	2002/95/EC	2002/95/EC	2002/95/EC
允许最高含量/(mg/kg)	1000	100	1000	1000	1000	1000

■表 6-14 可能含有受限制有害物质的制件及材料

受限制物质	可能含有 RoHS 管制的组件或用料
铅	铅管、油料添加剂、包装件、橡胶件、安定剂、染料、颜料、涂料、墨水、CRT 或电视的阴极射线管、电子组件、焊料、玻璃件、电池、灯管、表面处理等
汞	电池、包装件、温度计、电子组件等
镉	包装件、塑料件、橡胶件、安定剂、染料、颜料、涂料、墨水、焊料、电子组件、保险丝、玻璃件、表面处理等
六价铬	包装件、染料、颜料、涂料、墨水、电镀处理、电子组件等
多溴联苯(PBB) 多溴联苯醚(PBDE)	主要用在印刷电路板、组件(如连接器)、塑料件与电线的阻燃剂等

(1) **铅**　铅在国际毒性化学物质中排名第二位，对人体危害极大，世界卫生组织 1999 年呼吁发展中国家采取紧急措施，应对日益严重的铅污染。欧盟 2002 年有关进口电子电气设备中不得含有六种有毒有害元素的禁令中，铅位居首位。

(2) **汞**　长期吸入汞蒸气和汞化合物粉尘会导致精神-神经异常、齿龈炎、震颤等症状。大剂量汞蒸气吸入或汞化合物摄入即发生急性汞中毒。

(3) **镉**　可以损伤肾小管功能，引起肾小管肾炎、间质性肾炎等。最近 IAR（国际癌症研究机构）已确认镉及其化合物为人类致肺癌物质。

(4) **六价铬**　其强氧化性可使蛋白质变性、核酸及核蛋白沉淀，并可干扰酶活性，六价铬具有遗传毒性，可引起染色体突变、胎儿畸形，并有明显致癌性，主要引起肺癌。

(5) **多溴联苯和多溴联苯醚**　主要包括六溴联苯、八溴联苯、九溴联苯、十溴联苯、十溴二苯醚、八溴醚、四溴双酚 A、五溴二苯醚、六溴环十二烷等。它们对人体的甲状腺功能、生殖功能、神经功能及免疫功能有明显的损害，并会导致发育畸形、突变和癌症。溴系阻燃剂在燃烧时不仅不能抑制合成材料在燃烧时放出的烟气，自身还会释放大量有毒有害气体，使得火灾现场人员无法逃离，阻碍消防人员进行救助，并严重腐蚀设备和仪器等财产。

6.4.6　PAHs 检测与认证

PAHs，学名多环芳烃。是石油、煤等燃料及木材、可燃气体在不完全燃烧或在高温处理条件下所产生的一类有害物质，通常存在于石化产品、橡胶、塑料、润滑油、防锈油、不完全燃烧的有机化合物等物质中，是环境中重要的有机污染物质之一。除了电动工具外，很多电气产品中都存在 PAHs 物质。通常塑料粒子在挤塑的时候要加入脱模剂，而脱模剂中可能含有 PAHs。其中部分已被证实对人体具有致癌与致突变性。PAHs 种类很多，其中有 16 种化合物于 1979 年被美国环境保护署（US EPA）所列管，见表 6-15。

■表6-15　16种管制多环芳香化合物

	检测项目 Testing Items	
多环芳烃 （PAHs）	萘	Naphthalene（NAP）
	苊烯	Acenaphthylene（ANY）
	苊	Acenaphthene（ANA）
	芴	Fluorene（FLU）
	菲	Phenanthrene（PHE）
	蒽	Anthracene（ANT）
	荧蒽	Fluoranthene（FLT）
	芘	Pyrene（PYR）
	苯并[a]蒽	Benzo[a]anthracene（BaA）
	䓛	Chrysene（CHR）
	苯并[b]荧蒽	Benzo[b]fluoranthene（BbF）
	苯并[k]荧蒽	Benzo[k]fluoranthene（BkF）
	苯并[a]芘	Benzo[a]pyrene（BaP）
	茚并[1,2,3-cd]芘	Indeno[1,2,3-cd]pyrene（IPY）
	二苯并[a,h]蒽	Dibenzo[a,h]anthracene（DBA）
	苯并[g,h,i]苝	Benzo[g,h,i]perylene（BPE）
16种多环芳烃的总含量		Content sum of the 16PAH
苯并[a]芘的含量		Content of benzo[a]pyrene

德国安全技术认证中心（ZLS）经验交流办公室 AtAV 委员会 2007 年 11 月 20 日通过决议（ZEK 01-08 号文件），要求在 GS 安全标志认证中强制加入 PAHs 测试，并于 2008 年 4 月 1 日生效。根据该规定的要求，消费产品的材料中，PAHs 的限值必须符合表 6-16。

■表6-16　PAHs限值及分类

参数	一类	二类	三类
分类标准	与食物接触的材料或三岁以下孩童会放入口中的物品和玩具	塑料，经常性和皮肤接触的部件，接触时间会超过30s的部件，以及一类中未规范的玩具	塑料，偶尔性接触的部件，即与皮肤接触时间少于30s的部件，或与皮肤没有接触的部件
Benzo[a]pyrene（BaP）	不得检测到 （<0.2mg/kg）	1mg/kg	20mg/kg
16 项 PAHs 总和	不得检测到 （<0.2mg/kg）	10mg/kg	200mg/kg

参 考 文 献

[1] ［苏］舍夫特尔 B O 著．聚合物材料毒性手册．徐维正等译．北京：化学工业出版社，1991：38-46．

[2] 中国石油化工总公司安全监察部．石油化工毒物手册．北京：中国劳动出版社，1992：142．

[3] ［美］Rechard P Pohanish，Stanley A Greene．有害化学品安全手册．中国石化集团安全工程研究院译．北京：中国石化出版社，2003：676-677．

[4] 宗福德．合成树脂与塑料生产．高维民主编．石油化工安全卫生监督指南．北京：中国劳动出版社，1991：183-185．

[5] 洪定一主编．聚丙烯——原理、工艺与技术．北京：中国石化出版社，2002：434-444．

[6] 冯肇瑞，杨有启主编．化工安全技术手册．北京：化学工业出版社，1993：15-18.
[7] 杨成明．浅谈聚丙烯安全生产．石油化工安全技术，1996，(12)：13-15.
[8] Basell Technology Business. Leaflet Spherilene (CN) [EB/OL]. 2008-11-20.
[9] Carroll W F，Goodman D. Plastics Recycling：Products and Processes. Munich：Hanser Publisher，1992：136.
[10] 王永耀．聚乙烯、聚丙烯废弃塑料回收利用进展．石油化工，2003，32（8）：718-723.
[11] 王世宏，周青叶．废旧塑料回收技术．云南科学环境，2000，8：210-214.
[12] GB 9691—88.
[13] GB 9693—88.
[14] GB 9688—88.
[15] GB 9683—88.
[16] GB 9685—2008.
[17] GB/T 17219—1998.
[18] 生活饮用水输配水设备及防护材料卫生安全评价规范（2001）．中华人民共和国卫生部卫生法制与监督司．
[19] YY/T 0242—2007.
[20] Title 21-Food and Drugs. Code of Federal Regulations，CFR. Food and Drug Administration.
[21] Waste Electronics and Electrical Equipment. WEEE-2002/96/EC.
[22] Restrict of Hazardous Substance. RoHS-2002/95/EC.
[23] Testing and Validation of Polycyclic Aromatic Hydrocarbons (PAH) in the course of GS-Mark Certification. ZEK 01-08.

第7章 聚丙烯树脂的最新技术发展及展望

7.1 概况

2007年全世界共消费2.6亿吨塑料，约是钢材体积消费量的1.5倍。在塑料消费中，聚烯烃占40%以上，是消费量最大的塑料品种，2007年消费量达到1.1亿吨以上。随着我国国民经济30多年的持续高速发展，我国已成为世界主要塑料消费国和生产国。我国也是聚烯烃的消费和生产大国，2009年表观消费量达到2742万吨，产量1595万吨。因此，我国政府、学术界和企业界对聚烯烃材料科学和技术的发展非常重视，在各个层面均有较大投入，取得了许多重要的科技成果。国家"973"聚烯烃项目，通过10年的"产、学、研"合作研究，取得了系统的理论成果和工业化成果，促进了我国聚烯烃产业的发展。

聚烯烃不仅性价比优异，而且在生产、加工、应用和再生的整个生命周期中是非常环保的材料，因而在许多应用中被认为是最为理想的材料，被广泛应用于电子电气、包装、农业、汽车、通信和建筑等国民经济的各个方面。例如，汽车用塑料正在向"聚丙烯化"方向发展。正是由于聚烯烃的广泛应用，也给其带来了许多麻烦，如其薄膜材料就被称为"白色污染"。所以聚烯烃新材料主要向两个方面发展：一是继续提高材料性能以替代更多的其他材料，为人类的可持续发展不断做出新的贡献；二是对聚烯烃进行改进，使其对环境更加友好。

经过50多年的发展，聚丙烯技术已非常成熟。尽管与其他成熟技术一样，近年来没有出现里程碑式的新技术，但是，在催化剂技术和聚合工艺等方面仍取得了很大进展，新型聚丙烯树脂的开发更是促进了聚丙烯相关材料需求的快速增长。在催化剂技术方面，进展最明显的当属内、外给电子体和单活性中心催化剂。Basell公司开发的1,3-二醚、琥珀酸酯和中国石化北京化工研究院开发的二醇酯类内给电子体技术给聚丙烯催化剂的开发带来了新的活力。在聚合工艺技术方面，最著名的进展当属Basell公司开发的多区反应器工艺技术（Spherizone），它使一些高性能、低成本的聚丙烯树脂开发成为可能。由中国石化北京化工研究院开发的非对称加外给电子体技术使现有聚丙烯树脂生产装置，特别是没有乙烯、以炼厂丙烯为原料的生产装置生产高熔体强度聚丙烯树脂等高性能、低成本聚丙烯树脂成为可能。

展望未来，单活性中心催化剂和不含邻苯二甲酸酯类的催化剂将成为催化剂发展的主流，并得到快速发展。同时，以新型给电子体为基础的超高活性催化剂将使高纯度聚丙烯树脂的直接生产成为可能。由于人类对环境和健康的日趋重视，在聚丙烯树脂产品开发方面，低VOC（可挥发物）抗冲共聚聚丙烯树脂和丙烯-丁烯无规共聚物将得到快速发展。前者主要满足在汽车等封闭空间对低气味的要求，后者主要满足食品包装和容器对低可萃取物和耐热的需求。另外，随着聚丙烯应用领域的不断扩大和对材料性能的不断提高，聚丙烯共混改性技术将得到更快的发展；同时，由于聚丙烯树脂生产技术的提高，过去需要共混改性才能满足要求的应用领域可以用聚丙烯树脂直接替代，例如汽车保险杠等。在这方面的应用与聚丙烯树脂代替其他塑料一样，重点是解决模塑收缩率问题。

对于中国聚丙烯树脂生产企业，用聚合装置直接生产高性能、低成本聚丙烯树脂将成为技术开发重点。例如，聚合装置直接生产的抗菌聚丙烯树脂和高熔体强度聚丙烯树脂等将得到快速发展。相应的发泡聚丙烯材料等也将得到快速发展。另外，根据我国国情，聚丙烯树脂生产企业与聚丙烯改性材料生产企业的密切合作将成为重要的发展趋势。

7.2 我国聚丙烯树脂产业面临的挑战与机遇

尽管我国聚丙烯的生产能力依然不能完全满足需求，但是市场竞争正在变得日趋激烈。一方面，我国近年来生产能力增加过快，远远大于消费需求的增加，对进口产品的依赖度越来越小；另一方面，我国的周边国家，特别是中东国家，依靠其超低成本优势，生产能力快速增加，试图向我国出口越来越多的产品，我国聚丙烯供大于求的局面已是势不可挡。另外，煤化工制聚丙烯和生物基材料的发展也加剧了我国聚丙烯"供大于求"的矛盾，使我国聚丙烯市场的竞争越来越激烈。特别是煤化工，其主要产品是通过MTO和MTP生产聚烯烃材料。目前，我国已建成的通过MTO和MTP生产聚烯烃材料装置的年生产能力已达到150多万吨，在建的达到500万~600万吨/年，计划中的更多。

为应对激烈的市场竞争，提高竞争能力，国内企业需要做多方面的调整和转变。从技术角度，必须扬长避短，做好市场定位。一般来说，要想在市场竞争中赢得主动，生产的产品必须具备成本低或性能优异的特点，并且具备高水平技术服务的能力，使别人的产品难以替代。与中东相比，在低成本方面我们没有优势；在高性能产品开发方面，与欧美大公司相比仍有一定差距。要想赢得主动，必须在产品质量稳定的前提下，开发生产高性能、低成本产品，使主要产品性能上比中东的好，价格上比欧美的低。同时，充分利用好在地域和语言文化上的优势，为用户做好技术服务工作。对于重点客户从他们开发新产品开始，就提供全方位的服务。

要开发好高性能、低成本产品，必须在高分子物理研究、聚合工艺研究开发、高性能低成本催化剂开发、高性能低成本助剂开发等方面投入更大的研究开发力量，取得更多的创新性成果。

① 高分子物理对迎接市场的挑战十分重要　高分子物理和微观结构表征在高性能聚丙烯新产品开发中十分重要，相当于人体大脑和眼睛的作用。开发高性能、低成本产品的难度比单纯开发高性能产品要大得多，需要对高分子物理具有更深入的理解和进行更深入的研究。

高性能 BOPP 树脂的开发已充分体现了高分子物理在高性能、低成本聚丙烯树脂开发中的重要作用。国家"973"项目的科学家们刚刚开始进行高分子物理基础研究时，我国 BOPP 树脂的拉膜速度仅为 200m/min。通过进行高分子物理的基础研究和技术攻关，我国 BOPP 树脂的性能不断提高，目前大多数 BOPP 树脂可满足 400m/min 以上拉膜速度的要求，并且开发了一些独创性新产品。例如，高速高挺度 BOPP 树脂、高速 BOPP 均聚树脂和高熔体强度 BOPP 树脂等。这些新产品均突破了 BOPP 传统技术的限制，实现了技术上的重大创新。例如，我国从国外引进的 BOPP 树脂生产技术，均要求等规度控制在 96% 以下，而已开发的高速高挺度 BOPP 树脂的等规度可高达 98%；另外，传统高速 BOPP 树脂必须加入少量乙烯类共聚单体，而镇海炼化和青岛炼化生产的高速 BOPP 树脂是均聚物。

实践证明，从高分子物理入手开发新产品，产品升级换代相对容易，可以减少盲目性，提高开发速度，并且可以突破传统观念，实现技术突破。国家"973"项目在聚乙烯管材专用树脂和高抗冲聚丙烯专用树脂开发等方面的基础研究正在不断证明这样的事实。目前，我国的生产企业已具有国际先进水平的高分子物理和表征实验室，具有与国内外学术界合作的基础和经验，在高性能、低成本聚丙烯产品开发中已经发挥了重要的、不可替代的作用。但是，与国际上最先进的聚丙烯专业公司相比，还有一定的差距。在高分子物理方面还有很大的提升空间。

② 聚合工艺研究开发　高分子物理可以指出什么结构的材料性能好，但是要使生产的合成树脂具有需要的微观结构，必须对聚合工艺进行深入研究，才能随心所欲地制备出具有特殊微观结构的合成树脂。同时必须研究聚合单体净化工艺，使单体中杂质的种类和含量能得到控制，因为使用 Z-N 催化剂时，杂质会影响聚丙烯树脂的微观结构，进而影响产品性能。

对于聚丙烯来说，开发具有竞争力的全新聚合工艺可能性已变得越来越小，而对现有工艺技术的改进则可在提高产品性能方面大有作为，应成为科研工作重点，对传统双环管聚丙烯聚合工艺的改进就是一个很好的实例。通过技术创新，可以使传统双环管聚丙烯聚合工艺实现非对称加外给电子体。并且以此为基础，开发了多种高性能、低成本聚丙烯新产品。目前，采用非对称加外给电子体工艺技术已使中国石化的镇海炼化和青岛炼化等企业生产出了高性能均聚 BOPP 树脂产品，提高了产品的市场竞争力。高熔体强度聚丙烯、高性能聚丙烯涂覆树脂等高性能、低成本新产品也在开发之中，许多聚丙烯新产品是其他聚合工艺所无法生产的。预计通过该技术的不断开发和完善，更多的高性能、低成本新产品会不断被推向市场，我国聚丙烯产业的竞争力会因此技术而得到提高。

③ 高性能低成本催化剂开发　催化剂是化学工业的灵魂，对聚丙烯工业更是如此。聚丙烯工业是随着催化剂的发展而发展起来的。催化剂的更新换代往往会引起聚丙烯工业的重大变革，催化剂的质量也会影响聚丙烯的微观结构和性能。为提高聚丙烯产品的竞争力，必须重视催化剂的技术开发和催化剂产品的质量。

在聚丙烯各单项技术中，我国的催化剂技术与国际水平最为接近。不但拥有享誉海内外的聚丙烯 N 型催化剂技术，还有聚丙烯球形 DQ 催化剂等拥有自主知识产权的催化剂，不仅在国内实现了产业化，基本替代了各类进口催化剂，还实现了技术和产品的出口。近年来，又开发了拥有自主知识产权的聚丙烯 ND 催化剂、NDQ 催化剂和不含邻苯二甲酸酯类有害物质的高活性聚丙烯催化剂，这些均是国际聚丙烯催化剂研究开发的热点，已引起许多国际知名公司的兴趣。以上高水平的催化剂与我国已经工业化的催化剂一起可以满足我国聚丙烯产业的基本需求，大幅度降低了生产成本。为满足聚丙烯行业不断发展的需求，我国的催化剂科技工作者还在开发推广其他新型聚丙烯催化剂。例如，细粉含量大幅度降低的聚丙烯球形 DQC 催化剂，高活性低灰分聚丙烯球形催化剂，长寿命和高温聚合用聚丙烯催化剂等也在研究开发之中。以这些技术为基础，更多高性能低成本聚丙烯催化剂会不断被推向市场，我国聚丙烯产业的竞争实力会不断提高。在聚丙烯催化剂技术方面我国与国外最先进的公司也还有一些差距。在基础研究和基本规律研究方面投入的力量不够，还需要虚心学习，大胆创新，在基础研究方面投入更大力量，并进行长时间不懈的努力。

④ 高性能低成本助剂开发　随着聚丙烯催化剂国产化率的提高，助剂在聚丙烯中的平均成本已超过催化剂，进行低成本高性能聚丙烯助剂的开发，可以进一步降低高性能产品的成本，是十分必要的。我国企业自主开发的高性能低成本聚丙烯结晶成核剂就是一个很好的例子。

聚丙烯产品中加入成核剂性能大多会得到改善，但成本也会有较大提高。如果成核剂的制造成本能够降低，生产的高性能聚丙烯产品的竞争力会得到明显的提高。这种高性能低成本聚丙烯复合成核剂，极大地提高了成核剂的成核效率，使高性能聚丙烯树脂产品的成本明显降低。目前，已经商业化的两种聚丙烯复合成核剂为 VP-101B（α-成核剂）和 VP-101T（β-成核剂），已在高结晶聚丙烯、高抗冲聚丙烯和可直接生产汽车保险杠的专用聚丙烯树脂中得到应用。利用同样原理开发的高效聚丙烯透明成核剂、低成本高分子材料用抗菌剂等将使中国企业在开发生产高性能聚丙烯树脂中占据低成本的先机。

⑤ 技术服务与加工技术研究　过去我国生产的聚丙烯产品以引进牌号为主，市场定位以顶替进口为主，用户使用的加工技术都是成熟的技术。用户需要的是比较简单的技术服务，基本不需要在对加工技术进行深入研究的前提下进行技术服务。在这样的情况下，建立塑料技术中心的必要性是不大的，如果有人按照国外大公司模式建立了以加工技术研究为主的塑料技术中心也发挥不了作用，只能从事一些小生产活动。现在情况已有所不同，我国自己开发的新产品越来越多，不进行塑料加工技术研究，就无法进行高质量的技术服务。加工技术研究是做好技术服务的基础，做好技术服务是赢得重要客户的保障。在技术服务方面我国企业有明显的语言和文化优势，一定可以成为我国企业在国内市场竞争的核心竞争力。要做好技术服务，必须进行加工技术研究，因此，建立以加工技术研究为主的塑料技术中心已成为我国聚丙烯树脂生产企业发展的必然选择。

⑥ 展望　展望未来，无论是高油价时代，还是低油价时代，竞争激烈的聚丙烯时代已经开始。保持较高的开工率将成为聚丙烯企业追求的主要目标。用量大而稳定的产品会逐渐成为"兵家必争之地"。另外，随着聚丙烯技术的普及，所谓高附加值聚丙烯产品会越来越少，且在局部市场用量一般不会太大，只有在世界市场范围内才有开发价值。要想在高附加值产品方面有所作为，必须放眼国际市场。我国企业已拥有较好的生产和技术基础，一定会在"高性能低成本"聚丙烯产品开发中有所作为，在激烈的市场竞争中立于不败之地。

7.3 聚丙烯树脂生产技术的新进展及其展望

传统的聚丙烯工艺在催化剂技术上取得重大突破后得到了长足的发展，但各大生产商仍然在工艺和产品研发上投入大量的人力和物力，并在反应器结构、组合工艺以及催化体系等方面获得了一系列成果，这些成果在工业上应用后，取得了可喜的经济效益。

7.3.1 聚合工艺技术

7.3.1.1 多区反应器技术

Basell 公司于 2003 年开始商业化的 Spherizone 工艺是近 20 多年来聚烯

烃生产工艺的重大突破。据统计，至 2009 年 6 月，世界范围内采用该工艺的工业装置（含在建）有 11 套，装置最大生产能力 450kt/a，总生产能力为 3350kt/a。Spherizone 工艺（图 7-1）的核心在于其所用的多区循环反应器（multizone circulating reactor，MZCR），这种反应器包含两个流体力学行为不同的区域，即提升段（riser）和下降段（downcomer）。

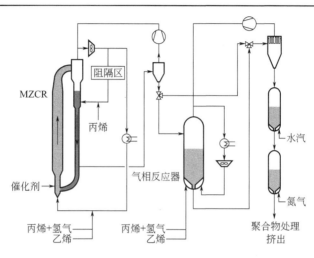

■ 图 7-1　Spherizone 工艺流程

多区反应器内，提升段内的聚合物颗粒在气相单体的作用下处于快速流动状态，为移动床。在提升段的顶部，气固混合物在旋风分离器内实现气、固分离，分离出的气相经压缩、冷却后再循环进入反应器提升段的底部，而聚合物颗粒则直接进入下降段。提升段的聚合反应放热由循环气带出，由于循环气量极大，因而床层温度可以维持相对均匀。从旋风分离器分离出的固体聚合物颗粒在重力的作用下以密相的形式向下移动进入下降段。旋风分离器与下降段之间有一阻隔段，通过喷入大量液态丙烯，将随颗粒带入的氢气等气相组分提出，实现"阻隔"的目的。固体聚合物携带自下降段上部等处加入的液态单体沿下降段落下，下降段内为气液固三相。聚合反应的热部分由丙烯气化带走，但基本上是绝热的，因而床层温升明显，通常会高于 10℃。在下降段底部，聚合物颗粒通过 L 形阀门进入提升段的底部。

在 MZCR 内，可以通过控制提升段和下降段内氢气（用作链转移剂）和共聚单体的组成，来调节聚合物的分子量分布以及共聚单体的含量。通常提升段内可以有大量的氢气和乙烯，下降段氢气和乙烯含量可以控制极低。这样可以得到极宽分子量分布、特殊共聚单体分布（部分无规共聚）等特殊聚丙烯产品。相对于多反应器技术而言，由于颗粒在多区反应器内循环一周的时间较之于其在的反应器内的停留时间而言极短，因而颗粒之间的均匀性明显改善。

基于多区循环反应器的 Spherizone 工艺在 Spheripol 工艺的基础上,将原串联的两环管反应器代之以一台 MZCR 反应器。其他如催化剂预配合、预聚合以及多相共聚反应、聚合物处理环节等基本不变。

7.3.1.2 非对称外给电子体技术

非对称外给电子体(ASD)技术是由中国石化北京化工研究院于 2006 年开发的一项旨在提高宽分子量分布型聚丙烯综合性能的技术。该技术基于 Ziegler-Natta 催化剂,从调节催化剂体系中外给电子体在聚合过程的不同阶段的加入量或加入种类,实现调节或控制各聚合阶段催化剂体系性能的目标,进而得到不同理想分子结构聚丙烯产品的组合。

其在环管工艺上的实施方案如图 7-2 所示。在第一阶段加入的外给电子体随烷基铝加入预配合反应器内,与主催化剂预配合,以得到第一种性能的催化剂。该催化剂经预聚合后进入第一环管反应器生产第一种目标聚丙烯组分。在第二环管反应器加入更大量的外给电子体或其他种类的外给电子体,补加的外给电子体与主催化剂发生配合反应,会改变催化剂的特性。在此基础上,第二反应器内可以得到基于改变了催化性能的催化剂所得的第二种目标聚丙烯组分。此技术还可以在更多反应器内更灵活地实施。

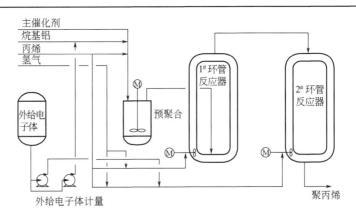

■ 图 7-2 非对称外给电子体技术在环管聚丙烯装置实施示意图

该技术可应用于等规度分布可调宽分布聚丙烯产品的生产。由于 Ziegler-Natta 催化剂固有的特征,凡是氢调敏感易于发生链转移、得到分子量较小的聚丙烯的活性中心,也往往是定向性能较差的活性中心。反之,生成大分子部分的活性中心也是定向性能较高的活性中心。因而所得宽分子量分布产品往往是大分子部分等规度高、小分子部分等规度低。这样的产品在 BOPP 等方面应用时,易于产生晶点、破膜。同时小分子低等规度的产品易于迁移,造成加工过程烟雾和制品表面的缺陷。采用 ASD 技术,可以在第一阶段以较少的分子量调节剂氢气和较少的外给电子体用量条件下,得到大分子、低等规度的产品,在第二反应阶段,以较高的分子量和较高的外给电子体用量，得到小分子、高等规度的产品。这样就实现了宽分子量均聚聚丙烯产品等规度分布的控制，进而提高了产品加工和应用性能。此类工业化产品的典型数据列于表 7-1。

■表 7-1　非对称外给电子体技术控制下不同反应器间聚丙烯的等规度分布

样品	NMR 结果		30℃可溶物含量 (CRYSTAF 法 质量分数)/%	分子量分布		DSC		
	平均等规序列长度(Nm)	mmmm /%		GPC 法	流变法	T_c/℃	T_m/℃	ΔH_m /(J/g)
1#环管	31	82.3	5.8	5.0	3.6	108.5	161.4	90.3
2#环管	37	84.7	4.6	8.5	4.8	108.5	160.7	98.3

该技术还可以通过外给电子体种类的选择，实现催化剂共聚性能的控制，已有探索研究表明，在管材、高熔体强度聚丙烯、高熔指多相共聚聚丙烯等产品的生产方面均具有独特的优势。随着研究开发工作的深入，终将成为一种重要的聚丙烯生产技术。

7.3.2　茂金属聚丙烯

茂金属聚丙烯（mPP）产品技术是近年来聚丙烯技术开发的热点。现阶段工业化产品主要集中在透明聚丙烯、低热封温度聚丙烯、纤维料等产品方面。

由于茂金属催化剂具有单活性中心的特点，由其制得的等规聚丙烯具有高等规度和较窄的分子量分布，一般聚合物的分子量分布指数为 2.5～3.5，茂金属等规聚丙烯分子间的等规度分布比传统等规聚丙烯均匀。同时茂金属催化剂能精确地控制聚合物的微观结构。据统计，2008 年全球茂金属聚丙烯的消费量为 28.8 万吨，预计 2013 年全球茂金属聚丙烯的消费量将超过 50 万吨。

7.3.2.1　茂金属聚丙烯的生产现状

茂金属聚丙烯的优异性能吸引了越来越多的关注，Basell、ExxonMobil、Novolen Technology Holdings、Total 和 Mitsui 等几家公司已成功开发出相关技术。

Basell 公司是最早实现茂金属聚丙烯工业化生产的公司之一，先后推出了近 20 个商业牌号，商品名为 Metocene。Metocene HM560 系列和 Metocene HM562 系列都是分子量分布窄的均聚牌号，适合用于纺黏无纺布，表 7-2～表 7-4 列出了其中部分牌号的性能。

■表 7-2　Metocene HM560P 和 Metocene HM562S 的性能

性　　能	测试方法	Metocene HM560P	Metocene HM562S
聚合物类型		均聚	均聚
熔体指数/(g/10min)	ISO 1133	15	30
拉伸模量(23℃)/MPa	ISO 527-1, -2	1450	1450
屈服拉伸强度(23℃)/MPa	ISO 527-1, -2	31	31

续表

性　　能	测试方法	Metocene HM560P	Metocene HM562S
弯曲模量(23℃)/MPa	ISO 178	1400	1400
简支梁缺口冲击强度/(kJ/m²)	ISO 179	2	3
热变形温度(0.45MPa)/℃	ISO 75B-1,-2	93	93
维卡软化温度（B50）/℃	ISO 306	82	82
熔点/℃	ISO 3146	145	

■表 7-3　注塑用茂金属聚丙烯的性能

性能	测试方法	Metocene HM648P	Metocene HM1753	Clyrell EM248U
聚合物类型		均聚	均聚	抗冲共聚
熔体指数/(g/10min)	ISO 1133	18	140	70
拉伸模量(23℃)/MPa	ISO 527-1,-2	1700	1900	950
屈服拉伸强度(23℃)/MPa	ISO 527-1,-2	35	40	26
弯曲模量(23℃)/MPa	ISO 178	1550	1900	950
悬臂梁冲击强度/(kJ/m²)	ISO 180	4	2.3	6
硬度(H 358/30)/MPa	ISO 2039-1	77		
热变形温度(0.45MPa)/℃	ISO 75B-1,-2	97	116	78
维卡软化温度（B50）/℃	ISO 306	91	105	68
熔点/℃	ISO 3146	148		157
雾度(1mm)/%	ASTM D 1003	7	10	11

■表 7-4　透明食品包装及其他用茂金属聚丙烯的性能

性能	测试方法	Metocene RM2231	Purell HM671T
聚合物类型		无规共聚	均聚
熔体指数/(g/10min)	ISO 1133	3.5	60
拉伸模量(23℃)/MPa	ISO 527-1,-2	1050	1700
屈服拉伸强度(23℃)/MPa	ISO 527-1,-2	30	33
弯曲模量(23℃)/MPa	ISO 178	1000	1550
悬臂梁冲击强度/(kJ/m²)	ISO 180	12	3
热变形温度(0.45MPa)/℃	ISO 75B-1,-2	75	94
维卡软化温度（B50）/℃	ISO 306	80	87
熔点/℃	ISO 3146	130	
雾度（1mm）/%	ASTM D 1003	4	10
用途		透明食品包装	医疗卫生

　　ExxonMobil 公司的茂金属聚丙烯商品名为 Achieve，全为均聚产品，熔体指数（MI）范围为 22~34g/10min，其中，Achieve 1605、Achieve 1615 和 Achieve 1635E1 的可溶物含量低，主要用于注塑加工；Achieve 3825（MI 为 32g/10min）、Achieve 3835（MI 为 30g/10min）、Achieve 3844（MI 为 22g/10min）和 Achieve 3854（MI 为 24g/10min）为挤塑级和无纺布级产品，其在细旦丝高速纺应用中具有优异的一致性和均匀性。

　　为了改善茂金属聚丙烯的加工性能，ExxonMobil 公司还尝试用两种或三种茂金属催化剂混合在一起，以期得到宽分子量分布或呈双峰分布的茂金属聚丙烯产品，但目前尚未生产出工业化商品。

Total 公司的茂金属聚丙烯产品有 MR 系列、Finacene EOD98-07（MI 为 31g/10min，可溶物含量 0.71%～1.18%）以及间规聚丙烯（sPP，间规度大于 80%），其中 MR2001 和 MR2002 具有高流动性，主要用于无纺布，MR2002 具有良好的感官性能，主要用于流延膜，Finacene EOD98-07（MI 为 31g/10min）的可溶物含量较低，可用于食品包装、熔融纺丝和纺黏纤维。Tatol 公司采用茂金属催化剂技术工业化生产的 sPP，与常规 PP 或茂金属等规 PP 相比，具有更好的透明性。目前，Total 公司在美国得克萨斯州 La Porte 的工业装置能生产 1471 和 1571 两个间规聚丙烯共聚物牌号，这两个牌号都可用于食品包装膜。

三井公司于 1994 年使用茂金属催化剂成功开发了从通用级到高结晶度的间规聚丙烯，并建成了一套年产 7.5 万吨的工业化装置，该装置于 1996 年投产。此外，该公司还开发了名为 Tafmer XM 的茂金属丙烯-烯烃共聚物，该产品具有极好的低温热封性能，还具有很好的耐热性和透明性，可用于取向聚丙烯膜的热封层和收缩膜，该公司 mPP 装置的生产能力约为 3 万吨/年。

7.3.2.2　茂金属聚丙烯的应用

（1）纺黏无纺布　茂金属聚丙烯均聚物的分子量分布窄且均匀，与传统的 iPP 相比，熔融时黏度对剪切速率的依赖性小，熔融张力也小，这种特性适合纤维生产。研究表明，在相同拉伸强度下，茂金属 iPP 比传统 iPP 的纤维要细，而用细纤维制造的无纺布柔软感好，同时保持了很好的强度。

（2）注塑　茂金属聚丙烯具有很好的透明性和光泽度，甚至超过了一些传统的无规共聚物。同时，茂金属聚丙烯的可溶物含量低，很适合用于薄壁注塑品如饮水杯等的制造，同时在医疗卫生领域也得到了应用，但很窄的分子量分布影响了其加工性能。

（3）薄膜　茂金属聚丙烯都具有很好的透明性，而茂金属无规聚丙烯的透明性更好，Basell 公司的 Metocene RM2231 的雾度与 PS 非常接近，优于传统的无规聚丙烯。因此，茂金属无规聚丙烯可用于生产具有特殊光学性能和热封性能的流延膜。此外，由于茂金属聚丙烯的可溶物含量低，还可用来生产 BOPP 膜，但由于其分子量分布窄，加工性能受到了限制。

7.4　聚丙烯加工行业面临的挑战与机遇

我国塑料加工工业无论是从塑料制品的总产量来看，还是从塑料制品的种类及应用领域来看，都已步入世界塑料制品大国的行列，成为国民经济的重要领域之一。目前，我国塑料加工工业仍属于朝阳工业，有着极为光明的发展前景。同时也还有许多不足之处，与国际先进水平相比，有着明显的差距，技术上面临着许多挑战。

有挑战必然也孕育着机遇，重视环保、高科技的投入，必然使聚丙烯加工行业能够更健康地发展。今后塑料加工工业技术水平的提高，主要体现在轻量化、复合化和功能化三个方面。

轻量化就是在满足使用性能要求的前提下尽量省用原材料，如薄膜减薄、容器壁厚减薄等。轻量化直接关系到制品的成本和对资源的有效利用。拉伸塑料制品如双向拉伸聚丙烯薄膜，不仅使得薄膜的强度没有因减薄降低反而有所提高，而且透明度和光泽度都有所改善。复合化是提高塑料制品性能，扩大制品应用领域的重要途径。任何一种塑料不可能同时具有多种性能，采用多层复合结构可以使不同层材料各尽其能，如五层复合包装膜，最外层具有良好的印刷性；中间层应能提供足够的强度，内部还应有阻隔层；为了封口牢固，最里面还应有一层热封用涂覆层；为了降低成本，还可再加入一层废旧塑料。功能化是目前各种塑料制品普遍追求的目标。功能化主要体现在赋予塑料制品新的功能，即电、热、光、磁及阻燃、降解等。这些功能将使塑料制品的应用领域大大扩大，为人们的生活带来全新的感受。冰箱、彩电、计算机、CD、VCD光盘、无线通信等新事物、新产品的出现，无一例外都与功能性塑料有着密不可分的关系。

塑料成型加工技术的进步以及成型加工装置的创新也将为塑料加工工业的发展注入强大动力。近年来获得较快发展的反应挤出成型加工工艺为低能耗、高效率加工塑料制品开创了新路。各种特殊的注塑工艺也为节能、节约原材料和多种要求奇特的塑料制品的成型创造了条件，如精密注塑、气体辅助注塑、复合注塑、结构发泡注塑等。

7.5 聚丙烯树脂加工应用技术新进展及其展望

7.5.1 长纤维增强聚丙烯

为了很好地发挥玻璃纤维在塑料中提高强度的作用，必须使玻璃纤维长度大于其临界长度 L_0。文献指出，纤维长度小于临界长度的增强塑料受到一定载荷时，纤维会被拔出，纤维的强度就不能得到充分发挥。L_0 与具体塑料品种有关，玻璃纤维增强聚丙烯的 L_0 为 3.1mm，通过化学改性的一种 PP 的 L_0 可降到 0.9mm，普通短纤维增强塑料的 L_0 更小，一般只有 0.2～0.6mm，其破坏模式主要是纤维拔出。开发并应用长玻璃纤维增强聚丙烯及其注塑技术，就是要制备出玻璃纤维长度在 10mm 左右的增强聚丙烯原料，并通过改进注塑工艺，保证制品中的玻璃纤维长度在 3～5mm。

目前，长纤维增强热塑性塑料（LFRT）已成为热塑性塑料市场增长最快的品种，因其质量轻、价廉、易于回收利用，已在汽车工业中获得应用。长纤维增强热塑性粒料的生产方式可采用 Vetrotex 公司的 Twintex 技术。该技术是将玻璃纤维和 PP 掺和生成连续粗纱，然后在热和压力下拉挤，PP 熔融浸润玻璃纤维，挤出的条料被切为 13mm 或 25mm 长的颗粒，而最终制品中纤维平均长度为 3~5mm。长纤维增强热塑性塑料具有比一般纤维增强材料更优异的特性：①冲击强度高 4 倍；②比强度高达 17.2%，而铝材料比强度仅为 9.8%；③流动性能好，成型制品外观光亮、无塌坑等缺陷；④成型收缩率小，仅为 0.2%。纤维增强材料在注塑时纤维切断的原因很多，预塑化时纤维长度减少 60%；螺杆止逆环处纤维长度减少 20%；喷嘴处纤维长度减少 5%；模具部位纤维长度减少 10%。所以长纤维增强材料在注塑加工时，必须选用长纤维增强材料专用注塑机，其特点是：①螺杆压缩比小，为 1.64，而一般注塑螺杆压缩比为 2.72；②螺杆止逆环间隙较大，为 5mm；③喷嘴直径较大，为 6mm；④模具流道尺寸较大，在 5mm 左右。Tochioka 等于 2002 年开发成功长玻璃纤维增强聚丙烯注塑技术，并成功用于马自达 6 型汽车前端模块和车门模块载体的生产，该项技术包括两个方面。一是对玻璃纤维增强聚丙烯材料的改性，即采用一种超低熔融黏度（熔体流动速率为 300g/10min）的 PP 树脂，使包裹在其中的玻璃纤维在注塑过程中受到较小的螺杆推进剪切力，以减少玻璃纤维的长度折损，同时添加一种高结晶结构的聚丙烯树脂保证注塑件的强度。通过树脂共混改性，解决了材料流动性和制品强度的矛盾。据称经共混改性后的 LGFPP 的弯曲模量、弯曲强度和冲击强度已与玻璃纤维毡增强热塑性片材的性能相当，流动性比 GFPP 提高了 30%以上。Vetrotex 公司与 LNP 工程塑料公司联合推出一种含量高达 75%长玻璃纤维的 PP 粒料。该粒料价格比普通长玻璃纤维 PP 低 20%~30%。该材料可注塑或挤压模塑大型的汽车结构件。

LFRT 应用最多的是汽车，包括前端组件、车门组件、仪表盘等。欧洲 Smart 汽车公司的汽车车身底板采用 Ticona 公司 Cxanpel LFRT。除 Ticona、LNP 和 RTP 公司外，阿托菲纳、北欧化工和 StaMax 公司（DSM 和 Owens Coming 公司的合资企业）都是提供 LFRT 原料 PP 的生产商。GE 公司 2001 年底收购了世界上最大的工程热塑性塑料掺混物生产商——日本川崎制钢公司 LNP 工程塑料公司，同时与 PPG 工业公司和玻璃编织品生产商 Azdel 公司合作，开展 LFRT 业务。最近，Tieona 公司又向北美推出了一种 Celstrall 长玻璃纤维增强 PP 新品种，粒料长度为 25.4~50.8mm，有含 30%、40%、50%、60%玻璃纤维的品种上市。主要销售给生产压塑的厂商。

在开发该车门模块的过程中，对注塑用 LGFPP 的性能（特别是抗蠕变性能）进行了深入研究，认为 LGFPP 即使经受 100℃高温也不会产生明显蠕变，比短玻璃纤维增强聚丙烯有更好的抗蠕变性能。法国 Arkema 公司开发出长玻璃纤维增强聚丙烯新系列配混料 Pryhex，是一种玻璃纤维含量高的母料，长玻璃纤维含量有50%和65%两种，是目前市场上长玻璃纤维含量最高的工业化产品之一。用PP稀释Pryhex可得到不同玻璃纤维含量的PP，生产的最终制品玻璃纤维含量可控制在10%～40%，稀释法能降低原料成本。Pryhex中玻璃纤维有两种长度规格：12mm和25mm，颜色有本色、黑色和其他颜色等多种色彩。Pryhex已实际用于汽车机罩下遮护板、内装饰件和结构部件、运动和休闲用品、手提电动设备。Borealis（北欧化工）通过其在中东和亚太地区的独家聚烯烃分销商和经销商Borouge（博禄）公司，推出Nepol GB600HP-9502，与稀释物PPBJ100HP聚丙烯结合使用，可以在现有标准设备上加工汽车部件，生产出的部件中玻璃纤维含量可达20%～40%。

7.5.2 聚丙烯纳米复合材料

将黏土（主要为层状硅酸盐）以纳米尺度分散于聚丙烯基体中，可以充分发挥黏土纳米粒子与聚丙烯树脂各自的特性，制备性能优异的黏土/聚丙烯纳米复合材料。该材料具有如下优点：①黏土的含量仅为3%～5%时，能使复合材料的物理机械性能达到传统增强填料，如SiO_2和碳酸钙等，填充量达20%～60%的水平；②可提高制品阻隔性；③低应力条件下能提高塑料制品的尺寸稳定性；④较高的热变形温度；⑤容易再生利用；⑥具有一定的抗静电性和阻燃性；⑦塑料制品的表面光洁。

7.5.3 流体辅助塑料成型技术

气体可作为工作介质应用到高分子材料加工技术中。由于最先是在注塑中应用，所以这项技术通常被称为气体辅助注塑技术。其原理是利用高压气体在塑件内部产生中空截面，利用气体保压代替塑料注射保压，消除制品缩痕完成注塑过程。

气体辅助注塑的工艺过程主要包括塑料熔体注射、气体注射、气体保压三个阶段。根据熔体注射量的不同，又分为短射和满射两种方式。在短射方式中，气体首先推动熔体充满型腔，然后保压；在满射方式中，气体只起保压作用。气体辅助注塑技术的优点主要有：解决制件表面缩痕问题；能够大大提高制件的表面质量；降低制品内应力；增加制件本身的强度和尺寸稳定性；减少翘曲变形；节约原材料；简化制品和模具设计，降低模具加工难度；降低模腔压力，减少锁模力；延长模具寿命；冷却加快，生产周期缩短。

早在20世纪70年代初，就有人提出将流体注塑到熔化聚合物中形成中空芯的概念，这就是后来的"水辅注射技术"。最早进行水辅注射研究的是德国的IKV公司，他们将水辅技术看成是气辅注射的有力补充。研究水辅注塑技术的主要目的是为了缩短成型周期，生产较大的制品。与气体辅助注塑工艺相似，水辅注塑技术可用于生产轻质、坚固的中空零件，并产生良好的外观。在水辅注塑中，水的使用温度取决于零件和材料，一般介于 10～80℃ 之间。与气辅注射技术相比，水辅注射的优点在于制件内外侧传热均较快，冷却时间可缩短 75% 甚至更多；水易控制，避免了进入熔融物的气体膨胀产生起泡现象；熔体接触水流，在流动方向上形成一层易被移走的高黏膜，使推向模壁的物料相应减少，可生成壁更薄的制品；水不可压缩，保证制品外形美观，尺寸稳定，并且成本较低。

在传统的挤出成型过程中，特别是异型材的挤出过程中，塑料熔体在模腔中的复杂流动使得各点的剪切速率不能完全一致，造成塑料熔体处于不同的应力状态，生产的制品也有较大的内应力，存在较大的翘曲变形倾向；尤其是模腔中同一断面不同部位的剪切速率存在差异，挤出物出口膨胀又随着剪切速率的增大而成比例地增加，从而造成离开口模的挤出物断面不能和口模形状完全一致。英国的 R. H. Liang 等在 2000 年首次提出聚合物气体辅助挤出成型技术（gas assisted extrusion，以下简称气辅挤出），其创新之处在于通过气体辅助挤出控制系统和气体辅助挤出口模，使聚合物熔体和口模之间形成气垫膜层，使原来的非滑移黏着口模挤出方式转化为气垫完全滑移非黏着口模挤出方式，从而可取得明显的口模减黏降阻的效果。在气辅挤出过程中，聚合物熔体和口模壁之间形成了一层稳定的、很薄的气垫层，聚合物熔体的流动由剪切流动变成活塞流，使得由于剪切速率不同而造成的形状差异降到最低点，从而使挤出物同口模的断面基本一致。由于气辅挤出不同于传统的挤出成型技术，它需要重新设计挤出口模，并将气辅装置和挤出设备有机地结合起来。气辅挤出系统主要由以下三部分组成：气辅挤出控制系统、传统的挤出机和经过改造的气辅挤出口模。

综上所述，气辅挤出成型工艺具有如下特点：①有效地减少聚合物挤出产品的变形；②提高产品的尺寸精度；③改善和提高内在质量及外观质量；④实现高黏度聚合物在低耗低温条件下的高速挤出；⑤提高模具的寿命，降低成本。

7.5.4 模内装饰技术

模内装饰（in mold decoration，IMD）是一种塑料产品表面装饰工艺，不仅可以获得所需形状及尺寸的制件，还可赋予制件外表面一定的物理、化学、电气及手感等装饰特性，越来越多地应用于各行业的不同产品。例如：①注塑件可达到较高的耐磨性、耐划伤性、耐腐蚀性、抗菌性、防水性、防锈性、抗磁性、抗静电性、抗无线电干扰性、防紫外线辐射性、光泽性和光滑性等；②压塑（压注、压制）件可提高耐热性、耐火性、抗阻燃性、绝缘性、导电性等；③挤塑件（板材、管材）可增加硬度、防震性、发光性、反光性等；④挤塑件（薄膜）可提高耐寒性、吸湿性、防水性、黏附性等。

传统聚丙烯塑件注塑后，需要在其他车间进行粘贴商标等工序，采用模内标签或标记（in-molding label，IML）工艺可以一次性完成。目前，常见的模内装饰工艺是模内标签或标记（IML）过程，如图7-3所示。

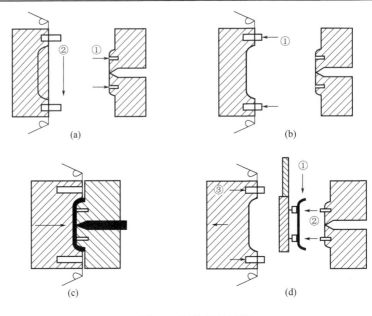

■ 图7-3 涂饰工艺过程

具体工艺过程包括：①开模，向模具送薄膜，激光在指定的位置定位薄膜［图7-3(a)］；②薄膜固定，合模［图7-3(b)］；③树脂注入［图73(c)］；④开模图案转移到塑料件上，残留膜卷下［图7-3(d)］。

模内装饰是近年来迅速发展的新技术，既为产品增加保护、装饰和特殊功能作用，又可大大减少劳动力及显著提高生产率，从而明显降低产品成本，应用前景十分广阔。

7.5.5 微发泡成型技术

20世纪80年代初，美国麻省理工学院（MIT）首先提出微发泡塑料的概念并发展了相应的成型技术，希望在聚合物基体中引入大量比聚合物原已存在的缺陷尺度更小的空隙，在减少材料用量的同时避免对强度等性能造成明显的影响。Trexel公司于20世纪90年代成立并获得MIT的所有专利授权，将微发泡技术商品化。目前该技术已成为在全世界广泛使用的成熟技术。

微发泡注塑的运作流程如下：首先氮气或二氧化碳经过超临界流体控制

系统产生超临界流体，再输出到射入界面，通过射入界面打入注塑机螺杆的搅拌区，塑料和超临界流体在搅拌区内充分溶解形成单相熔体。注塑时，开关式射嘴将会打开，将单相熔体射入模具的型腔中，形成微发泡产品。这种工艺制备的微发泡材料孔径一般小于 $10\mu m$，泡孔密度非常高，达到 $10^9 \sim 10^{15}$ 个$/cm^3$。

微发泡注塑是在一个较低而平均的压力下进行，产品的内应力大大减小，不同位置的收缩也变得非常平均。同时微发泡注塑中树脂黏度降低使熔体的流动性更好，可以降低熔体温度、模温和注射压力。

参 考 文 献

[1] Covezzi M, Mei G. The multizone circulating reactor technology. Chemical Engineering Science, 2001, 56: 4059-4067.
[2] Renazzo G G, Mantova R R, Covezzi M, et al. Process and apparatuis for the gas phase polymerization of α-olefin: USA, US 5698642. 1997.
[3] 宋文波，郭梅芳，乔金樑等. 高性能聚丙烯组合物的制备方法：中国专利，CN 200610076310. 2006.
[4] Spaleck W. Metallocene-based Polyolefins: Properties of Mellocene-catalyzed Isotactic Polypropylene. Chichester, England: John Wliley and Sons Let., 2000.
[5] 范国强. 大力开发茂金属聚丙烯产品应用领域. 中国石化，2009，12：29-32.
[6] 杨伟才. 工程塑料应用，2009，37（8）：5.
[7] 赵文明. 化学工业，2009，27（12）：10.
[8] 张郧生，周崎. 汽车工艺与材料，2004，12：24-27.
[9] 鄢超，柳和生. 中国塑料，2003，17（11）：15-18.
[10] 梁瑞凤. 高分子通报，1996，（4）：226-228.
[11] 清鹤，陈金伟. 国外塑料，2006，24(9)：66.
[12] 洪慎章，金龙建. 新材料产业，2010，2：59.
[13] 何亚东. 塑料，2004，(3)：56.
[14] 罗付生. 新技术新工艺，2009，3：103.

第 8 章 聚 1-丁烯树脂的发展现状及展望

8.1 发展历史

20 世纪 60 年代初期，美国、德国、意大利、加拿大等国对聚 1-丁烯的开发均处于中间试验阶段和模试阶段，尚未正式生产，而后的生产装置规模也较小。1963 年，Petro-Tex 公司建立了一个半工业化的聚 1-丁烯装置。1967 年，美国的 Mobil Oil 开发了聚 1-丁烯工艺，并在路易斯安那州的 Taft 建成一套装置。1972 年，这套装置被 Witco Chemical Corp. 接管。1977 年底，Shell Chemicals 从 Witco 获取了聚 1-丁烯的生意，并把装置的容量提高到 35kt/a。

日本的三家公司有小规模的聚 1-丁烯生产，分别是 Nippon Kokan Inc.、三菱化学和三井石化。其中，三井石化的生产装置是基于 Huels 的生产工艺。芬兰的 Neste Oy 也曾与日本的 Idemitsu Petrochemical 合作生产聚 1-丁烯。

1998 年，Shell 的聚丁烯业务被划分到 Shell 下属的 Montell Polyolefins。后来 Montell Polyolefins 与 BASF's Targor GmbH 及 Elenac GmbH 合并成为 Basell Polyolefins。2000 年，聚 1-丁烯的生意移交给 Basell（即现在的 Lyondell Basell）。2004 年，Basell 关闭了路易斯安那州的工厂，开始运行在荷兰 Moerdijk 的装置。工厂的产量为 45kt，主要生产管材。Basell 的聚丁烯工厂运用了新的工艺技术，此技术是在意大利 Ferrara 开发出来的。这套工艺的效率更高，得到的材料在机械强度、可加工性、共聚物操作上有更宽的平衡。2008 年与 Lyondell 合并后，准备将产能提高至 67kt。目前，Lyondell Basell 占 80%聚 1-丁烯的市场份额，三井石化占 20%。

工业化的聚 1-丁烯主要是合成高全同结构（高于 90%）、高结晶度（结晶度为 50%～70%）的聚 1-丁烯塑料，具有突出的抗热蠕变性、耐环境应力开裂性和良好的韧性，适合于制作管材、薄膜和薄板，尤其以热水管为最佳。但是因为等规聚 1-丁烯的生产技术和价格要比 PP、PE 等聚烯烃塑料高，因此经济效益问题一直是制约其发展的重要因素。

8.2 聚 1-丁烯树脂的特性

8.2.1 链结构

对于单基取代的线型聚烯烃（如聚丙烯或聚 1-丁烯）的构型，分子链中的链节或为头-尾连接 [图 8-1（a）] 或为头-头、尾-尾连接 [图 8-1（b）]。在以头-尾顺序组成的链上，如果取代基做有规则排列时，将得到具有等规 [图 8-1（c）] 或间规结构 [图 8-1（d）] 的聚合物；而任意排列时，则形成无规聚合物 [图 8-1（e）]。当链节在一个平面内以曲折形态延伸时，如果所有取代基都在链的一侧，则聚合物是等规的；当取代基在链的两侧交错排列时，则聚合物是间规的。到目前为止，所制备的 1-丁烯聚合物分子链基本上是线型的，其中的链节主要以头-尾相连，少数链节是以头-头、尾-尾方式连接的。

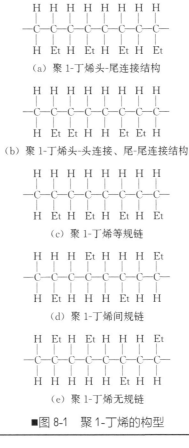

■图 8-1 聚 1-丁烯的构型

全同聚1-丁烯为一种半结晶型聚合物，工业产品的等规度为98%～99.5%。萃取法是最简单的聚1-丁烯的等规度测试方法，可被溶剂淋洗掉的组分为无规聚1-丁烯，不能被溶剂溶解的组分则为等规聚1-丁烯，等规组分的总量比上样品的总质量，即得到样品的等规度。测试的结果取对样品的分子量有依赖，如使用无水乙醚进行萃取的实验结果与核磁数据对比，样品分子量较大的情况下，萃取的测试结果偏高，而样品分子量较低的情况下，则测试结果偏低。用正庚烷进行萃取的结果与核磁数据的结果较为接近。

通过^{13}C-NMR可以准确地测量聚1-丁烯立构规整度，样品的立构规整性不会显著影响主链的CH_2的信号，三单元、四单元和五单元组分含量都可以测量。聚1-丁烯的链节中有四个碳（图8-2），这四个碳的化学位移见表8-1。图8-1中C_3各分峰的化学位移与链节在空间的排布关系列于表8-2。表8-2中m表示侧乙基在锯齿形平面同一侧连接，r表示在平面另一侧连接。因此，以mmmm序列的化学位移作为等规聚1-丁烯的定量峰，其他为无规聚1-丁烯的定量峰，以C_3中mmmm序列峰面积占整个C_3峰面积的百分数计算全同立构含量。

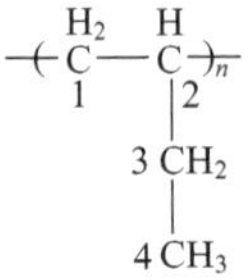

■图8-2 聚1-丁烯链结结构

■表8-1 聚1-丁烯各碳峰的化学位移

峰	CCl_4	C_1	C_2	C_3	C_4
化学位移	96.01	39.09	34.80	26.94	10.53

■表8-2 聚1-丁烯C_3的化学位移及其归属

峰	化学位移	化学位移	归属
1	27.765	0	Mmmm
2	27.530	-0.235	Mmmr
3	27.280	-0.485	Mmrr
4	27.100	-0.665	Rmrr
5	26.990	-0.775	Mmmr
6	26.580	-1.185	Mrrm

8.2.2 结晶行为

聚1-丁烯是一种多晶型聚合物，晶型有Ⅰ、Ⅱ、Ⅲ、Ⅰ'和Ⅱ'五种，各种晶体特点见表 8-3。与 PE、PP 相比，等规聚 1-丁烯很难得到单一状态的晶型。

■表 8-3　聚 1-丁烯的晶型及性能

性能	Ⅰ	Ⅱ	Ⅲ	Ⅰ′
红外光谱/cm^{-1}	925，810	900	900，810	925，792
晶型形态	菱形	四方形	斜方形	散式菱形
熔点/℃	121~136	100~120	100~120	95~100
密度/（g/cm³）	0.916	0.89		
硬度（邵尔 D）	65	39		
拉伸强度/MPa	32	32		
伸长率/%	350	350		
断裂拉伸强度/MPa	15.17	4.41		

纳塔等在早期工作中发现了两种多晶型物，它们通常被称为晶型Ⅰ和晶型Ⅱ。将熔融的聚合物冷却，会生成晶型Ⅱ的微晶；而将晶型Ⅱ的微晶置于室温下，则又逐渐地转变成晶型Ⅰ的微晶；后来发现将聚合物从各种不同溶剂中沉淀出来时却能够得到第三种多晶型物，即晶型Ⅲ。

有实际价值的是Ⅰ型和Ⅱ型。Ⅰ型最稳定，Ⅱ型热力学不稳定。等规聚 1-丁烯熔融后冷却必定生成晶型Ⅱ的微晶，甚至在骤冷时也是如此。在用膨胀测定的方法和旋光的方法对结晶动力学研究中发现，在 110℃时转变一半需要 300min 以上，而到 90℃时则降至 2~3min，在更低的温度下，速度增大到无法用一般方法测量的程度。晶型Ⅱ为四方晶胞，11/3 螺旋轴，熔点范围为 100~120℃。在 X 射线衍射光谱中，主要有三个峰，分别为 11.9°、16.9°和 18.4°，对应的衍射面为（200）、（220）和（301）。由晶型Ⅱ固态转变而成的晶型Ⅰ的熔点范围为 130~138℃。它的熔点在一定程度上取决于晶型Ⅱ从熔融状态中结晶出来的温度，提高晶型Ⅱ的结晶温度会使晶型Ⅰ的熔点提高。晶型Ⅰ则显示孪生的六方衍射花样，3/1 螺旋轴，在 X 射线衍射光谱中，主要有四个峰，分别为 9.9°、17.3°、20.2°和 20.5°，对应的衍射面为（110）、（300）、（220）和（211）。晶型Ⅰ在 9.9°和晶型Ⅱ在 11.9°的两个峰，通常用于测量聚合物中两种晶型的含量。Ⅲ型晶体可由聚合物溶液中沉淀得到，或者进行 100℃以上聚合得到，但必须注意选择适当的溶剂和结晶方法。例如，在使聚合物由乙酸戊酯稀溶液中沉淀出来时发现，聚合物溶解和结晶的温度不同，可能形成单一的低熔点的晶型Ⅰ′或晶型Ⅲ或是晶型Ⅱ、Ⅲ的混合物。聚合物是在 90℃或 120℃溶解并使其在 58℃结晶出来，可得到晶型Ⅲ；如果溶解和结晶温度分别为 120℃和 22℃时，则聚合物约含 95% 晶型Ⅲ和 5% 晶型Ⅱ；而在 90℃溶解和在 22℃结晶时，仅生成晶型Ⅰ′。利用甲醇使聚合物于室温下从苯或十氢化萘溶液中沉淀出来是获得晶型Ⅲ的常用方法，具体如下：在 100℃制备含有 5% 聚合物的十氢化萘溶液并趁热过滤，然后在室温下放置数日，把结晶出来的聚合物用甲苯和甲醇充分洗涤，最后在真空下干燥，得到只含晶型Ⅲ的产品。晶型Ⅲ的熔点为96℃，是由4/1螺旋链堆砌而成的正交晶胞结构。Ⅲ型晶体室温下稳定，在接近熔点温度时转变成Ⅱ型并持续转变到Ⅰ型。表8-4为聚1-丁烯较稳定的三种晶型的晶胞参数。

■表8-4 聚1-丁烯不同晶型的晶胞参数

晶胞参数	Ⅰ	Ⅱ	Ⅲ
a /Å	17.7±0.1	14.85	12.38±0.08
b /Å	17.7±0.1	14.85	8.88±0.06
c（纤维轴）/Å	6.5±0.05	20.6	7.56±0.05
链的结构	3_1	11_3	
每个晶胞的单体数	18	44	

注：1Å=0.1nm。

晶型Ⅰ′的熔点在95～109℃之间。这种晶型有两种不同的制备方法：一种是使晶型Ⅲ在低于其熔点的温度下，非常缓慢地加热；另一种是使1-丁烯在气相中进行聚合。此外，如果聚合物由乙酸戊酯的稀溶液中以适当条件结晶出来时，可以得到晶型Ⅰ的单晶，它在形态上不同于由晶型Ⅱ陈化而得到的晶型。因此，这种单晶也被称为晶型Ⅰ′。晶型Ⅰ′呈现出与晶型Ⅰ相似的X射线衍射谱图，熔融温度却不同。电子衍射结果表明，晶型Ⅰ与晶型Ⅰ′具有相同的晶胞参数，但晶型Ⅰ′通常给出一种非孪生的六方衍射花样。晶型Ⅱ′通过精细控制条件，在一定压力下结晶得到。

聚1-丁烯由熔融态结晶通常形成球晶，聚合物在接近熔点的温度下退火时，单晶与球晶的络合过程中存在一种类似单晶结构的中间体针状晶体。在溶液中进行的结晶，不仅可以生成单晶，还可以生成球晶和原纤维。

由于聚1-丁烯具有多晶结构，所以在测量结晶度方面较为复杂。通常估算聚合物结晶的方法，是以完全晶相和无定形相二者之间的密度差为基础的，各种晶态的密度不同，就要求试样只含有一种晶型的微晶。如果试样存在不止一种的多晶型物，则需要用红外光谱的峰高和X射线衍射谱图来计算结晶度。

晶型Ⅰ转化速率的影响因素有分子量、等规度、温度、机械变形、压力、取向等。晶型转化的动力学可以通过Avrami方程描述，转化体积分数是时间的函数：

$$V_x(t)=1-\exp(-Bt^K)$$

式中，B是速率常数；K是取决于两种因素的常数，被转换晶型几何结构以及反应的控制机理，如扩散或者表面控制。

Ⅱ型结晶会慢慢转变到Ⅰ型结晶，这是由四方晶型向六方晶型的转变，该转变不可逆。在室温下转变速率最快，约需要 7 天，温度太高（>50℃）或太低（<10℃）都会减慢转变速率。在 80℃以上，晶型Ⅱ的微晶可以保持数星期乃至数月而没有变化，而在 -20℃时，转变一半需时 300h。等规度高，分子量低，结晶性好的样品，转变速率快。薄膜的转变速率一般都比块状材料高。对样品施加压力和定向取向可明显促进转变，在 100atm[❶] 下，转变过程约在数秒内即可完成。加入成核剂或影响结晶速率的聚合物，也可促进Ⅱ型结晶向Ⅰ型结晶的转变。聚合物中催化剂残余量多，则转变速率快。添加等规聚丙烯、硬脂酸、α-氯萘、乙醚和乙酸戊酯等，都能促进转变。甘油和炭黑对晶型的转变没有显著的影响。

在聚 1-丁烯中混入烯烃的共聚单体，不仅对转变速率有影响，而且还会影响四方晶系多晶型物的稳定性。当使用少量的乙烯、丙烯或戊烯作为共聚单体时，会显著地加快转变速率，而用量较大时，则会使菱形晶型直接由熔融物中结晶出来。而使用 C>5 的支链烯烃和某些带支链的烯烃，或苯乙烯、乙烯环己烷、乙烯环丁烷、烯丙基苯等为共聚单体时，会阻碍由Ⅱ型结晶向Ⅰ型结晶的转变。

晶型Ⅰ和晶型Ⅱ的熔点均较高，所以晶型Ⅱ在室温下向晶型Ⅰ转化过程很明显是一种固态反应，晶型Ⅱ转变到晶型Ⅰ后聚合物外观及性能会发生很大改变，表现为硬度、密度、结晶度、熔点、刚性以及屈服强度提高，而拉伸强度和断裂伸长率却无明显变化。

Danusso 等以及 Geacintov 等的实验都表明，晶型Ⅱ到晶型Ⅲ高温转变，是通过液相进行的，即晶型Ⅲ熔融之后再生成晶型Ⅱ。如果非常缓慢地加热晶型Ⅲ时，它将在固态下直接转变成晶型Ⅰ，而不是转变成晶型Ⅱ。表 8-5 为聚 1-丁烯三种晶型的热力学数据。

■表 8-5　聚 1-丁烯三种晶型的热力学数据

晶型	熔化热/(cal/mol)	熔化熵/[cal/(mol·K)]	测定方法	平衡熔点/℃
Ⅰ	1450±150	3.6±0.3	熔点降低法	135.5, 141±2
Ⅰ	1675		量热法	138
Ⅰ	1730, 1576		熔点降低法	
Ⅱ	1500±300	3.8±0.7	熔点降低法	124.0, 128±2
Ⅱ	974		量热法	130
Ⅱ	800		DTA	
Ⅲ	1550±150	4.1±0.3	熔点降低法	106.5, 109

注：1cal=4.1840J。

---

❶ 1atm=101325Pa。

8.2.3 聚 1-丁烯的玻璃化转变

聚合物在发生玻璃化转变的时候，总是伴随着聚合物某些体积性质的变化，因此，通过研究这些与温度有关的任一性质，便可以对玻璃化转变温度进行测量。这些方法虽然可以测量聚合物的玻璃化转变温度，但是其准确程度却随聚合物结晶度的提高而降低。

玻璃化转变温度比容法是测量比容-温度曲线中出现转折的点。此方法测定出的聚 1-丁烯的玻璃化转变温度在 $-45 \sim -25$℃ 之间。由于聚合物链段运动有一定的延时性，所以玻璃化转变温度的测定数值与实验时升温和降温的速率也有关系。此外，试样结构以及结晶度的差别也能引起测定数值上的差异。对于结晶度较高的试样，结晶区域的有序结构也会对无定形区域的链段运动产生一定的限制，可能使玻璃化转变温度测量值偏高。无定形链段的受限程度也与晶型结构有关，多晶型物，不同晶型结构，链段的受限程度也不相同。

Zannetti 等通过测量与温度有关的 β 射线在无定形聚 1-丁烯中的吸收作用而测得试样的玻璃化转变温度，因为 β 射线的吸收是聚合物密度的函数，测得聚 1-丁烯的玻璃化转变温度为 -43℃。Baccaredda 等利用由聚合物波的传播方法发现，除结晶的熔点外，还在 $-135 \sim -120$℃ 和 $-25 \sim 20$℃ 出现两种转化作用。后一种转化的温度，比膨胀测定法测定的玻璃化转变温度要高，应归结为主链段的运动。

介电测定法是在 $50 \sim 3200$ Hz 范围的频率下进行的介电吸收测定。结果显示约在 -120℃、-75℃ 和 0℃ 下，存在三个吸收区域。测试频率提高，吸收区域所对应的温度也提高。所有这些吸收作用，都将随着试样的结晶度增大而提高。

聚 1-丁烯的核磁共振谱的特点是谱线有一个逐渐变窄的过程，这表示在稍高于发生主要力学松弛的温度时，链段活动性的增长。通过核磁共振谱观测到的在高温下的转化，与通过膨胀测定法得到的玻璃化转变温度是一致的。

8.2.4 聚 1-丁烯的物理性能

8.2.4.1 聚 1-丁烯的溶解性及其溶液的性质

聚 1-丁烯的溶解度取决于所用溶剂、溶解温度、链结构、分子量、晶格的完善程度以及结晶度等因素。高结晶的聚 1-丁烯一般比聚乙烯和聚丙烯都更易溶解，其溶解温度也低。

■表 8-6 聚 1-丁烯在不同溶剂中的溶解性

溶剂	不溶物含量/%	溶剂	不溶物含量/%
四氯化碳	0.5	二甲苯	>95
甲苯	57.1	环己烷	>95
氯仿	<45	四氢呋喃	>95
二氯甲烷	>86.4		

30℃时，聚 1-丁烯开始在 1-丁烯单体中溶解。在绝大多数碳氢化合物中，聚 1-丁烯表现出相同的溶解性，溶解温度为 30～40℃。表 8-6 列出了聚 1-丁烯在一些有机溶剂中的溶解情况。聚 1-丁烯在四氯化碳中可完全溶解，因此四氯化碳可作为聚 1-丁烯的 NMR 测试溶剂；聚 1-丁烯在甲苯中部分溶解，其中溶于甲苯部分经乙醇沉淀干燥，呈弹性状态，拉伸变大，为无规聚 1-丁烯组分；不溶于甲苯部分，呈硬的塑料状态，为等规聚 1-丁烯组分。所以用甲苯可将聚 1-丁烯中有规和无规部分分开，并测定其相对含量。聚 1-丁烯不溶于乙醇和甲醇，可用这些溶剂将聚 1-丁烯从其溶液中沉淀出来。聚 1-丁烯难溶于 THF、二甲苯、环己烷和汽油。

在高温下，聚 1-丁烯易溶于许多溶剂，如苯、甲苯、十氢化萘、四氢化萘以及 α-氯萘和氯仿等氯化物。在研究聚 1-丁烯高温溶解性能时，最好加入某种稳定剂，如二叔丁基对甲酚，以防止聚合物产生严重降解。由于等规聚 1-丁烯容易从溶液中结晶出来，所以可以通过聚合物在较高温度下进行分级得到分子量分布较窄的试样。

聚合物稀溶液的特性黏度测定是一种测定分子量最普遍的方法。表 8-7 中列举了若干溶剂的常数 K 和 α 值。

■表 8-7 等规聚 1-丁烯及无规聚 1-丁烯在不同溶剂中的 K 和 α

溶剂	温度/℃	$K \times 10^5$	α	校准方法	参考文献
等规聚合物					
乙基环己烷	70	7.34	0.80	L.S., F	[75]
正壬烷	80	5.85	0.80	L.S., F	[75]
正庚烷	35	4.73	0.80	L.S., F	[76]
正庚烷①	60	15.0	0.69	L.S., F	[76]
十氢化萘	115	9.49	0.73	L.S., F	[76]
无规的或可溶于乙醚的聚合物					
乙基环己烷	70	7.34	0.80	L.S., F	[75]
甲苯	30	15.5	0.725	O, F	[77, 78]
苯	30	21.5	0.685	O, F	[78]
十氢化萘	30	16.8	0.735	O, F	[78]
四氢化萘	100	10.6	0.76	O, F	[79]
十氢化萘	100	10.7	0.775	O, F	[79]
苯②	30	22.4	0.722	E.G., F	[74]

① 在储存时，聚合物会产生沉淀。
② 数均分子量不超过 5000 的试样。
注：L.S. 表示光散射法；F 表示分级的聚合物；O 表示渗透压法；E.G. 表示端基分析法。

Krigbaum 等测定出了聚 1-丁烯等规物级分和乙醚可溶物级分在苯甲醚中的临界溶混温度，然后用这些数据计算出在聚合物稀溶液的 Flory 理论中出现的温度（θ）和熵参数（Ψ），结果见表 8-8。

■表 8-8 聚 1-丁烯在苯甲醚中的热力学参数

聚合物	θ/℃	Ψ
等规聚合物	89.1	0.956
乙醚可溶聚合物	86.2	0.740

8.2.4.2 力学性能

图 8-3 是等规聚 1-丁烯模塑试样的典型应力-应变曲线。如图所示，试样的模量和屈服强度随着热处理时间的延长而提高，而极限伸长率和拉伸强度与热处理时间无关。这种现象可以通过不同晶型的影响来解释。热处理时间 1h 的试样，主要含有晶型Ⅱ；而热处理时间 120h 后，几乎完全转变成了晶型Ⅰ。同时，拉伸的定向作用，会促进试样中不稳定的晶型重新定向，向稳定结构转化，因此全部试样的极限可能都是晶型Ⅰ的性能。表 8-9 列出了室温热处理时间对聚 1-丁烯力学性能的影响。数据表明，热处理时间也对试样的硬度、密度有影响。聚合物的硬度和密度随着晶型Ⅱ向晶型Ⅰ的转化而提高。

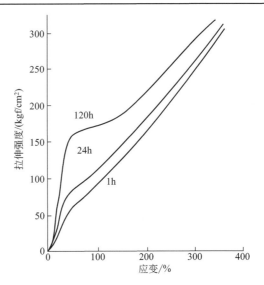

■图 8-3 室温热处理对聚 1-丁烯应力-应变性能的影响
（1kgf＝0.1MPa）

聚 1-丁烯还具有突出的抗蠕变性、耐低温流动性、耐环境应力开裂性、耐磨性、可挠曲性，而且有很好的机械强度和高韧性，见表 8-10。

■ 表 8-9　室温热处理时间对聚 1-丁烯力学性能的影响

晶型	处理时间/h	硬度	屈服强度/(kgf/cm²)	极限伸长强度/(kgf/cm²)	极限拉伸率/%	密度/(g/cm³)
II	1	39	45	300	350	0.881
	4	46	56	290	340	0.890
	24	56	91	300	360	0.902
	48	61	115	310	330	0.906
	72	63	129	320	330	0.909
	120	64	141	310	340	0.911
	168	65	148	310	340	0.912
I	240	65	148	310	330	0.912

注：$1kgf/cm^2 = 0.1MPa$。

■ 表 8-10　等规聚 1-丁烯的力学性能

性能	测试方法 ASTM	均聚物	普通共聚物	高共聚物
熔体指数/(g/10min)	D-1238	2～20	1～4	0.2～20
密度/(g/cm³)	D-1505	0.915	0.9	0.895～0.911
拉伸屈服强度/MPa	D-638	14	12	5.5
拉伸断裂强度/MPa	D-638	29～31	32	16～21
断裂伸长率/%	D-638	350	350	400
弹性模量/MPa	D-638	250	250	52～69
悬臂梁冲击强度/(J/m)	D-256	未断裂	未断裂	未断裂
硬度（邵尔 D）	D-2240	55	50	32～38
脆化温度/℃	D-746	−18	−20	−34
熔点/℃	DTA	124	102	102

聚 1-丁烯的抗蠕变性比聚乙烯、聚丙烯都好。Plenikowshi 发现，聚 1-丁烯在 $150kgf/cm^2$ 的应力作用下，它的起始伸长率为 8%，随着时间的延长，伸长率线性增加，500h 后仅达到 13%。而高度线型聚乙烯试样进行同样试验时，其起始变形为 4%，1h 后增至 50%，10h 后则超过了 700%，如图 8-4 所示。

随着温度的提高，聚 1-丁烯屈服强度下降，但比聚乙烯、聚丙烯平缓，这是由于加热聚 1-丁烯时，其结晶度的下降没有聚乙烯和聚丙烯那么明显。聚 1-丁烯的屈服强度在 $140～250kgf/cm^2$ 范围内，断裂强度为 $170～320kgf/cm^2$。研究发现，结晶度为 79% 的聚 1-丁烯纤维，拉伸至 600% 定向以后，其拉伸强度超过了 $1200kgf/cm^2$。

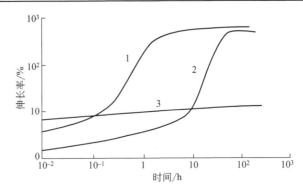

■图 8-4　23℃ 时在 150kgf/cm² 应力下聚 1-丁烯抗蠕变特性
1—聚乙烯；2—等规聚丙烯；3—聚 1-丁烯

等规聚 1-丁烯在受热条件下仍显示出很好的力学性能，它的耐热性使之可在 80~150℃ 下长期使用，在热水中的使用温度上限可达 110℃。耐磨性可与超高分子量聚乙烯相比，适宜作浆液输送管、灌溉用管、金属管衬里、传送管等。它的模量比 PE、PP 低，质地柔软，更适合作挠性管。聚 1-丁烯的缺点是脆化温度却比聚乙烯高，聚 1-丁烯的脆化温度为 -18℃，聚乙烯的脆化温度则为 -60℃。若与乙烯共聚，产品的脆化温度则可降至 -37℃。另外，聚 1-丁烯的热封温度区间较窄。表 8-11 为聚 1-丁烯与低密度聚乙烯、聚丙烯的主要性能对比。

■表 8-11　聚 1-丁烯与低密度聚乙烯、聚丙烯的主要性能对比

性能		聚 1-丁烯	低密度聚乙烯	聚丙烯
密度/(kg/m³)		895~910	920~928	903~905
熔体指数(190℃, 2.16kg)/(dg/min)		0.2~45	0.2~4.0	2~10
拉伸强度/MPa		5~15	11~12.5	18
硬度(邵尔 D)		30~60	41~46	73~75
玻璃化转变温度/℃		-35~-18	-120	-15
熔点/℃		105~125	105~115	160~170
结晶度/%		35~60	55~70	45
相对分子质量		(230~750)×10³	(250~600)×10³	(300~500)×10³
介电常数	1kHz	2.27	2.4	2.3
	1MHz	2.07	2.25~3.0	2.25~2.35
介电强度/(kV/mm)		95	150	—
体积电阻率(100V)/Ω·cm		1.85×10¹⁷	10¹⁷	10¹⁶
表面电阻率(100V)/Ω		4.4×10¹⁵	10¹⁴	10¹⁴
拉伸断裂强度/MPa		28~30	20	30~35

注：1dg/min=1g/10min。

8.2.4.3 其他性能

聚 1-丁烯具有良好的介电性能和耐化学药品、溶剂、洗涤剂的特性。不会像 HDPE 等其他塑料一样产生脆化，只有在 98% 浓硫酸、发烟硝酸、液体溴等强氧化剂的作用下，才会产生应力开裂。聚 1-丁烯可以耐受的溶剂包括醇类、醚类、醛类、酮类、酯类、盐水、植物油和酸溶液等。聚 1-丁烯还有很高的填料填充性以及优良的共混性能。孟凡旭等测试了聚 1-丁烯热塑性弹性体的耐酸碱性能，结果见表 8-12。

■表 8-12　聚 1-丁烯热塑性弹性体的耐酸碱性能

性能	10%NaOH	25%HCl	50%H_2SO_4
剩余强度/%	92.7	94.4	91.6
剩余伸长率/%	92.4	97.9	92.7

8.3　聚 1-丁烯树脂的生产

8.3.1　1-丁烯单体的生产

1-丁烯主要来源于乙烯装置及炼厂催化裂解装置副产 C_4 馏分，C_4 馏分经分离，可获得丁二烯、异丁烯和 1-丁烯等化工原料。生产 1-丁烯的方法主要有 MTBE 法、Zeon 法、NPC 法、Kruup Uhde 工艺以及 UOP 工艺等。

MTBE 法是 C_4 原料与甲醇按一定物质的量比，通过强酸性阳离子交换树脂催化剂床层，其中的异丁烯与甲醇发生反应，生成 MTBE（甲基叔丁基醚），通过催化蒸馏塔得到 98% 的 MTBE，水洗脱除 C_4 中的甲醇，然后以普通精馏方法得到精制 1-丁烯。MTBE 法流程简单，异丁烯转化率高，1-丁烯纯度可达 99.6%，不使用特殊原料，对环境负面影响小，对污水处理无特殊要求，但分离 1-丁烯塔板数目过多，回流比过大，能耗较高。

Zeon 法又称 GPD 法，它的特点是在萃取精馏法抽提丁二烯的工艺技术的基础上，用新型萃取精馏塔取代原有的第一萃取精馏塔，改变部分操作条件，使抽余 C_4 馏分中的丁二烯可降至 20~50μg/g，因而无须再进行加氢处理。然后通过 MTBE 或其他异丁烯分离装置，使异丁烯含量低于 0.3%，再经过两个分馏塔就可以获得 1-丁烯产品，产品收率可达 97%。

NPC 法是先通过萃取蒸馏装置抽提丁二烯，抽余液中丁二烯一般为 0.3%~0.5%，然后脱出异丁烯（如 MTBE 法），C_4 组分中的异丁烯可控制在 0.5% 以下。原料 C_4 经预热后进入选择加氢反应器（钯催化剂）加氢脱除丁二烯。加入的氢量为理论量的 3~4 倍，为防止 1-丁烯异构化，在氢气中加入 500~1000μg/g 的一氧化碳。加氢后，丁二烯可降至 40~50μg/g。加氢后产物经脱氢塔脱除过量氢之后，进入二聚反应器，脱除异丁烯。在磺酸离子交换树脂作用下进行异丁烯二聚。在二聚过程中有部分 1-丁烯和 2-丁烯参与二聚，需控制好反应温度，以防止发生爆聚。二聚反应后的物料，经脱重塔除去 C_8 之后，经第一精馏塔脱除异丁烷及轻组分，再由第二精馏塔分离，塔顶则可获得 1-丁烯产品，其收率为 87%。

Kruup Uhde 工艺采用 1:1 的吗啉和 N-甲基吗啉混合物作萃取剂，该溶剂对丁烯的溶解性较好，选择性高。由于采用的萃取剂中不含水，因此不会在 C_4 组分中混入水，方便后续工艺，产品收率可达到 95%。该方法流程简单，设备台数少，以热油作加热介质，空冷器作冷却设备，几乎不消耗低压蒸汽和循环水，能耗较低。

UOP 工艺以催化裂化 C_4 馏分为原料，经加氢脱除丁二烯后，用吸附分离法制取 1-丁烯，该工艺的 1-丁烯产品收率可达 90%。表 8-13 中是几种 1-丁烯分离技术的比较。

■表 8-13　几种 1-丁烯分离工艺的比较

项目	NPC 法	GPD 法	Kruup Uhde 工艺	MTBE 法
产品收率/%	87	97	95	94
循环水消耗/(t/t)	410	320	130	470
电消耗/(kW·h/t)	100	40	333	80
蒸汽消耗/(t/t)	3.6	3.9		5

进行聚合反应之前，往往需要去除单体中的杂质。水、甲醇、二氧化碳和 C_2~C_3 烃类等可以由 4A 型分子筛吸附除去。那些能与催化剂反应从而妨碍聚合作用的化合物，可以通过单体鼓泡经过烷基铝的烷烃溶液除去。单体中的水分可使用普通的干燥剂除去。聚合级 1-丁烯的规格见表 8-14。

■表 8-14　聚合级 1-丁烯的规格

成分	指标	成分	指标
纯度/%	>99.0	O_2/(μg/g)	<1
丁烷/%	0.4	CO/(μg/g)	<0.1
异丁烯/%	<0.5	CO_2/(μg/g)	<0.5
2-丁烯/%	<0.1	CH_2O/(μg/g)	<10
丁二烯/(μg/g)	120	S/(μg/g)	<1
羰基化合物/(μg/g)	<10	C_2H_4/(μg/g)	
甲基乙炔/(μg/g)	<5	N_2/(μg/g)	<1
H_2O/(μg/g)	<25	C_3/(μg/g)	

8.3.2 1-丁烯聚合催化体系

目前，工业化生产的聚 1-丁烯均采用齐格勒-纳塔催化体系。早期使用三氯化钛-二乙基氯化铝催化剂，后来采用氯化镁载体高效钛系催化剂，当助催化剂改用三异丁基铝时，聚合活性及等规度都有所提高。表 8-15 为近年来文献中报道的合成等规聚 1-丁烯的齐格勒-纳塔催化体系。

■表 8-15　近年来文献中报道的合成等规聚 1-丁烯的齐格勒-纳塔催化体系

催化体系	催化剂活性	等规度/%
丁基辛基镁或丁基乙基镁/$TiCl_4$/邻苯二甲酸二异丁酯/三异丁基铝/1,8-桉树脑	100~200kg 聚 1-丁烯/g Ti	97~98
丁基辛基镁/$TiCl_4$/邻苯二甲酸二异丁酯/三异丁基铝/DDS	5~25kg 聚 1-丁烯/g Ti	83~98
$MgCl_2$/$TiCl_4$/乙基苯甲酸/三异丁基铝/甲苯甲酸甲酯	32kg 聚 1-丁烯/g Ti	92
$MgCl_2$/$TiCl_4$/邻苯二甲酸二异丁酯/三乙基铝/二异丙基二甲氧基硅烷	5kg 聚 1-丁烯/g cat	95.1
$MgCl_2$/$TiCl_4$/邻苯二甲酸二异丁酯/三乙基铝/二异丙基二甲氧基硅烷	14kg 聚 1-丁烯/g cat	95.4
二乙基铝盐酸盐/三氯化钛	—	91.2
2.5%的钛、58%的氯、18%的镁和 13.8%的邻苯二甲酸二异丁酯/三异丁基铝/环己基甲基二甲氧基硅烷或环己基甲基二甲氧基硅烷	4.8kg 聚 1-丁烯/h	94.3
$MgCl_2$/$TiCl_4$/邻苯二甲酸二异丁酯/三异丁基铝/三甲氧基硅烷	50kg 聚 1-丁烯/g cat	99
$MgCl_2$/$TiCl_4$/二异丙基二甲氧基硅烷/三乙基铝/二异丁基甲氧基硅烷	21.6kg 聚 1-丁烯/(g cat·h)	99.7
$MgCl_2$/$TiCl_4$/三乙基铝/二苯基二甲氧基硅烷	—	94~98
$MgCl_2$/$TiCl_4$/三乙基铝（$AlEt_3$）催化体系 + 外给电子体 DDS（二苯基二甲氧基硅烷）	191.3kg 聚 1-丁烯/g Ti	94.1
$TiCl_3$ 负载在聚丙烯（PP）上作为主催化剂，Et_2AlCl 为助催化剂，甲基丙烯酸甲酯（MMA）为外给电子体	4~18kg 聚 1-丁烯/g Ti	93.9

除采用齐格勒-纳塔催化体系外，茂金属催化 1-丁烯聚合也成为当今研究的热点，但目前聚合得到等规聚 1-丁烯的报道尚少，且催化活性与齐格勒-纳塔催化剂相比尚无明显优势。

Resconi 等研究不同的茂金属催化剂的 1-丁烯的催化聚合，发现 $Me_2C(Cp)(Flu)ZrCl_2$/MAO 催化体系对 1-丁烯聚合的催化活性最高，不同茂金属催化剂催化所得的聚 1-丁烯的最佳等规度为 94.8%。研究还发现，70℃本体聚合时催化活性最高为 195.0kg 聚 1-丁烯/(g mc·h)(mc = metallocene)，聚合物等规度与茚基配合物有关，等规度最高达 98.5%。金国新等探讨了茂金属催化剂 Cpt_2MCl_2($Cpt=tBuC_5H_4$，M=Ti，Zr，Hf）的合成以及用于聚合 1-丁烯的研究，研究了几种不同的茂金属催化剂和不同聚合条件下的催化行为，聚合活性与 $Me_2Si(Me_4Cp)_2ZrCl_2$/MAO 催化体系的相近，等规度最高可达 98%。巴塞尔公司使用二甲基硅烷二基双-6-[2,5-二甲基-3-(2′-甲基-苯基) 环戊二烯基-[1,2-b] -噻吩] 锆二氯化物/MAO/三异丁基铝催化体系，得到等规度为 98% 的聚 1-丁烯。使用 Rac 二甲基甲硅烷基｛(2,4,7-三甲基-1-茚基)-7-(2,5-二甲基环戊二烯并 [1,2-b：4,3-b′]二噻吩)｝锆二甲基/MAO/三异丁基铝催化体系，在两个连续的反应器中进行 1-丁烯本体聚合，得到等规度大于 96% 的聚 1-丁烯。

8.3.3 1-丁烯聚合反应机理

针对齐格勒-纳塔催化体系，1-丁烯的聚合反应机理与丙烯聚合很相似，反应过程可分为：①催化剂组分络合形成活性催化剂；②单体扩散到这些活性部位上去，并吸附在催化剂表面上，催化剂引发聚合反应；③链增长反应；④链终止反应；⑤单体、催化剂组分、溶剂、氢等之间的链转移反应。大量证据说明，链的增长以过渡金属为中心来进行。

8.3.4 1-丁烯聚合动力学

针对齐格勒-纳塔催化剂的 1-丁烯聚合反应动力学研究较少。Jones 和 Thorne 研究了 1-丁烯在庚烷中于 30℃时由 $TiCl_3$-iBu_3Al 引发的聚合反应发现，反应初始阶段聚合得很慢，而后反应速率提高了好几倍，在用相同催化体系引发其他单体时，也观察到了这种现象。一般认为这是由于催化剂破裂产生了新的活性部位所引起的。聚合反应速率与 $TiCl_3$ 浓度成比例，iBu_3Al 浓度增加，反应速率却基本保持不变。Medalia 等研究了 1-丁烯在异辛烷中由 $TiCl_4$-iBu_3Al 引发在 50℃聚合时的反应动力学行为发现，聚合反应在最初阶段进行得很快，而后突然变慢，两种不同的反应速率，均符合一级反应动力学，只是速率常数不同。

$TiCl_3$-iBu_3Al 和 $TiCl_3$-Et_2ClAl 体系的动力学也有报道，在这两个体系中，近期的研究表明，1-丁烯在负载钛催化体系下聚合，聚合反应速率对单体浓度、催化剂浓度的反应级数均为一级，并且不随起始单体浓度、催化剂浓度和温度而改变这一关系；反应的表观速率常数与催化剂浓度呈线性关系，随着聚合温度的升高而升高。反应速率方程为：

$$\frac{-d[M]}{dt}=k_p f[Ti][M]$$

非均相齐格勒-纳塔催化剂存在多种活性中心，反应温度较低时，反应为动力学控制，而反应温度较高时，为扩散控制。催化剂陈化可提高 1-丁烯聚合反应的初始反应速率。表 8-16 为不同催化体系的 1-丁烯聚合反应链增长速率常数。

■表 8-16　不同催化体系的 1-丁烯聚合反应链增长速率常数

催化体系	温度/℃	$k_p/[dm^3/(mol \cdot s)]$	参考文献
$\delta TiCl_3$-Et_2ClAl	60	3.9	[112, 114]
$TiCl_4$/MgO-Et_3Al	70	4.6	[115]
$TiCl_4$/Al_2O_3-SiO_2-Et_3Al	70	0.13	[115]
$TiCl_4$/$MgCl_2$-iBu_3Al+外给电子体	28	1.0	[3]

Kissin 研究发现，1-丁烯在低温下聚合时，数均分子量停止增长，甚至会有所下降。这一性质与乙烯、丙烯不同。除了齐格勒-纳塔催化体系，利用 BF_3 及 H_2O 于 0~60℃ 下进行 1-丁烯气相聚合反应，可以得到相对分子质量低于 500 的聚合物。在低温下，利用 $AlCl_3$-酮类和 $AlBr_3$-HBr 催化体系便可以制取高分子量的聚 1-丁烯。Fontana 等发现，在 -100℃ 下，$AlBr_3$-HBr 引发 1-丁烯聚合，反应速率相当快，并成功地制取了相对分子质量超过 1×10^6 的聚合物，分子量分布极宽。

早在 1949 年人们就发现自由基可以引发 1-丁烯聚合，Mortimer 和 Arnold 以二叔丁基过氧化物作催化剂，将 1-丁烯的聚合反应情况与乙烯及丙烯的聚合物反应情况做了对比，丙烯和 1-丁烯在链转移过程中产生了比较稳定的自由基，所以平均聚合度相对乙烯很低。

据报道，采用负载金属氧化物催化体系，可以生成完全无规的或主要为无规的高分子量聚 1-丁烯。以吸附在硅藻土或硅铝胶上的氧化镍为催化剂，进行 1-丁烯聚合时，反应速率与催化乙烯反应速率之比为 1∶100。

8.3.5　1-丁烯与 α-烯烃共聚合

齐格勒-纳塔催化剂除了能使 1-丁烯/乙烯、1-丁烯/丙烯共聚以外，还能够很容易地引发 1-丁烯与较高级的 α-烯烃之间的共聚合反应。其中所用的共聚单体包括戊烯、己烯、辛烯、壬烯、癸烯、十二碳烯、十八碳烯、3-甲基-丁-1,4-甲基-1-戊烯和 4,4-二甲基-1-戊烯。共聚单体对聚 1-丁烯由 Ⅱ 型结晶转变到 Ⅰ 型结晶的转化速率有明显的影响，尤其以丙烯的效果最好，它可完全阻止 Ⅱ 型结晶的形成。在丙烯含量达 22% 时，不会形成 Ⅱ 型结晶，而且熔点高，结晶度有明显的降低。

由 1-丁烯与乙烯、丙烯制得的三元共聚物，其密度为 $0.87g/cm^3$，熔点为 76℃。这种共聚物由 Ⅱ 型到 Ⅰ 型的转变速率快，不到 0.1h 就完成转变，制品的成型收缩率变化小，低温抗冲击性好。表 8-17 为 1-丁烯与一些 α-烯烃的共聚反应速率比。

■表8-17　1-丁烯与一些α-烯烃的共聚反应速率比

催化体系	$r_{乙烯} \times r_{丙烯}$	$r_{乙烯} \times r_{1-丁烯}$	$r_{丙烯} \times r_{1-丁烯}$	$r_{1-丁烯} \times r_{1-戊烯}$
Al$(C_6H_{13})_3$-TiCl$_4$	1.20			
Al$(C_6H_{13})_3$-VOCl$_3$	1.15			
Al$(C_6H_{13})_3$-VCl$_4$	0.63			
Al$(C_2H_5)_3$-VCl$_3$				0.22
Al(C_2H_5)Cl$_2$-磷酰六甲基三胺-TiCl$_3$			3.44	
Al$(C_2H_5)_3$-TiCl$_3$-AA			1.55	
Al$(C_2H_5)_3$-TiCl$_3$-AA		1.0		

8.3.6　等规聚1-丁烯的生产

1954年Natta最早合成出等规聚1-丁烯。聚1-丁烯是一种多晶型聚合物，使用中存在晶型转变的问题，所以没有像PP与PE那样大规模的商业化生产与应用。等规聚1-丁烯可采用淤浆法、气相法、本体溶液法和反应挤出法等生产。

1964年德国Huels化学公司首次采用淤浆法工业化生产等规聚1-丁烯，生产规模3kt/a，Huels聚1-丁烯生产工艺流程如图8-5所示。C$_4$馏分原料与循环1-丁烯经单体净化脱去丁二烯后，含有1-丁烯的物料经两个蒸馏塔分别除去高沸点和低沸点馏分，所得1-丁烯单体进入第一个聚合釜，加入催化剂进行聚合，聚合浆液经水洗脱催化剂残渣后，进行离心分离，液相蒸馏，1-丁烯单体回收利用，残余物为无规聚1-丁烯，固相为99％纯的等规聚1-丁烯；干燥后进行造粒。离心分离聚合物。

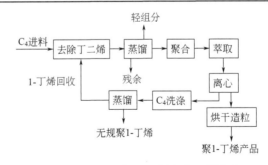

■图8-5　Huels聚1-丁烯生产工艺流程

气相聚合相对于本体聚合催化剂活性仍相对较低，且存在另一个技术难点，就是加入催化剂过程中引入的烷烃溶剂易导致结块发生，影响装置的长周期平稳操作，至今没有有关气相法工业化的报道。1987年，日本出光化学株式会社在气相流化床中将 1-丁烯聚合，使用丁基乙基镁负载的 $TiCl_4$，内给电子体分别为邻苯二甲酸二异丁酯，三异丁基铝为助催化剂，1,8-桉树脑为外给电子体，在 60℃时聚合，可得到全同立构指数为 98% 的聚 1-丁烯，催化剂活性为 200kg 聚 1-丁烯/g Ti。Basell 公司开发了适用于气相 1-丁烯聚合的 $MgCl_2$/$TiCl_4$/邻苯二甲酸二异丁酯/三乙基铝/二异丙基二甲氧基硅烷催化体系，采用双气相反应器串联，聚合时间 20h，催化剂活性最高为 5kg 聚 1-丁烯/g cat，聚合物立构规整指数为 95.1%。

1968 年，美国 Mobil 公司独立开发了聚 1-丁烯本体法生产技术，1972 年，该技术转入 Witco 公司名下，1977 年末，美国 Shell Chemicals 公司收购了 Witco 公司的聚 1-丁烯业务和生产装置，并在路易斯安那州建成一套 27kt/a 的装置。该工艺以 $TiCl_4$-$MgCl_2$-苯甲酸乙酯（EB）为催化剂，三乙基铝（$AlEt_3$）为助催化剂，在 40~90℃、0.93MPa 的条件下聚合，过量的反应单体——1-丁烯作为溶剂，生产的聚合物溶于单体中，这样就解决了淤浆聚合中的产物易结块堵塞的问题。聚合反应在一个立式的搅拌反应器中进行，氢气作为链转移剂，调节聚合物分子量。反应结束，用去离子水将催化剂灭活，再将 1-丁烯、聚合物以及水的混合物加热闪蒸分离，聚合物进行连续造粒，1-丁烯单体和水则分离回收。工艺流程如图 8-6 所示。

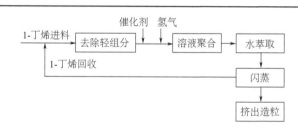

■图 8-6　Mobil 聚 1-丁烯生产工艺流程

2004 年 5 月，Basell 公司开发本体溶液法、双反应器串联聚 1-丁烯新技术，在荷兰建成一套 45kt/a 的装置。该工艺聚合活性有了很大提高，后处理流程也大为简化，牌号更具有多样性，共聚合产品也更易实现。采用高效脱挥发分装置等措施，产品质量更稳定。该公司已开发出多种牌号的产品，熔体流动速率（MFR）为 0.2~200g/10min，均聚物拉伸强度 12~39MPa，弯曲模量 18~530MPa。等规指数（二甲苯中不溶物的质量分数）从很低到 99.2% 均可调节。2008 年，Basell 公司在荷兰的聚 1-丁烯生产规模扩建到 67kt/a。

1968 年，Sutter 等采用反应挤出法（把挤出机作为连续化的微背混式柱塞流反应器，使欲反应的混合物在熔融挤出过程中同时完成指定的化学反应）使 1-丁烯在螺杆直径为 24mm 同向旋转双螺杆挤出机（长 1m）中聚合，制备了无规（立构）聚1-丁烯。

另外，日本三井油化公司生产聚1-丁烯的工艺基于德国Huels工艺，牌号为Beaulon。聚1-丁烯反应挤出法是把挤出机作为连续化柱塞流反应器，反应的混合物在熔融挤出过程中完成1-丁烯聚合反应。1977年，Sutter和Peuker在装有同向旋转螺杆的24mm双螺杆挤出机中进行1-丁烯聚合，制得了无规和等规聚1-丁烯。

8.4 聚1-丁烯树脂的反应

聚1-丁烯分子主链上没有活性官能团，所以能发生的反应很有限，这使它具有稳定的化学性质，对大多数化学试剂具有惰性，但这样的性质同时也减少了通过化学方法来对其改性的途径。聚1-丁烯的反应一般包括卤化、过氧化、交联、降解和接枝等。

8.4.1 聚1-丁烯的氯化反应

氯化聚1-丁烯为白色粒状或粉末状产品，氯含量在20%～66%（质量分数）之间。将聚1-丁烯氯化后，聚合物分子极性和内聚力增加，溶解性得到改善，成膜性好，是制造特种黏合剂和涂料的优良材料，还可用于与氯化聚乙烯、聚氯乙烯、氯化橡胶等共混。

用红外光谱研究发现，聚1-丁烯在溶液氯化时，氯化反应主要发生在甲基和主链上的亚甲基上，乙基支链的亚甲基和甲基的氯化概率很小。用无畸变极化增强（DEPT）^{13}C-NMR方法分析结果推断，氯化聚1-丁烯中不含（或在检测极限外）叔碳-氯结构，而存在伯碳-氯、仲碳-氯结构。聚1-丁烯各结构单元的氯化活性是按CH_3＞CH_2（支链）＞CH_2（主链）＞CH顺序排列的，叔碳的氢被氯取代的概率最小。对氯含量34%（质量分数）的聚1-丁烯的热分析结果表明，氯化聚1-丁烯的热稳定性要比氯化乙丙共聚好，聚1-丁烯在第一失重区的失重主要是脱HCl引起的，在脱HCl的同时，还有部分大分子断裂分解反应。也有文献中指出，叔碳-氯结构是较不稳定的，受热时容易与邻近的氢结合释放出HCl。

聚1-丁烯氯化合成方法主要有固相法、溶液法和水相悬浮法。溶液法生产最为普及，并且工艺比较成熟，但此法所用溶剂为毒性大的四氯化碳，目前世界各国正在停止或减少此法的使用。固相法由于气体的传热能力差，产品氯化不均匀，存在结焦等问题。水相悬浮法虽然存在氯化不均匀等问题，但传热较好。

8.4.2 聚 1-丁烯的过氧化反应

通常采用有机过氧化物及氢过氧化物引发聚 1-丁烯的过氧化反应。由于反应所生成的叔碳自由基较伯碳、仲碳自由基稳定，所以连接在叔碳原子上的氢原子的活性比其他氢原子活性更大，它们最易起反应。下面的方程式可以表示出这一过程的主要特点，并能说明所观察到的全部产物。

$$-\underset{R}{\underset{|}{C}}\underset{}{H}-\underset{}{C}H_2- + \dot{R} \longrightarrow -\underset{R}{\underset{|}{\dot{C}}}-CH_2- + RH$$

$$-\underset{R}{\underset{|}{\dot{C}}}-CH_2- + O_2 \longrightarrow -\underset{R}{\underset{|}{C}}(OO\dot{)}-CH_2-$$

$$-\underset{R}{\underset{|}{C}}(OO\dot{)}-CH_2- + -\underset{R}{\underset{|}{C}}H-CH_2- \longrightarrow -\underset{R}{\underset{|}{C}}(OOH)-CH_2- + -\underset{R}{\underset{|}{\dot{C}}}-CH_2-$$

$$-\underset{R}{\underset{|}{C}}(OOH)-CH_2- \longrightarrow -\underset{R}{\underset{|}{C}}(\dot{O})-CH_2- + H\dot{O}$$

$$2-\underset{R}{\underset{|}{C}}(\dot{O})-CH_2- \longrightarrow 二烷基过氧化物$$

$$-\underset{R}{\underset{|}{C}}(\dot{O})-CH_2- + -\underset{R}{\underset{|}{C}}H-CH_2- \longrightarrow -\underset{R}{\underset{|}{C}}(OH)-CH_2- + -\underset{R}{\underset{|}{\dot{C}}}-CH_2-$$

聚 1-丁烯过氧化反应的起始阶段，主要生成氢过氧化物，随着反应的进行，过氧键的数量将逐渐增多。在生成氢过氧化物和过氧化物反应的同时，会生成 OH 基。随着氧含量的增加，聚合物链会逐步断裂，无论是等规聚合物或者无规聚合物，在固态或溶液中进行反应时，都会出现降解现象。表 8-18 为聚 1-丁烯（室温下结晶度为 45%）利用空气在 90℃时的过氧化反应结果。

对在三氯苯混合物中聚 1-丁烯的过氧化反应研究发现，无规聚合物和等规聚合物进行过氧化反应的速率有所不同，而这是由两种聚合物空间构型不同引起的：在等规聚合物中，过氧化基团与最近的叔碳原子之间的距离很小，COO 基取代氢的过程主要是在分子内部进行的；而无规聚合物中，这一过程则发生在分子之间。

■表 8-18 等规聚 1-丁烯利用空气在 90℃时的过氧化反应

反应时间/h	未使用引发剂		使用引发剂[①]	
	$[\eta]$[②]$/(dL/g)$	$O_2/\%$	$[\eta]$[②]$/(dL/g)$	$O_2/\%$
0	3.4	—	3.4	—
10	3.4	0.1	1.5	0.3
20	2.8	0.2	0.4	0.8
30	1.5	0.3	0.3	1.5
40	0.5	1.0	—	—
50	0.3	1.5	—	—

① 空气流中含有约 $5.5\times10^{-3}g/L$ 叔丁基过氧化氢。
② 在甲苯中于 75℃下测定。

聚 1-丁烯过氧化反应在溶液、悬乳液中或固态下均可与氧气或空气进行反应，直到聚合物中的氧含量达到要求 [通常为 0.3%～1%（质量分数）] 为止。反应可在常压或加压下进行，反应温度一般为 65～135℃。适宜的溶剂包括三氯苯、甲苯、苯、四氢化萘、异丙基苯等，能使聚合物完全溶胀即可，无须完全溶解。对于异丙基苯和对异丙基苯甲烷这样本身容易过氧化的溶剂，聚 1-丁烯的过氧化反应进行得较快，需要加入甲醇以减少副反应。聚 1-丁烯的悬浮过氧化反应是在数个大气压的空气压力及反应温度 80～100℃条件下，通过搅拌高度分散的聚 1-丁烯的淤浆中进行的。使用水介质能够避免聚合物与溶剂起副反应，并能简化产物的回收过程。反应在没有溶剂的情况下进行，可以用引发剂的乙醚溶液对聚合物进行处理，而后将乙醚蒸发掉，或者使用含有少量过氧化物蒸气的空气直接对聚合物进行处理。

聚 1-丁烯在热加工过程中容易发生过氧化反应而使聚 1-丁烯降解，从而影响聚合物的性能，所以在加工过程中人们也常常加入抗氧剂，阻止降解的发生。

8.4.3 聚 1-丁烯降解和交联

Mark 和 Flory 曾发现，在室温和隔绝空气的条件下，用总剂量为 54～195Mrad（1rad=10mGy）的钴 60 放射源的 γ 射线或变振器所产生的高能电子来辐射结晶或无定形的聚 1-丁烯时，主要生成了交联的网状物，照射后的聚合物在 70℃时可溶于苯的不到 17%（质量分数）。在低于液氮沸点的温度下，以 30Mrad 剂量的 γ 射线对聚合物进行照射，结果发生降解反应，使聚合物分子量降低，且没有生成任何不溶性的交联凝胶体。

采用有控制等规聚 1-丁烯的热降解，可作为降低聚合物分子量的一种方法。对高结晶聚 1-丁烯和无规聚 1-丁烯的热降解的研究表明，约 500℃时热解的产物主要是不饱和烃，聚合物的立构规整度对降解产物的结构和分布没有影响。Kaplan 和 Reich 曾通过红外光谱研究了无规聚 1-丁烯的热降解动力学。

8.4.4 聚 1-丁烯嵌段共聚和接枝

Ota 等采用齐格勒-纳塔催化剂，在低温下与乙醛进行反应，制备出聚 1-丁烯与乙醛的嵌段共聚物。聚 1-丁烯的接枝共聚物可以分为两种类型：一种是聚 1-丁烯链作为接枝共聚物的主链；另一种是作为大分子支链，前者研究的关注点。电离辐射照射聚合物形成接枝是简单直接的方法，该方法也容易产生交联和降解等副反应。过氧化反应是能够引入接枝反应活性中心更普遍的方法，如过氧化的聚 1-丁烯与苯乙烯、氯乙烯、丙烯腈接枝共聚。如果聚 1-丁烯溶于反应介质，接枝共聚可在单体中进行均聚反应。如将 12g 氧含量为 0.24％ 的过氧化聚 1-丁烯加到 88g 苯乙烯中，然后将混合物在 90℃下加热 48h，即可获得所要求的接枝共聚物。如果聚 1-丁烯不溶于反应介质中，则以表面接枝为主。当无规聚 1-丁烯与苯乙烯在水乳液中进行共聚反应时，会生成一种胶乳，向这种胶乳中加入颜料，可以得到优良稳定性能和耐老化性能的涂层。在聚 1-丁烯上接枝氯乙烯要比接枝苯乙烯困难，是因为氯乙烯更倾向于发生均聚反应。如果反应是在聚亚乙基亚胺存在下的水乳液中进行，接枝反应则比较容易进行。Baccaredda 等进行了有关聚 1-丁烯-聚苯乙烯接枝共聚物的动力学性能的研究，Pegoraro 等研究了这种接枝共聚物的介电性能，这种材料的突出性能是具有优良的冲击强度，它比聚苯乙烯要高得多。

8.5 聚 1-丁烯树脂的应用

聚 1-丁烯的主要用途是管材、薄膜、板材、模塑品、复合材料及共混物，也可作为改性剂使用，潜在用途是纤维和电缆。目前，聚 1-丁烯的最大应用领域是耐高压热水管材，其次是膜材料以及膜材料改性剂。

8.5.1 管材

与金属管材相比，生产单位体积的聚 1-丁烯管材的能耗，仅分别为钢和铝的 1/8～1/4；聚 1-丁烯管具有质韧、不生锈、耐磨损、不结垢、耐高温、无毒、抗冲击性优良等特点，特别适用于饮用水、热水输送。在暖气管道中，聚 1-丁烯管材完全可以取代金属材料。与其他塑料（PVC、CPVC、HDPE、PP 及交联 PE）相比，聚 1-丁烯可以在 90℃以下长期使用，105～110℃短期使用。由于其优良的物理机械性能，聚 1-丁烯管材的壁厚可以制作得比其他聚烯烃管材薄，因此若比较单位长度的管材的成本，聚 1-丁烯可能具有竞争力。聚 1-丁烯管与其他材料的物理性能比较见表 8-19。

■表8-19 聚1-丁烯管与其他材料的物理性能比较

类别	密度 /(g/cm³)	热导率 /[W/(m·K)]	热膨胀系数 /[mm/(m·K)]	弹性模量 /(N/mm²)
聚1-丁烯	0.94	0.22	0.13	350
PE	0.94	0.41	0.20	600
PP	0.90	0.24	0.18	800
PVC	1.55	0.14	0.08	3500
水	1.00	0.58	—	
钢	7.85	4253	0.012	210000
铜	8.89	407.10	0.018	12000

1N/mm² = 1MPa。

聚1-丁烯管道的主要应用领域如下。

① 生活用水的冷热水管、直饮水工程用管，保证水质无二次污染。

② 采暖用管材，可用于连接暖气片等高温辐射采暖系统，也适用于地板、墙壁辐射采暖等低温采暖系统及空调用管道系统。

③ 太阳能住宅温水管，用于太阳能住宅的温水和取暖配管。

④ 融雪用管，适用于公路、停车场下面作为除冰雪用加热配管。

⑤ 工业用管，因材料耐化学腐蚀性强、无毒、无味，可用作化学工程、食品加工、工业用水等领域。

⑥ 需要很好耐磨性的淤浆传输管道，如输送磷石膏料浆，聚1-丁烯同样可以作为金属管材的内层材料起到抗磨损的作用。

聚1-丁烯管道专用料树脂主要有巴塞尔（Basell）公司的聚丁烯牌号4237（灰色）、4235（白色）和日本三井公司的聚1-丁烯专用料树脂M801N和M4121。表8-20、表8-21为巴塞尔和三井公司的聚1-丁烯管材专用料树脂的特性。

■表8-20 Basell 4235 聚1-丁烯树脂特性

物理性能	ASTM	数值
熔体指数/(g/10min)	D1238	0.4
密度/(g/cm³)	D1505	0.937
介电常数	D150-65T	2.50
熔点/℃	DTA	124~126
软化点/℃	D1525	113
热膨胀系数/[mm/(m·℃)]	D696	0.13
热导率/[W/(m·℃)]	C177	0.22
熔解热/(KJ/kg)	DSC	100
屈服点/MPa	D638	17.6
拉伸强度/MPa	D638	33.4
断裂伸长率/%	D638	280
弹性模量/MPa	D638	265
脆化温度/℃	D746	−21

■表 8-21　三井聚 1-丁烯树脂特性

项　目	M801N	M4121
熔体指数/(g/10min)	0.03	0.4
密度/(g/cm^3)	0.915	0.925
颜色	本色	黑色
屈服拉伸强度/MPa(kgf/cm^2)	18.13(135)	16.66(170)
断裂拉伸强度/MPa(kgf/cm^2)	41.16(420)	33.32(340)
断裂伸长率/%	280	280
拉伸弹性模量/MPa(kgf/cm^2)	392(4000)	264.6(2700)
悬臂梁冲击强度	不断裂	
硬度（邵尔）	D61	D60
耐应力开裂	不断裂	不断裂
熔点/℃	129	125
脆化温度/℃	－20	
维卡软化点/℃	121	113
热膨胀系数/℃$^{-1}$	1.4×10^{-4}	1.3×10^{-4}
体积电阻率/Ω·cm	$>10^{17}$	10^{17}

聚 1-丁烯用作传输管时必须考虑氧的渗透性。聚丁烯管道的透氧率稍高，热水管路中如果含有较多的氧，容易对系统中的金属管件等装置产生腐蚀，对于连接金属暖气片的高温采暖系统就更为不利。另外，水中富含的氧导致微生物繁殖，而管道的透氧率高意味着管道会呼吸，促使微生物大量繁殖，死去的微生物大量堆积就形成了生物黏泥。在使用 3～5 年后，管材的内壁会附着一层很薄的生物黏泥，在这层黏泥完全覆盖管内壁后，管壁会很快缩径，水流阻力加大，水流量锐减，天长日久，还会堵塞管道。而且管道的清洗很困难，只能用机械法清洗，其他方法如化学法等很难见效。所以必须采用阻氧技术，抑制微生物的繁殖，从而有效保证管道的使用安全。目前，阻氧型聚 1-丁烯管道主要采用很薄（只有 10 丝左右）的乙烯-乙烯醇共聚物（EVOH）树脂层作阻氧层。根据测试结果，阻氧层可以把聚 1-丁烯单层管的透氧量减少 99.6%。

8.5.2 薄膜

聚 1-丁烯具有突出的强度、低抗蠕变性及耐穿刺性，因此它的另一个用途是薄膜。由于 LLDEP 在薄膜价格方面优势明显，人们很少采用聚 1-丁烯生产薄膜，只有在少数场合才被考虑使用。由于聚 1-丁烯具有高强度和低抗蠕变性，可以做成很薄的薄膜，而仍然具有很强的物理机械性能，因此考虑单位面积的薄膜成本，聚 1-丁烯可能具有竞争力。另外，聚 1-丁烯也被应用于多层结构薄膜和需要高温（高于100℃）的应用领域。许多公司已经申请了此方面的专利，如用于可降解的农用遮盖薄膜，基于聚1-丁烯的塑料纸，聚1-丁烯共混物热封可收缩薄膜等。表8-22为三井公司生产的聚1-丁烯薄膜专用树脂典型性能。

■表8-22 三井公司生产的聚1-丁烯薄膜专用树脂典型性能

项　　目	M1600SAA
熔体指数/(g/10min)	1.0
密度/(g/cm³)	0.910
颜色	本色
屈服拉伸强度/MPa(kgf/cm²)	13.72(140)
断裂拉伸强度/MPa(kgf/cm²)	38.22(390)
断裂伸长率/%	200
体积电阻率/Ω·cm	10^{17}
落镖冲击强度(F_{50})/J	
薄膜厚25μm	200
薄膜厚50μm	380
薄膜厚100μm	500
撕裂强度/(kN/m)(kgf/cm)	431(440)
透气性/[mL·mm/(m²·d·MPa)][mL·mm/(m²·d·atm)]	
氧气	1480(150)
氮气	394(40)
二氧化碳	3158(320)
水蒸气/[g·mm/(m²·d·MPa)][g·mm/(m²·d·atm)]	39.48(4)

8.5.3 电缆与纤维

聚丁烯热塑性弹性体的电绝缘性优秀，防水渗透性和耐撕裂性、耐磨性好，而且可像塑料一样加工，可作为海底或地下电缆、光缆的绝缘包覆层（不需要高于100℃以上的耐热温度）的较为理想材料。1-丁烯的均聚物或共聚物可以通过很多方法生产成纤维。例如，Mobil Oil公司将聚1-丁烯或丁乙共聚物、丁丙共聚物制备成具有高弹性、高韧性纤维的熔融纺丝技术，生产用于无纺布的低伸长率熔融可黏附纤维技术。

8.5.4 复合共混

为改善管材的抗压力开裂性能，提高材料的刚性，通常采取聚1-丁烯与炭黑共混，使得管材长期的装卸运输性能及爆裂强度都得到改善。表8-23 为炭黑含量对聚 1-丁烯（晶型Ⅰ）力学性能的影响。

■表 8-23 炭黑含量对聚 1-丁烯（晶型Ⅰ）力学性能的影响

性能	炭黑含量		
	0	3%	23%
密度/（g/cm³）	0.912	0.915	1.02
拉伸强度/（kgf/cm²）	270	270	180
屈服强度/（kgf/cm²）	155	155	170
弯曲模量/（kgf/cm²）	1800	1800	5300
断裂伸长率/%	350	350	350
硬度（邵尔 D）	65	65	69
冲击强度（带缺口）	没断裂	没断裂	2.2ft·lb/in
熔体指数/（g/10min）	0.5	0.5	0.1
线膨胀系数/℃⁻¹	15×10^{-5}	15×10^{-5}	15×10^{-5}

注：1ft·lb/in=53.37J/m。

近年来，聚 1-丁烯还被应用于生产木材/树脂复合材料。把聚 1-丁烯/木材粉料混合注塑，制品比 HDPE、PP 及 PVC 等具有更好的性能。聚 1-丁烯与醋酸乙烯酯共聚物共混后，可用于制备具有良好抗撕裂性能、拉伸强度的挤出膜；聚 1-丁烯［60%～80%（质量分数）］与聚丙烯共混，适用于制备空间稳定、抗冲击的模塑制品。聚 1-丁烯与低压聚乙烯共混可得到热可焊接材料；聚 1-丁烯与高、中、低密度聚乙烯共混，可以改善材料的抗压力断裂、韧性等性能。

利用聚 1-丁烯树脂在高剪切速率下具有低黏度的性质，可以用来提高 PP 和 PE 膜的加工性能。加入极少量的聚 1-丁烯，可提高 PE 膜力学性能和光学性能，减小表面粗糙度，增加表面光泽度。在 LLDPE 和 HDPE 膜中加入少量的聚 1-丁烯能提高膜的强度、拉伸模量、断裂强度和断裂伸长率。利用聚 1-丁烯和 PE 分子结构不相容的特点，可以用于制造各种密封材料（如饮料密封、建筑密封、垫圈等）。当聚 1-丁烯和 PE 两种聚合物混合时，两者很容易出现不相容性，使聚 1-丁烯均匀分散嵌入 PE 的基体中，形成内部的弱键。只需要较小外力作用，膜就沿着内部的弱键分开，易于控制；而传统的包装密封需要用很强的力分开，并且不易控制。在聚乙烯中加入较大量聚 1-丁烯［25%（质量分数）］制成的薄膜很容易热封，可以用于医疗设备和食品的易剥开包装袋。

8.5.5 其他用途

聚 1-丁烯晶型的不稳定给它在注塑方面的应用带来了一些问题。加快晶型向稳定的晶型Ⅰ转变是解决问题的关键,在此方面已有一些进展。聚1-丁烯注射加工过程与产品机械性能的关系也有报道。另外,还有如聚1-丁烯用于制备模塑的可膨胀的珠粒,烧结后可以得到用于绝缘应用的泡沫橡胶。

在热熔胶应用方面,由于聚1-丁烯具有高的附着力和黏合强度、宽的使用温度,可与增塑树脂配合使用等优点,因此可作为黏合剂和密封剂配方中的基础聚合物或助剂,也可用于无定形聚α-烯烃、烯烃聚合物和共聚物以及弹性体的改性剂。例如,Montell的聚1-丁烯热熔胶技术等。低分子量的聚1-丁烯类似无规聚丙烯,可作为沥青材料,同时还可用于包装材料、薄膜、防火材料等领域。

参 考 文 献

[1] Luciani L, Seppala J, Lofgren B. Poly-1-butene: Its preparation, properties and challenges. Prog. Polym. Sci., 1988, 13 (1): 37-62.
[2] Kaminsky W, Kulper K, Wild F R W P. Polymerization of propene and butene with a chial ziaonoene and methylalumoxana as cocatalyst. Angew. Chem. Int. Ed. Engl., 1985, 24 (2): 507-512.
[3] Tetsui A, Makoto D, Yuko N. Carbon-13NMR spectral assignment of five polyolefines determined from the chemical shift calculation and the polymerization mechanism. Macromolecules, 1991, 24: 2334.
[4] Resconi L, Abis L, Franciscono G. 1-Olefin polymerization at bis (pentamethyleyelo pentadieneyl) zirconium and halfnium center: Enantioface selectivty. Macromolecules, 1992, 25 (12): 6814-6820.
[5] Abedi S, Sharifi-Sanjiani N. Preparation of high isotactic polybutene-1. Appl. Polym. Sci., 2000, 78 (14): 2533-2539.
[6] 陈静仪,杨玲. 聚丁烯的应用. 化工新型材料, 2000, 29 (1): 38.
[7] 王海. 丁烯-1分离工艺的技术对比. 当代化工, 2004, 33 (3): 134.
[8] 吴念,代占文. 聚丁烯(聚1-丁烯)管道的生产和应用. 塑料制造, 2008, 12: 90-95.
[9] 王秀峰. 聚1-丁烯结构、性能研究. 青岛:青岛科技大学硕士学位论文, 2007.
[10] 毕福勇. 负载钛体系催化1-丁烯聚合. 青岛:青岛科技大学硕士学位论文, 2007.
[11] 周婷婷. 高全同聚1-丁烯氯化改性及热氧老化. 青岛:青岛科技大学硕士学位论文, 2007.
[12] Asanuma T, Shiomua T, Nishimori Y, et al. Novel polyalpha-olefin: European Patent Application, EP403866. 1990.
[13] Albizzti E, Resconi L, Zambelli A. Alpha-olefin Polymers with Syndiotatic Structure: European Patent Application, EP387609. 1990.
[14] 今林秀树. 1-丁烯聚合物的制备方法:中国专利, CN1013449. 1991.
[15] 切钦 G,科利纳 G,科维兹 M. 聚1-丁烯(共)聚合物及其制备方法:中国专利, CN1140545. 2004.
[16] 得居伸,小宫干. 聚丁烯类树脂,由它制成的管材和管件:中国专利, CN1137912. 2004.
[17] 得居伸. 聚1-丁烯树脂组合物及其用途:中国专利, CN1220727. 2005.
[18] 维塔勒 G,莫里尼 G,塞欣 G. 1-丁烯聚合物(共聚物)及其制备方法:中国专利, CN1294161. 2007.
[19] 洪晟构,朴珉圭,金德经,黄锡重. 高有规立构聚丁烯聚合物及其制备方法:中国专利, CN100339400. 2007.

附 录

附录一 聚丙烯树脂主要牌号

1. 双向拉伸聚丙烯 BOPP

产品牌号	T36F	F280	F280	F280S	F280SO	F280M	F280Z	F280Q	F1002B	T38F	T36F
MFR/(g/10min)	2.8	2.8	3.0	2.8	2.9	2.8	2.8	2.8	2.8	2.0~4.0	2.2~2.8
拉伸屈服强度/MPa	28	31	29	30	30	31	33	33	30	≥28	≥28
悬臂梁冲击强度(23℃)/(J/m)	—	25.5	25	28	30	33	30	30	—	≥22	≥20
等规指数/%	94	94.5	97	94.5	95.5	98	97	97	95	≥95	≥95
灰分/%	0.02	0.03	0.025	0.03	0.03	0.02	0.02	0.02	0.03	≤0.03	≤0.04
主要用途	BOPP	BOPP	烟膜	高速BOPP	超高速BOPP	高速高挺度BOPP	高速BOPP	高速BOPP	高速超薄BOPP	通用包装	通用包装
产品认证	—	FDA	FDA	食品卫生/FDA	食品卫生/FDA	FDA	—	—	食品卫生/ROHS	—	—
生产企业	齐鲁石化、济南炼化、海南炼化、武汉石化、荆门石化	上海石化	上海石化	上海石化	上海石化	茂名石化	镇海炼化	青岛炼化	扬子石化	中石油大庆石化、大庆炼化、大连石化	中石油大连石化

2. 流延膜料（CPP）

产品牌号	F800E	F800E(DF)	FC801	FC801M	FC801MX	EP1X37F	DY-W0723F
MFR/(g/10min)	8	8	8	8	8	8.5	6.5~8.5
拉伸屈服强度/MPa	25	24.5	31.0	31.0	31.0	21.0	23
悬臂梁冲击强度(23℃)/(J/m)	17.6	17.6	25.5	32	32	33	35
弯曲模量 MPa	820	820	1300	1300	1300	—	750
灰分 Ash/%	0.03	0.03	0.03	0.02	0.02	—	—
主要用途	二元热封层	镀铝热封层	CPP	镀铝 CPP	镀铝 CPP	二元热封层	包装膜、复合包装膜
产品认证	食品卫生/FDA	FDA	FDA	食品卫生/FDA	食品卫生/FDA	—	—
生产企业	上海石化	上海石化	上海石化	上海石化	上海石化	茂名石化	中石油独山子石化

3. 抗冲注塑料

产品牌号	MFR/(g/10min)	拉伸屈服强度/MPa	悬臂梁冲击强度/(J/m) 23℃	悬臂梁冲击强度/(J/m) -20℃	弯曲模量/MPa	主要用途	产品认证	生产企业
K8303	2	23.5	—	5.8	1310	高抗冲器具、汽车部件	食品卫生/FDA/ROHS/EN71	燕山石化
K6712	15	26.9	9.2	—	1450	洗衣机底座、小家电外壳、座椅	—	燕山石化
K7726	29	24.5	5.5	—	1320	洗衣机料	食品卫生/FDA/ROHS/EN71	燕山石化
K7735	40	24.5	5	—	1320	洗衣机料	—	燕山石化
K9026	26	18	53	—	850	汽车部件	FDA/ROHS/EN71	燕山石化
K7760	63	25	7	—	1300	洗衣机料	食品卫生/FDA/ROHS/EN71	燕山石化
DY-GK2590S	20~30	≥20	35	—	>1000	薄壁抗冲注射用制品、洗衣机内桶	>1000	中石油独山子石化
EPS30R	1.6	27	100	50	1300	负重部件、汽车部件	ROHS	齐鲁石化
EPS30R	0.5~1.5	≥20	≥40	≥25	—	注塑类产品、重（载荷）包装、周转箱、油漆桶	—	中石油独山子石化

续表

产品牌号	MFR /(g/10min)	拉伸屈服强度/MPa	悬臂梁冲击强度/(J/m) 23℃	−20℃	弯曲模量/MPa	主要用途	产品认证	生产企业
EPS30RA	2.5	24	12	4.4	1180	负重部件、汽车部件	—	齐鲁石化
SP179	11	21	9.6	4.3	1000	汽车部件	—	齐鲁石化
EPS30R	1.5	22	32	4.5	900	负重部件、汽车部件	—	天津石化
M700R	7	26	5.4	2.9	1250	汽车、蓄电池外壳	ROHS	上海石化
M180R	1.8	27.4	13	4	1400	周转箱、重包装	食品卫生/FDA/PAHS	上海石化
M2600R	26	24.5	3.5	1.6	1380	洗衣机内桶	ROHS	上海石化
EPT30R	3.5	22	130	—	900	玩具制品、蓄电池外壳	食品卫生/FDA/PAHS	茂名石化
EPT30R	2.0~5.0	≥23.5	≥127	—	1000	抗冲注塑产品	—	中石油独山子石化
EPC30R-H	9	23	75	—	950	家用电器、包装用品	食品卫生/FDA/PAHS	茂名石化
HHP4	28	18	80	—	900	薄壁注塑制品	ROHS	茂名石化
HHP8	8	18	200	—	800	薄壁注塑制品	—	茂名石化
EPS30R	1.8	20	200	—	900	家用电器、包装用品	FDA	茂名石化
J-641	15	22	80	—	1050	容器、杂品箱	FDA/ROHS/PAHS	广州石化
J340	1.8	25	10	1000	1000	玩具制品、蓄电池外壳	食品卫生/FDA/PAHS	扬子石化
K8003	2.5	21	40	900	900	玩具制品、蓄电池外壳	—	扬子石化
K9927	27	18	7.2	—	800	洗衣机内桶	食品卫生/FDA/PAHS	扬子石化
K9015	15	16	48	7.9	800	汽车部件	—	扬子石化
YPJ-1215C	15	22	9.2	3.6	1100	汽车部件	食品卫生/FDA	扬子石化
YPJ706	6.5	20	—	—	1000	瓶盖	—	扬子石化
M180RI	1.8	25	38	5	900	周转箱、重包装	—	上海石化

4. 无规共聚 PP

产品牌号	MFR /(g/10min)	拉伸屈服强度/MPa	悬臂梁冲击强度 (23℃)/(kJ/m²)	弯曲模量/GPa	主要用途	产品认证	生产企业
B4901	1.1	29.6	—	1.1	医用输液瓶	—	燕山石化
B4902	2.2	26.7	9.4	0.9	医用输液瓶	—	燕山石化
B4908	8.9	27.5	4.9	1.1	医用输液瓶	—	燕山石化
K4818	22.4	31.7	3.4	1.1	注射器针套、医用塑料瓶	FDA/ROHS/EN71/医药卫生	燕山石化
K4912	12.3	30.8	3.4	1	注射器针套、医用塑料瓶	FDA/ROHS/EN71/医药卫生	燕山石化
B4808	11.1	30	4	1.2	饮料包装瓶和输液瓶	食品卫生/FDA/ROHS/EN71/医药卫生	燕山石化
B4802	2.5	27	3.5	1	商品包装	—	燕山石化
EP2X32G	9	25.5	5	0.95	医用、食品容器	FDA	齐鲁石化
GM800E	8	26	35	0.95	医用、注拉吹、注塑	—	上海石化
GM1600E	16	25.5	25	0.95	医用、注拉吹、注塑	FDA	上海石化
GM160E	1.6	28.5	70	0.85	医用输液瓶	FDA/PAHS/医药卫生	上海石化
GM750E	7.5	26.5	35	0.85	医用、注拉吹、注塑	FDA/PAHS/医药卫生	上海石化
M250E	2.5	27	40	0.9	挤出、热成型	—	上海石化
M800E	8	26	35	0.95	注拉吹、注塑	食品卫生/FDA/ROHS	上海石化
M1600E	16	25.5	25	1	注塑	FDA/PAHS/医药卫生	上海石化
A002TM	—	30	25	1.4	医用输液(输血)袋、药瓶	—	中石油独山子石化

5. 注塑料-均聚 PP

产品牌号	K1008	K1708	K1712	V30S	CJS700
MFR/(g/10min)	10.0	9.98	16.3	16.5	11.0
拉伸屈服强度/MPa	35.0	37.6	39.4	28.9	31
悬臂梁冲击强度(23℃)/(kJ/m^2)	2.0	3.4	2.7	—	1.5
弯曲模量/MPa	1470	2082	2000	—	1200
主要用途	注塑	小家电	小家电	注塑	注塑
产品认证	食品卫生/FDA/ROHS/EN71	食品卫生/ROHS/EN71	食品卫生/FDA/ROHS/EN71	—	食品卫生/FDA/ROHS
生产企业	燕山	燕山	燕山	济南炼化	广州

产品牌号	HC9012-M	HC9006BM	V30G	J600	J820G	M800HS	M1200HS	MPHN-160
MFR/(g/10min)	12.0	6.0	16.0	7.0	25.0	8.0	12.0	16.0
拉伸屈服强度/MPa	40	32	31.4	29	29	32.5	32.0	31.0
悬臂梁冲击强度(23℃)/(J/m)	25	80	20	15	—	20	20	20
弯曲模量/MPa	2200	1600	1280	1050	1100	1700	1700	—
热变形温度/℃	130	125	87	—	—	115	115	85
等规指数/%	98.5	98.5	93	96	94	98	98	94
主要用途	家用电器	家用电器	注塑	注塑	透明注塑	家用电器	家用电器	塑料玩具、包装容器
产品认证	食品卫生/FDA/ROHS	FDA/ROHS	—	—	—	FDA/ROHS	FDA/ROHS/RAHS	食品卫生/FDA/ROHS/RAHS
生产企业	茂名	茂名	海南、长岭	洛阳	洛阳	上海	上海	茂名

6. 管材料

产品牌号	B8010	4220	B4101	B1101	C180	YPR-503
MFR/（g/10min）	0.4	0.3	0.6	0.3	0.3	0.3
拉伸屈服强度/MPa	23.5	24	22.5	28.8	22	22
断裂伸长率/%	200	750	—	636	—	—
主要用途	冷水管材	冷、热水管材	冷、热水管材、工业管道系统	化工管道系统、片材和板材	冷水管材	冷、热水管材
产品认证	食品卫生/饮用水卫生/FDA	食品卫生/饮用水卫生/FDA	食品卫生/饮用水卫生/FDA	FDA	食品卫生	食品卫生
生产企业	燕山	燕山	燕山	燕山	扬子	扬子

7. 纤维料

产品牌号	Y2600T	Y1600	Y3700C	S700	YS835
MFR/（g/10min）	26	16	37	14	34
拉伸屈服强度/MPa	32.0	31.4	30.0	31	31
弯曲模量/GPa	1.3	1.3	0.82	1.2	—
等规指数/%	96	96	94.5	96	96
灰分/%	0.03	0.02	0.04	0.05	0.015
主要用途	烟用丝束	长短纤维	超细旦纤维	纺丝	纺丝
产品认证	食品卫生/FDA/ROHS	—	食品卫生/FDA/ROHS	食品卫生/ROHS	—
生产企业	上海	上海	上海	扬子	洛阳

续表

产品牌号	YS830	H30S	Z30S	CS820	Z30S	Z30S	H39S	HY525
MFR/(g/10min)	29	35	25	23	25	16~34	22~48	40~50
拉伸屈服强度/MPa	29	28.4	28.4	28	30	≥28	≥28	≥31
等规指数/%	96	94	94	96	94	≥94.5	≥94.5	≥96
灰分/%	0.03	0.035	0.035	0.03	0.02	≤0.03	≤0.03	≤0.03
主要用途	纺丝	超细旦纤维	高速纺丝、BCF膨体纱	纤维、长丝、无纺布	高速纺丝、BCF膨体纱	低旦尼尔BCF和短纤产品的用于地毯；CF用于捆束条、扶手、包装带	无纺布专用料。极低旦尼尔BCF、CF，适用于在短和长纺织线上高速纺织、捆束条、包装布和方向盘套	无纺布、低旦尼尔短纤维
产品认证	—	—	—	FDA/ROHS	FDA/ROHS	—	—	—
生产企业	洛阳	济南	济南	广州	茂名	中石油大连石化、大庆炼化、抚顺	中石油大连石化	中石油抚顺

8. 拉丝料

产品牌号	T30S	T300	S1003	S1004	F401	T30S	T022
MFR/(g/10min)	3.0	3.0	3.2	3.5	2.3	2.0~4.0	2.0~4.0
拉伸屈服强度/MPa	29.4	31.0	35.3	30.0	30.0	≥29	≥29
弯曲模量/GPa	1.3	1.3	1.47	—	—	—	—
等规指数/%	94.5	96.0	—	96.0	96.0	≥94.5	≥94.5
主要用途	挤出扁丝、片材	挤出扁丝、片材	挤出扁丝、片材	挤出扁丝、片材	挤出扁丝、片材	纺织撕裂膜、编织袋、地毯衬底	挤出扁丝、包装、地毯、人造草坪、捆束绳
产品认证	—	食品卫生/ROHS	食品卫生/FDA	食品卫生/FDA	食品卫生/ROHS	—	—
生产企业	天津、齐鲁、济南、长岭、中原、九江、镇海、海南、武汉、荆门、茂名、湛江	上海	燕山	扬子	扬子、洛阳、广州	中石油大庆、大连、庆炼化、抚顺	中石油大连

9. 涂覆料

产品牌号	H2800	70126	产品牌号	H2800	70126
MFR/ (g/10min) ≥	28	20~32	维卡软化点/℃	145	—
拉伸屈服强度/MPa ≥	29.5	≥29	洛氏硬度（标尺）≥	76	—
悬臂梁冲击强度（23℃）/（J/m）≥	16.7	—	产品认证	食品卫生/FDA	—
弯曲模量/GPa ≥	0.95	—	生产企业	上海	中石油辽阳石化

10. 粉料

产品牌号	PP-H-GD-013	PP-H-GD-040	PP-H-GD-085	PP-H-GD-150	PP-H-GD-230	PP-H-GD-320	PP-H-GD-450
MFR/ (g/10min)	1.3	4	8.5	15	23	32	45
拉伸屈服强度/MPa ≥	31.5	31.5	31.5	31.5	31.5	31.5	31.5
等规指数/% ≥	94	94	94	94	94	94	94
总灰分/（mg/kg）≤	350	350	350	350	350	350	350
生产企业	石家庄、沧州、巴陵、长岭、荆门、武汉						

附录二 中国聚丙烯树脂主要加工应用厂商与关键加工设备制造商

1. 注塑

   (1) 注塑制品

PP 注塑制品主要生产厂商	主要产品
江苏宏达塑料有限公司	PP 注塑管件
镇江大洋星鑫工程管道有限公司	PP 注塑管件、PP 注塑储罐封盖
深圳市航天远东实业有限公司	PP-R 注塑管件
杭州欧时管件有限公司	PP-R 注塑管件
大连虹林塑胶容器有限公司	PP 注塑容器
风帆股份有限公司精密塑料制品公司	PP 注塑壳体、PP 注塑箱体、PP 注塑汽车部件
中山市金诚塑胶制品有限公司	PP 注塑壳体
北京大千注塑厂	PP 注塑制品、吸塑制品
河北清河县鑫联橡塑制品厂	PP 注塑制品
河北文安县文兴塑料制品有限公司	PP 注塑制品
鹤山市桃源镇精益塑胶厂	PP 注塑制品
常州市丹红汽车附件厂	PP 车用注塑制品
苏州华颖精密塑胶有限公司高新区分公司	PP 注塑制品
上海良富塑料制品有限公司	PP 注塑制品
东莞市凤岗庆丰塑胶制品厂	PP 注塑制品
上海逸懿实业有限公司	PP 注塑制品
慈溪市掌起镇新民五金塑料厂	PP 注塑制品
济南宇阳塑胶模具有限公司	PP 注塑制品
东莞市厚街毅精塑胶制品加工店	PP 注塑制品
无锡贝特塑料电器有限公司	PP 注塑制品
象山赛科模塑有限公司	PP 注塑制品
东莞市精铭五金模具有限公司	PP 注塑制品

续表

PP注塑制品主要生产厂商	主要产品
江阴市申晨塑料电器有限公司	PP注塑制品
深圳市玮发科技有限公司	PP注塑制品
上海林苑塑木制品有限公司	PP注塑制品
深圳市龙岗区华利达塑胶工模加工厂	PP注塑制品
宁波天鹰塑料制品厂	PP注塑制品
杭州萧山华利塑料制品厂	PP注塑制品
中山市恒溢精密模具有限公司	PP注塑制品
上海尚央塑业有限公司	PP注塑制品双色注塑产品、薄壁产品

(2) 注塑设备

PP注塑加工设备制造商	设备用途
中国海天集团	注塑机
香港震雄集团	注塑机
张家港市神舟机械有限公司	注塑机
宁波雄信塑料机械有限公司	注塑机
宁波市金星塑料机械有限公司	注塑机
宁波欧意莱塑料机械制造有限公司	注塑机
山西华立机械制造有限公司	注塑机
宁波新锐机械有限公司	注塑机
宁波市明广伟业机械制造有限公司（星源塑机）	注塑机
广东伊之密精密机械有限公司	注塑机
文穗塑料机械集团	注塑机
宁波通用塑料机械制造有限公司	注塑机
余姚今机机械有限公司	注塑机
宁波德立格塑料机械制造有限公司	注塑机
广东亨润注塑机有限公司	注塑机
大同机械有限公司	注塑机、挤出机
深圳市奥翔机械有限公司	立式注塑机
东莞市台旺机械有限公司	立式注塑机
丰铁塑机（广州）有限公司	立式注塑机
广州博创机械有限公司	全电式注塑机
常州市聚宝机械有限公司	立式注塑机
美国辛辛那提-米拉克龙挤出系统公司（Cincinnati Milacron Extrusion Systems）	注塑机
德国克劳斯玛菲（Krauss-Maffei）公司	注塑机
德国德马格塑料机械集团（DPG）	注塑机
日本日精注塑机有限公司	注塑机

2. 挤出
（1）挤出成型制品

PP 挤出成型制品主要生产厂商	主要产品
佛山市日丰企业有限公司	PP-R 管材
金德管业集团	PP-R 管材
广东联塑科技实业有限公司	PP-R 管材
宁波波尔集团	PP-R 管材
宁波振雄管业有限公司	PP-R 管材
上海市英良新型建材技术有限公司	PP-R 管材
河北宇光工贸有限公司	PP-R 管材
大连金碧山建材有限公司	PP-R 管材
山东绿斯达科技有限公司	PP-R 管材
北京中寰塑料管材制造工业有限公司	PP-R 管材
山东招远市华泉新型管材塑品厂	PP-R 管材
上海建筑材料厂	PP-R 管材
浙江省诸暨市灵龙管业有限公司	PP-R 管材
四川华西德顿塑料工程有限公司	PP-R 管材
镇江大洋星鑫工程管道有限公司	玻璃纤维增强聚丙烯（FRPP）管材、工程聚丙烯 PP 管材、钢合金 PP-H 管材、Beta-（β）-PP-H 管材、PP 板材
浙江先锋机械有限公司复合管厂	PP-R 管材、铝塑 PP-R 稳态管
杭州波通建材化工有限公司	PP-R 管材
江苏宏达塑料有限公司	PP-H 管材、玻璃纤维增强聚丙烯（FRPP）管材、工程级聚丙烯管材、PP 片/板材
上海晋林塑管有限公司	超静音阻燃耐高温 PP 管材、冷热水 PP-R 管材
江苏省绿岛管阀件有限公司	PP-H 管材、玻璃纤维增强聚丙烯（FRPP）管材、PP 片/板材、PP 棒材
太仓市兴羿防腐塑料制品有限公司	PP 管材、PP 片/板材
上海新泽塑胶制品有限公司	PP 片/板材
宜兴市宏泰塑料制品有限公司	PP 片/板材
苏州塑料一厂	PP 片/板材
苏州塑料十厂	PP 片/板材
山大通塑化公司	PP 片/板材
浙江永庆塑胶公司	PP 片/板材
浙江塑料厂	PP 片/板材
杭州欧华塑料制品有限公司	PP 片/板材
淄博塑料八厂	PP 片/板材
龙口中记复发塑胶公司	PP 片/板材
台州创佳文具有限公司	PP 片/板材
常州市群盛化工设备有限公司	PP 片/板材、PP 棒材
沧州市三塑有限责任公司	PP 磨砂板材、PP 增强板材、PP 阻燃板材、PP 钙塑板材
山东万达集团	PP 绝缘包覆电线/电缆
太仓市流畅线缆有限公司	PP 绝缘包覆电线/电缆
深圳市联嘉祥电线电缆实业有限公司	PP 绝缘包覆电线/电缆

续表

PP挤出成型制品主要生产厂商	主要产品
扬州市红旗电缆制造有限公司	PP绝缘包覆电线/电缆
广州市番禺区大石鼎达塑料加工厂	PP型材、PP管材
上海普胜塑胶制品有限公司	PP型材
成都永兴塑料异型材厂	PP型材
常熟市顺利达塑料制品厂	PP型材
佛山高明科立塑胶有限公司	PP型材
东莞天麒塑胶五金制品	PP型材

(2) 挤出成型设备

PP挤出成型加工设备制造商	主要产品
广东联塑机械制造有限公司	高效单螺杆挤出机、异向双螺杆挤出机、挤出PP-R管材生产线、挤出PP片/板材生产线、挤出异型材/木塑复合材料生产线
南京科倍隆科亚机械有限公司	双螺杆挤出机、双阶挤出机、WF系列往复式单螺杆挤出机
南京富亚橡塑机械制造有限公司	双螺杆挤出机组
大连冰山橡塑股份有限公司	单/双螺杆挤出机
山东塑料橡胶机械总厂	单/双螺杆挤出机
上海轻工机械股份有限公司挤出机械厂	单螺杆挤出机
佛山市海瑞嘉精密挤出机械有限公司	单/双螺杆挤出机、精密管材挤出机、精密型材挤出机、片/板材挤出机
上海申威达机械（集团）有限公司	PP-R管材挤出生产线、双螺杆挤出机
青岛德意利机械有限公司	PP-R管材挤出生产线
福建省宏塑机械有限公司	PP-R管材挤出生产线
浙江省宁波波尔新型建材开发公司	PP-R管材挤出生产线
张家港市亿利机械有限公司	PP-R管材挤出生产线
宁波国荣基康润机械有限公司	PP-R管材挤出生产线
东泰（成都）工业有限公司	PP-R管材挤出生产线
上海宝碟塑料成套设备有限公司	PP单/双壁波纹管挤出生产机组、精密小口径管材生产线、PP/PET打包带生产机组
山东通佳机械有限公司	PP单壁波纹管挤出生产机组、PP片/板材挤出生产线、PP型材挤出生产线
济宁市塑料机械厂有限公司	PP单壁波纹管挤出生产机组
大连艾力特塑料机械有限公司	PP单/双壁波纹管挤出生产线
青岛鑫泉塑料机械有限公司	PP中空格子板生产线、厚片/板材生产线
上海金纬挤出机械制造有限公司	管道生产线、异型材生产线、片/板材生产线
宁波格兰威尔方力挤出设备有限公司	PP-R高速管材挤出生产线
上大嘉实业股份有限公司	PP板材挤出生产线
佛山伟雄塑机贸易有限公司	PP型材挤出生产线
德国步瑞（BREYER GmbH）机械制造有限公司	挤出PP软管生产线、挤出PP片/板材生产线
德国德莱斯堡公司	挤出PP-R管材生产线
德国克劳斯玛菲（Krauss-Maffei）公司	挤出PP-R管材专用生产线、型材挤出机
德国尤尼克塑料设备制造公司	挤出铝塑复合管材生产线

3. 纺丝

(1) 纺丝成型制品

纺丝制品主要生产厂商	主要产品
大东化纤有限公司	丙纶长丝
慈溪市东丰合纤有限公司	丙纶纤维（FDY、POY、TDY 高强、超细、异型、抗菌、有色等）
宁波东宏化纤有限公司	丙纶纤维
揭阳市粤海化纤有限公司	丙纶长丝
诸暨市弘源针纺织品有限公司	丙纶长丝
南通高瑞特化纤制品有限公司	丙纶长丝
宝应县东风织带厂	丙纶长丝
霸州市正奇化纤制品有限公司	丙纶长丝
泰州市永安编织厂	丙纶长丝
德清县京浙莫干山丙纶厂	丙纶长丝
盐城强人化纤有限公司	丙纶纤维
北京耐尔仪器设备有限公司	丙纶纤维
江都市国威文体用品厂	丙纶长丝、丙纶弹力丝
山东省临沂银岭纺织制线有限公司	高强丙纶丝
诸暨市祥润化纤纺织有限公司	POY 丙纶长丝、DTY 丙纶弹力丝
慈溪富盛化纤有限公司	丙纶长丝、空气变形纱
常熟市常富非织造制品有限公司	丙纶长丝纺黏无纺布
上海博什无纺布业有限公司	PP 纤维无纺布
浙江天源过滤布有限公司	PP 纤维无纺布、丙纶纤维
杭州恒科滤料环保有限公司	PP 纤维无纺布、丙纶纤维
天台瑶佳滤布厂	PP 纤维无纺布
昆山市三羊无纺布有限公司	PP 纤维无纺布
深圳市特利丰无纺布有限公司	PP 纺黏无纺布
瑞士欧瑞康（Oerlikon）纺织集团	短纤纺纱、长丝纺丝、加弹、刺绣设备和合成纱线、非织造布、BCF 地毯丝
珠海市华纶无纺布有限公司	PP 纤维无纺布
广州荣盛无纺布有限公司	PP 纤维无纺布
宁波市奇兴无纺布有限公司	卫材用 PP 纤维无纺布
新东方无纺布（深圳）公司	PP 纤维无纺布
深圳市新和无纺布有限公司	PP 纤维无纺布
惠州市惠达无纺布行	PP 纤维无纺布
湖北金龙非织造布有限公司	SMS 复合非织造布
杭州金富非织造布有限公司	SMS 复合非织造布
PGI 海南南新公司	SMS、SMMS 复合非织造布

纺丝制品主要生产厂商	主要产品
辽阳石化公司无纺布厂	SMS 复合非织造布、PET 无纺布
香河华鑫非织造布公司	SMS 复合非织造布
张家港骏马化纤股份公司	SMS 复合非织造布
温州昌隆公司	SMS 复合非织造布
开平华士达制布企业公司	离线复合 SMS 复合非织造布
江阴金凤非织造布制品有限公司	离线复合 SMS 复合非织造布
江阴开源非织造布公司	离线复合 SMS 复合非织造布
山东俊富无纺布有限公司	离线复合 SMS 复合非织造布
山东康洁非织造布公司	离线复合 SMS 复合非织造布
德国科德宝（Freudenberg）公司	纤维非织造布
美国杜邦公司	纤维非织造布

（2）纺丝成型设备

纺丝成型加工设备制造商	设备用途
泉州东方机械有限公司	丙纶一步纺丝机组、长丝纺丝机组
大连华阳化纤工程技术有限公司	长丝纺丝机、复合短纤维纺丝机
江西长丰机械有限责任公司	丙纶 FDY 纺丝机
抚州海峰机械有限公司	丙纶 POY/UDY 纺丝机
抚州市金利化纤机械厂	丙纶 FDY 纺丝机、丙纶中空丝设备
江西东华机械有限责任公司	丙纶 POY 设备、丙纶纺丝设备
珠海广宇无纺布设备制造有限公司	PP 纺黏非织造布生产线
德国 Automatik Machinery 公司	丙纶短纤维生产线
德国巴玛格（Barmag）公司	纺丝机组
德国福来司拿（Fleissner）公司	短纤维纺丝机组、PP 非织造布成型机组
德国纽马格（Neumag）公司	长/短纤维纺丝机组、变形丝纺丝机组、PP 纺黏非织造布生产线
德国赐来福（Schlafhorst）公司	自动气流纺丝机
德国莱芬豪舍（Reifenhauser）公司	PP 纺黏非织造布成型机组、SMS 复合非织造布成型机组
美国诺信（Nordson）公司	SMS 复合非织造布成型机组
意大利 STP 公司	SMS 复合非织造布成型机组
日本 NKK 公司	SMS 复合非织造布成型机组
德国迪罗（Dilo）公司	PP 非织造布成型机组（针刺机、水刺机、热黏合机）
德国 Eduard Kuesters 公司	PP 非织造布成型机组

4. 取向薄膜
   (1) 取向薄膜制品

BOPP 薄膜制品主要生产厂商	主要产品
佛山塑料集团有限公司（东方包装材料厂、成都东盛包装材料有限公司、无锡环宇包装材料有限公司、涿州东华包装材料有限公司）	BOPP 光膜、BOPP 烟膜、BOPP 电容器膜、BOPP 多孔膜、PP 流延膜
江苏中达新材料集团股份有限公司	BOPP 薄膜
顺德德冠双轴拉伸薄膜有限公司	BOPP 薄膜
中山永宁塑料制品有限公司	BOPP 薄膜
宏铭新材料有限公司	BOPP 薄膜
浙江大东南包装股份有限公司	BOPP 薄膜
江苏恒创包装材料有限公司	BOPP 薄膜
合肥金菱里克塑料有限公司	BOPP 薄膜
浙江伊美薄膜工业有限公司	BOPP 薄膜
浙江绍兴富陵控股集团有限公司	BOPP 薄膜
宁波亚塑科技有限公司	BOPP 薄膜
河北宝硕股份有限公司包装材料事业部	BOPP 薄膜
大庆油田昆仑集团包装制品分公司	BOPP 薄膜
福建时代包装材料有限公司	BOPP 薄膜
汕头冠华薄膜工业有限公司	BOPP 薄膜
揭阳市运通塑料包装有限公司	BOPP 薄膜
广东华业包装材料有限公司	BOPP 薄膜
广州天衣薄膜有限公司	BOPP 薄膜
浙江新风塑业有限公司	BOPP 薄膜
南亚塑胶公司（惠州）有限公司	BOPP 薄膜
维龙（上海）包装工业有限公司	BOPP 薄膜
上海光乾塑胶公司（原上塑二厂）	BOPP 薄膜
上海金浦塑料包装材料公司	BOPP 薄膜
常州越浩软塑新材料有限公司	BOPP 薄膜
苏州昆岭薄膜工业有限公司	BOPP 薄膜
常州金氏塑业集团有限公司	BOPP 薄膜
杭州萧山华益塑料有限公司	BOPP 薄膜
浙江百汇包装有限公司	BOPP 薄膜
温州康达包装材料有限公司	BOPP 薄膜
海宁长盛包装有限公司	BOPP 薄膜
浙江奔多实业有限公司	BOPP 薄膜
温州市金田塑业有限公司	BOPP 薄膜
瑞安市东威塑胶有限公司	BOPP 薄膜
浙江新风塑业有限公司	BOPP 薄膜

续表

BOPP 薄膜制品主要生产厂商	主要产品
浙江杭宝特种薄膜厂	BOPP 薄膜
泉州利昌塑胶有限公司	BOPP 薄膜
山东群力塑胶有限公司	BOPP 薄膜
济南康雅薄膜有限公司	BOPP 薄膜
烟台世昊塑业有限公司	BOPP 薄膜
烟台恒源包装有限公司	BOPP 薄膜
青岛庆昕塑料有限公司	BOPP 薄膜
河南洛阳石化薄膜厂	BOPP 薄膜
湖北富思特集团	BOPP 薄膜
潮州市奕峰薄膜有限公司	BOPP 薄膜
海南赛诺实业有限公司（海南现代）	BOPP 薄膜
汕头丰兴盛包装材料有限公司	BOPP 薄膜
云南昆岭薄膜工业有限公司	BOPP 薄膜
云南红塔塑胶有限公司	BOPP 薄膜
富海电容薄膜有限责任公司	BOPP 薄膜
汕头雄伟塑料制品公司	BOPP 薄膜
美国埃森（ExxonMobil）化学公司	BOPP 烟膜、BOPP 收缩膜、BOPP 涂层膜（透明涂层、白色涂层、金属涂层）
英国 ICI 公司	BOPP 薄膜
德国 WOLFF 公司	BOPP 薄膜
意大利 Montedison 公司	BOPP 薄膜
日本东洋纺公司	BOPP 薄膜
德国赫斯特（Hoechst）公司	BOPP 薄膜、BOPP 消光膜
西班牙德浦莎（Derprost）公司	BOPP 薄膜、BOPP 消光膜
日本东丽（Toray）公司	BOPP 薄膜、BOPP 消光膜
日本二村（Futamura）公司	BOPP 薄膜、BOPP 消光膜

(2) 取向薄膜成型设备

BOPP 薄膜成型加工设备制造商	设备用途
德国布鲁克纳（Brueckner）公司	拉幅 BOPP 薄膜生产线、流延膜生产线
奥地利兰精（Lenzing）公司	拉幅 BOPP 薄膜生产线、多层共挤流延膜生产线、纺丝生产线
美国 Marshall&Williams 公司	拉幅 BOPP 薄膜生产线
英国 Paiglish 公司	拉幅 BOPP 薄膜生产线
法国 DMT 公司	拉幅 BOPP 薄膜生产线
法国 Cellier 公司	拉幅 BOPP 薄膜生产线
日本三菱重工公司	拉幅 BOPP 薄膜生产线、多层共挤流延膜生产线
日本日立制钢所	拉幅 BOPP 薄膜生产线、多层共挤流延膜生产线
日本东芝机械公司	拉幅 BOPP 薄膜生产线
日本日立造船产业公司	拉幅 BOPP 薄膜生产线

5. 非取向薄膜

（1）非取向薄膜制品

PP非取向薄膜制品主要生产厂商	主要产品
南京金中达新材料有限公司	PP流延膜
上海紫藤包装材料有限公司	PP流延膜
上海美丰包装材料有限公司	PP流延膜
海宁光华化工有限公司	PP流延膜
福州佳通第一塑料有限公司	PP流延膜
无锡环亚包装材料有限公司	PP流延膜
烟台兴德包装材料有限公司	PP流延膜
天津星达包装材料有限公司	PP流延膜
河北宝硕股份有限公司	PP流延膜
广东威孚包装材料有限公司	PP流延膜
浙江大东南集团	PP流延膜
江阴市通利包装材料有限公司	PP流延膜（表印膜、低温热封膜、抗静电膜、蒸煮膜、复合膜）
青岛裕来包装有限公司	PP流延膜、BOPP薄膜
江苏句容市茂田塑胶有限公司	PP吹膜包装袋
河北雄县永强塑料制品厂	PP吹膜包装袋

（2）非取向薄膜成型设备

PP非取向薄膜成型加工设备制造商	设备用途
瑞安奥翔包装机械有限公司	单、双层共挤流延膜生产线
广东仕诚塑料机械公司	高精密超宽多层流延膜生产线
广东金明塑胶设备有限公司	多层共挤吹膜生产线
大连橡胶塑料机械股份有限公司	PP吹膜生产机组
湖北轻工机械股份有限公司	PP吹膜生产机组
浙江天风塑料机械厂	PP吹膜生产机组
瑞安市幸福塑料机械厂	PP吹膜生产机组
张家港市申信橡塑机电有限公司	PP吹膜生产机组、PP双层共挤吹膜机组
亚华方达水技术工程有限公司	PP吹膜生产机组
浙江方邦机械有限公司	PP吹膜生产机组
营口宇鹏机电设备制造厂	PP旋转模头吹膜机组、PP多层共挤吹膜机组
成都台联机械制造有限公司	PP旋转模头吹膜机组
华山塑料机械有限公司	PP吹膜生产机组、PP旋转模头吹膜机组
广州市国研机械设备制造有限公司	PP旋转模头吹膜机组

PP 非取向薄膜成型加工设备制造商	设备用途
瑞安市铭德机械有限公司	PP 旋转模头吹膜机组
金华市金东区胜昌包装机械厂	PP 旋转模头吹膜机组
广东穗华机械设备有限公司	PP 旋转模头吹膜机组
台湾泓阳实业股份有限公司	涂布设备
德国莱芬豪舍（Reifenhauser）公司	多层共挤流延膜生产线
德国 Kuhne 公司	多层共挤流延膜生产线
意大利 Dolci Extrusion 公司	多层共挤流延膜生产线
意大利克林斯（Colines）公司	吹膜生产线、多层共挤流延膜生产线
戴维斯标准艾维巴有限公司	吹膜生产线、流延膜生产线、挤出涂布膜生产线
阿尔法薄膜挤出技术公司	吹膜生产线
加拿大麦克罗工程有限公司	吹膜生产线、流延膜生产线

6. 吹塑

（1）吹塑成型制品

PP 吹塑成型制品主要生产厂商	主要产品
无锡市中柱塑制品有限公司	PP 吹塑瓶/桶
宁津县恒信塑料制品有限公司	PP 吹塑瓶/桶、注塑瓶坯
深圳市宏润塑胶制品厂	PP 吹塑瓶、注塑容器
东莞市企石盛达塑胶五金加工店	PP 吹塑瓶、注塑制品
广州谊合塑料包装制品厂	PP 吹塑瓶、注塑制品
北京万诚塑胶制品有限公司	PP 吹塑瓶
青岛四方双丰工贸有限公司	PP 吹塑制品
深圳琪俊塑料制品厂	PP 吹塑制品
苏州市瑞安泰塑业有限公司	PP 吹塑制品
广东鼎旺（盛）塑料五金制品厂	PP 吹塑制品
东莞晶众五金塑胶有限公司	PP 吹塑盒
廊坊宏翔塑料制品厂	PP 吹塑制品
东莞市长安全泰塑胶五金电子制品厂	PP 吹塑制品

（2）吹塑成型设备

PP 吹塑成型加工设备制造商	设备用途
浙江黄岩龙宏塑料机械厂	注坯吹塑机
浙江黄岩巨光塑机模业有限公司	注坯吹塑机
温州慧龙塑料机械有限公司	注坯吹塑机
台州市建盛机械有限公司	注坯吹塑机
上海久信机电设备制造有限公司	注坯吹塑机
杭州中亚机械有限公司	注坯吹塑机
柳州市精业机器有限公司	注坯吹塑机、注拉坯吹塑机
伯佳塑胶机械股份有限公司	注坯吹塑机、注拉坯吹塑机

续表

PP 吹塑成型加工设备制造商	设备用途
台湾铨宝工业股份有限公司	注拉坯吹塑机
张家港市艾必模机械有限公司	挤坯吹塑机
苏州同大机械有限公司	挤坯吹塑机
全冠（福建）机械工业有限公司	挤拉坯吹塑机
伟力塑料机械（香港）有限公司	挤拉坯吹塑机
辽阳吹易包装机械有限公司	挤拉坯吹塑机
上海金纬中空塑料成型设备有限公司	挤拉坯吹塑机
浙江科力塑料机械有限公司	挤拉坯吹塑机
安徽国宝集团有限公司	吹塑成型机、PP-R 管材生产线
德科摩橡塑科技（东莞）有限公司	吹塑成型机
浙江东方州强塑模（鼎浩）实业有限公司	吹塑成型机
香港雅琪集团	吹塑成型机
昌盛达机械（浙江）有限公司	吹塑成型机
宁波奥力机械有限公司	吹塑成型机
青岛岩康塑料机械有限公司	吹塑成型机
台湾中桦机械股份有限公司	吹塑成型机
德国考特斯机械制造有限公司	吹塑成型机

7. 发泡

（1）发泡成型制品

PP 发泡成型制品主要生产厂商	主要产品
广州奥菲特（ALL FIT）公司	PP 发泡注塑制品
北京中兴新创塑料机械制造有限公司	PP 发泡珠粒、PP 发泡板材、PP 物理发泡挤出生产线
新绿包装制品（深圳）有限公司	PP 挤出发泡板材
东莞市浦和塑胶制品有限公司	PP 挤出发泡板材
东莞市欣瑞机械制造有限公司	PP 挤出发泡板材
深圳市新锐塑胶有限公司	交联微孔 PP 挤出发泡片/板材
深圳市科力迪实业有限公司	PP 挤出发泡带
东莞市长安明铨复合材料有限公司	PP 挤出发泡带
浙江金海塑料机械有限公司	PP 挤出发泡板材
台州市创佳文具有限公司	PP 挤出发泡片材
富兴达文具制品（深圳）有限公司	PP 挤出发泡片/板材
台宝树脂化工股份有限公司	浸渍法 PP 发泡珠粒、EPP 珠粒模压成型制品
丹阳市华东工程塑料有限公司	PP 发泡板/片材
浙江华江科技发展有限公司	高发泡 EPP 片材
上海众通汽车配件有限公司	EPP 珠粒二次发泡及模塑加工成型制品
上海伊比伊隔热制品有限公司	EPP 珠粒二次发泡及模塑加工成型制品
佛山市南海海洋包装材料厂	EPP 珠粒二次发泡及模塑加工成型制品

续表

PP 发泡成型制品主要生产厂商	主要产品
天津润生包装材料有限公司	EPP 珠粒二次发泡及模塑加工成型制品
日本杰斯比（JSP）公司	PP 发泡珠粒、PP 发泡面板及减震材料、PP 发泡耐折叠包装材料、PP 发泡低温容器材料、PP 发泡包装材料、PP 发泡减震材料、PP 发泡绝缘材料、PP 发泡墙体保温材料、PP 发泡汽车部件材料
日本古河（Furukawa）电气公司	可回收无交联低发泡 PP 片材
日本住友（Sumitomo）化学公司	PP 挤出发泡
日本东丽（Toray）株式会社	PP 发泡制品
日本钟渊（Kaneka）化学工业株式会社	PP 发泡珠粒
日本积水建筑（Sekisui House）公司	硬质 PP 发泡板材
德国巴斯夫（BASF）公司	PP 发泡珠粒、PP 挤出发泡材料
韩国 KOAMI 公司	交联 PE/PP 发泡板材
韩国映甫（Epilon）化学株式会社	PE/PP 泡沫材料
德国莱芬豪舍（Reifenhauser）公司	共挤出 PP 发泡片/板材

（2）发泡成型设备

PP 发泡成型加工设备制造商	设备用途
广州市辉科化工有限公司	PP 发泡片材挤出机组
福建海燕塑胶科技有限公司	PP 发泡注塑机
台湾升威（Sunwell Global）机械股份有限公司	Tandem 挤出发泡片材生产线
ERMAFA technology 公司	PP 挤出发泡系统
意大利路易基邦德拉（Luigi Bandera S.P.A）机械制造公司	气态 CO_2 注入 PP 挤出发泡片材生产线
德国克劳斯玛菲贝尔斯托夫（Krauss-Maffei Berstorff）有限公司	PP 挤出发泡系统、熔体喂料式单螺杆挤出机
德国库尔特（KURTZ）公司	浸渍法预发泡机、EPP/EPS 模压机
德国 ALESSIO 公司	EPP 珠粒成型模压机
德国艾伦巴赫（Erlenbach）公司	EPP 珠粒成型模压机
德国图伯特（Teubert）公司	浸渍法预发泡机、EPP 珠粒成型模压机
德国 Dingeldein 公司	预发泡机

8. 热成型

(1) 热成型制品

PP 热成型制品主要生产厂商	主要产品
东阳市东塑塑料有限公司	PP 吸塑成型制品
镇江大洋星鑫工程管道有限公司	PP 储罐
深圳市鑫兴特种厚吸塑制品厂	PP 壳体、汽车部件吸塑成型制品
浙江省东阳市塑料有限公司	PP 热成型制品
上海荣信塑料有限公司	PP 吸塑成型制品
东莞市星海五金塑胶制品有限公司	PP 吸塑成型制品
北京永华设计包装有限公司	PP 吸塑成型制品
深圳龙岗塑料制品有限公司	PP 吸塑成型制品
南昌创亿塑料制品有限公司	PP 热成型制品
美国 PRENT Thermoforming 公司	医疗、电子消费品、工业用品热成型包装

(2) 热成型设备

PP 热成型加工设备制造商	设备用途
宁波市江东开兴机械厂	塑料气压热成型机
宏华机械塑胶有限公司	塑料气压热成型机
中山新隆机械设备有限公司（意大利 Cannon 公司）	热成型机、旋转成型机
德国 GABLER Thermoform 公司	食品包装热成型设备
德国 KUZEY Global 公司	热成型机
美国 ALGUS 公司	热成型设备
意大利 MECA PLASTIC 公司	FS/EP 系列热成型设备
西班牙 ULMA 包装公司	TFS/UNIVERS 系列热成型设备
意大利 Colimatic 包装公司	THERA 系列热成型设备
美国 BROWN 公司	SR/SRS/C/CS/B 系列热成型设备
美国 MAAC 公司	真空热成型机、压力热成型机、双片材热成型机
意大利 Tecnovac 公司	Shark 系列热成型机
英国 ILPRA 公司	F1/F3/F4/F5 热成型设备
意大利 AMUT 公司	FTA/AMP/PA-FL 系列热成型设备
意大利 MEICO 公司	FC/FT 系列热成型设备
加拿大 GN 热成型设备公司	热成型设备
意大利 CMS 工业公司	BR/5、ATHENA、SINTESY 系列热成型设备

附录三 国内连续法聚丙烯装置一览表

单位：万吨/年

省份	所属企业	所在地	装置产能	工艺类型
黑龙江	中石油大庆石化分公司	大庆	12	ST-Ⅰ
	中石油大庆炼化分公司	大庆	30	Spheripol-Ⅱ
			30	Spherizone（在建）
吉林	中石油前郭石化分公司	前郭	4.6	Hypol
辽宁	中石油抚顺石化分公司	抚顺	9	Spheripol
			30	Unipol（在建）
	中石油辽阳石化分公司	辽阳	5	Amoco 淤浆法
	中国兵器辽宁华锦化工集团公司	盘锦	6	Hypol
			22	Spheripol-Ⅱ
	中石油辽河石化分公司	盘锦	6	釜式+卧式气相釜
	中石油锦西石化分公司	锦西	15	Novolen
	大连西太平洋石油化工有限公司	大连	10	Spheripol
	中石油大连石化分公司	大连	5	Hypol
			10	ST-Ⅰ
			20	Spheripol-Ⅱ
内蒙古	神华集团包头公司	包头	30	Unipol
	大唐多伦煤化工公司	多伦	23	Unipol
			23	Unipol
新疆	中石油独山子石化分公司	独山子	14	Spheripol
			25	Innovene
			30	Innovene
宁夏	神华集团宁夏煤业集团	宁东	20	Novolen
			30	Novolen

续表

附录 二 国内连续法聚丙烯装置一览表

省份	所属企业	所在地	装置产能	工艺类型
陕西	陕西延长石油集团公司	延安	10	ST-Ⅰ
		杨庄河	20	ST-Ⅱ
		靖边	30	ST-Ⅱ（在建）
甘肃	中石油兰州石化分公司	兰州	11	Hypol
			5.6	Hypol
			30	Spheripol-Ⅱ
北京	中石化北京燕山分公司	房山	12	Innovene（单反应器）
			5.6	Hypol
			28	Innovene
天津	中石化天津石化公司	大港	6	Spheripol
	中沙（天津）石化有限公司	大港	45	Spherizone
	中石油大港石化公司	大港	10	Spheripol-Ⅱ
河北	中石油华北石油化工公司	任丘	10	Spheripol-Ⅱ
	中石化石家庄炼化分公司	石家庄	20	ST-Ⅱ（在建）
	海伟集团	景县	30	ST-Ⅱ（在建）
河南	中石化中原石化分公司	濮阳	6	Spheripol
			10	ST-Ⅱ（在建）
	中石化洛阳炼化分公司	洛阳	9	Hypol
			14	ST-Ⅱ（在建）
山东	中石化齐鲁石化分公司	淄博	7	Spheripol
	中石化青岛炼化分公司	青岛	20	ST-Ⅱ
	中石化济南炼化分公司	济南	12	ST-Ⅰ
江苏	中石化扬子石化有限公司	南京	16	Hypol
			20	Innovene
上海	中石化上海石化有限公司	金山	10	Spheripol
			10	Spheripol
			20	ST-Ⅱ
	上海赛科石化有限责任公司	金山	25	Innovene

续表

省份	所属企业	所在地	装置产能	工艺类型
湖北	中石化武汉分公司	武汉	12	ST-Ⅰ
			20	ST-Ⅱ（在建）
			20	Horizone（在建）
	中石化荆门分公司	荆门	12	ST-Ⅰ
湖南	中石化长岭分公司	岳阳	12	ST-Ⅰ
四川	中石油四川石化公司	成都	45	Unipol
江西	中石化九江分公司	九江	12	ST-Ⅰ
浙江	绍兴三圆石化有限公司	绍兴	20	ST-Ⅱ
	中石化镇海炼化分公司	宁波	20	ST-Ⅱ
			30	ST-Ⅱ
	台塑聚丙烯（宁波）有限公司	宁波	45	Novolen
	宁波禾元化学有限公司	宁波	35	ST-Ⅱ（在建）
福建	福建炼油化工有限公司	泉州	10	ST-Ⅰ
			20	Novolen
			20	Novolen
	中软集团中景石化公司	福清	35	ST-Ⅱ（在建）
广东	中海壳牌石油化工公司	惠州	24	Spheripol-Ⅱ
	中石化广州分公司	广州	5.5	Hypol
			10	Hypol
	中石化茂名分公司	茂名	17	Spheripol
			30	ST-Ⅱ
	中石化湛江东兴石油企业有限公司	湛江	14	ST-Ⅱ
广西	中石油钦州石化公司	钦州	20	Unipol
	中石化北海炼油厂	北海	14	ST-Ⅱ（在建）
海南	中石化海南炼化分公司	洋浦	20	ST-Ⅱ

注：1. 不含中国台湾地区数据。
2. 统计数据截止到2010年10月。

附录四 聚丙烯树脂用添加剂、催化剂的生产商

1. 烷基酚、亚烷基酚类抗氧剂

生产单位	牌号	主要化学组成	特点
Great Lakes	Anox PP18	β-(3,5-二叔丁基-4-羟基苯基)丙酸十八烷基酯	不变色、不污染、无色、无气味
	Anox20	四[3,(3,5-二叔丁基-4-羟基苯基)丙酸季戊四醇酯]或四(亚甲基-3,5-二叔丁基-4-羟基苯基丙酸酯)甲烷	不污染、无色、无气味、可在四种物理形式下使用
	Anox20AM		不变色、不污染、无色、无气味、无定形态
	Anox29	2,2'-亚乙基双(4,6-二叔丁基苯酚)	无污染的结晶粉末
	Anox BF		低黏度、不污染
	Anox 1C 14	1,3,5-三(3,5-二叔丁基-4-羟基苄基)-S-三嗪-2,4,6-(1H,3H,5H)三酮或1,3,5-三(3,5-二叔丁基苄基)异氰脲酸酯	白色、无污染、不变色
	Anox 70	2,2'-亚硫基乙二醇双[3-(3,5-二叔丁基-4-羟基苯基)丙酸酯]	不变色、不污染、无色、无气味
	Lowinox BHT	2,6-二叔丁基对甲酚	不变色、不污染
	Lowinox CPL	聚合物阻酚	粉末、粒状
	Lowinox MD-24	1,2-双(3,5-二叔丁基-4-羟基苯基)丙肼	不变色、不污染、金属钝化剂
	Lowinox 22M46	2,2'-亚甲基双(4-甲基-6-叔丁基苯酚)	不变色、不污染、不起霜
	Lowinox WSP	2,2'-硫代双(4-甲基-6-叔丁基苯酚)	无毒
	Lowinox CA22	1,1,3-三(2-甲基-4-羟基-5-叔丁基苯基)丁烷	无毒、不变色、不污染
	Lowinox 44B25	4,4'-亚丁基双(2-叔丁基-5-甲基苯酚)	无污染
	Lominox 1790		自由流动白色粉末、不变色、不污染、空气中不易泛黄
	Lowinox TBM6	4,4'-硫代双(2-叔丁基-5-甲基苯酚)	不变色、不污染、白结晶粉末

续表

生产单位	牌号	主要化学组成	特 点
Ciba Specialty	Irganox 259	3,5-二叔丁基-4-羟基丙酸己二酯	不变色,无污染,无色,无气味
	Irganox 1010	四[3,(3,5-二叔丁基-4-羟基苯基)丙酸季戊四醇酯]或四(亚甲基-3,5-二叔丁基-4-羟基苯基丙酸酯)甲烷	不变色,无污染,无色,无气味
	Irganox 1330		
	Irganox 3114	羟基苄基-S-三嗪2,4,6-(1H,3H,5H)三酮或1,3,5-三-二叔丁基-4-羟基苯基)异氰酸酯	
Ciba Specialty	Irganox 1035		不变色,不污染,无色,无气味
	Irganox 1076	β-(3,5-二叔丁基-4-羟基苯基)丙酸十八烷基酯	不变色,不污染,无色,无气味
	Irganox MD-1024		
	Irganox 1425 WL		
	Irganox 565	2,4-二(正硫代辛基)-6-(4-羟基-3,5-二叔丁基)-1,3,5-三嗪	在高压电缆应用中是防止交联的高效抗氧剂
	Irganox B-Blends		无气味,低挥发
Mayzo	BNX 1010		不变色,不污染,无色,无气味,粉末或粒状
	BNX 1035		不变色,不污染,无色,无气味
	BNX 1076		不变色,不污染,无色,无气味
	BNX MD-1024		不变色,不污染,无色,无气味
	Benefos 1680		不变色,不污染,无色,金属钝化剂
Cytec	Cyanox 2110		不变色,不污染,无色,无气味
	Cyanox 2176		不变色,不污染,无色,无气味
	Cyanox 1741		白色粉状

2. 聚丙烯催化剂生产商

催化剂供应商	主要产品
LyondellI-BaselI	Avant ZN 系列,包括苯甲酸酯,邻苯二甲酸酯,二醚,琥珀酸酯为内给电子体的丙烯聚合催化剂
中国石油化工股份有限公司	N 系列,DQ 系列,ND 系列及 NDQ 系列(二醇酯为内给电子体)催化剂
BASF	Lynx 系列催化剂,CD 系列催化剂,PTK 系列催化剂
TOHO	THC 系列催化剂
DOW	SHAC 系列催化剂
Mitsui	TK 系列,RK 系列及 RH 系列(二醚为内给电子体)催化剂
Grace Davision	Polytrak 系列催化剂
Süd-chemie	C-MAX 系列催化剂
营口市向阳催化剂有限公司	CS 系列催化剂

3. 国外主要卤素阻燃剂生产企业及牌号

生产企业	牌号	主要化学组分	备注
Great Lakes	CD-75P	六溴环十二烷	
	SP-75	六溴环十二烷	经稳定化
	CD-75PM	六溴环十二烷	细微化
	CD-75PC	六溴环十二烷	低粉尘
	DE-79	十溴联苯醚	
	DE-83R	全溴化联苯醚	含溴 71%
	DE-71	溴化联苯醚	
	Firemaster 2100	溴化二苯乙烷	含溴 81%~82%,熔点 348℃

附录（四）聚丙烯树脂用添加剂、催化剂的生产商

续表

生产企业	牌号	主要化学组分	备注
Albemarle	Saytex 102E	十溴联苯醚	83%溴
	Saytex 120	十四溴二苯氧基苯	82%溴
	Saytex 8010	1,2-二(五溴苯基)乙烷	82%溴
	Saytex BC70HS	未公开	69%溴
	Saytex BT-93	亚乙基双(四溴苯二甲酸亚酰胺)	67%溴
	Saytex HP-900	六溴环十二烷	75%溴
	Saytex HP-9006L	同上，经细化	
	Saytex HP-800A	四溴双酚A双(2,3-二溴丙醚)	68%溴
ICL公司(以色列)	FR1206	六溴联苯醚	
	FR1210	十溴联苯醚	
	FR370	三(三溴新戊基)磷酸酯	70%溴

4. 成核剂

生产单位	牌号	主要化学组成	特　点
Milliken	Millad 3905	山梨醇衍生物类	第一代产品，改善制品透明性，但有析出物
	Millad 3940	1,3,2,4-二(4-甲基亚苄基)山梨醇	第二代产品，透明性进一步改善，加工工艺条件范围较宽
	Millad 3988	3,4-二甲基二亚苄基山梨醇(DMDBS)	第三代产品，用量少0.2%～0.3%增透效果好，性能、气味和其他功能均较3988更优
	Millad NX8000	复合成核剂	增透效果较3988更优
	Herper Form HPN68	bicyclo [2.2.1] heptane dicarboxylate salt	减少PP注塑挤出时间，更好的尺寸稳定性

续表

生产单位	牌号	主要化学组成	特 点
新日本理化公司	Gel ALLD	山梨醇衍生物类	第一代产品
新日本理化公司	Gel ALLMD	山梨醇衍生物类	提高透明性、光泽度、机械强度及硬度、建议添加量0.2%
新日本理化公司	NJ Star NU-100	芳香胺类	β成核剂，可使β晶含量达到90%以上，抗冲击性能提高很多倍
日本EC化学	EC-1	山梨醇衍生物类	第一代产品
日本EC化学	EC-4	对氯甲基二亚苄基山梨醇	第二代产品
日本EC化学	EC-55	二亚苄基山梨醇类（DBS）成核剂	高级脂肪酸包覆DBS
日本EC化学	EC-1-70	二亚苄基山梨醇类（DBS）成核剂	DBS中添加微量三亚苄基山梨醇化合物
日本旭电化	NA-10	双（对叔丁基苯氧基）磷酸钠	第一代产品
日本旭电化	NA-11	甲基双（2,4-二叔丁基苯氧基）磷酸钠	第二代产品
日本旭电化	NA-21	2,2'-亚甲基双（4,6-二叔丁基苯酚）磷铝盐	第三代产品，多组分复配
日本Arakawa公司	Pinecrystal KM-1300	松香酸类	改善透明性、力学性能、热变形温度等，但与硬脂酸钙反应使PP颜色发黄
日本Arakawa公司	Pinecrystal KM-1500	松香酸类	较KM-1300力学性能更优，添加量少0.3%~0.5%
日本Arakawa公司	Pinecrystal KM-1600	松香酸类	高刚性型
Ciba	Ingaclear DM	山梨醇衍生物类	提高透明性、刚性和加工性能
Ciba	Ingacalear D	山梨醇衍生物类	提高透明性、刚性和加工性能

续表

生产单位	牌号	主要化学组成	特点
山西化工研究院	TM-1、TM-2、TM-3	二亚苄基山梨醇类	改善制品透明性、表面光泽度、刚性和弯曲模量
山西化工研究院	TMA	苯甲酸盐类	提高刚性、热变形温度
山西化工研究院	TMP-210、TMP-211、TMP-221	磷酸芳基酯盐类	无味、增刚、增透、适用于PP薄膜、片材和注塑制品
山西化工研究院	TMB-4、TMB-5	芳酰胺类化合物	β成核剂、转化率高、提高冲击强度和热变形温度
湖北松滋市通海化工有限公司	SKC-Y3988	山梨醇类	第三代产品、结晶快、β结晶速率、提高制品透明度
湖北松滋市通海化工有限公司	SKC-Y3988	山梨醇类	第三代产品
湖北松滋市通海化工有限公司	SKC-Y5988	山梨醇类	第三代DBS系列透明成核剂、可使热成型结晶速率加快、大大提高透明度
广东炜林纳功能材料有限公司	WBG-1、WBG-2、WBG-3、WBG-4	稀土类有机配合物	高效的β晶型成核作用、用量达0.2%以上时、β晶相对含量可达90%
中国石化北京化工研究院	VP-101B	超细橡胶粒子与有机磷酸盐类成核剂复配	超细橡胶粒子作为载体、α成核剂分散在其表面、提高了成核剂在聚丙烯中的分散、提高了成核效率
中国石化北京化工研究院	VP-101T	超细橡胶粒子与取代芳酰胺类β成核剂复配	超细橡胶粒子作为载体、β成核剂分散在其表面、提高了成核剂在聚丙烯中的分散、提高了成核效率

附录五 有关聚丙烯树脂的出版物

［1］Nello Pasquini. Polymer Handbook. 2nd edition. Munich：Carl Hanser Verlag，2005.
［2］［罗马尼亚］Cornelia Vasile 主编. 聚烯烃手册. 第2版. 李扬，乔金樑，陈伟等译. 北京：中国石化出版社，2005.
［3］洪定一主编. 聚丙烯——原理、工艺与技术. 北京：中国石化出版社，2007.
［4］胡友良，乔金樑，吕立新主编. 聚烯烃功能化及改性——科学与技术. 北京：化学工业出版社，2006.
［5］李正光等编. 聚丙烯生产技术与应用. 北京：石油工业出版社，2006.
［6］周殿明，张丽珍主编. 聚丙烯成型技术问答. 北京：化学工业出版社，2007.
［7］赵敏主编. 改性聚丙烯新材料. 北京：化学工业出版社，2002.